水利水电勘探及岩土工程施工新技术

——第十七届全国水利水电钻探暨岩土工程施工学术交流会论文集

主　编：周彩贵　刘良平

副主编：李永丰　张述清　毛会斌

《水利水电勘探及岩土工程施工新技术》编委会

顾　问：孙志峰　李良辉　易学文　陈安重
主　任：刘良平
副主任：（以姓氏笔划为序）
　　　　马　明　张文海　李志远　张宗刚
　　　　余胜斌　杨春璞　周光辉　周彩贵
　　　　韩　瑞　彭春雷　谢北成　薛云峰
委　员：（以姓氏笔划为序）
　　　　王　坚　文　浩　安　民　许启云
　　　　李永丰　张述清　杨俊志　张道云
　　　　杨　槐　欧汉森　罗　强　祝峰军
　　　　徐　键　缪绪樟
主　编：周彩贵　刘良平
副主编：李永丰　张述清　毛会斌
参编人：（以姓氏笔划为序）
　　　　马　明　王占原　牛美峰　许启云
　　　　张光西　李志远　余胜斌　杨春璞
　　　　何晓宁　张婧宇　周光辉　易学文
　　　　贺茉莉　谢北成　曾耒衡　缪绪樟

前 言

第十七届全国水利水电暨岩土工程施工技术学术交流会于 2017 年 10 月在西安召开。本次会议由中国水力发电工程学会地质及勘探专业委员会、中国水利学会勘测专业委员会、水利水电钻探信息网共同主办，中国电建集团西北勘测设计研究院有限公司、西北水利水电工程有限责任公司承办。

本次会议筹备得到了各有关单位的大力支持，会议论文征集得到了广大工程技术人员的积极响应。征集到的论文涉及国内外水电勘探与岩土工程领域研究、施工、设备与材料、检测、项目管理等方面，反映了近年来水电钻探及岩土工程施工经验技术创新和新技术应用成果，体现了业内专家和广大工程技术人员注重技术进步、自主创新、节约资源、保护环境的良好心愿。为便于交流和借鉴，经理事长、副理事长会议研究，对征集到的论文以《水利水电勘探及岩土工程施工新技术》为题正式出版，期望本论文集的出版能开阔广大工程技术人员的视野，促进互相交流、共同发展。

水利水电钻探信息网理事长、副理事长单位组成专家组于 2017 年 6 月在西安对征集到的论文进行了评审，论文编辑、出版工作由中南大学出版社负责。在此，谨向积极投稿的所有作者、审稿专家、编辑出版人员一并致以诚挚的谢意！

本论文集论文全部按照作者原文进行排版，内容和文字基本未加变动，各篇论文文责自负。请读者借鉴引用时，根据自己的具体情况加以考虑。由于能力和水平有限，加之时间仓促，在编辑中错误与疏漏恐难避免，不当之处，敬请读者给予谅解并指正。

水利水电钻探信息网
中国电建集团西北勘测设计研究院有限公司
西北水利水电工程有限责任公司
2017 年 10 月

目 录

勘探技术

海上风电场钻探技术研究 ………… 许启云 周光辉 张明林 牛美峰 叶桂明	(3)
无水快速钻探技术研究 ……………………………………… 何 桥 曾 创	(10)
超深水平钻孔施工技术措施 ………… 许启云 周光辉 牛美峰 叶桂明 钟家峻	(15)
深厚覆盖层跟管钻进新工艺研究 …………………………… 龙先润 曾 猛	(19)
一种坍塌破碎地层钻进护壁新方法初探 ………… 白闰平 陈保国 范立安	(23)
坚硬致密花岗岩中金刚石钻进工艺的应用 ……………………… 黄炎普	(27)
水电水利工程深覆盖层钻探技术探讨 …………………………… 徐 健	(33)
碎裂白云岩地层的取芯钻探工艺探讨 …………………… 刘汉林 黄小波	(38)
深厚覆盖层护孔冲洗液的研究 …………………… 牛美峰 周光辉 许启云	(43)
某工程下穿京广铁路段大角度斜孔施工技术	
……………… 王昶宇 肖冬顺 曾立新 黄炎普 闵 文	(47)
岩塞爆破工程水上精准斜孔勘察施工技术 ………… 庄景春 田 伟 杨晓晗	(54)
西藏地区碎裂岩体的钻进工艺探讨 ……………………… 黄小波 张文海	(60)
拉哇河床深厚覆盖层原状取样技术研究 ………… 刘晓丰 陈 颖 李 晶	(64)
峡谷地区重型勘探设备机械化搬迁方法研究 …… 张文海 黄小波 刘汉林	(69)
双层套管同心跟管成孔工艺在复杂地层的研究与应用 ……… 杨 柳 来新伟	(73)
硬质岩体勘探平硐爆破孔布置方案探讨与应用 ………… 张建宏 茹官湖	(79)

岩土施工技术

承压渗流条件下不良地质体灌浆技术研究与应用	
……………… 舒王强 朱华周 周运东 陈安重	(89)
灌浆技术在玄武岩夹层复杂地层中防渗堵漏的研究 …… 王 林 申国涛 张文涛	(97)
厚层饱水软弱致密岩体化学灌浆技术研究 …… 周运东 舒王强 袁爱民 陈安重	(102)
陡立岩壁高层排架基础钢栈桥力学性能理论计算方法 …………… 王冠平	(109)
渣体围堰防渗灌浆技术研究 …………………… 张宗刚 李永丰 刘良平	(115)
小断面隧洞光面爆破施工技术探究 ……………… 夏 骏 丁 晔 方宗友	(120)
讨赖河冰沟水电站引水隧洞开挖施工技术 ……………… 李 诺 李海鹏	(125)
混凝土配重式拖模施工技术应用与实践 ………… 张宗刚 李永丰 刘良平	(132)
浅谈猴子岩水电站高边坡危岩体治理 …………………… 来智勇 王富贵	(139)

抓槽防渗墙施工技术在扎敦水利枢纽大坝基础防渗墙中的应用研究 ……………………………………
　　　　　　　　　　　　　　　　　　　　　纪晓宇　张宝军　杜金良　丁玉峰（143）
在砂卵石地层深基坑支护中土钉墙技术的应用实践 ……………………… 牟联合　冯升学（151）
灌浆技术在水电工程岩溶地质处理中的应用 ……………………………… 何　桥　闫帅驰（158）
母线廊道与尾水管对穿锚索施工技术 …………………………………………………… 李晓松（163）
浅谈隧道单向掘进出洞施工实践 ………………………………………………………… 张文涛（168）
错落山体中洞室开挖施工技术研究 ………………………………………… 贾九名　何晓宁（174）
不注浆超前小导管在红层隧洞掘进中的应用 ………………… 高全全　徐海军　茹官湖（178）
长距离小断面输水隧洞爆破效率最优化研究 ……………………………………………………
　　　　　　　　　　黄　帆　肖冬顺　曾立新　周治刚　王洪庆　严绎强　马　明（182）
渡槽伸缩缝渗漏水处理新技术研究与实践 ………………… 范　明　陈安重　胡铁桥（187）
塑性混凝土防渗墙结合帷幕灌浆在栗树垭水库防渗处理工程中的应用 ……………………
　　　　　　　　　　　　　　　　　　　　　　　　　　　周兴雄　赵　斌　廖　强（191）
新疆苏巴什水库岩溶地区灌浆施工技术 ………………………………………………… 王　晋（197）
锦屏水电站泄洪洞无盖重固结灌浆试验分析与探讨 …………………………………… 张宗刚（203）
低温环境下水工隧洞衬砌混凝土裂缝渗水分析及控制 ………………… 夏　骏　肖冬顺（208）
浅谈抗滑桩在地质滑坡治理工程中的应用
　　——以宁波鄞州前门山滑坡工程为例 ………………………………………………… 赵云孟（213）
某水库电站厂房新近系砂岩固结灌浆机理浅析 …………………………… 孟大勇　惠寒斌（222）
旁海航电枢纽工程坝基 $C_{IV}-C_V$ 类岩体固结灌浆试验研究 ……………………………
　　　　　　　　　　　　　　　　　　　　　　　　　　　彭中柱　扬明驰　姜世龙（228）
高速沥青路面唧浆病害快速治理新技术 ………… 舒王强　周运东　黄超群　陈安重（236）
钻孔灌注桩桩基施工工艺及常见事故处理措施 …………………………… 秦庆红　张烨菲（241）

工程勘察与测量

滇中引水工程龙泉倒虹吸地质勘探工作探索与实践 ……………………………………………
　　　　　　　　　　　　　　　　　　张正雄　杨寿福　王光明　杨　建　濮振波（249）
深厚砂砾石颗粒分布不均一性研究探讨 ………………… 司富生　黄民奇　张　晖（255）
巴贡水电站工程地质特点 ………………………… 胡　华　司富生　王志立　杨　贤（266）
地质遥感解译在玛尔挡电站水库工程地质勘察中的应用 …………………………………
　　　　　　　　　　　　　　　　　　　　　　　　　　　胡　华　司富生　王立志（270）
TRT超前预报系统在隧洞掘进中的应用 ………………………………… 辜杰为　沙　玉（276）
运用COORD4.2坐标系转换方法浅析 …………………………………………………… 张　盼（282）

材料、机具与设备

复合型重防腐涂层在引水压力钢管防护处理中的试验应用 …………………………………
　　　　　　　　　　　　　　　　　　　　　　张　驰　熊　智　范　明　廖婉蓉（291）

两类常规环氧树脂老化研究 …………………………… 韦胜利　张克燮　陈　刚　(295)
浅析混凝土碱-骨料反应预防措施 ………………………………… 卓景波　李飞涛　(302)
YKS-A型高压深孔水压式灌浆(压水)栓塞的研制和应用 ………… 田　伟　田　野　(306)
潜孔锤钻机跟管钻进在隧洞管棚施工中的应用 ……………………………… 谢　灿　(311)
浅谈液压凿岩技术在水电坑探工程的应用 …………………………………… 干大明　(314)
振孔高喷结合牙轮钻在卵砾石地层中的应用 ………… 杜金良　张宝军　刘佳禹　(319)
大直径钻孔压水试验栓塞的应用 ……………………… 许启云　周光辉　钟家峻　(325)
钢模台车在石门沟3#水库引水隧洞二次衬砌中的应用 …………… 刘万锁　董　维　(330)
深谷河床水上钻探平台设计及应用 …………………… 张成志　武相林　辛志相　(334)
海床式静力触探仪的应用 ……………………………… 范红申　许启云　周光辉　(341)
东勘系列钻探平台简介 ………………………………… 姜笑阳　柳逢春　刘权富　杨海亮　(348)
CCG25工程钻机 …………………………………………………… 田新红　程　坤　(355)

其他

抽水蓄能电站厂房平洞的生产组织与安全管理 ……… 黄小军　陈保国　李志远　(363)
水电工程地质钻探岩芯的保管探讨
　　………………………… 王光明　杨寿福　张正雄　杨　建　濮振波　李国俊　(372)
浅谈公司地质勘探专业在转型升级发展中的探索与创新
　　……………………………………… 张正雄　苏经仪　王光明　濮振波　杨　建　(377)
水电工程勘探项目管理模式探索 ……………………………………… 牟联合　冯升学　(384)
岩土工程勘察中钻遇地下管线的风险管控机制
　　………………………………………… 项　洋　肖冬顺　张　辉　王昶宇　杜相会　(389)
水利水电勘探特点和技术研究的认识 ………………… 郭　明　曹雪然　李文龙　高　巧　(393)
浅议小型水库除险加固工程在设计施工总承包模式下的质量管理 ……… 邱　敏　(397)
编制《水电工程覆盖层钻探技术规程》的几个问题探讨 …………… 张光西　徐　键　(400)
水电工程钻探工效探析 ………………………………… 周彩贵　毛会斌　张妙芳　王佳佳　(404)
浅析城市地质勘察钻探中对城市地下管线的保护
　　——以滇中引水工程昆明段丰源路地质勘察钻探为例
　　………………………………………… 李国俊　张正雄　王光明　杨寿福　(409)
石门沟3#水库黏土心墙堆石坝施工质量控制 ……………………… 刘万锁　董　维　(414)
前龙段I#滑坡整治工程后评价指标体系构建探讨 …… 冯升学　唐茂勇　张光西　(420)
某水电站坝前滑坡地质特征及稳定性分析评价 …………………………… 司富生　(428)
声波测试在坝基灌浆效果评价中的应用 ……………… 赵　斌　廖　强　翟联超　郭　蓓　(435)
鲁地拉水电站帷幕灌浆第三方质量检查及效果评价
　　………………………………………… 王光明　张正雄　曹　林　杨继芳　邱　雨　(441)
第三方检测在广东清远蓄电站水道灌浆的应用 …………………………… 钟筱贤　(447)

勘探技术

海上风电场钻探技术研究

许启云　周光辉　张明林　牛美峰　叶桂明

(浙江华东建设工程有限公司　浙江杭州　310014)

摘要：海上风电场钻探因受作业场区气象、水文、通航、地质及障碍物等因素影响，存在诸多影响钻探工效、生产安全、取样质量的问题。为了使海上风电场钻探能够在确保安全的前提下，顺利完成钻孔任务，公司依托江苏、浙江沿海风电场勘察项目对海上钻探平台、钻探装备、钻探工艺、钻探取样技术等开展了研究及应用，本文将对取得的系列研究成果进行系统介绍，以供类似工程借鉴。

关键词：海上风电场勘察；钻探平台；钻探机具；取样设备

1　前言

自 2005 年开展海上风电场勘察以来，为了适应海洋工程建设和海洋开发的需要，寻求高效、安全、可靠、经济的钻探技术，公司以浙江、江苏风电和潮汐能地质勘察等工程为依托，凭借水电开发业务中积累的陆上、江河急流勘探装备及技术优势挺进海上勘探领域，通过十余年的海上风电场工程勘察实践，在钻探平台、海洋装备、钻探工法、取土工艺等关键技术问题上进行系列研究，形成了海上风电场钻探和取样系列技术。本文将对取得的研究成果进行系统介绍，以供类似工程借鉴。

2　海上风电场钻探平台选择

海洋钻探与陆地钻探在钻探方法上类似，但其自然条件与陆地相比有很大不同，易受到波浪、潮流、潮汐、海底地形地貌等影响。海洋钻探需要依靠钻探平台来完成，通常在大于 6 级风的条件下，海上钻探施工已比较困难，加上每月 2 次大潮汛，前后 3~4 d 不能作业，一般每月真正符合海上钻探作业要求的天数，也就是 7~10 d。为了充分利用好这有限工作日，做到安全、经济，并能提高工作效率，如何选择合适的钻探船将成为降低成本提高效益的关键。我公司通过不断地研究及实践，确定了适合不同海域钻探的双船拼装、单船组装以及液压自升等结构形式的钻探平台。

2.1　适用于潮间带钻探的专用单船预留通孔的浮动式平台

平底结构的单船钻探平台主要应用于海上潮间带的钻孔施工。江苏沿海风电场有不少场

作者简介：许启云(1964—)，男，教授级高级工程师，毕业于钻探工程专业，长期主要从事水电工程钻探、海上风电钻探、大坝防渗灌浆以及钻探机具改进工作。

址布置在潮间带区域内,这些海域在涨落潮期间水流紊乱、潮流流速高,冲刷严重,平台船搁浅过程中船底易被淘蚀,容易造成平台倾斜。根据潮间带海域特点,为能既满足浅水位钻探又能实现搁浅时钻探的要求,宜选择扁平船底的单船作为钻探平台。图 1 所示为我公司选用的专用于潮间带勘探的底部平坦的勘探船只。

图 1　适用潮间带钻探的预留通孔单船浮动式平台

该船专门为潮间带钻探施工而建造,船总长 24.00 m,宽 6.60 m,在建造时预留好钻孔孔眼,钻孔孔眼前方甲板钻场有效使用长度超过 10 m,该空间能基本满足海洋地质钻探的要求,只要架设机台就可以直接安装钻机。

2.2　单船悬挑式钻探浮动平台

浙江沿海海岸岛屿众多,海岸线多为陡壁、悬崖、海岛等,且水深大,海底底质多为淤泥、淤泥质土,其承载力低,液压自升式平台不能有效地稳固支撑,宜采用单船移动式平台。考虑到浙江沿海海域涌浪大、海流方向变化频繁等情况,宜选择大吨位钻探平台,以抵消波浪、涌浪的影响。此形式钻探平台一般适用于深度不超过 25 m 的浅海域,平台船舶吨位一般在 500 t 以上,平台主要外型如图 2 所示。

单船钻场一般选择在船的一侧搭建,其平台面积一般在 90 m² 左右,船体宽度应大于 6 m。搭建时一般用长 9.0 m 的 20 号工字钢 6 根,平台搭建选择船的一侧向外延伸 3 m,船内 6 m。工字钢按间距 2 m 布置,工字钢与船沿之间用直径为 16 mm 圆钢呈 U 字形焊接,工字钢伸出船外的一端,用 18 号短槽钢与船体焊接成一体,用方木以及厚 5 cm 的木板铺设成长×宽=10 m×9 m 的平台,平台悬空沿海部位设置高度不低于 1.20 m 的防护栏杆,并悬挂安全防护网。

2.3　双船拼装钻探平台

双船拼装平台一般由两艘吨位、尺寸相等的船体通过槽钢焊接而成。每艘船核定吨位不小于 100 t。平台用 20 号工字钢焊接,工字钢长度一般为两船体宽度、两船体之间预留宽度(约为 0.8 m)以及工字钢向每艘船体外延伸长度(约 0.5 m)之和。平台按间距 2 m 焊接 6 根工字钢,船头、船尾各焊接一根 20 号工字钢,每根工字钢与内外船沿之间均用直径为 16 mm 圆钢呈 U 字形焊接,然后用方木以及厚度约 5 cm 木板铺设成长×宽=10 m×12 m 的平台,最后在平台沿海两侧设置高度不低于 1.20 m 防护栏杆,并悬挂安全防护网。

该平台优点是可以利用民用渔船搭建,比较经济,而缺点是应急撤离状况差,存在一定的安全隐患。该平台一般适用于水深 15 m 以内的海上风电钻探,其平台外型如图 3 所示。

图 2　单船悬挑式钻探平台

图 3　双船拼装钻探平台

2.4　自升式钻探平台

在海洋地质勘察项目中，为全面揭示海底土层的物理力学性能，往往布置一些静探、触探、标贯等原位测试内容，这些内容通常选择自升式勘探平台来完成。采用自升式勘探平台作业，应综合考虑水深、桩腿入泥深度、潮汐潮差高度、平台型深、平台上部预留高度等因素。图 4 至图 7 所示为我公司近几年来在不同海域及不同水深环境下所采用的自升式勘探平台。

图 4　桩腿长 18 m 自升式钻探平台

图 5　桩腿长 36 m 自升式钻探平台

图 6　桩腿长 51 m 自升式钻探平台

图 7　拟建中的桩腿长 56 m 自升式钻探平台

3 海上风电勘探取样技术

3.1 浅层取样

海底底质调查性质的工程,由于孔深较浅,如果按风电勘察钻孔进行平台搭建、抛锚定位以及钻进取样,将会出现钻探工效低的问题,为了达到既经济又安全的目的,通常选择如下几种取土设备。

(1)蚌式和箱式采泥器。它适用于海底浅表层的采样,其取样效果可达90%以上。常用于海底表层沉积物调查、工程地质调查、物探验证调查、矿物调查、生物及地球化学调查等工作中。图8所示为蚌式采泥器,图9所示为箱式采泥器。

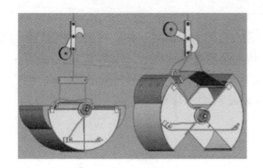

图8 蚌式采泥器

图9 箱式采泥器

(2)振动活塞取样器。它适用于水深200 m以内的各种水域水底致密沉积物的柱状取样。该设备采用7.5 kW交流垂直振动器,利用高频锤击振动将取样管贯入沉积物中获取柱状样品,取样成功率可达100%。图10所示为江苏某线路采用的振动活塞取样器及所取土试样。

(3)重力活塞柱。它适用于水深大于3 m的各类水域的软-中硬地质取样,取样长度可达8 m,土试样直径为104 mm,取土设备如图11所示。

图10(a) 振动活塞取样器

图10(b) 土试样

图11 重力活塞柱状取土器

3.2 原状取样技术

3.2.1 国内取土器现状

海上风电场钻孔一般深度为 50～100 m，浅表层土一般呈松散或流塑状，取样时应减少扰动。目前在海上风电场钻探中采用的取土器有敞口式薄壁取土器、自由活塞式薄壁取土器、固定活塞薄壁取土器等。各种取土器如图 12 至图 14 所示。

图 12　敞口式薄壁取土器

图 13　自由活塞式薄壁取土器

图 14　固定活塞式薄壁取土器

以上 3 种取土器中，敞口式薄壁取土器取样长度为 30 cm，回次进尺在 50 cm 左右；自由活塞式薄壁取土器取样管长 70 cm，从取样管内推出容易使土样变形，因无残土管，孔底必须干净；固定活塞式薄壁取土器回次进尺为 40 cm。它们的共同缺点就是回次进尺短，导致提钻和下钻时辅助工作量多，而海上工程钻探由于工作时间受限，要在有限的时间内完成钻孔，就必须改变取样器的取样现状。

3.2　改进型原状取土器

根据海上风电场勘察的实际情况，为尽可能提高工作效率，解决因回次进尺短，上下钻杆辅助工作量多等的问题，公司通过研究及实践开发了多种适用于海上风电场勘察取样的取土器。分别介绍如下。

（1）敞口式取原状土样的取土器。通过加长残土管，使回次钻孔取样接近 2 m，从而减少了起钻次数，提高了钻探工效。该取样器适用于淤泥质土、粉土、粉砂等土层的原状取土。

(2)中空圆柱样取土器:为满足单轴扭剪和三轴扭转耦合循环剪切试验等,以控制复杂应力路径和复杂应力状态的特种土工试验的需要,自主研发了中空圆柱样取土器。

(3)双管水压式原状取样器:针对海底表层0~2.0 m高含水流塑淤泥土的取样,自主研制了75双管水压式原状取样器,该取样器采用50 mm有机玻璃管作取样内管,并在该取样管底端设置关闭阀门,将取样器下到预定深度,再通过水压使阀门关闭,使所取土样在有机玻璃管内清晰可见,其取样效果可达100%,达到了表层取样的目的(图15)。

图15 改进以后的取土器

4 海上勘探新装备

4.1 海床式CPT

海床式CPT(图16)可将贯入设备稳定支撑于海床面上,将探头直接连续地贯入海底。其优点在于能够在空间上保证触探路径的完整性。公司于2016年从国外引进1台200 kN海床式静力触探仪,该设备自重为20 t,作业水深可达几百米,在江苏沿海某风电场工程项目中应用时,钻孔最大锥尖可达到48.72 MPa,贯入深度为58.99 m。

4.2 海洋工程钻机

海洋工程钻机由塔架、动力头、泥浆泵、卷扬机组、驱动装置、控制箱、波浪补偿装置及连接油压管路等组成,塔架净高达到9.0 m;其可以提吊长6.0 m的钻杆,泥浆泵为BW-250型,通过油马达驱动。塔架上设有动力头,动力头和钻具连接,动力头通过钢丝绳分别与波浪补偿配重箱和卷扬机组连接;在塔架侧边设有驱动装置,分别与动力头、卷扬机组、泥浆泵等连接(图17)。

海洋工程钻机在钻进过程中,波浪补偿装置和钻具之间调节为平衡状态后,当波浪影响钻探船上下浮动时,波浪补偿器能够在张紧器内自由滑动,动力头、孔底的钻具与孔底之间则保持相对的静止,达到了波浪补偿的目的,避免了孔底土层的扰动。

 图16 海床式CPT
 图17 海洋工程钻机

5 结语

公司依托海上风电场勘察工程，现已在江苏、浙江、福建等地完成海上项目50多个，为此积累了丰富的海上钻探经验，也为公司取得了良好的经济效益和社会效益。为进一步适应市场竞争形势，以及满足业主对海洋勘察质量不断提高的要求，解决海洋勘察业务在战略定位、技术手段、勘察装备、技术人才等方面存在的问题，2016年公司从战略的高度进行统筹规划，加大了投入，使现有装备及技术基本满足今后5至10年的海洋工程勘察的需要，形成了国内海洋勘察设计市场的核心技术和竞争力。

参考文献

[1] 刘权富.浅海勘探的钻探工艺.探矿工程（岩土钻掘工程）[J], 2000,（2）: 41-42.
[2] 耿雪樵, 徐行, 刘方兰, 等.我国海底取样设备的现状与发展趋势[J]. 地质装备, 2009,（4）: 11.
[3] 补家武, 鄢泰宁, 昌志军.海底取样技术发展现状及工作原理概述[J]. 探矿工程（岩土钻掘工程）, 2001,（2）: 44-48.
[4] 鄢泰宁, 补家武, 李邰军.浅析国外海底取样技术的现状及发展趋势[J]. 地质科技情报, 2000,（2）: 67-70.
[5] 段新胜, 鄢泰宁, 陈劲, 等.发展我国海底取样技术的几点设想[J]. 地质与勘探, 2003,（2）: 67-71.

无水快速钻探技术研究

何 桥 曾 创

(中国电建集团贵阳勘测设计研究院有限公司 贵州贵阳 550081)

摘要：本文介绍了无水快速钻探技术的主要设备、施工工艺流程、不同地层无水快速钻进方法及注意事项，结合锦屏二级水电站绿泥石片岩无水钻探试验，阐述了无水快速钻探技术适用范围广、钻进速度快、成本低等优点及应用前景。

关键词：无水快速钻探；设备；工艺；钻进方法

1 引言

钻探作为地质勘察的一个重要手段，目前主要以水作为洗孔介质。水利水电工程钻探作业多处于边远山区，钻孔取水管路架设难度大，占用土地多，勘探赔偿费用高。城市市政、公路交通、轨道交通的勘察，因准入条件较低，相应市场竞争激烈，故钻孔单价较低，虽要求的钻孔深度不深，但需要在市政管网或地表水塘处接水，取水线路较长，增加了原本单价就较低的浅孔勘察成本。无水钻进技术的实质主要是用压缩空气作为循环洗孔介质，起到冷却钻头、排出岩屑和保护井壁的作用，代替常规钻进时所用的水或泥浆。空气取之不尽，可减少用水费用，降低成本；空气或气液混合介质密度小，可降低孔底压力，作为动力源实现冲击回转钻进，可提高钻进速度[1-2]。

2 设备与工艺

2.1 主要设备[3-4]

无水快速钻进技术的主要设备包括钻机、空压机、钻头、岩屑收集及除尘装置等。

目前市面上主要的钻机设备为地质钻机。杭钻 SGZ-Ⅲ、杭钻 150 型、哈迈 DM-30 等均可用于无水快速钻进技术。

空压机是提供压缩空气的主要设备，应当根据地质条件和工程需要通过计算选取合适的类型，国内比较知名的有浙江开山活塞式空压机等。

市面上主要有合金钻头、复合片金刚石钻头、孕镶金刚石钻头等，合金钻头适用于软-中硬地层中钻进，合金片焊接方便、成本较低、钻进速度较快，但进尺少、寿命短、岩屑粗糙不易排出孔内；复合片金刚石钻头，结构比较简单，具有高强度、高耐磨和抗冲击的能力，在

作者简介：何桥(1989—)，男，助理工程师，主要从事地基加固与处理。E-mail：764689135@qq.com

软－中硬地层钻进时,具有速度快、进尺多、寿命长、工作平稳、井下事故少、井身质量好等优点。孕镶金刚石钻头适用于中硬－坚硬地层中钻进,具有操作方便、成本较低、进尺多、寿命长、岩屑细小易排出孔内等优点,缺点是钻进速度较低。

在无水快速冲击钻进中,因所配备的钻头不同,以及孔内岩层和地下水不确定性等,导致所产生的岩屑受各种因素影响不能全部排出孔内,因此对较大颗粒或排不出的岩屑就需要用岩屑收集器于孔底部位提出。

岩屑收集器的大小和长短参数选择需根据采用的钻头、钻进岩层、有无地下水等因素综合确定。以压缩空气作为冷却循环介质,会导致含有破碎颗粒的含尘气体以较高速度从孔口喷出,造成孔口粉尘飞扬,威胁工人的身体健康,导致生产环境的污染,故空气钻进必须配备除尘装置。

2.2 无水快速冲击取芯器及取芯钻具

针对无水快速钻探取芯技术,经查阅相关资料,国内外目前最新无水钻探技术主要为无水的空气组合新型钻探技术,但其最大的局限性在于钻探取芯器为全断面冲击器,以岩屑作为地质样品。当地质勘察研究需要完整的岩芯时,就需要采用有水钻探技术,且该技术需要配置大风量(10 m³/min 以上)供风设备,其在野外无法搬运就位,各项施工成本较大。目前,野外勘探和市政勘察工作的钻孔孔位分散且钻孔深度均不太深,设备搬运频繁,所取芯样要求完整并需作相关现场和室内土工力学试验。

为实现无水快速钻探取芯技术,我公司在全断面冲击器的基础上,创新研究开发带取芯钻具的冲击钻具,从而实现利用风作为冷却循环介质和冲击破碎动力,达到无水快速钻探取芯的目的。

2.3 施工工艺

钻孔取芯工艺流程图如图 1 所示。

(1)施工准备。

平整施工场地,钻机、空压机等设备就位。

(2)设备安装。

设备要求安装准确,固定牢靠,钻机安装时必须使用罗盘校正,保证立轴对准孔位,并与钻孔设计方向和角度一致。空压机、岩屑收集器及除尘装置安装就位,且位置应不影响钻机操作和运转。

(3)钻孔取芯。

钻孔的开孔孔位应符合取芯试验要求。钻孔应按设计图纸注明编号,并作好实际孔位和钻孔施工记录,当发生异常时应及时处理。

(4)钻孔风压[5-6]。

钻孔过程中风压随钻孔深度增加而增大,根据钻孔试验的经验,一般情况下钻探过程中的风压控制可按经验公式进行。

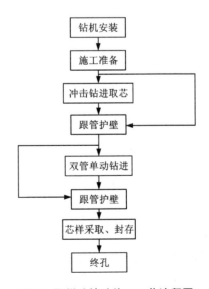

图 1 取样孔钻孔施工工艺流程图

$$P = 0.05 + H/150$$

式中：风压 P 的单位为 MPa，开孔时风压控制为 0.05 MPa；孔深 H 单位为 m。经验公式适用的浅孔钻探深度在 30 m 以内。

（5）跟管护壁。

依据地质条件的不同选择是否进行跟管护壁。当岩层较完整时，可采用单管钻进，不必进行跟管护壁；当地层为破碎岩层或软基地层时，采用双管单动钻进，孔内不出现塌孔时每 5 m 进行跟管护壁，出现塌孔、缩径等情况时，需及时跟管护壁。

3 钻进方法

3.1 完整地层

无水钻进和用水钻进的操作方法基本一致，其中应注意的主要问题有如下几个方面。

（1）在钻进过程中，应根据岩性和孔内情况随时变换和调整钻速、钻压和回次进尺。

（2）空气压力表的压力应根据孔深控制，保证出风口风速达到最小排渣风速。

（3）钻进过程中必须控制钻进速度、钻压，仔细观察钻速、压力表、转盘扭矩的变化，发现压力升高、扭矩变化等孔内异常情况时，应立即停止取芯作业，活动钻具，循环观察，及时处理。

（4）空气钻进取芯介质为气体，环空返速高，岩屑的高速上返及高温等因素，均对钻具产生一定的损坏作用。因此要加强对取芯内外管的检查，防止取芯管断裂造成孔内事故。

（5）在基岩钻进中遇到地下水时，应根据孔内地下水位高程和钻进深度，选择适当的空气压力进行冲洗，或者直接抽取出水下岩粉。

3.2 软基地层

页岩、泥灰岩、石膏、绿泥石片岩等都为软基地层，由于岩性软，可钻性强，进尺快，岩芯和岩粉容易堵塞风口和风路，造成憋钻或岩粉埋钻事故。

钻进软基地层时，除需注意 3.1 节的事项外还应当注意以下情况。

（1）软基地层产生的岩粉要比完整基岩多，应注意孔内的残留岩粉，可适当提高空气压力。

（2）密切注意转速、压力表、转盘扭矩的变化，控制钻压和钻进速度，防止进尺过快导致岩芯和岩粉不能及时排出，堵塞风口和风路而出现事故。

3.3 破碎地层钻进

破碎岩层钻进难度大，在钻进中，由于压力风在孔内的吹蚀和钻具的不断旋转，使破碎岩芯进一步破碎成为岩粉和岩粒。在这种情况下，一定要严格控制回次进尺，否则就容易发生岩粉埋钻事故。回次进尺的大小，关键在于根据钻孔内岩粉多少和岩芯获得率来确定，不能作硬性规定，转速一般可控制在 40～70 r/min。

钻进破碎地层，孔内容易发生掉块、漏水、漏风、孔壁坍塌等问题。对漏水地段的钻探，采用水循环钻进时，我公司曾采用了多种办法，但其均无明显效果，利用无水钻进后，可以顺利地通过漏水地段。

3.4 含水地层

（1）干孔钻进。这种钻孔的基本情况是无地下水。当采用空气钻进时干岩屑不断从孔口排出，钻进中循环阻力小、风压消耗低，因而用较低的风压就能完成较深钻孔的钻进工作，这是空气钻进最适应的钻孔条件。

（2）潮湿孔钻进。该类钻孔虽无地下水明显的侵入，但有地下水渗透，在钻进中易形成岩粉黏结、结团，孔壁缩径、泥包等现象，从而增加了空气的上返阻力，致使卡钻埋钻事故发生概率增大。为了有效地克服上述现象所造成的风压损失和钻进的困难，应采用气、液两相的混合洗孔介质和相应的钻进方法，如雾化钻进，泡沫钻进等。其中液相介质的作用一方面是稀释岩粉和消除岩粉结团，另一方面也有利于提高气举能力和降低风量及风压的消耗。当正循环采用雾化钻进和泡沫钻进时，空气的循环阻力要比单一的干空气钻进有所增加，因而钻进深度也有所降低。

（3）含水孔钻进。有水孔大体可以分为两种类型：一种属于大水量，高水柱被水饱和的钻孔；另一种属于小水量，低水柱或小水量，高水柱的缓流钻孔。所谓缓流钻孔，是指钻孔的水位处于不稳定状态的钻孔[7]。

对饱和钻孔应当根据所用空压机能力的大小及钻孔深度和水柱高度等所造成的阻力大小采用全孔正、反循环，或气举反循环钻进方法，主要取决于所用空压机的能力。但为了保证空气钻进的正常进行和防止事故的发生，应将钻孔的循环阻力控制在所用空压机额定压力的80%以下。

对缓流钻孔，则应根据钻孔的不同情况分别对待，其中主要是根据钻孔的深度，水柱的高度（即钻具在水中的沉没深度）所造成的阻力和所用空压机的能力是否相匹配，其次是根据钻孔地下水的补给量大小，是否可以采取分段排水而降低水柱高度，也就是说要根据钻孔水位恢复时间的长短而定，还要参考钻孔的水文地质条件及施工的客观条件是否可以采用气举反循环钻进等来决定。

4 工程实例

4.1 工程概况

锦屏二级水电站位于四川省凉山彝族自治州境内的雅砻江锦屏大河弯处雅砻江干流上，它利用雅砻江锦屏 150 km 长的 U 形大河弯的天然落差，裁弯取直凿洞引水，额定水头 288 m。电站装机容量为 4800MW，采用"4 洞 8 机"布置，单机容量 600MW，多年平均发电量 242.3 亿 kW·h，保证发电量 1972MW，年利用小时 5048 h。它是雅砻江上水头最高、装机规模最大的水电站，属雅砻江梯度开发中的骨干水电站。

在引水隧洞的绿泥石现场取样时，锤击声不清脆，无回弹，较易击碎；浸水后，指甲可刻出痕迹。结构构造大部分被风化破坏，矿物色泽明显变化。大部分由绿泥石、绿帘石、方解石及少量石英组成。结构面结合性较差，岩石较破碎。现场取样试验室检测的强度 Rc：烘干时为 14.4 MPa，浸水饱和时为 1.1 MPa，软化系数为 0.076，密度为 2520 kg/m^3，吸水率为 9.9%。

Ⅲ类绿泥石片岩的抗压强度仅仅为 30～40 MPa，Ⅳ类更低，围岩强度与应力比为 1～1.6，围岩具备了发生高地应力破坏的条件。

由于绿泥石片岩岩层遇水易软化，所以该段在钻孔、灌浆及取芯检查中不能用水造孔。钻孔结束后要求使用高压风脉动冲洗，确保孔内残余岩粉厚度不超过 20 cm。

4.2 试验及成果

针对绿泥石片岩遇水易软化的特性，根据现场设计要求进行的灌浆试验具有工作量大、工期紧的特点，我公司积极深入施工现场，进行了钻机、供风、取芯器等多种设备及钻材的组合研究，取得了较好的成果，如期完成了绿泥石片岩灌浆试验工程。

本次试验情况为：采用哈迈钻机、潜孔钻机、Atlas RB353E 型液压钻机和 XY-2PC 地质钻机多种型号钻机设备，同时配套美国寿力 750E 型空压机、浙江开山 4 方空压机、9 方空压机多种型号供风设备，并配备多种取芯、不取芯的冲击钻头钻具，从而实现了对绿泥石片岩钻孔灌浆试验的混凝土段、支护段钻孔、取芯孔钻孔、灌浆孔钻孔、扫孔及造孔的快速进行，达到了缩短施工工期的目的。

5 结语

无水钻进技术具有适用范围广、冲击回转钻进速度快、易判明井底情况、成本较低等诸多优点，研究选定易于搬运、无水快速钻进取芯的最佳设备组合，开发无水快速钻进取芯技术并用于实际工程的生产实践，对减少钻探难度、降低成本、提高钻探效率有很大的实际应用价值。

通过大量的室内试验及工程项目生产性试验，选定不同地层条件下的无水钻进机具组合及钻进参数是今后研究的发展方向。

参考文献

[1] 冉恒谦，张金昌，谢文卫，等. 地质钻探技术与应用研究[J]. 地质学报，2011，85(11)：1806-1822.
[2] 张金昌. 地质岩芯钻探技术及其在资源勘探中的应用[J]. 探矿工程(岩土钻掘工程)，2009，36(8)：1-6.
[3] 杨惠民. 钻探设备[M]. 北京：地质出版社，1988.
[4] 黎强. 论钻探设备及技术创新应用的现实意义[J]. 科学之友，2009(11)：18-19.
[5] 王海锋，李增华，杨永良，等. 钻孔风力排渣最小风速及压力损失研究[J]，煤矿安全，2005，36(3)：4-6.
[6] 冀前辉. 松软煤层中风压空气钻进供风参数研究[D]. 西安：煤科总院西安研究院，2009.
[7] 李国栋. 多工艺空气钻进技术在我队工程施工中的应用探讨[J]. 地质装备，2008，9(2)：17-19.

超深水平钻孔施工技术措施

许启云　周光辉　牛美峰　叶桂明　钟家峻

（浙江华东建设工程有限公司　浙江杭州　310014）

摘要：建德抽水蓄能电站由于长探洞 PD1 离调整后的中部厂房距离较远，为探明中部厂房工程地质条件以满足相关规程规范及设计要求，需要在探洞深 1250 m 掌子面布置一个 350 m 左右的超深水平钻孔。为了确保钻孔顺利完成，项目部制定了水平孔施工技术方案，并成立 QC 小组，使钻孔施工过程始终处于受控状态，最终孔深达到 381.58 m，全孔岩芯采取率达到 95% 以上，实现了钻探目的。

关键词：探洞掌子面；超深水平钻孔，钻进工艺

1　前言

浙江建德抽水蓄能电站位于建德市境内富春江上游段，上水库位于富春江上游左岸，利用已建富春江水力发电厂作为下水库，总装机容量为 2400MW，大坝拟采用钢筋混凝土面板堆石坝，最大坝高 131.8 m，坝顶长度约 380.3 m。

地下厂房采用尾部开发方式，初拟主厂房开挖尺寸为 220.00 m×23.00 m×52.00 m（长×宽×高）。根据最新设计布置的中部厂房方案，原布置且已完成多年的长探洞 PD1 离中部厂房距离较远，目前已无继续开展探洞加深工作的现场条件，为了查明中部厂房工程地质条件以及劳村组与黄尖组地层界线，为设计提供地质依据，在探洞掌子面设计布置一个深 350 m 左右的超深水平钻孔。

由于 300 m 以上超深水平钻孔，勘探公司以往从来没有施工过，能借鉴的经验也不多，为了确保本水平钻孔的正常施工，项目经理会同公司的技术团队，针对洞内岩层、探洞掌子面现场实际情况，精心策划，认真实施，并组建现场 QC 攻关小组，最终完成 381.58 m 超深水平钻孔。

2　钻孔技术措施

2.1　施工前组织策划

在探洞掌子面上布置水平钻孔，由于钻孔钻进加压方向的改变，对其钻机固定的要求非常高，同时在钻进过程中，起下钻杆需要按水平方向进出，为了满足起下钻需要，特制加工

作者简介：许启云(1964—)，男，教授级高级工程师，毕业于钻探工程专业，主要长期从事水电工程钻探、海上风电钻探、大坝防渗灌浆以及钻探机具改进工作。

专用的起吊装置。而针对 300 m 以上的超深水平钻孔，通过集思广益的分析、讨论和研究，制定实施如下技术方案。

（1）由于水平钻孔深度超过 300 m，钻进时需要大扭矩，应选择大扭矩工程钻机。

（2）为了满足水平钻孔的起下钻，结合现场探洞断面及钻场的有效使用面积，特制加工用于起吊钻杆的装置。

（3）由于水平钻孔深度超过 300 m，按常规钻进考虑很难一径终孔，需要在合适的孔深进行变径，为此选择二种规格的钻具、钻杆，并使钻具和钻杆的外径尺寸差值最小，以解决孔内掉块问题。

（4）水平钻孔钻进由于其钻机加压受力方向的改变，在钻进过程中，很容易使钻机前后左右出现位移，为此，采取了措施确保钻机安装稳固扎实。

（5）为了使钻孔与钻机立轴同心，应严格把好开孔关。

2.2 落实措施

针对上述需要解决的问题，经项目部统一思想以及精心准备，具体措施落实如下：

（1）钻孔设备选择。为实现水平钻探大扭矩输出需要，通过以往水平钻孔的钻进经验，本钻孔选择 XY-4 型钻机，水泵选择 BW-150 型泥浆泵。

（2）钻机固定安装。原探洞断面尺寸为 2 m×2 m，通过扩机位之后，断面尺寸为 4 m×6 m，最大洞高为 3.80 m，在安装钻机之前，要先清除松动岩块，再对洞顶进行挂网处理，同时，为了使钻机安装牢固稳定，在用混凝土浇筑探洞底板时，先预埋 2 根长方木，然后再与机台方木 90°交叉用于固定钻机，钻机安装就位之后，再用 3 根顶杆自洞顶与钻机底座固定在一起（图1）。

（3）钻杆起吊装置。为了解决孔内钻杆的起下钻问题，通过在掌子面钻孔上方固定滑轮1，以及钻机立轴后方设置锚桩用于固定滑轮2，从而形成进出钻杆的起吊装置。其工作原理为：当下钻时，钻机卷扬机钢丝绳经过钻孔上方滑轮1，钢丝绳通过提引器把钻杆牵引到孔内（图2）；当起钻时，钻机卷扬机钢丝绳经过立轴后方锚桩滑轮2，钢丝绳通过提引器把孔内钻杆牵引到孔外（图3），从而达到钻杆起下钻的目的。

图1

图2 钻孔下钻示意图

(4)孔身结构及钻杆钻具选择。考虑到岩石地层的变化性，以及一径终孔不利于岩粉排放问题，为此，计划在钻孔进入一定深度后，应视岩石变化情况在中途进行变径，同时，考虑到绳索取芯钻头的壁厚大于普通双管金刚石钻头的壁厚，钻机钻进在同等压力下，孔底给进压力就会受到影响，在一定程度上就会影响台班工效。为了减少钻压损失，同时，兼顾钻具与钻杆相匹配的问题，本次钻具钻杆选择如下 2 种尺寸：其一，特制加工直径为 95 mm 双管钻具与 95 绳索取芯直径为 93 mm 钻杆相匹配；其二，75 mm 普通双管钻具通过变径与 75 绳索取芯直径为 71 mm 的钻杆相匹配。这样可以成功解决孔内的掉块问题。

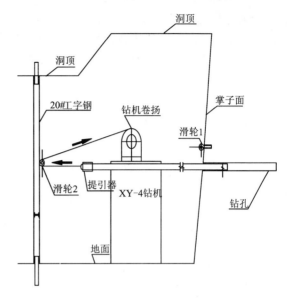

图 3　钻孔起钻示意图

(5)开孔角度控制。水平钻孔开孔原则上应确保与立轴高度一致，但是，根据以往钻探经验，为防止钻孔下垂，往往采取上偏 1°控制，为此，为了控制好开孔的角度，立轴调整好角度后，通过不断接长开孔钻具，使钻机立轴中心始终与钻具中心保持一致，其钻进进尺不小于 3.0 m，可以直接把长 3.0 m 钻具钻完为止。

3　钻孔防孔斜措施

在正常钻进过程中，要保持钻孔始终与钻机立轴水平，而结合以往的钻探经验，钻机在钻进加压过程中，钻机轨道会受水平加压的反向剪切力影响，容易使钻机底部机架产生相对位移，造成钻孔倾斜。为了防止钻机位移，按洞顶的高度，在洞顶与钻机底座之间用顶杆加固。除防止钻机位移之外，还需要采取如下措施。

(1)在开孔阶段主动钻杆应使用短钻杆，在保证开孔水平的同时，还应做到轻压、低速、小泵量，并通过不断加长开孔钻具的办法，来确保钻孔与立轴中心一致。

(2)每日应经常用万能角度尺，检查钻机水平情况，以确保钻机立轴始终与钻孔在同一水平面。

(3)选择与钻孔孔径相匹配的钻杆，以尽量减少钻孔与钻杆之间的间隙，防止因钻杆与钻孔孔径相差较大，导致钻孔倾斜。

4　钻孔事故预防措施

水平钻孔发生孔内事故以后，处理事故比直孔困难，因此，在选择钻孔孔径和工艺方式时，必须作好事故的预防，其具体的事故预防措施如下。

（1）预防掉块卡钻。在孔浅的时候，选择95绳索取芯进行钻进，因为95绳索取芯，钻具扩孔器最大外径为95.5 mm，所配钻杆直径为89 mm，而接头直径为93 mm，最大间隙只有6.5 mm，而大于6.5 mm的块石无法掉落，这样一来，即使孔内有掉块也不会出现卡钻的问题。但是，当钻孔深度超过100 m时，由于钻具以及钻杆自重较大，当出现孔内阻力明显增大时，应改用小一级的绳索取芯钻具进行钻进，即采用75 mm普通双管钻具与直径71 mm的绳索取芯钻杆相匹配，解决孔内掉块问题。

（2）预防烧钻事故。应保证水泵正常运转，发现岩芯堵塞时，需要马上进行起钻。

（3）预防钻杆折断。水平孔钻进，钻具磨损严重，要及时检查更换，应做到勤检查钻杆的厚度，当钻具或钻杆磨损较大时，应及时更换处理。

选择使用高刚度粗径长钻具能有效防止钻具的弯曲及减小钻具偏倒角；在水泵泵量的设置上，应综合考虑转速、钻压及岩层情况，遇软岩应适当减小泵压；在转速钻压的设置上，为减小孔斜，转速钻压应设置得低一些，如遇破碎带应适当减小转速和钻压。

通过上述一系列的工序把关，由于管理措施得当，方法正确，致使钻进始终处于受控状态，本钻孔于2017年2月4日开始搭建平台，至4月6日结束，最终终孔深度达到了381.58 m，全孔岩芯采取率达到95%以上，其钻孔取芯质量达到优良，得到设计部门和地质工程师的认可。

5 结语

水平钻孔由于起下钻困难，不容易处理孔内掉块以及钻孔容易出现位移等问题，为此，在钻孔施工前必须进行策划研究，而本次XZK21水平钻孔原计划深度为350 m，后来因地层的原因延绅至381.58 m终孔，这些均得益于钻机选择得当，钻进工艺方法合理，尤其是通过各种措施的把关控制，最终使钻孔顺利地达到预定深度。整个钻孔岩芯采取率达到95%以上，得到了现场工程师以及设计人员认可。

通过此次水平深孔的施工，在工艺技术上积累了相关经验，并在此基础上总结出一套针对水平深孔的施工工艺与技术，为类似水平孔施工打下了良好的基础。

参考文献

[1] 水利电力部长江流域规划办公室. 钻探工艺[R]. 1985.
[2] 王世光. 钻探工程[M]. 北京：地质出版社，1987.
[3] DL/T5013－2005水电水利工程钻探规程[M]. 北京：中国电力出版社，2006.
[4] 刘东恒，李日喜，杨勇. 超前水平钻探技术在隧道地质勘探中的应用[J]. 中国高新技术企业，2011，(33).
[5] 李永平，欧红兵. 坑道内水平孔施工[J]. 探矿工程（岩土钻掘工程），1994(6).

深厚覆盖层跟管钻进新工艺研究

龙先润　曾　猛

(中国电建集团贵阳勘测设计研究院有限公司　贵州贵阳　550081)

摘要： 在覆盖层中钻进由于其地层结构松散、无胶结或胶结性差、稳定性差，造成钻孔施工过程中经常出现垮孔现象，增加了钻探施工的难度。目前在覆盖层中钻进主要采取钻井液护壁或跟管护壁的方法。传统的跟管钻进在覆盖层施工中效率不高、管材消耗大。本文拟推出一种新的螺丝头，改进传统的跟管钻进工艺，以达到提高施工效率、节约施工成本的效果。

关键词： 覆盖层；跟管钻进；新型螺丝头

1　覆盖层钻探施工现状

钻探施工是工程勘察中了解地质条件和水文条件最直接的一种方法。工程勘察中经常会遇到覆盖层很厚的地区，在覆盖层中钻进由于地层破碎，地层胶结不良等原因导致钻孔垮塌、钻井液漏失等情况的发生。目前国内对于深厚覆盖层钻进主要还是采取钻井液护壁和跟管钻进两种方法。对于100～200 m的钻孔，施工过程中使用专门配置的钻井液将会增加施工成本，影响工程效益，而且有些钻井液配方要求各种配比精准，现场实施难度大。而使用跟管钻进的方法，直接将垮塌孔段隔离，效果显著，但是管材消耗较高、钻头磨损大、跟管效率低下。现阶段跟管钻进的主要步骤如下。

(1) 用螺丝头带入套管口，移动钻机使机杆与螺丝头连接；

(2) 开动钻机将套管跟入预定深度；

(3) 上提套管，将螺丝头卸松，用钻机把套管压入跟管的位置；

(4) 拧卸螺丝头，提出孔口然后加入新的套管。

上述过程中的第三步由于螺丝头与套管是螺纹连接，在跟管过程中螺纹之间受到很大的压力以及回转时受到大扭矩力，会发生黏扣现象，所以必须将螺丝头提至孔口，固定套管后才能将螺丝头拆卸下来。但是需要下套管护壁的孔段容易孔壁垮塌，上提套管的过程中会出现探头石和垮塌面坍塌合拢的情况，这样会导致套管下压达不到预定深度，需要重新跟管，影响钻探效率，对跟管钻头和套管磨损较大。

跟管钻进是在钻进过程中遇到地层条件复杂、孔壁垮塌严重的钻孔时，采取特定的施工工艺用套管将垮塌部分孔壁隔离的一种方法。但是现有的跟管施工技术由于螺丝头黏扣和跟管扭矩过大的原因，不能在套管跟至预定部位就直接拆卸下来，而是需将套管上提至孔口，人工拧松螺丝头之后再压入孔底，然后拆卸螺丝头，加套管。这样由于工序的重复性会很大

作者简介：龙先润(1991—)，男，助理工程师，主要从事水利水电工程地质勘察工作。

程度地影响钻进台班效率,增加施工成本以及延长施工工期。

2 新工艺研究

本文提出的新工艺相对于现有跟管技术的区别是在跟管钻进过程中,使用一种新型的螺丝头。这种新型螺丝头具备传统螺丝头传递扭矩、输送冲洗液或冷却水,传递钻机上提或下压力量的功能。另外该螺丝头最重要的作用是当套管跟至孔内预定部位时,可直接在原位置将其从套管上拆卸,并提出孔口,省略了上述跟管施工工序中的第三步,提高跟管钻进的效率,特别是在遇到严重垮孔的地层时,一次性地把垮孔段隔离,避免重复跟管的情况出现,从而减少套管以及跟管钻头的磨损。

(1)主要结构及组成。

该新型螺丝头主要由三个部件构成:曲状螺丝头、滚珠、外螺纹结构。其主体部分称为曲状螺丝头(图1),是利用传统螺丝头未加工螺纹前进入套管的部分切去四个楔形块,然后将螺丝头四个圆形的外侧面加工成收缩型的曲面。

螺丝头侧面加工出凹槽(图2),以便放置滚珠,螺丝头的中心加工成用于输送冲洗液的通孔,连接钻杆的部分加工成可接 $\phi 50$ 方扣钻杆的母扣形式。未进入套管的部分直径要比该级套管大 2~3 mm,以防止螺丝头钻套管的情况发生。

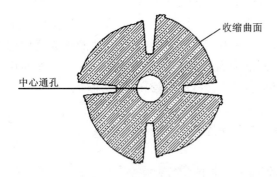 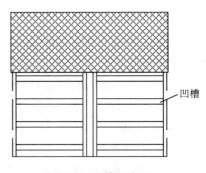

图 1 曲状螺丝头横切面　　　　　图 2 凹槽示意图

外螺纹结构如图3所示,其内表面形状与曲状螺丝头的曲面一致,且在相同位置切出与曲状螺丝头一致的凹槽,外表面为圆形曲面,加工出与套管相同的螺纹。滚珠为圆柱形,组装螺丝头时将滚珠嵌在曲状螺丝头与外螺纹结构之间的凹槽,以传递径向力。滚珠填充数量以达到滚珠间隙小于滚珠直径为宜。

(2)工作原理及方法。

孔内拆卸原理:该螺丝头处于正常状态时,其直径比该级套管内径要小,螺丝头丝扣与套管丝扣没有紧密连接。当顺时针转动曲状螺丝头时,由于外螺纹结构与曲状螺丝头之间使用滚珠连接,其受力情况与轴承相似,故而外螺纹结构不会跟随曲状螺丝头转动。曲状螺丝头外表面与外螺纹结构内表面是相同的收缩型曲面,当两者错开时,曲状螺丝头直径较大的部分移动到外螺纹结构厚壁部分,导致整个螺丝头的直径加大,此时为螺丝头工作状态。原来的螺丝头丝扣与套管丝扣连接不紧密,此时因为螺丝头直径增大的缘故,将会紧密相连。

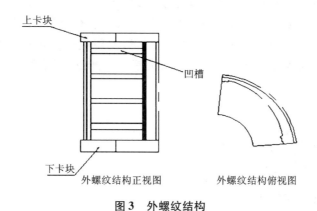

图 3　外螺纹结构

而且跟管时，钻杆套管都是顺时针转动，由于顺时针扭矩的作用，螺丝头与套管的连接会越来越紧密，不存在滑扣的风险。当套管跟至预定位置时，钻杆带动螺丝头逆时针转动，此时滚珠的存在使曲状螺丝头与外螺纹结构间的滑动摩擦力变为滚动摩擦力，摩擦力大大减小。曲状螺丝头与外螺纹结构很容易回到正常状态，此时螺丝头直径变小，消除了丝扣之间的黏扣现象，此时螺丝头与套管可以通过反转比较容易分离开来，从而实现孔内拆卸螺丝头的目的。

输送冲洗液与传递纵向力量原理：螺丝头中心掏空，可与传统螺丝头作用一样输送冲洗液和冷却水。外螺纹结构上下分别有扣住曲状螺丝头的卡块，可以通过这两个卡块传递钻机施加给套管的上提或者下压力量。

（3）新型螺丝头预期的使用效果。

传统螺丝头在跟管钻进时因为扭矩过大，在跟管完成之后要拆卸螺丝头必须将套管固定，使用管钳或其他工具反向扭动才能拆卸下来。但是跟管时，螺丝头位于上一级套管之内，两级套管之间空隙极小，不能使用常规工具固定套管。如果在套管跟至预定孔深部位直接反转，有可能会因为套管之间黏扣以及跟管时扭矩过大，将其他孔内的套管一起反转或者造成套管脱落。因而必须将套管提至孔口固定才能达到预期效果。

该新型螺丝头应用于跟管钻进作业，由于曲状螺丝头外表面和外螺纹结构的内表面的曲面并非圆形，而是收缩型曲面。当顺时针扭动时，二者曲面错开会导致螺丝头直径增大，达到工作状态，当逆时针转动时，二者又会回到正常状态，新型螺丝头通过钻机正反转具有外径相应的增大和减小的功能。曲状螺丝头与外螺纹结构之间使用类似于轴承的连接方式，圆柱形滚珠的作用使两者之间由滑动摩擦变成滚动摩擦，摩擦力减小有利于曲状螺丝头与外螺纹结构间的相互运动，从而比较容易实现孔内拆卸的目的。

3　结语

目前复杂地层钻探施工是在 50～200 m 深度钻孔，其难度主要是覆盖层钻进问题，覆盖层钻进的速度与钻孔施工的经济效益成正比。特别是水电勘察孔，钻孔位置大多在河床峡谷两侧，地层主要以河床冲积砂卵砾石以及崩积碎石夹土为主。钻进过程中遇到的钻井液漏失垮孔现象严重,现场通常使用跟管钻进隔离垮孔段的方法。但是由于螺丝头不能在孔内直接拆卸,造成跟管工艺的重复,影响钻进台班效率,加剧套管和钻头磨损,增加施工成本以及延长施工工期。通过改进的新型螺丝头(图4),可以实现孔内拆卸的功能,覆盖层跟管效率预计比使用常规螺丝头提高30%～50%,并大大减少管材和钻头的损耗。

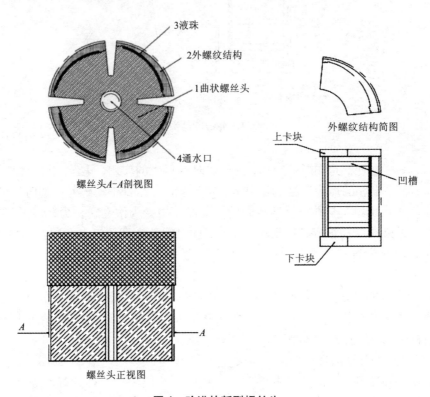

图4 改进的新型螺丝头

参考文献(略)

一种坍塌破碎地层钻进护壁新方法初探

白闰平　陈保国　范立安

（中国电建集团北京勘测设计研究院有限公司　北京　100024）

摘要：本文分析了目前常用的地质钻探钻进护壁方法，其主要包括了化学措施和物理措施两大类方法。结合地质钻探中现有的护壁方法，提出了一种钻进护壁的新方法，新方法主要包括：喷浆设备的发明和喷射浆液的选择。

关键词：钻孔护壁；地质钻探；喷射浆液；水泥；环氧树脂

1　引言

工业化带来了人类的现代文明，而现代工业化的基础是各类能源，如石油、煤、天然气等。各种能源矿床的勘探离不开地质钻探。因此，地质钻探对现代工业化的进程起着非常重要的作用。

在坍塌破碎岩层中开展地质钻探是一个难点，例如坍塌破碎层中的岩块脱落造成卡钻事故，严重影响钻探工作的开展，甚至造成钻具无法从地层中提取，导致钻孔和钻具的废弃，给钻探工作带来巨大的经济损失。

据统计，钻探行业内钻孔的护壁成本占总成本的20%，占单孔成本的30%，随着钻探技术的发展，钻探深度在不断加深，钻探区域也从陆地向海洋发展，护壁成本仍然在攀升[1-5]。

归纳当今国内外的护壁措施，简单分为两种情况：物理措施方面和化学措施方面。物理措施主要就是运用套管来达到护壁的要求，化学措施就是使用各种浆液和冲洗液来保证孔内的润滑和黏稠度。目前，化学措施方面已经发展了近一个世纪，相对比较成熟。可是物理措施方面，仅有套管比较常用，急需提出新的物理措施来满足日益增长的钻探护壁要求[6-11]。

笔者提出一套物理措施和化学措施相结合的新型钻孔护壁方法，文中主要从物理措施和化学措施两个方面来分析钻孔护壁方法。

2　物理措施

钻探护壁方法的主要思路为：当钻探中遇到坍塌破碎岩层时，将本方法中发明的装置放入坍塌破碎岩层的钻孔中，高压喷射浆液到孔壁，通过浆液凝固来达到护壁的作用。浆液喷射装置如图1所示。

在图1中，喷射装置上部的橡胶塞作用是分隔钻孔中胶塞上部空间和下部空间，以便于

作者简介：白闰平（1982—），男，博士，工程师，主要从事地质钻探等方面的研究工作。

将胶塞下部空间的水体抽出。喷射装置下部的反向钻头是为了便于将浆液喷射装置提出钻孔，在从孔中提出该装置时，下方的反向钻头将处于旋转中，达到反向修孔的效果。

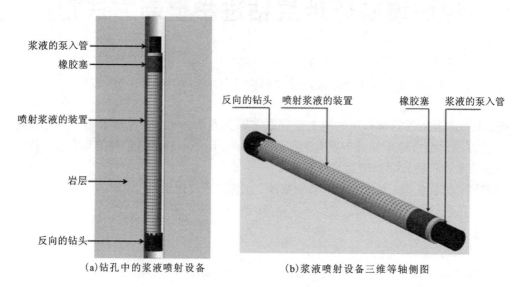

(a) 钻孔中的浆液喷射设备　　(b) 浆液喷射设备三维等轴侧图

图 1　浆液喷射设备示意图

3　化学措施

目前，国内外主要的护壁方式，是在钻探作业中加入各类钻探泥浆和冲洗液，用来起护壁作用。国外钻探泥浆和冲洗液的研究和发展比较早，已有数百家冲洗液公司、化学公司及钻井公司为石油钻探、水井钻探、岩芯钻探、工程钻探提供泥浆材料和冲洗液。每年将近有 2000 多种冲洗液在 World Oil 杂志刊登，而且这些材料均实现了大规模的商业化生产[8-10]。

各种黏土冲洗液被广泛使用，如以瓜尔豆胶、生物聚合物、径乙基纤维素、海藻胶为基本原料的冲洗液，同时紊流减阻液也有较多的研究。目前，俄罗斯在新型护壁材料的研究中走在世界前列，已成功开发出多种速凝、高强度和高膨胀性能的特种水泥。此外，速凝混合浆液和水泥聚合物浆液，在护壁中的应用也取得了很好的效果[11-14]。

20 世纪 40 年代，我国使用的护壁材料主要是普通硅酸盐水泥浆液，以后逐渐开始使用泥浆与水泥按一定比例配制的胶质水泥浆。20 世纪 50 和 60 年代，开始使用冻胶泥浆、纤维浆、快干水泥浆和油井水泥等作为钻孔的护壁材料。近些年，对改变水泥性能的各种添加剂研究较为广泛，如早强剂、减水剂、比重降低剂等。FA 水泥减重剂，可使水泥浆比重降低到 1.25～1.40。现在，我国也已研制出既保证有足够流动性，而凝结时间又较短的复合速凝剂，这些水泥的外加剂可以很大程度地调节水泥的特性，以满足各种护壁工作的要求[15-16]。

随着化工技术的不断发展，目前可供选择的浆液范围越来越广泛。可是，水泥仍然是一种比较好用的护壁浆液，而且成本低廉。

本文护壁方法中的化学措施主要难点在于，依据护壁浆液的凝固特性和浆液的物理特性，选择可靠的浆液，浆液的选择要视钻孔所处状况而定。

4 结语

该方法主要包括两个部分:第一部分为喷浆设备的发明;第二部分为浆液的选择。图2为该方法的技术要点图。

该钻进护壁方法可以简单介绍如下:喷浆设备的喷头为表面布满孔的柱状圆筒,在喷头的末尾带有橡胶塞,该橡胶塞的主要作用是将喷头长度范围内的钻孔密封,隔离钻孔中橡胶塞上下两端的水体。待喷浆设备放入孔底后,开始给橡胶塞加压,让其与孔壁紧紧压在一起,然后将橡胶塞下端的水抽出,保证橡胶塞下端孔内无水,再从孔口高压泵送浆液到孔底,并从喷浆设备的喷头喷出,喷出的浆液附着在钻孔的孔壁,待浆液凝固,即可保证孔壁的碎岩块不落入孔中,从而达到护壁的效果。

图2 钻孔护壁方法的技术要点图

本文初步探讨了一种新型的地质钻探钻孔护壁方法,笔者在后续的研究中会不断的加以完善。

参考文献

[1] 徐同台.井壁不稳定地层的分类及泥浆技术对策[J].钻井液与完井液,1996,13(4):42-45.
[2] 郑克清.复杂地层钻探护壁堵漏工艺研究与应用[D].中南大学地球科学与信息物理学院,2012:8-9.
[3] 张祖培,殷琨,蒋荣庆,等.岩土钻掘工程新技术[M].北京:地质出版社,2003.
[4] 刘锡金.陈台沟铁矿复杂地层深孔钻探施工技术[J].探矿工程(岩土钻掘工程),2014,41(10):15-20.
[5] 郑思光.迁安红山铁矿破碎复杂地层钻探施工技术[J].探矿工程(岩土钻掘工程),2012,39(8):27-33.
[6] 郑思光,赵志杰,王克佳,等.司家营(南)区大贾庄铁矿复杂地层深孔钻探技术[J].探矿工程(岩土钻掘工程),2011,38(7):32-36.
[7] 孙宗席.甘肃文县阳山矿区复杂地层用冲洗液研究[J].探矿工程(岩土钻掘工程),2012,39(12):54-58.
[8] 胡继良,陶土先,纪卫军.破碎地层孔壁稳定技术的探讨与实践[J].探矿工程(岩土钻掘工程),2011,38(9):25-30.
[9] 张晓静.水敏/松散地层钻井液的护壁机理分析与应用研究[D].北京:中国地质大学(北京),2007,1~65.
[10] Luiz F P Franca. A bit-rock interaction model for rotary-percussive drilling[J]. International Journal of Rock Mechanics & Mining Sciences, 2011, 48: 827-835.
[11] Petter Osmundsen, Kristin Helen Roll, Ragnar Tveteras. Drilling speedthe relevance of experience[J]. Energy Economics, 2012, 34: 786-794.
[12] 陶士先,李晓东,吴召明,等.强成膜性护壁冲洗液体系的研究与应用[J].地质与勘探,2014,50(6):62-66.
[13] 李振学,张成建,李光宏等.河南省南坪矿区多金属矿复杂地层钻探施工方法[J].探矿工程(岩土钻掘

工程),2012,39(4):33-37.
[14] 王勇.大宝山钼矿复杂地层钻探技术[J].探矿工程(岩土钻掘工程),2012,39(11):42-45.
[15] 肖丰伟,郑晓良,李超,等.嵩县槐树坪大型金矿复杂地层泥浆及护壁堵漏技术[J].探矿工程(岩土钻掘工程),2014,41(2):12-15.
[16] 舒智.复杂地层深孔钻进关键技术的探讨与实践[J].探矿工程(岩土钻掘工程),2009,36(S1).

坚硬致密花岗岩中金刚石钻进工艺的应用

黄炎普

长江岩土工程总公司(武汉)　湖北武汉　430000

摘要：在坚硬致密花岗岩中，经常会遇到钻进效率低下，钻头磨损较快等问题，施工成本及工期往往难以保证。本文主要结合三峡水运新通道勘探施工实例，介绍了金刚石钻进工艺在坚硬致密花岗岩中的成功应用，重点介绍了本项目实际操作中金刚石钻头的选型、钻进参数及润滑液的使用、金刚石钻进操作技术及措施三个方面的内容。

关键词：坚硬致密地层；花岗岩；金刚石；钻进工艺

1　引言

由于长江水运的快速发展，三峡船闸的运力已经跟不上时代的要求，船舶待闸成为了常态。当前，国家提出依托长江黄金水道打造长江经济带的发展战略，长江航运将迎来新一轮的发展高峰期。但是，三峡船闸通航能力不足将对长江上游地区的综合运输格局、产业发展布局和区域经济社会发展产生重大的影响，解决三峡大坝通航问题已迫在眉睫！为此，国家相关部门已联合开展了三峡水运新通道的预可行性研究工作，我公司有幸承担了三峡水运新通道预可行性研究阶段的地质勘察任务。本次地质勘察任务共布置钻孔29个，设计深度90～260 m，揭露覆盖层下部基本为坚硬致密花岗岩。本文主要结合三峡水运新通道勘探施工实例，介绍了金刚石钻进工艺在坚硬致密花岗岩中的成功应用。

2　三峡花岗岩岩性简介

三峡水运新通道基岩为震旦纪闪云斜长花岗岩，厚度较大，含石英30%以上，岩体完整，结构致密，岩性均一，硬度大，抗压强度高，摆球回弹次数35～46次，可钻性9～11级。

3　现场资源配置

3.1　人员配置

由于工期紧张，项目部先后共组织14台机组进场施工，全部实行单班工作制，每台机组配备机长1名，班长1名，辅助作业人员2名；项目部设项目经理1名，技术负责人1名，外协人员1名，后勤、财务人员1名。施工高峰期现场作业人数达60人。

作者简介：黄炎普(1989—)，男(汉族)，勘查技术与工程专业，长江岩土工程总公司(武汉)助理工程师，主要从事水利水电工程勘探施工管理及研究工作。

3.2 主要设备配置

投入的主要设备有：重探 XY-2 钻机 9 台、长探 GY-200 钻机 5 台、BW-160 三缸泵 8 台、BWQ160 单缸泵 6 台。

4 金刚石钻头选型

施工初期，我公司技术人员针对现场钻进效率低下、钻头磨损严重的情况，购置了不同唇面结构，不同金刚石浓度、粒度以及不同胎体硬度的各式孕镶钻头用于现场试验。通过试验结果的对比分析，确定了该类地层金刚石钻头的最优选型。

4.1 钻头唇面结构的选择

在金刚石钻头各项结构技术参数的选择中，唇面结构的选择尤为重要，合理的选择钻头的唇面结构是提高钻进效率的有效途径。现场实践表明，同心圆尖齿结构唇面钻头能有效减少钻头接触孔底岩石的面积，增加钻头底面的自由切削面，增强钻头对岩石的研磨能力，而且尖齿的侧面还能对岩石产生挤压破碎作用，具有很好的破岩效率。同时该造型能使钻头在工作中获得很好的稳定性，可防止孔斜等情况发生(图1)。

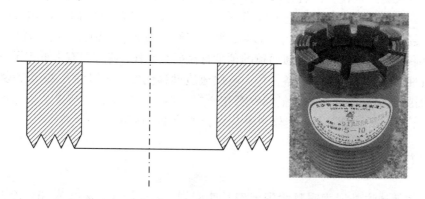

图1　同心圆尖齿钻头结构唇面示意图及实物图

4.2 金刚石浓度、粒度的选择

金刚石浓度、粒度的选择对钻头寿命以及钻进效率具有重要的影响。

金刚石浓度偏高时，钻头胎体端面的金刚石与岩石的接触面积增大，单粒金刚石所承受的压力较小，相应压入岩石的深度减小。当金刚石上的压强小于岩石的抗压强度时，金刚石就不能压入岩石，表现为钻头打滑不进尺。相反，金刚石浓度偏低一是不能布满唇面的环状面积，出现大面积的金刚石空白区，二是造成单粒金刚石上的压强太大，在新的金刚石未出露之前，已出露的金刚石就过早地磨损或崩刃、脱粒，导致钻进状况恶化，甚至停钻。从试验的钻头来看，在其他结构和技术参数相同的情况下应选择合适的金刚石浓度参数，金刚石浓度高低，对钻进效率存在影响，一般金刚石浓度在 85%~100% 的钻头较适用于本区坚硬致密的花岗岩层。

选用钻头时还要考虑金刚石的粒度。坚硬致密花岗岩抗压强度大，钻进时若没有一定的压力，钻头就不能很好的磨削岩石。但金刚石粒度过小，包镶不牢，容易脱粒，钻头寿命不长。根据我们的经验，金刚石粒度的选用需综合考虑岩层的完整度、硬度、钻进参数、金刚石的其他参数(浓度)等因素，在实际操作中可通过预期钻速 V 测算得出，计算公式如下：

$$Q_D = \frac{0.88 MVP_D S_D S_\varepsilon}{Pn}$$

式中：Q_D 为每粒金刚石的质量，g；M 为金刚石的浓度，%；V 为预期机械钻速，cm/min；P_D 为工作金刚石与岩石接触面上的单位压力，kg/cm²；S_D 为每粒工作金刚石与岩石接触的面积，cm²；S_ε 为钻头端面有效系数。

根据本项目工期推算，预期钻速需达到 1.5 m/h，考虑到钻进规程控制上可能存在的缺陷以及不可控因素的影响，预期钻速需达到 1.5~2.5 m/h。根据上述公式推算得出，金刚石粒度宜为 80~100 目。

4.3 胎体性能的选择

金刚石钻头胎体用于包镶金刚石并与钢件牢固连接，其性能的好坏直接影响钻进效率及钻头的使用寿命。胎体的耐磨性、硬度要与所钻岩石的研磨性、压入硬度以及抗压强度相适应。孕镶金刚石钻头对这些性能的要求更加严格，使用孕镶钻头进行钻进时，在正常钻进过程中胎体的磨损速度应适当超前于金刚石的磨损速度，使金刚石不断出刃，以保证钻头有高效率的和的长寿命。如果胎体不磨损或磨损极慢，则金刚石出刃甚小，发挥不了其微切削作用，结果是钻速很低。反之，如果胎体磨损太快，则造成金刚石过早的崩刃或脱粒，从而失去钻进能力，钻头寿命缩短。现场花岗岩研磨性适中，硬度大，从试验结果来看，使用中等耐磨性、胎体硬度小(HRC 5~10)的孕镶金刚石钻头钻进效果较好，钻头的使用寿命也较长。

5 钻进参数及润滑液的使用

5.1 钻进参数

除了钻头选型外，金刚石的钻进效率有赖于钻进参数的选择，钻进参数包括钻压、转速和泵量三个参数。影响钻进参数的因素很多，主要有岩层的性质和特点、钻头的类型、所用设备和钻具的性能、钻孔的直径和深度以及其他工艺技术条件等。

钻遇花岗岩地层后，由于岩层完整且坚硬致密，现场选用孕镶金刚石钻头，一般采用 ϕ91 mm 孔径钻进至终孔。钻进参数见表1。

表1 三峡水运新航道勘察项目花岗岩地层钻进参数表

钻具规格/mm	钻孔深度/m	钻压/kN	转速/(r·min⁻¹)	泵量/(L·min⁻¹)
ϕ91	花岗岩层埋深~100	11~13	600~750	90~110
	100~200	7~11	700~900	90~110
	200~260	5~7	800~1000	90~110

5.2 润滑液的使用

在金刚石钻进中,采用润滑剂可以大大降低钻具的回转阻力,实现快速钻进,提高金刚石钻进效率、延长钻头寿命。同时,对于增加钻具的稳定性、防止钻具振动、减轻钻杆及水泵零件的磨损、减少岩芯堵塞、延长回次进尺等方面都起到了良好的作用。由于配制简单、取材方便、可实施性强,项目现场选用皂化油作为润滑液,在冲洗液(清水)中加入皂化油后大大降低了冲洗液的摩阻系数,进而有效减小了孔内阻力。

为了确定添加皂化油的最佳比例,现场安排了一台机组进行试验。试验步骤如下:在泥浆池中注入 1 m³ 清水,然后添加皂化油并依次增加皂化油的添加量,通过对不同皂化油添加量下最大有效转速的测定,确定皂化油的最佳添加比例。试验结果如下表 2 所示。

表 2　皂化油添加量和钻机最大有效转速对应表

皂化油添加量 /L	0	1	2	3	4	5	6	7	8	9	10	11	12	13	14	15
最大有效转速 /(r·min⁻¹)	392	422	454	489	527	561	588	608	622	632	637	641	643	644	645	645

根据试验所得数据,绘制出皂化油添加量和钻机最大有效转速关系散点图如图 2 所示,从图 2 可以看出,每立方清水中,皂化油添加量在 0~9 L 区间时,皂化油添加量与最大转速值大小成正相关关系,当皂化油添加量继续加大时,最大转速值的增量则很小,由此我们得出添加皂化油的最佳比例为 1∶111,即 111 体积的清水加入 1 体积的皂化油为最佳。

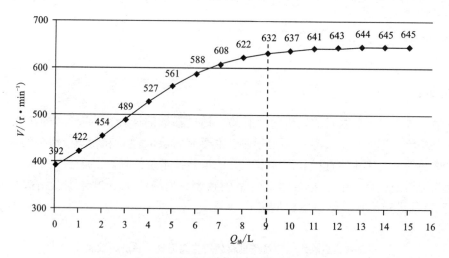

图 2　皂化油添加量和最大有效转速关系散点图

6 金刚石钻进操作技术及措施

6.1 钻进前准备工作

(1)钻机安装应牢固周正,消除机械振动对钻进过程的影响,钻机、立轴、天车应在一条直线上。

(2)检查水泵,保证正常送水,防止钻进时冲洗液供应中断。配备指示泵压、流量的仪器。

(3)金刚石钻头、扩孔器、卡簧应按规定尺寸选配,并涂抹黄油。

6.2 钻进

(1)压力、转速、冲洗液量根据钻头类型、地质条件和岩石可钻性进行选择。钻进中要加压均匀,严禁提动钻具,以免卡断岩芯造成岩芯堵塞。

(2)一个回次最好由一个人操作,便于掌握孔内情况。操作人员必须精力集中,注意进尺速度,注意返水及泵压大小,细心观察电流表及功率表,发现异常立即停止钻进。

(3)孔内钻具总重超过所需钻压时,倒杆应用升降机将钻具拉紧,防止压损钻头和压弯钻具。

(4)开车时要减轻钻头压力,轻合离合器,使钻头和钻具在较轻负荷下缓慢启动,但钻头不应离开井底。

(5)发现岩芯堵塞立即提钻处理,岩芯堵塞使钻头空转,加速钻头磨损。在孔低无岩芯导向时,易造成钻头移位而使钻孔偏斜,严重时,还能使水路不通,甚至造成烧钻。

(6)禁止使用金刚石钻头扫孔,套取残留岩芯。

6.3 升降钻具

(1)下钻前应检查钻杆、接头、岩芯管的弯曲和磨损情况,发现弯曲和严重磨损时应及时更换。

(2)每次下钻时应在丝扣处抹丝扣油或缠棉纱,以保护丝扣并防止冲洗液漏失。

(3)下钻具必须小心稳重,避免与孔口板、井口管、套管、换径孔段及孔壁、孔底撞击。下钻遇阻时不得猛力墩放,只能用牙钳回转钻具。如仍无效时,可用十字钻头或出刃低的小八角钻头处理。由于钻孔缩径造成的下钻遇阻,可扩孔处理。

(4)钻具下放到孔底1.5~2 m时,应停止使用升降机下放钻具,同时开大水冲孔。离孔底0.2~0.3 m时即拧紧卡盘,使用钻机最低转数缓慢扫孔下放。到底后保持轻压慢转,待钻进正常,有一定岩芯导向时,可改用正常钻进参数。

(5)提起或放倒岩芯管时,禁止将钻头在地面上拖拉。

(6)不得使用牙钳拧卸钻头和扩孔器,应用链钳、盘钳或自由钳,钳牙不要咬在胎体上。

(7)提升和卸开钻具应操作平稳,防止因振动造成岩芯脱落。

(8)上下钻具时如发生跑钻事故,应将钻具提出孔口检查钻头。

6.4 卡取岩芯

（1）金刚石钻进时必须使用卡簧卡取岩芯，不得使用卡料取芯，任何情况下严禁使用干钻取芯。

（2）为保证取芯可靠，必须严格选用岩芯卡簧，卡簧要有较好的弹性和耐磨性，尺寸符合要求。

（3）岩芯长度接近岩芯管长度时，钻进速度平稳下降，岩芯堵塞或发生其他异常时，皆应及时卡取岩芯并提钻。

（4）采取岩芯时，先停止立轴回转，用立轴将钻具轻轻提离孔底，使卡簧将岩芯卡紧，再缓慢开车扭断岩芯，迅速提起钻具。

（5）每个回次要尽量取尽岩芯，避免残留岩芯损坏钻头。凡岩芯脱落或残留岩芯超过0.2 m，皆应专门捞取。

7　应用效果分析

三峡水运新通道勘察项目共布置钻孔29个，钻探工作量4711 m，总工期61 d。为了保证项目工期，现场通过对金刚石钻进工艺的应用及优化改进，顺利完成了全部钻探任务，总工期56 d，比计划工期提前了5 d，平均机械钻速达到了1.7 m/h。

8　结语

实践表明，针对坚硬致密花岗岩层，优化钻头的选型、合理选用钻进参数以及润滑液可以有效提高机械钻速，降低钻头的磨损，保证钻头寿命，大大降低施工成本。

参考文献

[1] SL 291 -2003,水利水电工程钻探规程[S].
[2] 汤凤林,加里宁 А Г,段隆臣.岩芯钻探学(第2版)[M].武汉：中国地质大学出版社,2009.
[3] 屠厚泽.钻探工程学[M].武汉：中国地质大学出版社,1988.
[4] 刘广志.金刚石钻探手册[M].北京：地质出版社,1991.
[5] 马明,范子福,肖冬顺,等.水利水电工程钻探与工程施工治理技术[M].武汉：中国地质大学出版社,2009.

水电水利工程深覆盖层钻探技术探讨

徐 键

(中国电建集团成都勘测设计研究院 四川成都 610072)

摘要：在深覆盖层钻探实践的基础上，本文进行了深度覆盖层分类，提出了超深覆盖层钻探应考虑的因素，归纳了深覆盖层下管护壁、锤击跟管、爆破跟管、孔底扩孔跟管等护壁措施，介绍了激荡渗透试验及注水试验方法和钻孔综合利用等情况，提供给类似钻探工程参考。

关键词：覆盖层超深覆盖层扩孔跟管激荡式渗透性试验

1 前言

钻探仍是目前水电水利工程勘察的主要方法之一，通过钻孔可以采取地层中的岩(土)芯，可靠、直接地判断地下深部的地层物质结构，在钻孔中进行必要的水文观测与试验用于研究地层的水理状态，在孔内开展原位测试工作以研究相应地层的力学性能。

水电水利工程多位于高山峡谷、江河湖泊水域，其主要建筑物所在地层多以覆盖层为主，据不完全统计，一个水电站的钻孔60%以上通过的是覆盖层；地层越松散、结构越复杂对工程的影响越大，更需要大量的钻探工作去查明，以研究其对工程的影响程度。与基岩钻探相比，覆盖层钻探需要采取更多样、更复杂的方法、工艺、材料及操作，才能达到钻探的目的。为此，国内从事水电水利钻探的现场人员、科技人员，数十年来结合钻探实践，开展了大量的探索和创新，取得了丰硕的成果，至今，岩(土)芯采取率可以达到90%以上，可以取出近似圆柱状岩土样，覆盖层钻探的深度已达到567米，大量的水文试验及原位测试可在钻孔中进行，用以定性、定量地评价地层的工程特性。

仅从深度讲，有浅深之分，目前都只是一个定性的概念，在不同单位有不同的认识。本文借鉴相关文献，将深度小于及等于40 m的覆盖层称为浅覆盖层，将深度大于40 m小于100 m的称为深覆盖层，而将深度超过100 m小于300 m的覆盖层称为巨厚覆盖层，将深度超过300米的覆盖层称为超深覆盖层。本文重点讨论的是深厚、巨厚及超深覆盖层的钻探工作问题及技术思路和手段。

2 深覆盖层的钻进

覆盖层钻探的首要任务是要采取岩(土)芯样，覆盖层开展，但其在深钻探工作是第一

作者简介：徐键(1966—)，男，教授级高级工程师，主要从事水电水利工程勘探、岩土工程施工及管理工作。

步，是取芯、试验、测试的基础。

制约钻进的因素有钻进方法、钻头类型、工艺参数及操作控制等方面，多年来，水电水利工程覆盖层钻进先后采用了钻粒、合金、金刚石及金刚石复合片钻具作为采取覆盖层样品的材料。但覆盖层不同于基岩，其具有成因类型复杂、结构松散、层次不连续、物理力学性质不均匀、厚度变化大等特点，由于覆盖层有多种岩石的混合物，在同一层面上常遇有两种及以上的岩性，目前规程对于如何确定覆盖层的可钻性没有一个明确的说法，建议在判断覆盖层可钻性时，宜以土层中可钻性级别最高的岩性代表该层可钻性。在选择钻进方法时，覆盖层的可钻性级别低于Ⅴ级时采用合金钻进，可钻性在Ⅴ～Ⅷ级时采用金刚石复合片钻进，可钻性高于Ⅷ级时，一般采用金刚石钻进。

在20世纪80年代前在覆盖层钻进中，一般采用合金回转钻进；在物质成分单一、松散的覆盖层中采用冲击或静压钻进。80年代后，随砂卵石层金刚石钻进技术及空气潜孔锤跟管取芯钻探技术研发与应用，普遍采用金刚石回转钻进，前者打破了当时"金刚石钻探技术严禁使用于破碎地层"的技术禁区，可以适用于全部覆盖层；后者，在松散架空层中时效达到6～8 m，钻进效率为回转钻进3倍以上。水利部黄委地勘院在那棱格勒河使用潜孔锤冲击回转钻进，取得了很高的钻进效率；近年来中南勘察院应用震动钻进于填土覆盖层，钻进时效达3～4 m。

对于深厚、巨厚及超深覆盖层钻进时，连续钻进很重要，在准备阶段应充分做好事前策划工作，重点包括：孔身结构设计、动力供应能力、动力传导系统能力、取芯措施、护壁措施、防斜措施、纠斜手段、孔内事故处理措施等；在2015年水电行业制定的《水电工程覆盖层钻探技术规程》（NB/T35066—2015）中，提出了相应的孔身结构设计，可供参考使用。

3 深覆盖层钻孔护壁

覆盖层钻孔孔壁本身是欠稳定的，加之钻进过程中机械震动及冲洗液的作用，护壁一直是一大难题。在油气钻探中，对于非油气层的钻探，可以不取芯，采用全断面钻进快速通过后，下管或水泥封孔；水电水利工程钻探需要在孔内做大量的试验与测试，因此水电水利工程钻探中，冲洗液护壁有很多限制，钻孔护壁应包括钻进过程中的钻孔护壁及停钻期间、试验测试期间的钻孔护壁。

在终孔之前是不容许使用水泥封孔的，有抽、注水试验的钻孔严格禁止使用泥浆及植物胶钻进，泥浆护壁只能用于不做抽注水试验的孔段。为解决覆盖层护壁，有单位采用绳索取芯钻进技术，充分利用钻杆护壁；套管护壁则可以使用于所有覆盖层段。

套管护壁包括下管护壁、跟管护壁、爆破跟管护壁、扩孔跟管护壁四个方式：

（1）覆盖层中下管护壁是钻孔形成后，借助套管的重力不用吊锤锤击，将与钻孔匹配的套管安装在预定孔段，一般使用壁厚小于5 mm的薄壁套管，一种地层一种孔深只能下一种规格的套管一次，具有一次性局限，且所保护的孔段基本固定，下一种规格套管后，下面的孔段需要缩小口径，常用的套管为薄壁套管，有ϕ146、ϕ127、ϕ108、ϕ89、ϕ73等规格。

（2）覆盖层中跟管护壁是在套管自身重力外再施加吊锤锤击或油缸压力，将套管安装在预定孔段，同一径套管根据地层情况可以多次跟进，不断延伸套管保护孔壁的长度。对该类套管需要一定的轴向承载能力，使用的套管主要是壁厚大于5 mm的厚壁套管，现行用得较

多的是 $\phi 219$、$\phi 172$、$\phi 140$、$\phi 133$、$\phi 114$ 等规格。根据地层、深度、孔壁阻力等不同，跟管的方式有锤击跟管、爆破跟管、分段扩孔跟管。

①锤击跟管护壁是钻进一段后，在孔口利用重锤（吊锤）在一定高度坠落时产生的冲击力，克服地层与套管的摩擦阻力及地层对套管底端面的支撑力，实现套管护壁。适用于松散的砾石、砂、粉土地层。

②在锤击跟管无效时，使用孔内预定孔段实施孔内爆破，炸碎孤（块）卵石或松动密实地层、减小跟进套管时管脚环状地层的阻力，再使用锤击跟管。其关键工作是：准确测定爆破孔段、计算并预留管脚的安全距离、适宜确定药量、制作爆破药包、精确安装药包、打捞爆破产生的孔底残留物，再锤击跟管至预定孔底。对于地下水以下的孔内爆破，需要做好药包的防水。中国电建集团成都勘测设计研究院有限公司已实现水下 300 m 的孔内爆破，为爆破跟管钻进提供了技术条件。

③在锤击跟管无效时，使用孔内预定段专用的扩孔钻头，将需要跟进套管孔段扩至套管外径、除去管脚环状地层的阻力，再使用锤击跟管。北京勘察设计院在四川巴底及西藏某电站钻探中使用效果不错。成都勘察设计院曾在 20 世纪 90 年代使用张敛式扩孔钻头，在岷江支流的狮子坪电站孔段 67.98~98.28 m 河床堆积层实现了同径扩孔跟管；在溪洛渡电站由冰积、冰水积的漂卵石层形成的滑坡体上，在 52.1~145.2 m 孔段，顺利地随钻延伸套管长度。21 世纪初，成都勘察设计院研发了"空气潜孔锤跟管取芯钻进技术"实现了"钻进、取芯、跟管"在同一回次中同步进行，简化了工序，提高了效率，经过研究现已有 $\phi 168$、$\phi 146$、$\phi 127$ 三种规格的钻具。

套管本身成本较高且搬运困难，通常需要拔出钻孔为下一钻孔再用。为顺利拔出套管，可以采用在套管外涂抹废机油、黄油的措施，减小套管与孔壁之间的摩擦阻力；可以采取在套管外灌注特殊保护液抑制地层水化，防止地层吸水产生的水化缩径后抱紧套管；在相邻套管环状间隙间灌注该类保护液可以防止套管的锈蚀及增强套管的稳定性。

4 深覆盖层取芯

取芯是钻探工作的主要目的之一，水电水利钻探无论是对松散地层还是致密地层，均必须逐层逐段取芯，越是松散段，地质对土芯的采取率及芯样品质要求越高。影响土芯采取质量的因素主要有冲洗液的冲刷侵蚀、钻具的机械磨损、提钻过程中土芯的坠落。

水电水利工程钻探取芯工具主要有单管钻具、双管双动钻具、单动双管钻具及半合管单动双管钻具。单管钻具有普通单管钻具、投球单管钻具、阀式单管钻具以及活塞式单管钻具，双管双动钻具主要解决钻头唇面冲洗液对土芯的冲蚀的问题，单动双管钻具主要解决回次钻进中机械高速回转对土芯反复磨损的问题。

为实现土芯顺利进入容纳管并尽可能减少冲洗液的冲蚀破坏，对容纳管内壁进行打磨抛光，降低其表面粗糙度，是一项有效的措施；为减少实现退芯装箱过程中对土芯的破损，应采用内壁打磨抛光的半合管。

为减少冲洗液对采取土芯的影响，可采用底喷、侧喷钻头以降低流经钻头底唇面的流量，减轻冲洗液的冲蚀。采用局部反循环钻具，在土芯容纳管内形成负压，改善土芯进入容纳管的条件，可提高样品采取率。

采用水力或油压退芯器,如快速退芯单动双管钻具,使土芯尽可能减少地面退芯装箱过程中的损坏,有利于提高取芯品质,是一有效手段。

使用优质的植物胶,在土芯表面形成一定厚度的保护层,有利于减轻冲洗液的冲刷破坏。优质植物胶有 MY、SM、KL、TG、QM、PW 以及 Guar 植物胶等,先后在水电、地矿、化工及水文等系统使用,在覆盖层钻探中,取得了较好的护壁取芯效果。

历时 20 余年,成都勘察设计院研发完善了砂卵石层金刚石钻进技术,包括 SD 系列复杂地层单动双管钻具、优质 S 系列(SM、SH、ST)及 KL 植物胶及工艺操作细则三方面,需要说明的是,工艺操作是很重要的一个子系统,需要熟练的掌握与运用;该技术采取率一般在 90% 以上,可以取出近似圆柱状的土芯,已在水电水利、道路交通等行业的钻探工作中取得较好的应用。长江委三峡勘测大队针对河床较厚的砂层,研制了双管双活门钻具,在长江铜陵大桥基础河床钻探中,取芯率达到 95% 以上并较快地钻穿了厚砂层。

5 覆盖层钻孔试验与测试

查明水文地质条件是水电水利工程必须勘察的项目,钻孔抽水或注水试验是现场测试地层的渗透性,查明覆盖层水文地质环境现行的重要方法。

常用的抽水设备有泥浆泵、离心泵、潜水泵、深井泵等,交通条件较好的地区还可以采用空压机。限于这些设备的抽水能力,抽水试验一般用于覆盖层水位较浅(一般不超过 40 m)的含水层。当地下水位较深或者当地层渗透性较弱时,钻孔补给水慢,很快就出现干孔,难于成功实现抽水试验。

在无水地层中,测量地层的渗透水性能时,需向钻孔内注入清水,人工抬高孔内水头,观测水位及注入量变化,是测定岩土体渗透性的一种原位测试的注水试验方法,注水试验适用于不能进行抽水试验的松散岩土层以获取渗透系数。施工现场也使用随钻简易注水试验,由于未安装过滤器,试验时过水面积难于控制,试验结果仅供参考使用,新编的《水电工程钻孔注水试验》,可供使用时参考。需要说明的是,对于基岩破碎岩体,进行压水试验较为困难时,需要了解岩体的渗透性能,也可采用此方法进行试验。

激荡式渗透试验是将钻孔内的水体及相邻含水层一定范围内的水体视为一个系统,通过瞬间钻孔内微小水量的增减或向孔内快速加入外物,总结引起井水水位随时间的变化规律以确定含水层水文地质参数的一种简易方法。实现水文瞬间变化的方法有注水、抽水及投入震动器等。与传统抽水(注水)水文地质试验相比具有以下优点:地层适应性强,强透水层至微透水地层都能使用该方法;所需仪器设备较少;试验时间较少,一般试验时间为10~30 min;可以采用自动记录仪记录水位变化,测量精度比传统抽水(注水)试验高。近年来成都、华东院等单位于 100 m 以下深度的地层开展了激荡式渗透试验,取得了较好的效果。

为测试地层的力学指标,在相应地层中进行触探、标准贯入、十字板剪切、旁压及声波测试,这些测试工作对钻探工艺参数及地层原有结构有一定的影响,有的测试对冲洗液种类有一定的限制。

在 20 世纪末的 10 余年里,为节约勘探工作量及经费,缩短工期,有的单位提出了钻孔综合利用的设想,充分利用钻孔开展孔内试验与测试,尽可能多的取得孔内地质信息,节约钻探工作量。对覆盖层钻孔尝试"一孔多用",一个钻孔中,既要取芯,又要抽水,还要进行孔内动力触探、标准贯入试验，开展了上百个钻孔"一孔多用"，实际效果较差，结果是失败的。实践证明：一个钻孔的目的越明确，取得的效果越好。

6 结语

本文提出了覆盖层深度的分类概念，总结了水电水利工程深覆盖层钻探护壁的优质泥浆护壁及套管护壁的方法，提出了孔底扩孔跟管的思路、深覆盖层钻探中需要考虑的问题、结合深覆盖层钻探中"一孔多用"的实践经验，介绍了深部覆盖层激荡式渗透性试验方法及注水试验的应用，对查明特殊孔深覆盖层渗透性是一种有效的方法，可供使用参考。

参考文献

[1] 孙涛. 植物胶冲洗液性能及新型植物胶 QM 的开发研究[J]. 探矿工程，2004(4).
[2] 中华人民共和国发展和改革委员会.《水电水利工程钻孔抽水试验规程》(DL/T5123-2005)[s]. 北京：中国电力出版社，2005.
[3] 徐键. 关于"爆破跟管取芯钻探技术"若干问题的探讨[C]//全国水利水电勘探及岩土工程技术实践与创新. 武汉：中国地质大学出版社，2015.
[4] 李建军. 伸缩扩孔钻头在砂卵石层钻进中的应用[C]//全国水利水电勘探及岩土工程技术实践与创新. 武汉：中国地质大学出版社，2015.

碎裂白云岩地层的取芯钻探工艺探讨

刘汉林　黄小波

（中国电建集团贵阳勘测设计研究院有限公司　贵州贵阳　550081）

摘要：本文通过对碎裂白云岩地层的特点分析，对不同钻探工艺在碎裂白云岩地层的运用进行对比分析，指出了碎裂白云岩地层取芯钻进的难点，并针对碎裂白云岩地层取芯钻进提出几点改进意见。

关键词：碎裂白云岩；取芯钻进；植物胶；半合管；强制取芯钻具；压水试验

1　引言

随着国家基础设施建设与经济的大力发展，国内水利水电工程建设在近10余年里得到大规模的开发，目前一些地质条件好的工程项目开发已基本接近尾声，剩下的都存在较大的技术难题有待解决。在过去几十年里，国内钻探工作者已对碎裂岩体的取芯钻进做了深入的研究，并取得很多傲人的成绩，钻探工艺已日趋成熟，但在某些地层（如碎裂岩体）中虽有多种钻进方法，但都未能彻底解决破碎地层取芯困难的问题。贵阳院在美女山水库的勘探中也遇到了同样的问题。本文结合美女山水库的勘探施工，对碎裂岩体的取芯钻进技术进行分析研究并根据实践经验对碎裂岩地层取芯钻进提出了改进意见。

2　地层特点

某水库工程区处于我国第二级台阶——云贵高原东部边缘向广西丘陵、盆地过渡的斜坡地带。区内整体上自西向东为高原山地向侵蚀低山过渡的地貌类型，以溶蚀中山和侵蚀中低山地貌为主体。工程区主要出露三叠系（T）、二叠系（P）地层，其中三叠系在区内出露最为广泛，出露面积约占全区的81%。沿贞丰、册亨、雷公滩一线，为区域二级构造单元黔北台隆与黔南台陷的接壤地带，这一受古构造控制的沉积转换地带，对晚二叠纪之后的三叠纪沉积物的发育和影响深刻、明显。濒临这一地带，各阶段沉积物变化急剧、相位交错、生物群迅速分异，两侧呈现截然不同的地质、地貌景观。该水库上下坝址地形如图1所示。

坝址区主要分布有三叠系杨柳井组白云岩地层，该地层有三叠系破碎带通过，薄层和极薄层灰岩、白云岩，隐裂隙发育，地层松散破碎。碎块状岩石大小不均，胶结性差，水敏性强，结构松散，颗粒级配悬殊，岩石可钻性级别为4~6级。

作者简介：刘汉林（1990.12—）男，助理工程师，就职于中国电建集团贵阳勘测设计研究院有限公司，主要从事水利水电工程勘察工作。

3 国内碎裂岩体钻探技术现状

复杂破碎地层的取芯钻进一直是钻探工作中的难题,在过去的几十年中,国内钻探工作者对复杂地层的取芯钻进做了大量的试验研究,也取得了骄人的成绩。随着我国中东部资源的枯竭,国家花费大量的资金投入西部大开发,在西部钻探工作中将会遇到更多的复杂地层。国内复杂地层钻进的工作量,每年约占钻探工作总量的30%[1],并且比例在不断上升。破碎地层钻进难、护壁难、取芯难,针对这些问题,国内研究者在钻头的工艺、取芯工具、冲击器、钻孔冲洗液等方面都做了大量的研究。

上坝址下游鸟瞰图　　　　　　　　下坝址上游鸟瞰图

图1　某水库上下坝址区地形图

针对破碎地带、软弱夹层的取芯问题,钻探技术也发展了相应的解决办法。从简单的单管取芯发展普通双管取芯,到半合管取芯工艺的运用,都彰显着我国钻探工艺研究者的辛勤与智慧。在取芯工艺的研究上,煤炭系统的研究在技术上具有一定的代表性,煤层勘探对取芯质量有着严格的要求,辽河油田研制的BX-125型液压式松散地层保型取芯工具可用于孔深500 m以内的原状岩芯采取[2]。目前国家正在开展的月球钻探及可燃冰开采技术中运用的取芯技术已达到世界领先水平。水利水电行业钻探取芯与煤炭及地矿行业的取芯有不同的技术要求,目前水电勘探运用最为成熟的取芯工艺为植物胶配半合管取芯钻进工艺,在砂卵砾石层及松散地层都取得了良好的效果。

针对裂隙发育,孔内漏失,孔壁不稳定的难题,在护壁堵漏方面,国内钻探工作者在20世纪60年代开始重视用泥浆进行护臂堵漏,将无机盐、有机护胶剂等用于泥浆护壁技术,使钻井泥浆的性能得到很大改善。随后又研制出了SM植物胶[4],在水电钻探取芯上取得了明显的效果,后来因原料资源稀缺而逐渐被淘汰。2005年以后,新研制出了SH和ST两种类型的植物胶,其与SM植物胶统称为S系列植物胶[1]。S系类植物胶低固相钻井液与CL系列植物胶的研制开发,很好地满足了复杂地层取芯工艺要求,植物胶钻孔冲洗液能够保护岩芯,润滑钻具,保护孔壁,效果显著。

4 存在的技术难题

该水库坝址区为杨柳井组白云岩，地层松散破碎，呈弱胶结性，但岩石硬度低，可钻性级别较低，普通单管钻进中对钻头的磨损不大，回次进尺时间短，机械钻速及回次钻速高，但取芯困难，技术钻速和经济钻速都很低。钻进过程中冲洗液不漏失，全孔反水，孔壁会由于钻杆摩擦出现掉块，但由于其松散破碎且硬度低，所以基本不会出现掉块卡钻的现象。钻进过程中由于钻头对岩芯的研磨及钻杆转动使孔壁岩屑沉积孔底，若泵量小就会出现堵水烧钻事故；并且岩芯研磨成碎屑，沉积在孔底，不能进入岩芯管，每钻进 20 cm 左右就会发生堵钻现象，而岩芯却取不出来，回次进尺几乎为零，无法加杆钻进，钻进效率极低，劳动强度大。常规钻探取芯需通过干钻，依靠挤压黏结住钻头底部岩屑，每个回次能取出 20 cm 左右岩芯，且为粉末状，取芯效果极差，难以满足地质要求。

5 已有钻探工艺对比分析

在该水库的勘探施工中，针对遇到的地层情况，分别采用了普通单管取芯钻进、硬质合金取芯钻进、单动双管取芯钻进、植物胶半合管取芯钻进等工艺，在碎裂岩体的钻进中均存在不同程度的问题，具体情况如下。

该水库上坝址 ZKS-1 号钻孔施工时，采用的是普通单管金刚石钻进，每回次进尺 1 m，时间 10~15 min，岩芯全部研磨成粉末，沉在孔底，无法取出，且无法继续加杆钻进，需要进行孔内捞沙后，方可继续下一回次钻进。ZKS-2 采用硬质合金钻头钻进，降低转速，减小钻压，调小泵量，让冲洗液仅起到冷却钻头的作用，每回次钻进取芯率达到 30%，但均为 5 mm 左右的颗粒状岩芯，地质人员无法分析。ZKX-1 采用普通单动双管，取芯效果也不明显。最后 ZKS-8、ZKS-9、ZKX-2 等钻孔采用植物胶配半合管钻进取芯工艺，取芯效果得到了明显的改善，岩芯采取率能够达到 90% 以上，提高了钻进效率，岩芯满足了地质要求，但对于地质要求的孔内压水试验影响较大。几种不同的钻进工艺对比分析见表1。

表1 不同钻进工艺效果对比表

序号	工艺类型	机械钻速/(mm·min^{-1})	技术钻速/(m·min^{-1})	岩芯采取率/%
1	普通单管金刚石钻进	6~8	0.08~0.1	5~10
2	硬质合金钻进	3~5	0.1~0.2	20~30
3	普通单动双管钻进	4~6	0.15~0.25	40~50
4	植物胶半合管钻进	2~3	0.4~0.5	90以上

通过表1可以看出，几种钻进工艺的机械钻速都很高，且硬质合金钻进的机械钻速最高，植物胶半合管钻进的机械效率最低；但植物胶半合管钻进的技术钻速最高，且岩芯采取率和岩芯质量最好。不同钻进工艺所采取的岩芯如图2所示。岩层完整性好时，半合管内管与钻头间隙可适当增大至 5~8 mm，植物胶配比可略微增加水的比例，降低植物胶黏度及失水率。

6 针对碎裂白云岩地层取芯工艺的思考

虽然采用植物胶半合管钻进工艺在取芯质量上取得了良好的效果，但植物胶会对地层裂隙造成封堵，影响压水试验，即便是洗孔压水依然会影响试验数据的准确性。且半合管取芯钻进速度慢，半合管拆装工序繁琐，碎裂岩芯从半合管转移到岩芯箱过程中容易遭到再次破坏。

图 2　不同钻进工艺采取岩芯对比

针对上述问题，国内高等院校曾研发过一套能适用于碎裂岩体地层的强制取芯钻具，其设计的强制取芯钻具主要包括爪簧卡心机构，过滤管，孔底岩粉、屑收集器，内外管球铰连接，带倒刺的销阀等部件。其工作原理主要通过冲洗液在孔底进入内外管间的环状空间被分成两股上升液流，管外流体通道上设置了水力障碍，使管内的流体上升实现强制性。在上升流体通道上安装了过滤器，以阻止岩屑被冲走，在过滤器上方安置了岩粉收集器，保证有效地采集和贮存孔底细小岩粉。回次结束时，从地表向钻杆内投入阀销，堵塞移动部件的通道，阀销受压下移，强制性地把岩芯卡取元件压向岩芯与钻头内锥面之间的间隙。这时卡心装置处于夹紧状态，岩芯被可靠地卡住[5]。此研究目前还处于理论研究阶段，没有形成产品。研究考虑结合强制取芯钻具的结构，对其进行改进，在岩芯管内加上一层伸缩叠合型柔性袋，将孔内岩芯在岩芯管内就进行保护，取出岩芯后直接整体移放到岩芯箱内，可对碎裂白云岩岩芯进行最大限度的保护。

7 结论与建议

根据现场施工效果显示,单管取芯钻进、硬质合金取芯钻进及普通单动双管取芯钻进均不适用于碎裂白云岩地层,植物胶半合管钻进工艺能够在碎裂白云岩地层取得较好的取芯效果,但对压水试验的准确性有影响。强制取芯钻具有望于改进钻进工艺技术,提高碎裂白云岩地层的取芯质量,满足压水试验要求,但目前处于研究阶段,还未投入生产实践运用。

建议在今后的工作中,推进取芯工艺的研究,结合压水试验设计适用于水利水电取芯钻进的新型钻具及工艺。开展随钻测量工作,提高岩屑分析技术,充分利用钻进过程中钻压、转速、孔内压力等参数获取第一手地质资料,提高地质参数的精度。

参考文献

[1] 郑克清.复杂地层钻探护壁堵漏工艺研究与应用[D].长沙:中南大学,2012.
[2] 罗军.松散地层取芯技术在小 M2 井煤层取芯中的应用[J].钻采工艺,2007,30(4)159-160.
[3] 汤凤林,加里宁 AΓ,段隆成.岩芯钻探学(第 2 版)[M].武汉:中国地质大学出版社,2009.
[4] 麦汉鹏,欧阳季文.SM 植物胶 SD 金刚石钻具在百色水利枢纽硬脆碎地层中的应用[J].南宁:广西水利电力勘测设计研究院院报,1996(3).
[5] 卢春华,鄢泰宁,叶戈罗夫.提高复杂地层取芯质量的新型钻具[J].地质与勘探,2009,45(2).

深厚覆盖层护孔冲洗液的研究

牛美峰 周光辉 许启云

(浙江华东建设工程有限公司 浙江杭州 310014)

摘要：长期以来，深厚覆盖层钻进已经成为各单位勘探队伍的老大难问题。本研究以300 m深厚覆盖层为例，通过事前策划，客观分析了解地层情况下，大胆尝试中低固相泥浆护孔技术，成功实现了裸孔钻进的目标。

关键词：深厚覆盖层；低固相冲洗液；裸孔钻进技术

1 前言

巧家县城位于金沙江右岸，距离坝址38.1~40.2 km，为白鹤滩水电站库区最大城镇。巧家县位于金沙江右岸药山山脉西坡山麓缓坡，整体地势东高西低，山坡陡缓相间。巧家后山属药山山脉，山脉呈近SN走向，山顶高程3100~3200 m，向下地形陡缓不一，高程970 m以上以陡坡为主，局部有缓坡，坡面冲沟发育，地形凌乱。为了进一步查明该区域地层稳定情况，在城区范围内布置8个钻孔，钻孔深度在150~300 m之间，其中QK03-1、QK07两孔，计划深度为300 m。

项目起始阶段，为了达到深厚覆盖层钻进的目的，事前经过一系列的策划和研究，为减轻人工劳动强度，配置了拧管机，同时，为了满足护孔的需要，配备108 mm、127 mm、146 mm、219 mm等系列套管若干。QK03-1钻孔施工时，选择采用边钻进边下护孔套管的钻进方法，其钻孔孔身结构为：开孔后下入219 m套管1.50 m，接着用150 mm钻具钻进至孔深104.70 m，下入146 mm套管，再改用130 mm钻具钻进至166.90 m，下入127 mm套管，再用110 mm钻进至242.94 m，下入108 mm套管。本孔终孔深度为302.30 m，累计孔内下入套管长度为522.82 m，耗时38 d，但是，起拔套管累计耗时15 d，并且部分深部套管未能拔出，辅助工作耗时长、成本大，影响了整体进度。为了提高钻进工效，降低成本，需要研究改进钻进护孔技术。

2 裸孔钻进可行性分析

2.1 区域地层划分

巧家县城后山主要出露基岩主要为古生界泥盆系幺棚子组(D_{2y})灰岩、白云岩、砂泥岩，

作者简介：牛美峰(1981—)，男，山东滨州人，本科，高级工程师。主要从事勘探技术和项目管理工作。E-mail：niu_mf@ecidi.com。

二叠系栖霞－茅口组（P_{1q+m}）灰岩和峨眉山组（$P_{2\beta}$）玄武岩。县城周边缓坡由山前洪积物和金沙江冲积物交互沉积而成，地表层一般有薄层的坡积土堆积，下面以 QK3－1 钻孔所取土层为例，自上而下土层分述如下。

(1) 坡积粉质黏土，灰黄－褐黄色，砾石粒径为 1～5 cm，表层土多被人工整改为耕植土，含有机质和植物根系，部分土壤有板结现象。层厚 0.8～3.8 m，最大厚度约 7 m。

(2) 冲积中细砂，青灰、灰或灰黄色，碎砾石粒径一般为 0.5～3 cm，最大 5 cm，层厚变化较大，一般为 1.9～5.7 m，最大厚度 9 m。

(3) 洪积碎石土，灰黄－土黄色、褐红色或灰褐色，碎石粒径以 1～4 cm 为主，5～12 cm 次之，最大粒径为 20～50 cm，该层层厚一般为 35～50 m，最大厚度为 59.58 m。

(4) 冲积含砾粉质黏土，黄褐色，碎石粒径一般为 3～5 cm，最大达 25 cm，该层厚为 10～20 m。

(5) 冲积含砾粉细砂，青灰－灰黄色，少量褐黄色，砾石粒径一般为 0.5～4 cm，该层层厚一般为 12～30 m。

(6) 洪积含碎石黏土层，灰黄、褐红、灰褐色，碎石粒径一般为 1～4 cm，最大为 9 cm，前期钻孔揭露该层厚度一般为 5～15 m，最大厚度为 20.06 m。

(7) 洪积含黏性土砾碎石，灰黄－褐黄色，堆积密实，碎石粒径一般为 0.5～3 cm，最大为 12 cm，前期钻孔揭露本层厚度为 6～15 m，最大可见厚度达 33.4 m。

(8) 洪积碎石土，青灰、灰绿、墨绿色，少量灰褐色，密实，碎石粒径一般为 0.2～4 cm，前期钻孔揭露最大厚度达 87.28 m。

(9) 冲积卵砾石夹砂土，青灰－灰黄色，卵砾石粒径 3～6 cm 为主，最大可达 12 cm，前期钻孔揭露最大厚度为 117.84 m。

(11) 冲积砂卵砾石，青灰色，卵砾石粒径一般为 0.5～4 cm，可见厚度为 10.97 m。

2.2 前期钻孔分析

2006 年，为了解本区域的地层情况，已经布置 7 个钻孔，其中 QZK17 钻孔原计划 120 m，加深至 200 m 仍未进入基岩，从整个钻孔取芯揭示，在洪积碎石土及以上地层相对较松散，深入冲积含砾粉质黏土层，地层以中密－密实为主，本钻孔实际下入套管情况为：146 mm 套管下入深度为 21.55 m，127 套管下入深度为 66.47 m，在 66.47～191.98 m 之间采用植物胶护孔，即 110 mm 后裸孔钻进，出现的问题是随着孔深的增加，孔内沉渣不断的增多，钻进至 191.98 m 以下，改用 94 mm 半合管，钻进至 200.95 m 终孔。本钻孔耗时 47 d，整个孔壁基本是稳定的。

根据以上钻进经验，并召集相关钻探技术和技能人员协商，认为冲洗液配置是关键，只要能够确保孔内干净，同时做到对上部洪积碎石及以上土层进行有效的隔离，是有可能实现裸孔钻进至终孔的。讨论提出按不同地层进行配制冲洗液的新思路，并在 QK07 钻孔进行尝试。

3 冲洗液配制及现场管理

3.1 冲洗液配制

本次钻进要求所配制的浆液,应可以把孔底岩粉或泥沙携带至孔外,确保孔壁稳定和孔底干净,根据 QK3-1 钻孔地层情况配制出不同配比的冲洗液,具体见表1。

表1 冲洗液配比表

地层	配比 (植物胶:水:钠土)	备注
有回浆或漏浆量不大、孔深较浅时	2:100:0	加入植物胶和钠土或总重量8%的烧碱,可不加入钠土
冲积、洪积碎石混合土,松散崩塌体块石土层	2:100:8	加入烧碱量为植物胶+钠土总重量的8%
粉土、粉砂、细砂层	2:100:10	加入烧碱量为植物胶+钠土总重量的8%
砂卵砾石层	2:100:12	加入烧碱量为植物胶+钠土总重量的8%

3.2 冲洗液现场管理

在钻进过程中,为有效控制冲洗液配置质量,采取了以下措施。

(1)把好冲洗液制浆设备选择关。为了使冲洗液搅拌均匀不结块,制浆设备选择高速制浆机。

(2)把好冲洗液配比计量关。选派具有丰富经验人员守现场,做到按每次搅拌,事先计量好各种制浆原料,通过水表以及刻度线双重把关核对,对水量进行计量。

(3)把好冲洗液指标测量关。在钻进过程中,对孔内回浆通过循环槽、沉淀池、过滤网进行过滤,对冲洗液比重指标进行测定,及时更换适应地层情况的冲洗液。当冲洗液比重超过表2的参考值时,应重新配置冲洗液。

表2 浆液废弃参考值

地层	进尺/m	比重		浆液废弃
		新浆	旧浆	
黏土	5	1.03	1.06	当浆液比重大于1.06时废弃
粉砂、细砂	5	1.09	1.25	当浆液比重大于1.25时废弃
砂卵砾石	5	1.12	1.23	当浆液比重大于1.23时废弃
崩塌体层	5	1.09	1.16	当浆液比重大于1.16时废弃

注:表2是根据该项目实践总结得出的,其他项目应根据实际地层情况确定。

(4)为了冲洗液的及时补给或更换,现场储备 2 m³ 以上的新配制的冲洗液。

(5)当把冲洗液废弃处理时,应把孔内的冲洗液置换完全,确保孔内全部为新的冲洗液。

4 护孔实际效果

QK07 钻孔计划深度为 300 m,采用 φ219 mm 开孔,钻进至 1.50 m 下入孔口管,φ150 mm 植物胶半合管钻进至 75.60 m 后,下入 146 mm 厚壁套管,再采用冲洗液裸孔钻进至 300.26 m 终孔,共耗时 36 d,全孔芯样采取率达到 90%,部分钻孔岩芯如图 1 所示。本次采用冲洗液裸孔钻进技术,大大减轻了起下套管的劳动强度和作业风险,并保证了取芯质量,确保了工期,也降低了作业成本。

图 1 部分取芯照片

5 结语

长期以来,深厚覆盖层钻进已经成为各单位勘探队伍的老大难问题,而本项目 QK07 钻孔通过事先周密策划,客观分析,大胆尝试配制适合地层特性的冲洗液的裸孔钻进技术,确保了钻孔的顺利完成。实践证明,深厚覆盖层钻探中,低固相冲洗液护壁工艺无疑是一种较好的选择,本钻孔的顺利完成,得益于对钻进地层有所了解,且地层较密实,未出现漏浆,否则,将降低钻进效率。而往往实际钻探过程中,地层情况并不了解且各不相同,如何优化深厚覆盖层钻进工艺技术仍然需要不断地尝试和总结,本文仅供兄弟单位在类似工程中参考。

参考文献

[1] 何远信. 国内外泥浆材料的现状及发展趋势[J]. 探矿工程(岩土钻掘工程),2001(5).

[2] 中国电力出版社. DL/T5013-2005 水电水利工程钻探规程[M]. 北京:中国电力出版社,2006.

[3] 张统得,陈礼仪,刘徐三,等. 汶川地震断裂带科学钻探项目:WFSD-3 孔泥浆技术的设计与应用[J]. 探矿工程(岩土钻掘工程),2012(9).

[4] 郑继天,李小杰,郑晓琳. 水文地质钻探冲洗液的选择[J]. 探矿工程(岩土钻掘工程),2016(10).

[5] 吴跃钢,徐菁. 无固相弱凝胶钻井液在水井施工中的应用[J]. 探矿工程(岩土钻掘工程),2016(10).

某工程下穿京广铁路段大角度斜孔施工技术

王昶宇 肖冬顺 曾立新 黄炎普 闵 文

(长江岩土工程总公司(武汉) 湖北武汉 430000)

摘要：本文介绍了武汉某工程下穿京广铁路段大角度斜孔钻探施工情况，针对大角度斜孔钻进技术的实践探索，阐述了钻具组合合理配置、钻进参数合理选择、钻头合理选用等方面的技术措施。

关键词：大角度斜孔；下穿铁路；护壁堵漏；技术措施

1 工程概述

1.1 工程概况

武汉轨道交通21号线，位于黄埔新城站—朱家河站区间，于里程左DK16+085～左DK16+150段下穿京广铁路。武汉地铁集团要求对下穿京广铁路段补充进行相应的勘探工作。京广铁路是我国的铁道大动脉之一，为确保京广铁道的运营安全及地铁穿越京广铁路段勘探工程施工的顺利进行，采用补充斜孔的方式进行勘察，本次工程为武汉地区首次对穿铁路段采用大角度斜孔施工技术进行勘察。

2.2 地质概况

勘察的京广铁路段位于剥蚀堆积垄岗区(Ⅲ级阶地)与朱家河右岸Ⅰ级阶地分界部位。场地内上部为京广铁路路基填筑碎石土，其下主要为第四系地层，下伏三叠系大冶组白云岩，地层分为人工填土层(Q_{ml})、全新统冲积层(Q_{4al})、上更新统冲积层(Q_{3al})、中更新统冲洪积层(Q_{2al+pl})、残坡积层(Q_{el+dl})、溶洞堆积物(Q_{cal})、三叠系下统大冶组(TQ_{1d})，穿越地层岩性包含碎石土、淤泥、黏土、黏土夹碎石、溶洞堆积物、白云岩等，场地内溶洞发育。

此外，场地距襄樊—广济断裂较近，受其影响较显著，岩体多呈碎裂岩化，微裂隙发育。

2 钻探施工工艺

2.1 钻探设备

本次钻探工作，选用XY-2型液压岩芯钻机3台；BW-160型泥浆泵3台，用于泵送泥浆循环；上海力擎SDC-1GW型储存式数字测斜仪1台，用于孔内测斜；套管起拔设备1套，

作者简介：王昶宇(1991—)，男，汉族，长江岩土工程总公司(武汉)助理工程师，2014年毕业于中国地质大学(武汉)勘查技术与工程专业，从事地质钻探工作。E-mail：1299972826@qq.com。

用于起拔套管；φ50 钻杆 300 m，φ127、φ108 套管若干，φ130、φ110 合金单管钻具若干，φ110、φ91 金刚石单动双管钻具若干。

2.2 钻孔布置和钻孔结构设计

2.2.1 钻孔布置

本次勘探采用顶角 40°（倾斜度 50°）斜孔方案，均向铁路倾斜。斜孔方位角在铁路西侧为 91°，东侧为 271°控制，同侧钻孔方位角一致，两侧钻孔方位相差 180°。孔位布置如图 1。

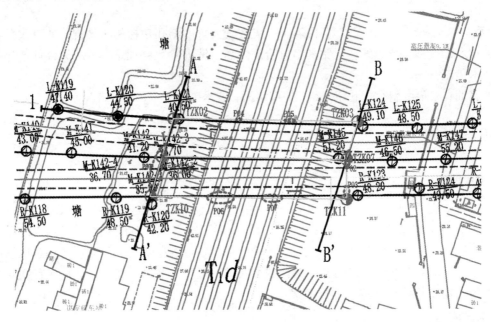

图 1　武汉市轨道交通 21 号线京广铁路附近钻孔布置示意图

2.2.2 钻孔结构设计

钻孔开孔孔径为 φ130 mm，钻进深度约 20 m 后，下入 φ127 mm 套管，然后变径为 φ110 mm，钻进至完整基岩后下入 φ108 mm 套管，再变径为 φ91 mm 钻进至终孔。钻孔方案如图 2 所示，钻孔结构设计主要参数见表 1。

表 1　钻孔结构主要参数表

孔号	TZK02, TZK03 （左线）	TZK06, TZK07 （中线）	TZK10, TZK11 （右线）
钻孔与垂线夹角 方位角	钻孔与垂线夹角 40° TZK02 方位角 91° TZK03 方位角 271°	钻孔与垂线夹角 40° TZK06 方位角 91° TZK07 方位角 271°	钻孔与垂线夹角 40° TZK10 方位角 91° TZK11 方位角 271°
开孔直径 φ130 合金钻进	钻进至 20 m，下入 φ127 mm 套管	钻进至 20 m，下入 φ127 mm 套管	钻进至 20 m，下入 φ127 mm 套管
φ110 合金 （或金刚石）钻进	钻进至完整基岩 下入 φ108 mm 套管	钻进至完整基岩 下入 φ108 mm 套管	钻进至完整基岩 下入 φ108 mm 套管
φ91 金刚石钻进	钻进至终孔	钻进至终孔	钻进至终孔

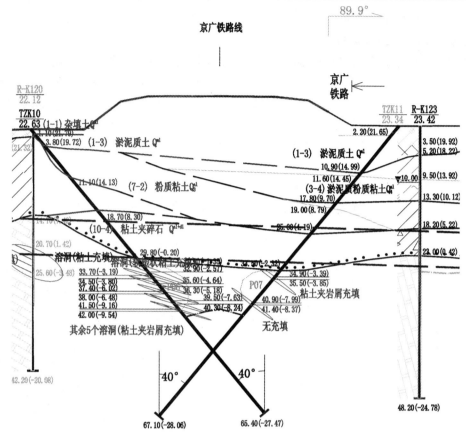

图 2 钻孔方案示意图

2.3 钻场布置

2.3.1 钻场平整与泥浆系统的建设

在不破坏铁路现有建筑设施的情况下，钻场采用挖掘机结合人工平整，基础挖至坚实土层。每个钻场设置泥浆池 2 个，泥浆循环沟长度 15 m，中间设置沉淀池 2 个。

2.3.2 钻机基座的浇筑

因钻孔倾斜度较大、孔深较深，钻进阻力大，钻进时间长，故选用的 XY-2 型钻机重量大、扭矩大，钻机基座采用 C30 钢筋混凝土浇筑，预埋螺杆与钻机连接，确保基座整体受力良好。

混凝土浇筑前，采用全站仪确定斜孔方位，确保以下工作无误。

（1）钻孔开孔位置无误；

（2）钻机安装方向正确无误（钻机机体轴线与钻孔方位呈垂直状态）。

基座基础挖深至坚实土层，清基后铺设钢筋网片，混凝土浇筑一次完成，预埋螺栓前采用整体木质框架（参照钻机基座螺栓孔位置制作，框架两边为垫木，预埋螺栓穿在上面），标出预埋螺栓位置。钻机垫木（厚度 5 cm，宽度 30 cm，长度 150 cm）在浇筑混凝土的同时安装在混凝土基础上，以便与基座更好的贴合。

2.3.3 孔口导向装置的浇筑

(1)混凝土浇筑24 h后进行钻机安装。

(2)钻机安装完成后调整回转器的角度,使立轴与地面夹角与设计值一致。

(3)预埋开孔导向钻具。主动钻杆上安装开孔短钻具(ϕ130),短钻具外包裹牛皮纸或编织袋,包裹厚度不宜太大,1 mm左右即可,间隙越小越有助于导向,钻头底部用编织袋包裹。再一次测量确认已经安装在主动钻杆上的短钻具的倾斜度是否符合设计要求。

(4)事先在钻孔孔位进行人工挖坑,坑宽度60 cm,深度60 cm,具体大小要视地层而定,地层松散,坑适当加大,反之可适当减小。

(5)浇筑孔口导向装置。启动钻机,将包裹好的开孔钻具下放到挖好的坑内,编制钢筋网片,浇筑C30混凝土。混凝土浇筑过程中防止对开孔钻具造成过大扰动。混凝土中加入适当速凝剂,24 h后即可正常钻进(图3)。

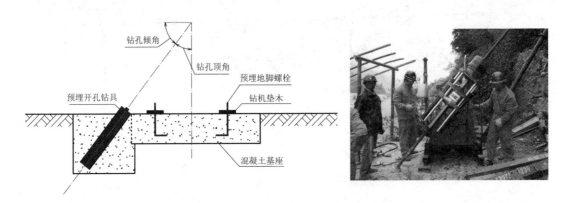

图3 钻机基座浇筑与预埋开孔导向装置

2.3.4 钻架的改造与安装

对于大角度斜孔,正常的钻塔不能使用,孔口与天车的连线与钻孔轴线不在一条线上,为保证孔口、立轴、天车成三点一线,必须对钻塔进行相应改造。最常用的办法就是将三角塔的后腿缩短。

钻塔安装时两条前支撑腿坐落在混凝土基座上,其倾角不能大于钻孔倾角,否则提钻时容易拉翻钻塔造成事故。钻塔后腿受力较小,但必须可靠固定。钻探的各个方向用绷绳拉紧并设置地锚,开钻过程中对绷绳加强检查,防止发生意外;钻塔前腿受力较大,必须对前腿进行加固补强处理(图4)。

图4 钻塔安装示意图

2.4 主要钻进方法、工艺参数

2.4.1 覆盖层钻进

覆盖层主要采用合金钻进、回灌泥浆护壁钻进工艺,遇有块石采用合金或金刚石钻进,泥浆循环钻进工艺，钻机运转用低转速、小至中等压力、小泵量。

泥浆材料主要有优质膨润土泥浆粉、植物胶、CMC、纯碱等，泥浆采用人工拌制，预水化时间24 h，覆盖层钻进时泥浆漏斗黏度宜控制在30 s左右。

在覆盖层钻进中，为防止塌孔，提钻、停待时要往孔内回灌泥浆，泥浆量至少高于水面2 m以上。

2.4.2 基岩破碎地层钻进

基岩破碎地层钻进主要困难在于保证孔壁稳定，防止掉块，甚至塌孔，还要保证钻孔取芯率。

基岩破碎地层采取的钻进方法为ϕ110金刚石单管钻进工艺，泥浆护壁。

钻机转速为200～300 r/min，压力为0.8 MPa，泥浆流量为30 L/min左右，遇有风化较软弱地层采取干钻。破碎岩石段回次进尺一般控制在1.0～1.5 m，取芯较差时，采用单动双管钻具取芯工艺。

为防止和减小钻孔漏失泥浆，采用优质泥浆加入CMC泥浆处理剂，提钻和停待时采取泥浆回灌以平衡地下水压力，保证钻孔稳定。

遇有探头石或少量掉块时，采取活动钻具、扫孔等措施，遇有严重漏失、严重掉块等采用水泥封孔处理。

2.4.3 溶洞段钻进

在钻进过程中如果遇到地下溶洞，若不加以控制将无法继续进行斜孔钻进，需要采用水泥砂浆封填溶洞，待其适当凝固后，保证溶洞段后续钻进能按设计钻孔结构形成稳定钻孔，方可继续实施钻探工作。遇到溶洞较大时，采用套管跟管钻进。

封填孔下溶洞的水泥砂浆方量依溶洞空间大小而定。

2.4.4 完整基岩段钻进

完整基岩段采用ϕ91 mm金刚石单管、清水钻进，钻机转速为300～400 r/min，钻压为0.8～1 MPa，水量为45 L/min左右。

回次进尺控制在2 m以内。

2.4.5 钻孔测斜与钻探参数控制

钻孔弯曲度对钻探效率有很大影响，钻孔弯曲度越小，钻孔事故越少（如折断钻杆等），钻机故障越少，钻探效率越高。勘察项目部高度重视在斜孔钻探中钻孔弯曲度的控制，制定了多项技术措施力求钻孔方位角、倾角（测量顶角，倾角＋顶角＝90°）保持在较小变化范围内[1]。主要通过加长钻具和严格控制钻进参数，加强钻孔测斜来控制钻孔弯曲度。

钻孔测斜采用上海力擎SDC－1GW型储存式数字（高精度）测斜仪，一般情况下每班测斜一次，每3 m测一个点，一旦发现倾角或方位角变化偏大，主要通过调整钻探参数寻找控制规律，并加大测斜频率。本地区的规律为：当钻孔下垂时适当增加钻机压力，相反则减小钻机压力，变化幅度控制在0.2 MPa以内，钻机转速基本保持不变。方位角的控制主要通过使用长钻具、保持中等且较为恒定的钻机转速。

2.5 护壁堵漏技术

2.5.1 水泥浆堵漏

在漏失地层进行固井作业时，使用纤维水泥浆不影响水泥浆常规性能，具有防漏堵漏双重功效，同时能大幅度地提高水泥增韧性能，提高二界面的胶结质量，保证水泥的完整性[2]。本工程在钻进过程中，出现泥浆漏失严重、孔内垮塌掉块的孔段，采用灌注聚丙烯纤维水泥浆的方法进行护壁堵漏。

2.5.2 套管护壁

在此次下穿京广铁路大角度斜孔钻探的施工工程中，为了防止钻进时钻孔内出现漏浆、掉块垮孔等问题，保持钻孔孔径直线，每个钻孔下入套管必须达到孔内基岩面上，本项目套管安放的情况，对钻探的钻进效率和钻探成本有着极大的影响，具体套管安放与起拔程序如下。

(1) 由于在大角度斜孔钻进的过程中，套管会紧贴在孔壁底侧，同时钻具机械扰动会使套管外孔壁破碎岩石掉落，容易抱死或卡住套管，应该尽量选取直连的套管或者接箍与套管外径相同的套管，防止出现抱死或卡死套管情况发生。

(2) 在每次下入套管以前，最好使用新配好的泥浆循环带出孔内沉淀岩粉，在保证孔内干净通畅的情况下，再下入套管。

(3) 为了便于套管安放和起拔，在套管外侧和接口处，一定要涂抹黄油等润滑剂。套管丝扣务必要完好，做到套管紧密连接。

(4) 套管下入孔内后，孔口管应当采取适当的密封工作，防止泥浆和岩粉从套管外部缝隙中流入孔内，造成不良后果。

(5) 套管起拔过程中，切不可操之过急，若出现钻机自身提不动而要使用起重机的情况，必须用主动钻杆与套管连接后再来起拔套管。防止出现起重机倾覆伤人的情况。

3 勘探技术难点

本工程的主要勘探技术难点如下。

(1) 斜孔下方穿越京广线铁路，为保护铁路路基，减小扰动，要求钻孔必须一次成功。

(2) 本次钻探目的是为了配合物探进行电磁波 CT 探测，探查岩溶地层中溶洞发育情况，对成孔质量要求高，钻孔孔壁保护要好。

(3) 穿越地层情况复杂，软、硬、碎交互层多，孔内溶洞、裂隙发育，钻孔偏斜可能性大，保直难度高。

(4) 钻孔距离断裂带近，岩体多层碎裂岩化，溶洞多，孔内已发生掉块、卡钻、埋钻等事故。

(5) 钻探场地条件差，无法采用大功率钻机钻进，工期紧，要求钻孔失误容错率低。

4 勘探技术措施

(1) 工程开工前做好现场踏勘调查，与铁路部门充分沟通施工方案，保证施工过程中铁路运行安全。

（2）由于钻孔倾斜度较大，在覆盖层钻进要确保钻机基座稳定，确保钻孔直线度符合要求（避免钻孔发生较大弯曲），钻机安装、钻探方法、工艺参数均围绕以上两个关键因素展开。

（3）如何快速穿过覆盖层对于斜孔钻进也十分重要，首先做好施工组织设计工作，必须充分考虑困难条件，加强预判，做好设备、器材的选用，选用对覆盖层钻进工艺十分熟练的技术工人，加强技术培训工作，做好不利情况下的钻探预案。

（4）采用合理的护壁技术，减少因孔内垮塌造成的卡钻、埋钻事故。

（5）采用合理的机械、钻具、套管等设备选型，同时在钻探过程中使用测斜仪随时校核调整，保证钻孔直线度。

（6）合理安排套管，做好成孔隔离保护，减小溶洞不利影响。

（7）加强施工组织管理，提高工作效率，缩短项目工期。选用有丰富钻探经验的机长参与本项目，工人上岗前必须经过技术培训，尽量消除人为造成的孔内事故因素，保证钻孔质量和成孔率。

5 钻探技术和经济效果

武汉轨道交通 21 号线工程下穿京广铁路段大角度斜孔钻探项目投入钻机 3 台套，通过钻探工艺的优化组合和不断改进，初步解决了该区域地层复杂、钻孔倾角大、钻进技术指标要求严格所造成的施工技术难题。在工期 1 个月内共完成钻孔 6 个，累计完成工作量 400 m，全部符合地质设计和物探要求。

6 结语

在武汉轨道交通 21 号线工程下穿京广铁路段大角度斜孔钻探项目中，6 个钻孔均一次成孔，未发生孔内事故；取芯、保直、护壁等指标均满足物探 CT 测试和地质设计方面的相关要求。此次项目施工，我们收获了宝贵的大角度斜孔施工经验，但仍需要进一步优化钻孔结构，加强钻具、管材等机械设备的设计与配合，提高工程组织效率，不断完善、改进工程质量，为以后类似项目打下坚实基础。

参考文献

[1] 胡燕群. 钻孔弯曲的预防及其纠正方法研究[J]. 技术与市场，2011，7.
[2] 谷穗，乌效鸣，蔡记华. 纤维水泥浆堵漏试验研究[J]. 探矿工程（岩土钻掘工程），2009，4.

岩塞爆破工程水上精准斜孔勘察施工技术

庄景春　田　伟　杨晓晗

（中水东北勘测设计研究有限责任公司　吉林长春　130062）

摘要： 本文结合工程实例主要介绍了在陡倾角岩塞基岩坡面上进行水上精准斜孔的勘察施工方法。

关键词： 岩塞爆破；陡倾角；精准斜孔；水上勘察

1 工程概况

岩塞爆破是一种水下控制爆破，在已建水库或天然湖泊中取水、发电、排砂、灌溉和泄洪时，为修建隧洞的取水口，避免在深水中建造围堰，采用岩塞爆破是一种经济而有效的方法。

兰州市水源地建设工程新建净水厂输水隧洞，进口段洞轴线方向为118°，位于甘肃省永靖县的黄河干流上，下游距刘家峡水电站大坝约4.0 km，为高山峡谷地貌，两岸为陡崖，坡度65°以上，水深大于40 m，水位日涨落幅度为0.1~0.3 m，水流速约2 m/s。工程处于旅游区，大小旅游船频繁来往。岩塞口位于水面以下25 m深处的陡崖坡上，表面无覆盖层，岩塞内径为7.0 m，圆型断面；外开口尺寸为10.3 m×10.7 m；岩塞厚度为9.5 m，岩塞进口轴线与水平面夹角45°。基岩主要为前震旦系深变质的马衔山群(An-Zm)角闪石英片岩、石英片岩，局部夹杂石英脉，如图1所示。

为准确查明岩塞体的岩性、构造、风化及卸荷程度，岩体的完整性、透水性及裂隙发育规律等，勘察任务中布置了3个岩塞体贯穿勘察斜孔，倾角55°，方位角118°，孔深25 m，要求开孔定位误差小于20 cm。

2 施工技术难点

水上在陡倾角基岩面上进行精准斜孔的勘察施工，没有太多可借鉴的工程实例，需解决的主要技术难题有以下几个。

（1）如何减少过往船浪对斜孔钻进施工的影响，确保钻孔精度。

（2）在水流速度为2 m/s情况下，如何对水面以下25 m深处的岩塞体孔位进行精确定位。

（3）如何在大于65°的陡倾角基岩坡面上，防止钻具滑落，成功进行开孔。

（4）如何在水面上保证岩塞勘察孔倾角和方位角精度。

（5）如何解决斜孔钻进施工中钻杆在水中长距离架空问题。

作者简介：庄景春(1970.03—)，男，参加工作时间1993年9月，高级工程师。

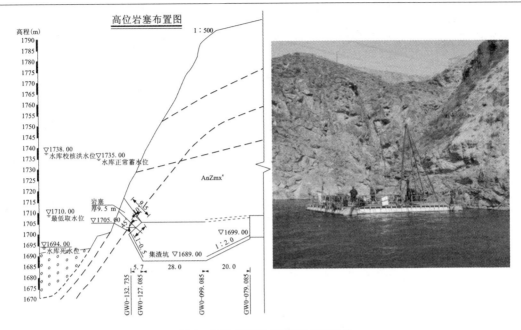

图 1 高位岩塞布置图及实地照片

3 主要钻探设备和器材配置

水上斜孔钻探主要设备器材见表 1。

表 1 主要设备配备表

序号	设备名称	型号	数量	备注
1	环保型算式平台	KT-100	1 艘	公司专利产品
2	套管定位导向器		1 套	自制
3	起锚船	30 马力	1 艘	当地租用
4	地质钻机	XY-2	1 台	
5	泥浆泵	BW-160	1 台	
6	RTK 测量仪器	华测-50	1 台	
7	测斜仪	CX-6B	1 台	
8	ϕ50 钻杆		100 m	
9	ϕ108 金刚石钻具		1 套	
10	ϕ108 金刚石单动双管钻具		1 套	
11	ϕ90 金刚石钻具		1 套	
12	ϕ73 金刚石钻具		2 套	
13	ϕ73 金刚石单动双管钻具		2 套	
14	各类套管		若干	
15	改造钻机底盘及钻塔		1 套	自制

4 施工方法

4.1 筭式平台安装与就位

筭式平台由8个片体通过法兰对接拼装成长12 m、宽9 m、排水吨位45 t、重15 t左右的主体,型深1.0 m筭式平台结构如图2所示。主体安装完成后,用100 t汽车吊将其吊放到水面上,利用拖船拖至施工水域,在其上下游两侧交叉抛锚,抛距150 m左右,靠岸侧可以利用岸坡岩石固定锚绳,测量工程师利用测量仪器RTK进行孔位放孔,通过绞紧平台上锚绳进行调整,使钻机钻孔中心与设计钻孔坐标重合,拉紧锚绳固定平台,钻孔定位综合误差控制在5 cm以内,并随时进行复测。

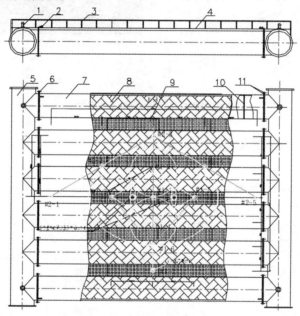

图2 筭式平台结构示意图

为保证平台在钻探施工过程中的稳定性,防止产生漂移,将平台锚的锚尖改造成面积为1.5 m² 扇形铲,提高平台锚在库底淤积层中的锚固力。

筭式平台与钻船相比,波浪可在筭槽间自由上下涌动,起到很强的消浪化能作用,风浪对筭式平台的平稳性影响很小,有利于钻孔孔斜精度的控制。

4.2 定位导向器安装

定位导向器的作用是克服水流对护孔套管的冲击力,从而保证护孔套管垂直下放并解决水位涨落,孔口管自动伸缩调节的机构,主要由定位导向器座、角度调整套和定位导向管组成,总长6 m。将角度调整套通过螺栓和预设在平台上的定位导向器座联接在一起,在角度调整套内下入外径为φ273 mm定位导向管,定位导向管可在360°范围进行倾斜调节定位,顶角调节范围为0°~10°。

护孔管通过定位导向管下入水中，在其限制下护孔管可实现逆水流垂直下放，同时护孔管可在定位导向内自由上下活动，以解决水位张落时孔口管自动伸缩调节问题。

4.3 组合钻塔的加工与安装

为便于斜孔钻进施工，需要一个孔口与天车的连线和钻孔轴线基本重合的倾斜钻塔；为便于垂直起卸护孔管需要一个孔口与天车连线与水平面垂直的垂直钻塔。为此我们在现场设计一套组合钻塔，同时满足斜孔钻进和垂直起卸护孔套管的需要。组合钻塔主要由支架（φ89 mm 无逢钢管）、滑轮和钻塔底盘等连接而成，为防止斜拉造成翻倒事故，支架和钻机全部安装固定在由 18 号槽钢组焊成的钻塔底盘上。组合钻塔安装示如图 3 所示。

图 3　组合钻塔安装示意图

4.4 护孔管的安装

护孔管的安装是本工程的重点和难点，精度要求高、危险性大，主要分管脚精确定位和管轴线方位精确控制两大步。

为保证护孔管的刚度，护孔管采用 φ219 mm × 8 mm 的厚壁套管，由套管接手丝扣连接，内平结构。

4.4.1 管脚精确定位

为保证开孔误差小于 20 cm，需对护孔管管脚在岩塞面上进行精确定位。

测量工程师利用 RTK 进行孔位放孔，通过绞紧平台上锚绳进行调整，使钻机钻孔中心与设计钻孔坐标重合，拉紧锚绳固定平台，钻孔定位综合误差控制到 5 cm 以内。

通过定位导向器下放 φ219 mm 护孔管，直至基岩面，利用测斜仪进行测斜，要求钢套管顶角偏斜角度不大于 0.3°，不符合要求时重新通过定位导向器对护孔管进行调整，直至满足要求为止。

然后立即用预先系在管脚的两根 φ13 钢丝绳通过岸坡上的两个锚桩呈 90°拉紧将套管管脚进行固定，防止其在陡坡上下滑，并测出孔口至基岩面的深度 h。

4.4.2 管轴线方位精确控制

起出定位导向器，通过绞动锚绳缓慢平稳移动平台，护孔管顺势倾斜，边移动平台边在孔口加接护孔套管，防止护孔管脱落掉入水中。

由于水深 25 m，护孔管倾斜后架空长度达到 30 多米，为防止护孔管弯曲折断，我们在距管脚 10 m 和 20 m 处均预系了两根 φ13 钢丝绳分别固定在岸坡锚桩上和平台锚桩上，在护孔管倾斜过程中，各钢丝绳始终保持拉紧受力状态。

利用测量仪器 RTK 精确导向定位，使平台钻机孔口中心移至预先计算出的斜孔水面开孔坐标定位处。斜孔水面开孔坐标的计算公式为：

$$X = X_0 + h/\tan\beta * \cos\alpha$$

$$Y = Y_0 + h/\tan\beta * \sin\alpha$$

式中：X，Y 为斜孔水面开孔坐标；X_0，Y_0 为设计钻孔坐标；h 为所测孔口至基岩面的深度。β 为斜孔倾角，取 55°；α 为钻孔方位角，取 118°。

利用高精测斜仪对护孔管进行测斜，确保护孔套管轴线与钻孔轴线一致，不满足要求时，通过调节距管脚 10 m 和 20 m 处 φ13 钢丝绳的松紧度进行调整，满足要求后，拉紧锚绳对平台进行固定。

为保证平台在斜孔施工过程中的稳定性，在平台钻孔侧增加了两套锚绳加强对平台的锚固并为斜孔钻进提供反作用力。护孔管安装示意图及实地情况如图 4 所示。

4.5 钻进施工

在 φ219 护孔管内用 φ110 金刚石钻具开孔，开口采用低转速、低轴压，进尺 10 – 20 cm 后，转入正常钻进 1 m 并下入 φ108 套管，在 φ108 套管内采用 φ73 金刚石单动双管钻具进行钻进至设计孔深，整个过程按钻孔任务书要求进行取芯、压水试验和各种物探试验。

如遇断层破碎带进尺困难时，在 φ108 套管内采用 φ90 金刚石钻具扩孔至破碎带，下入 φ89 套管进行隔离，然后采用 φ73 金刚石单动双管钻具继续钻进至设计深度。水上斜孔施工现场如图 5 所示。

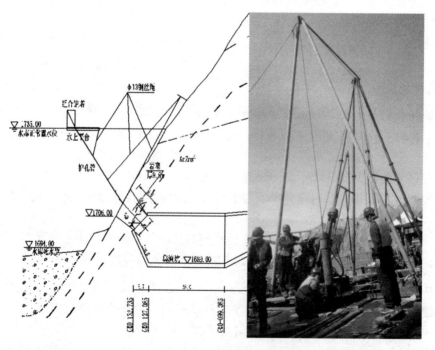

图 4 护孔管安装示意图及实地照片

金刚石基岩钻进主要参数如下。

转速：180 ~ 800 r/min。泵量：80 ~ 100 L/min。泵压：0.3 ~ 0.5 MPa。钻压：2 ~ 3 kN。

图 5　水上斜孔施工现场照片

4.6　成孔效果

通过统计测斜成果,完成的 3 个斜孔主要参数见表 2。

表 2　完成的 3 个斜孔主要参数

孔号	护孔管定位顶角/(°)	孔深/m	倾角/(°)	方位角/(°)
ZK07	0.2	5	55.87	116.90
		15	55.94	118.40
		20	55.94	116.90
		25	56.11	118.20
ZK08	0.3	5	54.43	117.40
		15	54.55	115.80
		20	54.58	118.20
		25	54.84	115.60
ZK09	0.2	5	54.31	118.10
		15	54.34	117.80
		20	54.36	117.30
		25	54.41	117.50

由表 2 可知,3 个斜孔的护孔管定位顶角、倾角和方位角均控制得很精准,达到了勘察精度要求。

5　结语

在兰州市水源地建设工程取水口岩塞爆破工程勘察施工中,我公司群策群力进行了多方面努力,使用了一些新设备和新方法,成功摸索出了一条在陡倾角岩塞基岩坡面上进行水上精准斜孔勘察的施工方法。希望能对以后类似工程能起到参考作用。

参考文献(略)

西藏地区碎裂岩体的钻进工艺探讨

黄小波 张文海

(中国电建集团贵阳勘测设计研究院有限公司 贵州贵阳 550081)

摘要：本文通过分析西藏地区某水电站碎裂岩体钻进施工过程中的复杂性，分别选用传统的金刚石单管回转钻进工艺和绳索取芯钻进工艺进行施工，分析取芯效果，确定钻探工艺的可行性，并对工艺优化提出建议，筛选出一套适合于碎裂岩体复杂地层的钻进工艺。

关键词：碎裂岩体；绳索取芯钻进；钻工工艺和参数

1 碎裂岩体钻进施工特点分析

西藏高原某水电站地处具有"世界屋脊"之称的青藏高原东南部，坝址区岩性以火山熔岩成因的英安岩、流纹岩为主，岩石可钻性级别达8~10级。受高原持续隆升、区域构造运动产生的挤压、剪切、张拉等作用，使区域内岩层产生节理、裂隙、裂缝、断层和片理，岩体蚀变、碎裂强烈。此类地层的特点表现为岩石极为破碎、胶结性差、地层结构松散、但又极为硬脆。在钻进施工过程中极易发生掉块，在孔底与钻头对磨，使钻进效率降低，岩芯采取率也极低。同时，在钻进施工过程中，由于孔壁的不稳定，容易发生掉块、卡钻、埋钻等事故。此类碎裂岩体在钻进施工过程中，存在钻进难、护壁难、取芯难的"三难"问题。

2 碎裂岩体钻进施工技术现状

破碎地层中钻进难、取芯难、护壁难是众所周知的"三难"问题，国内研究人员在钻头工艺、取芯钻具、钻进辅助工具(如冲击器、潜孔锤等)、钻进参数等钻进施工工艺上均做了大量研究，并取得骄人成绩。

针对破碎地层的钻进工艺，从普通的单管钻进到双管取芯钻进，发展到半合管取芯钻进、绳索取芯钻进，并在实际的工作中，对工艺不断地进行了优化。在破碎地层护壁堵漏方面，20世纪80年代中后期，水利电力部成都勘测设计院的勘探工作者发明了常温水溶性SM植物胶，并将其大量推广到水电站的勘察工程中，取得巨大的成功。随后成都勘测院和成都理工大学在SM植物胶基础上进一步开发了KL、QM一系列新型植物胶冲洗液，在松散破碎地层钻进中取得了巨大的经济和社会效益。

我院在水利水电勘探工作中，针对破碎地层采用SDB单动双管钻具钻进，SM植物胶护壁堵漏的钻进工艺，亦取得可喜成绩。如在该水电站某冲沟断层蚀变带定向钻进施工过程中，较好地保持了地层的原状性，岩芯采取率达89%，满足了地质要求。但水利水电勘探施

作者简介：黄小波(1989.09—)，男，助理工程师，主要从事水电勘探工作至今。

工过程中，往往伴随有高压压水、常规压水、注水等试验，终孔后物探的孔内录像、声波等试验。SM 植物胶的护胶作用，往往将孔壁的裂隙堵住，而相应的稀释剂不能彻底的将孔壁上的植物胶稀释，使上述试验往往不能取得准确数据。而且 SDB 单动双管钻具频繁的起下钻往往造成孔壁的坍塌，发生卡钻、埋钻、掉块与钻头对磨等事故。

3 工艺的选择应用

在西藏某碎裂岩体复杂地层的钻进施工中，分别于 ZKZ10 是钻孔采用传统的金刚石单管回转钻进工艺以及于中坝址右岸 ZKZ06 号钻孔采用绳索取芯钻进工艺钻进施工，确定碎裂岩体最佳钻进工艺。针对碎裂岩体硬、脆的特点，对钻头进行针对性选择并对钻进参数优化处理。通过两孔钻进效率、岩芯采取率和取芯原状性进行对比，选择最优钻进工艺。

3.1 金刚石单管回转钻进工艺

水电站 ZKZ10 号钻孔钻进施工采用传统的金刚石单管回转钻进工艺，采用湖南飞扬孕镶金刚石钻头，金刚石目数为 40 – 60，胎体硬度 HRC 为 35 – 40。在钻进施工过程中主要存在下列问题。

(1) 钻头与孔底岩层时常发生"硬碰硬"打滑现象，钻进效率极低，每班进尺仅 0.5 ~ 1 m/班。

(2) 取芯效果差，岩芯采取率低，不足 60%，远远达不到水利水电勘探规范规定的岩芯采取率 90% 的要求。

(3) 每次在提钻过程中，上方孔壁坍塌造成下方钻孔被掩埋，在下钻后又得进行扫孔处理，如此往复，钻进效率极低，同时增加施工人员的劳动强度。

(4) 钻进施工过程中夹、卡、埋、断等事故不断出现，处理事故时间延长，施工效率下降。

3.2 绳索取芯钻进工艺

金刚石绳索取芯钻进具有钻进效率高、岩芯采取质量好、劳动强度低、单位进尺成本低等诸多优点。该水电站 ZKZ06 号深孔钻进施工采用绳索取芯钻进工艺，取得良好效果，主要归因于在钻头和钻进参数方面进行了优化选择。

3.2.1 钻头的选择

由于碎裂岩体硬、脆、碎的岩性特点，常规的钻头在复杂的孔底情况下钻进，往往出现超前磨损或非正常磨损，从而导致钻头寿命低、钻进效率也低，难以达到钻探工艺的要求。碎裂岩体钻进施工过程中对钻头的损害主要原因如下。

(1) 岩石研磨性强，加之地层破碎严重，破碎岩芯不能顺利进入内管，导致岩芯对钻头胎体磨损严重；在钻进过程中，钻头在孔底上下振动太大，导致胎体掉块。

(2) 钻头胎体硬度 HRC 与岩层可钻性级别不匹配，如胎体过硬，则产生"硬碰硬"状态，造成钻进打滑，导致进尺缓慢；如胎体过软，则导致胎体过度磨损。

(3) 孔内掉块、坍塌，掉落的碎石块对钻头钢体磨损严重，加之破碎岩芯不能顺利进入岩芯管内，对钻头钢体也产生一定磨损。

针对上述问题，所选金刚石钻头胎体的性能指标主要有硬度、耐磨性、抗冲击韧性等。针对碎裂岩体复杂地层，胎体硬度应根据地层硬脆性的实际情况，选择 $HRC5^o \sim HRC10^o$，可避免"硬碰硬"致使钻头打滑的现象,从而获得良好的钻进效率和使用寿命。在碎裂岩体中使用的金刚石钻头胎体的其他性能指标需比常规金刚石钻头胎体提高20%以上,以确保钻头能够承受井底复杂情况的考验。钻头胎体唇部造型应采用尖槽同心圆结构,可增加钻头底面的自由切削面,减少钻头胎体与孔底的接触面积,增强钻头对岩石的研磨能力;而且尖齿的侧面还能对岩石产生挤压破碎作用,具有更好的破岩效果。

3.2.2 钻进参数的选择

在碎裂岩体中进行钻进施工,钻进参数特点是小压力、高转速、小泵量。未胶结的碎裂地层是非均质的、不稳定的松散地层。压力过大,容易产生岩芯堵塞,因此应采用较低的钻压,推荐压力值为2~4 MPa。在钻进施工过程中不要轻易改变压力参数。高转速不仅提高了钻进效率,而且有利于随钻取样,并能尽快通过破碎层,减少钻具钻杆对孔壁的扰动破坏。碎裂岩层钻进泵量的大小,除了应满足冷却钻头,排除岩粉的需要以外,还要保证取样的效果。泵量过大,将影响取样质量。ZKZ06号深孔钻进施工实践证明,在水泵性能可靠的条件下,采用较小泵量为佳。如φ77绳索取芯钻头,泵量30~40 L/min即可满足排粉和冷却钻头的要求,取样效果也较好。泵量大小的选择,还应注意到地层的结构。特别松散、漏失地层,采用小泵量,甚至可降低到40 L/min。只要不断浆,不会烧钻头即可。比较致密或黏性较大的地层,应采用较大的泵量,以保证排除岩粉的需要。表1为钻孔ZKZ06的主要钻进参数。

表1 ZKZ06主要采用的钻进参数

孔径/mm	钻压/kN	转速/(r·min^{-1})	泵量/(L·min^{-1})	泵压/MPa
φ77绳索	5-7	600-800	30-40	<0.5

ZKZ06号深孔钻进实践证明,在碎裂岩体钻进施工过程中应特别注意以下几个问题。

(1)合理控制起下钻的速度,操作要平稳,避免孔内产生较大的压力脉冲而造成孔壁坍塌。

(2)下钻后,应先用大泵量冲孔,然后改用小泵量钻进。当地层结构松散、取芯困难时,应尽量减小泵量,避免循环液对孔壁的过渡冲刷,确保取芯质量。

(3)在钻进过程中,如果进尺正常,不得随意改变钻进参数,也不应随意提动钻具,以免发生岩芯堵塞。当发生岩芯堵塞后,应及时提钻处理,避免磨掉岩芯。

(4)应经常对绳索取芯钻具进行维护保养。每次下钻前须检查钻头胎体的磨损程度、钻具内管的可用性。

(5)对于泥浆泵的选择,尽量避免选择泵量波动较大的泥浆泵,泥浆液的运行选择孔底反循环方式最佳。

3.2.3 取芯效果对比分析

采用不同的钻进工艺在碎裂岩体地层中进行钻进施工,取芯效果差异极大,图1为金刚石单管钻进所取岩芯,岩芯破碎,取芯率低;图2为绳索取芯钻进所取岩芯,岩芯完整,岩芯采取率高。两者应用效果对比见表2。

图 1　金刚石单管钻进 ZKZ10 号钻孔取芯效果

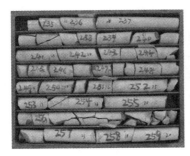 

图 2　绳索取芯钻进 ZKZ06 号钻孔取芯效果

表 2　应用效果对比分析

名称	金刚石单管回转钻进	绳索取芯
采取率	岩芯采取率极低,不足60%(图1)	岩芯采取率达到90%以上,基本保持了原状(图2)
钻进效率	起钻时易出现掉芯,使取芯作业失败,影响对地层的判断,同时影响作业进度	取芯作业顺利,起钻时极少出现掉芯,钻进效率高
事故频率	单管钻进对碎裂岩体护壁效果较差,多有塌孔、掉块现象,处理不当,易出现卡钻、埋钻等事故	绳索取芯外管护壁效果得到充分的体现,少起大钻能有效避免塌孔、掉块现象,极少出现卡钻情况,未出现埋钻等孔内事故

4　结论和建议

西藏地区某水电站碎裂岩体钻进施工实践证明,绳索取芯钻进工艺应用于碎裂岩体钻探效果好,主要体现在以下几点。

(1)保证了取芯质量,岩芯采取率达90%以上,基本保持了岩芯原状结构,满足了水利水电部门的地质要求。

(2)绳索取芯钻进工艺在水利水电勘探中的应用,极大地降低了施工人员的劳动强度。

(3)良好的护壁效果使孔内事故发生率大幅减少。

但是,碎裂岩体的硬脆性特点,钻进效率仍然不高。在绳索取芯钻具的基础上增加冲击器,既能提高钻进效率,加长回次进尺,同时可预防岩芯堵塞和糊钻现象,能有效地克服硬岩"打滑"现象,提高钻头寿命,降低钻探成本。

参考文献(略)

拉哇河床深厚覆盖层原状取样技术研究

刘晓丰　陈　颖　李　晶

(中国电建集团中南勘测设计研究院有限公司　湖南长沙　410014)

摘要：拉哇水电站位于高山峡谷区，具有坝高、河谷狭窄、覆盖层深厚、地质条件复杂、处于高地震烈度区等特点。坝址区分布厚达70 m的深厚覆盖层，其成因复杂，包括冲积、堰塞湖沉积、崩塌堆积、岸坡坡积等多种来源。由于覆盖层厚度大，组成物质成分复杂，因此，通过钻进技术取出原状样并进行室内试验，为分析、研究围堰设计、基础加固处理以及坝基开挖的顺利进行提供可靠的勘探成果具有重要意义。本文介绍于拉哇水电站坝址河床深厚覆盖层的钻探技术及原状取样实践成果。

主题词：拉哇水电站；河床深厚覆盖层；勘探取原状样；薄壁取土器

1　引言

拉哇水电站工程区位于高山峡谷区，山势陡峻，河谷呈"V"型，两岸基本对称，基岩裸露。坝址所在河段左岸有拉哇沟，坝轴线位于拉哇沟上游。坝区河流流向 S46°E，在拉哇沟沟口下游河道约呈58°大转弯，流向改为 S13°W，坝轴线枯水期水位约为2538 m。

拉哇水电站为一等大(一)型工程，主要建筑物级别为一级，次要建筑物级别为3级。具有坝高、河谷狭窄、覆盖层深厚、地质条件复杂、处于高地震烈度区等特点。坝区地震基本烈度为Ⅶ度，100年超越概率2%、1%的基岩峰值加速度为0.37 g、0.43 g。混凝土面板堆石坝坝高244.00 m，坝顶长度为423 m，坝体宽高比为1.8。

2　河床覆盖层基本特性

坝址区河床覆盖层主要由第四系更新统、全新统的金沙江河流冲积物、堰塞湖沉积物、崩塌堆积物、岸坡坡积物组成，物质成分为砂卵石、砾石、中细砂、粉细砂、黏土质砂、砂质低液限黏土、低液限黏土、细粒砂土、崩石块石及碎石土。

前期钻孔揭露河床覆盖层最大深度为71.4 m，按物质成分分为5层，上部第5层 Q_{al-5} 为河床冲积砂卵石层夹少量漂石，主要由卵石夹砂、砾石、漂石、卵石组成。漂石成分为绿片岩、花岗岩等，磨圆度较好，卵砾石块径一般为5～20 cm，少部分漂石达80 cm，厚度1.8～10.8 m。第3层 Q_{al-3} 以黏土质砂为主，局部为砂质低液限黏土、含细粒砂土及少量的卵砾石，厚度一般为15～25 m。第2层 Q_{al-2} 以砂质低液限黏土为主，局部为黏土质砂、低液限

作者简介：刘晓丰(1982—)，工程师，主要从事岩土工程勘察及水利水电基础灌浆等技术工作。

黏土,最大厚度为30 m,岩相变化大,组成复杂,灰褐色黏土呈软塑状,局部呈流塑状,失水后具有一定的硬度。第1层Q_{al-1}为河床冲积层,由块石、砂卵石夹砂组成,局部见碎石土、粉土透镜体,分布在河床底部,厚度一般为5~15 m,局部达到21.6 m(含崩坡积物),主要为河床冲积、崩积及坡积物。坝址区缺失第4层。围堰及大坝基础覆盖层内分布有透镜体。

Q_{al-3}层及Q_{al-2}层的总厚度最厚处约45 m,允许承载力100~150 kPa,抗剪强度内摩擦角仅10°左右,变形模量为5~8 MPa,力学指标较低,经分析具有地震液化特征。

3 研究内容

目前国内在深度30 m左右的堰塞湖沉积物地基上修建大坝及围堰,成功案例较多,研究也比较深入,在勘探取样、土工试验、堰体(坝体)稳定分析、基础处理方面都有经验可循。但覆盖层厚度增大后,带来一系列有处理难度的技术问题,研究工作开展得较少。本次科研拟在现有技术条件和工作深度基础上,结合拉哇水电站工程特点开展现场专项勘探工作,深入了解沉积物的空间分布规律;通过进一步的勘探取样及科研试验,掌握沉积物的工程特性,如颗粒组成、渗透性、抗剪强度、压缩性、承载力、动力液化特性等。该研究课题的关键在于深孔原状样及关键力学参数的获取。

4 钻进工艺

根据河床覆盖层的基本特性,本次钻孔拟采用XY-2型地质钻机,采用金刚石钻头或合金钻头钻进、SM植物胶护壁和无水钻进相结合、套管跟管钻进护壁的成孔工艺。

4.1 钻孔结构

本次勘探取样孔钻孔结构采用ϕ178 mm开孔,ϕ114 mm终孔。河床冲积砂卵石层采用ϕ168 mm钻头钻进2 m左右后,下入ϕ178 mm套管。下入套管时必须反复校正,保证套管垂直度。然后用ϕ150 mm的钻头在ϕ178 mm的套管内钻进,边钻进边取样、每钻进0.5~1.5 m后起钻跟进ϕ178 mm套管,直至ϕ178 mm套管跟进贯穿砂卵石层并进入Q_{al-3}层0.5 m。然后用ϕ131 mm钻头钻进,每钻进1.0~2.0 m跟进ϕ146 mm套管,期间用薄壁取土器取样。进入底部砂卵石层后,采用ϕ114 mm半合管钻具钻进取样,直至设计孔深。

4.2 工艺流程

(1)钻进和跟管;
(2)钻进至需采取原状芯样的指定深度后,清除孔底残渣;
(3)在取样孔段内采用套管跟进、单动双管钻具钻进,薄壁取土器采取原状样;
(4)对第(3)步采取的原状样进行保护处理,采取减震措施后运输至项目部临时试验室进行原状样试验工作;
(5)按设计要求重复进行上述(1)~(4),直至终孔;
(6)终孔后进行单孔波速测试;
(7)选取相邻孔进行跨孔试验,需进行跨孔试验的孔在试验前需下入PVC管保护钻孔。

4.3 钻探工艺

为了保证钻孔成孔质量及提高岩芯采取率，对于砂卵石层和砂层，采用 SM 植物胶结合半合管钻具钻进取芯，SM 植物胶结合套管跟进护壁，回次进尺一般控制在 0.5~1.5 m。对黏土质砂及砂质低液限黏土，采用静压薄壁活塞取土器采取原状样。取样后，采用 ϕ133 mm 钻头扫孔至取样孔深，跟进套管。钻进工艺参数见表1。

表1　钻孔工艺参数表

钻头规格 mm	立轴转速/(r·min^{-1})	冲洗液量/(L·min^{-1})	钻压/kN	备注
150	310~450	80~90	5~8	
133	350~500	75~85	5~8	
94	400~700	47~52	6~10	

5 取样

5.1 取样方法

针对不同土层特性和土层位置，选择合适的取样方法，是取样能否成功以及关乎样品质量的关键。对不同土层拟采取的取样方法如下。

（1）Qal-5 层为河床冲积砂卵石层夹少量漂石，处于表层，需跟管护壁，且孔内优先采用植物胶和泥浆护壁，以减少土样扰动。

（2）Qal-3 以黏土质砂为主，局部为砂质低液限黏土、含细粒土砂及少量的卵砾石，采用薄壁取土器取样。

（3）Qal-2 以砂质低液限黏土为主，并存在软塑状和流塑状灰褐色黏土。软塑状和流塑状灰褐色黏土是本工程覆盖层的研究重点，特别是其强度较低，是影响围堰结构稳定的关键性因素。采用活塞式薄壁取土器静压法取Ⅰ级原状样。

（4）Qal-1 为块石、砂卵石夹砂，该层拟采用双层岩芯管取样（植物胶半合管取样）。

5.2 取样质量控制措施

（1）在钻进黏性土时，回次进尺不宜超过 1.5 m，在粉土、饱和砂土中，回次进尺不宜超过 1.0 m，且不超过取土筒（器）长度；在预计的地层界线附近及重点探查部位，回次进尺不宜超过 0.5 m；采取原状土样前用螺旋钻头或合金钻头清孔时，回次进尺不宜超过 0.3 m。

（2）岩土层中钻进时，回次进尺不得超过岩芯管长度；在破碎岩石或软弱夹层中，回次进尺应控制在 0.5~0.8 m。

（3）用单动双管采取Ⅰ级土试样时，应保证钻机平稳、钻具垂直、平稳回转钻进，可在取土器上加接重杆。

（4）回转式取样时，回转钻进宜根据各场地地层特点通过试钻或经验确定钻进参数，分别选择清水、泥浆、植物胶等作清洗液。

（5）回转式取样时，取土器应具有可改变内管超前长度的替换管靴。宜采用具有自动调节功能的改进型单动双管取土器；取土器内管超前量宜为 50~150 mm，内管管口压进后，应至少与外管齐平。

（6）对于软硬交替的土层，宜采用具有自动调节功能的改进型的单动双管取土器。

（7）采用静压法采取原状样时，需严格控制孔深，清除残渣。加压时需均匀、连续，减少对土样的影响。采用半合管取样时，需控制冲洗液泵量、转速及回次进尺，保证取样质量。

（8）试样采取前需仔细检查取样器锁止结构的有效性，保持活塞清洁畅通、有效，保证取样设备清洁。拌和管取样前需仔细检查、清洗拌和管钻具及总承，保证其工作的有效性。

（9）对采取的砂、粉土、黏土等原状样，取样后必须采用专用样盒并立即封闭、装箱，及时运送至试验室进行试验。运输过程中需采取有效的减震措施，轻拿轻放，避免对样品的碰撞，减少样品的扰动。样品取出需采用专用的推土器，以减少对样品的扰动。对半合管采取的砂卵石样，需采用硬质塑料包装纸及时包裹封存，并装箱固定（图1）。

（10）对部分可现场测试的指标，取样后即进行现场试验，以保证指标的精确性。

6 勘探取样成果

本次深厚覆盖层钻孔取样试验累计完成4个钻孔，总共取得Ⅰ级原状土样216件，取样成功率达95%以上，所取Ⅰ级样品数量和质量均满足室内试验要求，取样成果见图1、图2。

图1 半合管所取60 m深处卵石层样品

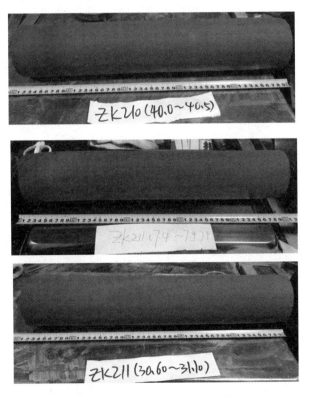

图2 ZK210、ZK211取样照片

7 结束语

拉哇水电站河床深厚覆盖层原状取样技术的成功实践,对充分了解沉积物的空间分布规律,为室内试验进一步研究沉积物的颗粒组成、渗透性、抗剪强度、压缩性、承载力、动力液化等工程特性提供了强有力的保障,并确保了下一步工程围堰设计、基础加固处理以及坝基开挖的顺利进行,同时,也为今后类似工程中的深厚覆盖层原状取样奠定了坚实的基础。

参考文献(略)

峡谷地区重型勘探设备机械化搬迁方法研究

张文海　黄小波　刘汉林

(中国电建集团贵阳勘测设计研究院有限公司　贵州贵阳　550081)

摘要：本文首先介绍了峡谷地区搬迁的特点，接着介绍了国内重型勘探设备的搬迁现状及存在的问题。结合实际存在问题简述了峡谷地区机械化搬迁方法和技术路线，并介绍了索道的构成，卷扬的选型及索道的架设和机械化搬迁在藏区某水电站的运用，最后通过实践得出新工艺的使用效果和优化建议。

关键词：峡谷搬迁；勘探设备；索道；卷扬

0　引言

在高深峡谷水电站勘探工作中，交通极为不便，机械设备和材料搬迁均是靠人工搬迁。在内地搬迁时安全隐患、搬迁难度、搬迁费用等均还可以控制，但随着我国水电开发重点西移，目前许多水电勘测项目主要集中在川、滇、藏的高山峡谷藏族人集居区，海拔高、地势险、交通条件差、搬迁距离远、社会环境复杂等，造成钻探施工搬迁组织、协调难度大、搬迁时间长等诸多问题，安全隐患特别突出、生产成本费用较高。为了保证安全生产，降低勘探过程中的安全隐患和风险，降低生产成本，提高生产效率，本文主要结合中国电建集团贵阳院在西藏地区的勘探施工中设备搬迁，特别是在高山峡谷地区重型勘探设备机械化搬迁方法进行研究。

根据各水电站的地形、搬迁难度、机械设备重量和外形等特点，研究相应的搬迁方式、动力机械、过道设备及悬挂架的固定方式等，进行了生产性试验，形成成熟的搬迁技术。重点解决的技术问题是动力设备和悬挂绳索选型、设备及悬挂架的固定方式等问题。

1　国内重型勘探设备搬迁现状

国内在重型勘探设备的搬迁方面，做得较好的有新疆院和基础局。前者采用高空溜索配合卷扬的方式，在高陡边坡区搬迁钻机等设备，效果较好，但该方法搬迁距离短，斜坡区坡度不大。该方法贵阳院曾在高升水电站坝址区勘探设备搬迁时作过尝试，基本可行。基础局部在老挝南坎二等项目斜坡区进行设备搬迁时，没有修筑较多便道，而是采用架设桁架，铺设滚筒配合卷扬进行搬迁，较为方便，但搬迁距离较短，且以就地取材为主。针对西藏等西部高山峡谷区，地形复杂、山高坡陡、河谷宽阔，长距离高空索道搬迁勘探设备尚没有先例，同在西部地区

作者简介：张文海(1979.06—)，男，助理工程师，主要从事水利水电工程勘察工作。

进行水电勘探的兄弟单位在勘探设备搬迁时，亦主要采用人力搬迁的方式。利滚筒卷扬搬迁的方式亦不可行。因此，研究高空索道配合动力卷扬搬迁勘探重型设备极为必要。

2 存在的问题研究

目前我国在澜沧江、怒江、雅鲁藏布江等高山峡谷地区的水电站勘测设计项目不断增加，前期勘探项目实施过程中的安全隐患越来越突出，生产成本越来越高，特别是搬迁方面更为明显，这主要体现在以下几方面。

（1）西藏地区海拔较高，山高路陡，山上滚石较多，修便道难度大，搬迁便道狭窄，安全隐患大；

（2）由于搬迁距离远，所需修建的勘探便道较长，且修建难度大，费用较高，成本较高；

（3）由于勘探作业区人员稀少，搬迁工作组织难度较大，相应的搬迁费用高，勘探成本大；

（4）由于藏区海拔较高，空气稀薄，劳动效率低，成本高居不下；

（5）由于地区差异，语言不通，民族风俗不同，人文及社会环境复杂，沟通协调难度大，安全隐患大。

3 搬迁方法研究

根据各水电站的地形、搬迁难度、机械设备重量和外形等特点，研究相应的搬迁方式、动力机械、悬挂绳索、悬挂方式、设备及悬挂架的固定方式等，并进行生产性试验，形成成熟的搬迁技术。须重点解决的技术问题是动力设备和悬挂绳索选型、设备及悬挂架的固定方式等问题。

3.1 索道的构成

（1）承载索：运输物件的轨道，也是承受其荷载的绳索。

（2）牵引索：牵引运输物件的绳索，选用 $\phi 11$ mm 钢丝绳子。

（3）龙门架：支持承载索和牵引索的构架。

（4）行走滑轮和吊篮：悬挂运输物件并在承载索上行走的特制滑车，吊篮为悬挂在行走没车上用于装载物件。

（5）固定滑车：支承牵引索或将承载索固定在支架上。

（6）索道机：由索道卷扬机和柴油机组成。

3.2 卷扬机选型

2013 年 9 月，研究人员对新疆院在米斯克尼水电站的索道搬迁和西藏察雅县高压电线塔架材料搬运进行了考察，新疆院所采用的卷扬机为电动卷扬机，其机械设备的吊运能力较小，搬运距离近（现场搬运距离大约 500 m，高差约 50 m），搬运时所需设备多且可拆解能力较差，需配发电设备，单件设备较重，在高山峡谷地区设备的搬运和安装难度较大，难以满足高山峡谷地区远距离搬运。西藏察雅县高压电线塔架材料搬运设备采用改装的索道卷扬机，其主要是利用汽车的后轮传动部分进行改装，机械设备的可拆解能力强，组合后的整体性好,组装后的稳定性好,可调速,运送距离远(考察时实施距离约 1000 m)。

经过反复论证,卷扬机选用天全县永涛机械厂生产的 NJ140-1080 索道卷扬机。

3.3 承载索的选择

架空索道承载索的张力与弧垂是根据承载索的均匀自重、集中荷重(运载的物件)的重力、位置等因素而定。当集中荷重位于档距中点时,承载索的张力和弧垂均为最大。故承载索须按此条件进行计算。承载索的选择原则一般为:

(1)承载索在最大张力情况下,其强度安全系数不小于 2.5;

(2)承载索在运输过程中,须保持其对地面障碍物有一定的安全距离;

(3)承载索在重载情况下,挡距中点的最大弧垂应不小于挡距的 7%;但为了避免因承载索弧垂过大而增加牵引力,故挡距中点的最大弧垂又须不大于挡距的 10%。

3.4 索道的安装与架设

3.4.1 索道的安装与架设程序

(1)进行索道架设两端的场地(含支持点及装卸物件)平整。

(2)根据平面布置图设置地锚。

(3)设置承载索道龙门架及拉线。

(4)展放承载索及牵引索。

(5)架设承载索。

(6)安装其他附件。

3.4.2 支架(柱)的设置与安装

(1)龙门架的设置应按施工设计进行。起立方法与一般组立杆塔相同,龙门架支柱应埋入地下 0.3 m 以上。安装完成后的龙门架如图 1 所示。

图 1 安装完成后组合图

(2)龙门架的拉线应安装在索道的反方向,龙门架的两侧面应加装拉线,拉线对地夹角不应大于 45°。

(3)承载索通过挂于龙门架上的滑车固定于地锚上,地锚施工应按设计要求进行,地锚埋深不得小于 2 m，其坡度不应大于 45°，承载索上可连接调节器（如手扳葫芦）。

3.4.3 牵引索和承载索的架设要求和步骤

1）牵引索设置成封闭循环型，在一端设卷扬机，牵引绳穿过挂在地锚上的滑车，放至另一侧，通过挂于龙门架上的滑车穿过设于另一侧地面的回转滑车系统，卷扬机所在一端，接入索道机，形成循环系统。

2）展放承载索：将承载索固定于牵引索上，利用卷扬机展放承载索。

3）按平面布置要求，做好现场缆索架设准备，其中承载索的挂线端可通过龙门架上的滑车和调节器直接固定在地锚上，承载索架设现场布置、弧垂观测与架设操作步骤和方法，基本与普通架线的紧线相同。

4）索道架设应有合理的劳动组织，其指挥人员必须由中级以上技工、且应有架线施工经验者担任。

5）安装行走滑车、吊篮，设置牵引设备（索道卷扬机），搭设装卸平台并平整装卸场地。

4 运用与反馈

结合贵阳院在西藏某水电站工程勘察进行了现场实际操作，在紧邻电站国道与水电站 5 号山脊之间架设索道，直线距离约 870 m，高差约 230 m，运送一台重 150 kg 的液压泵、钻探用材料，运送这台 150 kg 设备，用时 10 min 就运到了 5 号山脊，吊运照片如图 2 所示，运载过程中安全系数较高，安全隐患小，搬运效率高，成本低；若用人工搬运，该台设备需要 6 个人用一天的时间才能搬到 5 号山脊，安全隐患较大，搬运效率低，成本

图 2 吊运货物照片

高。索道架设搬迁方法在后期的生产实践中大大减小了劳动强度，提高了搬迁效率，节约了勘探成本，取得良好的运用效果。

5 结论

通过峡谷地区机械化搬迁技术的应用研究，提高了勘探设备和材料的搬迁效率，降低了生产过程中的设备和材料的搬迁费用，大幅度降低了安全风险，加快了勘探的工作进度，在保证生产任务顺利完成的同时，还培养了技术人才，积累了宝贵的科研经验，取得良好的经济效益和社会效益。根据项目的研究情况，可得如下结论。

（1）针对水利水电勘探特点，峡谷地区重型勘探设备机械化搬迁方法能有效地运用于峡谷地区重型勘探设备的搬迁；

（2）索道卷扬搬迁技术的应用，其搬迁效率高，安全隐患低，能大幅降低设备材料搬迁成本；

（3）该技术配套设备简单，工人容易掌握，技术极易推广。

参考文献（略）

双层套管同心跟管成孔工艺在复杂地层的研究与应用

杨 柳 来新伟

(成都万力建筑工程有限公司 四川成都 610072)

摘要：猴子岩水电站格宗移民场平工程子格里料场开挖时，其后边坡地质结构复杂，基岩为强风化岩，强卸荷带预应力锚索施工成孔难度大，常规单层套管偏心跟管、同心跟管和固壁灌浆成孔方式不能满足成孔要求，且进度慢，成本高，采取双层套管同心跟管工艺有效地解决了在复杂地层预应力锚索的成孔难题。

关键词：复杂地层双层套管；同心跟管；成孔工艺；预应力锚索

1 工程概况

猴子岩水电站格宗移民安置点位于四川省甘孜藏族自治州丹巴县格宗乡境内，场地位于大渡河右岸，上距丹巴县城10 km，下距猴子岩水电站坝址37.5 km，格宗安置点是将大渡河改道后垫高造地进行移民安置，垫高防护后造地面积约149亩。垫高场地采用砂卵石或堆石填筑，子格里料场是填筑料的主要料源。

子格里料场位于大渡河左岸，桩号0+000~0+240段EL.1920 m以上边坡为覆盖层边坡，是料场开挖的首级边坡，开口高程1944.26 m，在开挖过程中对原有覆盖层边坡切脚，开挖形成了30 m以上的覆盖层边坡，扰动了原有边坡的稳定，安全隐患较大，为此设计采用框格梁+锚索支护型式，边坡布置4排锚索，每排间距5 m，设计锚索型号为无黏结压力分散型预应力锚索，1000~2000 kN级，$L=45~50$ m，间隔布置，终孔孔径120 mm，锚索锚固段位于弱风化强卸荷岩体内。

2 地质条件

覆盖层边坡地质结构复杂，根据钻孔资料显示，主要有第四系全新统崩坡积堆积层：灰色块石碎石土，块石含量30%~40%，块径20~30 cm，最大可达到80 cm，次棱角~棱角状，岩性主要为片岩、大理岩，碎石含量50%~60%，其中粒径2~4 cm含量为20%~30%，粒径5~8 cm含量为20%~30%，充填物为粉质黏土，结构致密，颗粒呈骨架接触，颗粒间有弱胶结。孤石直径1~3 m，最大为5 m，岩性主要为片岩、大理岩，部分为花岗岩，分布在不同

作者简介：杨柳(1987—)，男，工程师，从事岩土施工工作。E-mail：273790832@qq.com。

来新伟(1969—)，男，教授级高级工程师，从事岩土施工工作。

深度。覆盖层从上游往下游划分，桩号0+000～0+110段覆盖层深度在20 m内，0+110～0+240段，覆盖层在10 m内，越往下游覆盖层越浅，0+240基岩出露。基岩岩性为奥陶系大河边组片岩，钻孔揭示风化卸荷强烈，强风化层裂隙发育，裂隙面多锈染，为强风化强卸荷松动岩带，岩体为Ⅳ类围岩。覆盖层内钻孔遇孤石较多，钻孔内掉块、卡钻、漏风、塌孔问题严重，破碎带裂隙较大，成孔特别困难。

3 施工条件

由于是料场边坡，施工场地狭窄，与料场开挖施工交叉作业，施工临建布置较困难，主要是制浆站不能布置在施工工作面，只能布置在大渡河边，距离工作面斜距有800 m，高差近80 m，浆液输送难度较大。随着料场边坡下挖，施工设备和材料转运困难。

4 单层套管钻进工艺

4.1 常规偏心跟管工艺

覆盖层钻孔一般采用偏心跟管法，设备机具为：YG-70液压锚固钻机，CIR110冲击器，ϕ146三件套偏心钻具，ϕ146套管（δ = 8 mm）。偏心钻具由导正器、偏心钻头、中心钻头、套管靴几部分组成，其工作原理是跟管钻进时压缩空气推动冲击器活塞冲击导正器，导正器将钻压和动载冲击波传递给中心钻头和偏心钻头，钻机正转时，中心钻头超前破碎中心岩石并起导向的作用，偏心钻头在离心力和孔壁摩擦力作用下张开，在环状空间循环破碎岩石扩孔，形成的孔径大于套管直径，保证套管有足够的空间下行，同时导正器冲击台阶锤击套管靴，使套管随钻孔加深同步跟进，钻孔结束时，通过反转使偏心钻头收拢提出套管，套管留在孔内保护孔壁。由于覆盖层边坡地质结构复杂，孤石较多，硬度大，且分布在不同深度，偏心钻头不能有效地破碎岩石扩孔，钻进受阻，导致导正器冲击台阶，长时间锤击管靴，管靴与套管连接丝扣很容易发生断裂，采用偏心跟管试验的4个孔，最深跟管至7.5 m、最浅跟进至4 m就发生管靴丝扣断裂现象。即使遇到硬度稍小的孤石，钻进时偏心钻头不能完全张开，且扩孔孔径越来越小，套管穿过孤石，偏心钻头扩孔不规则，套管外部摩擦阻力随穿过孤石的增多而增加，当超过管靴连接丝扣承受极限时，也同样造成管靴丝扣断裂，并且容易造成卡钻事故，反转时收拢困难，导致钻孔报废，只能将套管拔出，再重新开孔跟管，反复多次，人工材料等成本增加，跟管深度达不到要求。

4.2 同心跟管工艺

为解决偏心跟管在孤石中无法跟进的情况，采取了同心钻具带扩孔套跟管工艺。同心钻具由导正器、中心钻头、扩孔套、加长管靴（长度为1 m，壁厚10 mm）组成。改善了套管与管靴丝扣的连接形式，由外接方式改为内接，梯形扣改为锥度扣。同心带扩孔套工作原理是中心钻头主要破碎钻孔中心大部分岩石，中心钻头通过冲击器冲击做功和正转时带动并扩孔套回转冲击，破碎四周岩石扩孔，扩孔孔径可达到160 mm，向前钻进时导正器锤击套管靴冲击台阶，使套管随钻孔加深同步跟进。跟管结束后，中心钻头反转从同心套中退出，同心套弃于孔内,然后用常规钻头钻至设计孔深。由于是同心全断面钻进,岩石破碎效率有较大提高,扩孔孔径比偏心钻具扩孔有所增大,孔壁也较为规则,不会出现偏心。跟管时孔壁呈"螺旋"形状,较有效地保证了在孤石中的跟管速度和跟管深度。但该工艺还存在诸多缺陷:由于覆盖层孤石较多,岩层软硬变化较为频繁,遇松散块石堆积层和破碎孔段时,容易发生卡钻,扩孔套不能回转;钻具受整体结构的制约,中心钻头与扩孔套是通过键槽配合,中心钻头穿过扩孔套时留下排渣通道较小,排渣不是很畅通,较大颗粒无法通过排渣通道,易造成孔底重复破碎,孔底残渣不能有效地吹排至套管内并通过套管排出孔外,因而在扩孔套周围和套管外壁与孔壁之间堆积,随着跟管深度的增加,套管外壁积渣增多,跟管阻力增大,造成套管无法跟进或管靴丝扣断裂现象。采用同心扩孔套跟管的有 2 个孔,最深跟进至24.6 m,管靴断裂,无法继续跟管,跟管深度达不到要求。即使跟管到位,扩孔套也无法取出,只能留在孔内,不能重复利用。

5 固壁灌浆成孔工艺

单层套管跟管工艺,在跟管深度达不到要求、不能成孔的情况下,可采取跟管与固壁灌浆相结合的成孔工艺,即跟管无法跟进时换直钎钻孔,对破碎不能成孔段采取固壁成孔方式。固壁灌浆采用水泥砂浆,配合比为 0.4∶1∶1(水∶水泥∶砂),另掺入 0.5% 的 JC-1 高效速凝剂。灌注时从大渡河边制浆站输送 0.4∶1 的原浆至工作面砂浆搅拌机内,按照配比配置砂浆,再输送至孔段内。由于岩体破碎,造孔时严重掉块,直钎钻进时常出现卡钻和塌孔。为防止塌孔造成浆液无法到达需固壁段,影响固壁效果,需多次扫孔,使孔段畅通,扫孔过程中塌孔段形成掉块空腔。研究中于 4 个孔内摄像,通过孔内全景图像资料揭示如下。

MS4-8:0~13.4 m 套管,13.4~13.7 m 裸孔段,段长仅 0.3 m,该段岩体顺孔轴向裂隙发育,岩体破碎、掉块严重,局部形成空腔,13.7 m 后塌孔无法摄像。

MS4-20:0~24.0 m 套管,24.0~28.2 m 裸孔段,段长 4.2 m。在 25.7~25.9 m 有一张性裂隙;在 27.5~28.2 m 为张性裂隙发育带,裂隙大致顺孔轴向(或斜交)发育,岩体破碎、掉块严重,局部形成空腔。

MS3-35:0~24.6 m 套管,24.6~25.2 m 裸孔段,段长 0.6 m,岩体破碎、掉块严重,局部形成空腔,25.2 m 后塌孔无法摄像。

MS2-38:0~7.0 m 套管,7.0~13.2 m 裸孔段,段长 6.2 m,在 7.0~7.7 m 为破碎带,有轻微掉块;在 9.8~11.0 m 为破碎带,掉块明显;在 11.5~13.2 m 为破碎带,掉块严重。裂隙大致顺孔轴向(或斜交)发育,局部形成空腔。

摄像资料进一步印证了岩体破碎,裂隙发育且多为宽大张性裂隙,掉块、塌孔严重。

以上 4 个孔采取固壁灌浆成孔工艺,业主和监理要求灌浆按 2 t 左右、间歇至少 2 h 控制、流量不超过 40 L/min、灌浆压力 0.3 MPa。实际灌浆情况如下,因灌浆情况都相似,只列举灌浆时间最长和最短的孔。

MS2-38:开孔时间 2016 年 4 月 15 日,跟管深度 7.0 m,终孔深度 35 m,开始灌浆时间 2016 年 4 月 20 日,成孔时间 2016 年 6 月 10 日,历时 56 d,灌浆 51 d。自 7.0 m 至 35 m 共 14 个灌浆段,每个灌浆段复灌 10~20 次不等,共注入水泥量 421 t,平均单耗 18.3 t/m。

MS3-35:开孔时间 2016 年 4 月 16 日,跟管深度 24.6 m,终孔深度 35 m,开始灌浆时间

2016年4月22日,成孔时间2016年5月20日,历时34 d,灌浆28 d。自24.6 m至35 m共5个灌浆段,每个灌浆段复灌均超过10次,共注入水泥量134 t,平均单耗16.8 t/m。

综上所述固壁灌浆采取限流、限量、间歇、待凝等措施,对空腔大的孔段采取推水泥球,加入惰性堵漏材料等减小浆液扩散材料,虽能成孔,但由于岩体破碎,裂隙发育,空腔较大,灌浆量仍然很大,成孔周期长,反复扫孔复灌,无法满足进度要求,成本不可控制。现场施工场地狭窄,随着料场边坡下挖,灌浆用砂也无法运输至施工现场。

6 双层套管同心跟管工艺

6.1 套管和钻具的选用

双层套管选用我公司和生产厂家针对该地层合作研制的 ϕ178 和 ϕ146 波纹扣套管。ϕ178 套管外径178 mm,内径159 mm,壁厚9.5 mm;ϕ146 套管外径146 mm,内径130 mm,壁厚8 mm。套管两端锻造加厚至20 mm,直接在加厚段加工成公母丝扣套管。连接丝扣加工成弧形,并加上一定的锥度,进一步提高套管强度,使整根套管最薄弱位置得到有效的保护。管靴选用将套管底部直接锻造成的底管,长度1.5~3 m。通过锻造增加其密度,经过淬火、精加工,具有高韧性、高强度、耐磨等优点,改善了冲击功集中于管靴底部丝扣易造成断裂的情况。底管端部锻造加工成比配套套管外径大,并设置多个圆弧排渣槽。钻进过程中由于底管大可轻松挤压过突出的岩石,可减小岩石对套管的挤压变形,增加套管使用寿命。ϕ178 底管内径155 mm,可通过 ϕ146 套管;ϕ146 底管内径122 mm,可通过 ϕ115 常规直钎,满足设计终孔孔径要求。

钻具选用高风压同心扩孔跟管钻具,该钻具是一种新型同心跟管钻具(已获得国家专利认证)。ϕ178 套管配 ϕ178 钻具,钻具直径147 mm,钻孔最大外径195mm,配置 DHD-350 型高风压冲击器;ϕ146 套管配 ϕ146 钻具,钻具直径119mm,钻孔孔径163mm,配置 DHD-340 型高风压冲击器。同心扩孔跟管钻具由导正器、中心钻头、扩孔钻片三部分组成。其特点是以中心钻头为中心将三块扩孔钻片按120°均分,当钻进时扩孔片和中心钻头的合力重合在同一中心线上,扩孔片和中心钻头同时破碎岩石,相当于一个大直径的钻头在钻孔。这样设计使扩孔无偏心,钻机无摆动、扭矩力小、成孔规则,钻进进尺快,破碎岩石时稳定性好,进尺均匀,无需反转即可收拢。其工作原理是钻具在进入套管时扩孔片呈收拢状态,直径与导正器下端和中心钻头相同。钻具工作时,中心钻头接触岩面,中心钻头在压力的作用下向后移动,并带动扩孔片向外展开,直到中心钻头与扩孔片均达到工作位置,进入工作状态。同时导正器的中部台阶与管靴接触,将部分冲击力传递给套管靴,达到钻具与套管同时跟进的目的。提钻时,中心钻头受自身重力和扩孔片挤压力的作用向前移动,扩孔片变为收拢状态,可轻易取出钻具。排渣通道与常规直钎排渣形式一致,排渣能力得到较大改善。

6.2 施工工艺

(1)钻机就位后,按设计钻孔角度校正好钻机倾角,并加固好钻机平台,防止钻孔过程中钻机发生偏移。

(2)开孔时按照设计角度,先用 CIR150 型冲击器配 ϕ185 常规钻头先钻进30~50 cm,用于跟管导向；再跟进 φ178 套管，跟进 50 cm 后，再次校正套管和钻杆角度，使钻杆与套管对中，保证开孔角度准确，减小钻孔偏斜。

(3)加套管时，在套管丝扣上涂上钙基脂，并用自由钳将套管拧紧，用加力杆加力。

(4)钻进过程中控制好钻压和钻进速度，以套管均匀跟进为宜。钻进时及时提钻排渣，用高压风冲洗干净孔底和套管内残渣。跟进至一定深度后起钻检查扩孔片完好性，对合金磨损的扩孔片及时进行更换。

(5)φ178 套管跟进至 20 m 左右后，换 φ146 套管继续跟进至终孔。

(6)终孔后，拔出套管可重复利用。

7　施工成果

通过试验选取 φ178 和 φ146 双层套管同心跟管工艺，成孔效率明显提高，φ178 套管平均每班能跟进至 15 m 左右，φ146 套管平均每班能跟进 20 m 左右。平均一天就能成孔。子格里料场第一级边坡完成锚索 135 束，其中采用双层套管同心跟管工艺完成 130 束，历时 2 个月，设计单位根据地层情况加深了设计孔深，最深孔达 55 m，跟管深度 48 m，φ178 套管跟管 32 m，φ146 套管跟管深度 16 m。钻孔过程中无套管和底管断裂现象，材料利用率得到很大提高，节约了施工成本；跟管工程量能准确计算，总体投资与固壁灌浆对比成本可控。同时，在子格里料场 I 区花岗岩边坡全岩石破碎段 2000 kN 级锚索设计终孔孔径 140 mm 施工中，采用 φ178 套管同心跟管工艺，最大跟管深度也达到 32 m，进一步验证了此钻具的适用性和优越性，得到业主和监理的一致认可。

8　结语

(1)常规偏心跟管和同心扩孔套跟管工艺在孤石较多、结构松散的覆盖层和岩石破碎的基岩段复杂地层施工中跟管深度有限；固壁灌浆成孔是一种比较成熟的工艺，但对于岩体破碎，裂隙发育、裂隙张开度宽、空腔大的孔段，灌浆量大，施工周期长，无法满足进度要求，投资和施工成本不可控制，且受施工场地和施工道路影响，材料转运困难；双层套管跟管工艺能有效地解决上述问题，成孔率达到 100%，能够取得较好的施工工效和经济性。

(2)通过调整套管材质、热处理工艺，提高套管强度；通过使用锻造加厚套管两端、直接在锻造段加工丝扣、套管用公母扣直接连接方式，增加了套管连接丝扣的厚度，在最薄弱环节增强了套管强度；改进套管之间连接丝扣（由常规的梯形扣或锥度扣改为波纹弧形带锥度扣），消除套管丝扣连接的机械应力，能有效地防止套管跟进中丝扣断裂现象，增加了套管使用寿命和跟管深度。

(3)通过调节管靴结构有效地避免了冲击功直接作用于管靴与套管连接的丝扣、造成丝扣断裂现象。通过锻造将底管端部外径加大，比套管外径大，能有效地避免孔内突出岩石对套管的损伤，减小了套管受岩石挤压变形，保证了的套管使用寿命。

(4)采用扩孔片扩孔同心跟管钻具，φ178 同心跟管钻具钻孔孔径可达 195 mm，孔径比套管外径大 17 mm；φ146 同心跟管钻具钻孔孔径 163 mm，比套管外径大 17 mm，加大了套管与孔壁间的间隙，减小了孔壁与套管的摩阻力，更利于套管跟进，同时减小了深孔跟管时拔管施工的难度；钻进时扩孔片和中心钻头的合力重合在同一条中心线上，作用力一致，扩孔片和中心钻头形成整体同时破碎岩石，保证钻孔有较好的直线度，钻孔偏斜小，钻进工效高，在坚硬破碎地层、覆盖层孤石段钻进中，较大地增加了跟管深度，适用于难以成孔的复杂地层跟管施工。施工过程中遇坚硬岩石或跟管深度近100 m后易发生扩孔片断裂现象；可选用强度和韧性与岩石硬度相适宜的材料，再经过锻造和热处理等加工工艺，调整钻头合金形状、高度、分布和出刃，使钻具达到最佳钻进效果，最大限度地延长钻具使用寿命。如何进一步改善扩孔片和中心钻头工作时的配合方式，优化结构形式，既能有效地扩大钻孔孔径又能减小冲击力对扩孔片的作用力，减少扩孔片断裂现象，最大限度地增加扩孔片使用寿命是今后研究的主要课题。

参考文献(略)

硬质岩体勘探平硐爆破孔布置方案探讨与应用

张建宏　茹官湖

(中国电建集团西北勘测设计研究院有限公司　西安　710065)

摘要：目前，在水电前期勘探过程中，平硐勘探由于它特有的直观性对于地质人员全面准确地了解地层结构、构造提供了可靠的保证，勘探平硐要求的断面尺寸大多是以小断面 2 m×2 m 为主，近年来，随着水电开发周期的缩短，对平硐施工工期提出了更高的要求，因此平洞爆破中的技术参数，特别是如何选择合适的爆破孔布置，提高硬质岩体中平硐爆破进尺，是平硐爆破施工的关键，笔者结合所参加的乌龙山抽水蓄能水电站地下厂房勘探斜硐、黄河上游宁木特水电站、玛尔挡水电站的前期勘探施工，对于小断面平硐开挖的爆破孔眼布置进行了总结，主要从平硐开挖中对爆破炮眼的选择、布置形式进行探讨，以便能更好地解决硬质岩体平硐爆破技术，加快平硐开挖施工进度。

关键词：平硐开挖；炮眼布置；实践应用

1 爆破孔的确定

地质平硐开挖断面上的炮孔，按作用的不同可分为掏槽孔、崩落孔、周边孔。

1.1 掏槽孔

主要作用是增加爆破的临空面，掏槽孔的优化布置直接决定着爆破效果。针对不同的地层，常用的布置类型有直眼掏槽与斜眼掏槽，直眼掏槽孔又叫垂直掏槽孔，斜眼掏槽孔又分为楔形掏槽孔与锥形掏槽孔，见表1。

表1　掏槽眼布置基本类型

楔形掏槽孔	楔形垂直掏槽孔	适应于中硬地层，有水平层理时
	楔形水平掏槽孔	适应于中硬地层，有垂直层理时
锥形掏槽孔	三角形掏槽孔	适应于结构致密的坚硬地层，极适合开挖断面的高度和宽度相差不大的平硐
	四角形掏槽孔	
	圆锥掏槽孔	
垂直掏槽孔	角柱掏槽孔	适应于结构致密的极坚硬岩石
	直线裂缝掏槽孔	

作者简介：张建宏(1972—)，男，陕西礼泉人，工程师，主要从事工程地质勘探工作。
E-mail：604361219@qq.com。

以上几种类型掏槽孔,适用于不同的条件见表2。施工中,只要根据不同的地层以及在施工开挖中及时分析岩石层理,及时调整炮孔布置,便能收到较好的效果。

表 2　直眼掏槽与斜眼掏槽的适用条件

直眼掏槽	斜眼掏槽
大小断面均可、小断面更优	大断面适用
韧性岩层不适用	对各种地质条件均适用
一次爆破深度可以较大	深度不宜大于 5 m
技术要求高,钻眼精度影响大	精度相对稍差些
炸药用量较多	炸药用量相对较少
需要雷管段数多	需要雷管段数少
钻眼相互干扰少	钻眼时,钻机干扰大
渣堆较集中	抛渣远、易打坏设备

1.1.1　炮眼布置方案

在上述斜眼掏槽方式中,坚硬岩石楔形掏槽法被广泛应用,楔形掏槽法又根据不同的地质条件选用水平楔形掏槽、垂直楔形掏槽两种形式。

(1)水平楔形掏槽的炮眼布置适用于层理接近于水平或倾斜平缓的层面、裂隙和夹层的围岩或均匀整体的围岩。由于钻凿向上倾斜的掏槽眼与装渣作业干扰大,施工较困难,一般较少采用(图1)。

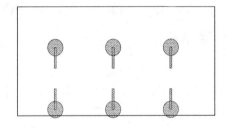

图 1　水平楔形掏槽炮眼布置图

(2)垂直楔形掏槽炮眼布置,适用于层理大致垂直或倾斜的各种岩层。因为,它的所有炮眼都是接近水平的,钻凿方便,和装渣同时平行作业,因此采用比较广泛。其主要形式有普通、剪式或层状(双楔形)三种(图2)。

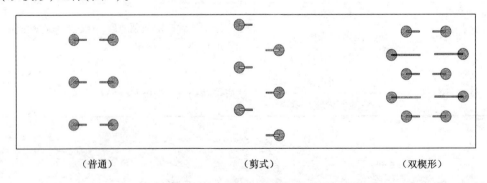

　　　(普通)　　　　　　　　(剪式)　　　　　　　　(双楔形)

图 2　垂直楔形掏槽炮眼布置图

1.1.2 炮眼布置参数

在斜形掏槽中凿钻楔形掏槽孔时,根据不同的地质条件,选择炮眼的倾斜角度、每对掏槽孔炮眼与另一对掏槽孔炮眼之间的间隔距离尤为关键,凿眼时的控制结果直接关系着掏槽效果。楔形掏槽的炮眼布置参数数据见表3。

表3 楔形掏槽的炮眼布置参数数据

f值	炮眼倾斜角度 a	每对炮眼与另一对炮眼之间的距离 A/m	眼底距离 b/m
2–4	75°~80°	0.60~0.80	0.30
4–6	70°~80°	0.50~0.60	0.30~0.25
6–8	65°~75°	0.40~0.50	0.250~0.20
8–10	60°~70°	0.30~0.40	0.20~0.15
10–12	55°~65°	0.20~0.30	0.05~0.10

在实际炮眼布置时,每对炮眼的眼口距离可根据设计槽眼深度按下式计算:
$$A = 2 \times B \times C \times D$$
式中:A = 眼口距离;B = 掏槽深度;C = 炮眼倾斜坡度,炮眼倾斜坡度可根据炮眼倾斜角度进行换算;D = 眼底距离。

1.1.3 掏槽形式选定条件

平硐爆破施工中,针对地层层理不同,选择不同类型的掏槽方式尤为重要,它直接决定着掏槽孔的爆破效果,进而影响整个开挖爆破进度。通常在掏槽形式的选定时要考虑以下几方面条件:

(1) 开挖断面的大小及宽度;
(2) 地质条件;
(3) 机具器材条件;
(4) 钻眼爆破技术水平;
(5) 开挖技术要求等。

除考虑以上因素外,还要考虑经济及技术效果,要根据现场条件因地制宜地选择恰当的掏槽方式,而不应死搬硬套。

1.2 崩落孔

崩落孔的主要作用是爆落岩体,崩落孔大致均匀地分布在掏槽孔外围,通常与开挖断面垂直,为了保证一次掘进的深度和掘进后工作面比较平整,其孔底应落在同一平面上。

1.3 周边孔

周边孔的主要任务是控制开挖轮廓,布置在开挖断面的四周。

2　炮眼深度的确定

炮眼深度是指炮眼底至开挖面的垂直距离。合适的炮眼深度有助于提高掘进速度和炮眼利用率。

2.1　确定炮眼深度

炮眼深度一般考虑以下因素：
(1) 围岩的稳定性，避免过大的超挖量；
(2) 凿岩机允许的钻眼深度，炮工的操作技术水平；
(3) 为保证充分利用作业时间和合理交接班时间而确定的掘进循环安排。
(4) 为保证单次掘进深度，在掏槽孔凿钻时，通常要求掏槽孔要比其他炮孔略深15～20 cm。

2.2　确定炮眼深度的方法

(1) 根据施工经验确定炮眼深度值：合理炮眼深度 L 为1.25～2.5 m。
(2) 利用经验公式计算：利用每一次平硐掘进的循环进尺深度和实际爆破的炮眼利用率计算，公式如下。

$$L = \frac{l}{\eta}$$

式中：L 为炮眼深度，m；l 为计划掘进单次循环进尺，m；η 为炮眼利用率，通常要求炮眼利用率在0.85以上。

(3) 根据每一次掘进循环时所占的时间来确定，确定计算公式如下：

$$L = \frac{mut}{n}$$

式中：m 为凿岩机具的数量；u 为凿眼的速度，m/h；t 为单次循环掘进时凿眼所占的时间，h；n 为掌子面上所凿炮眼的总个数。

确定炮眼深度时，要结合工程现场的实际情况，综合各种因素，使每个作业班所完成的循环进尺及单位平硐进尺所耗时间最少，炮眼利用率最大化。一般情况下，在施工中炮眼深度控制在1.2～2.0 m。在浙江乌龙山抽水蓄能水电站勘探平硐施工中炮眼深度确定在2.0 m，炮眼利用率为90%～100%，每天可循环作业2～2.5次，在班次安排上实行两班作业，收到了较好的效果。在黄河上游玛尔挡地质平硐施工中，最初，炮眼深度布置为1.8～2.0 m，由于岩石极其坚硬，单眼凿钻时间长达40 min，每单次循环作业凿钻时间长达十几个小时，单班施工人员长时间作业，无法长期坚持，且炮眼利用率低下，根据实际情况结合计算（$L = m \times u \times t/n = 1 \times 4 \times 7/23 = 1.22$ m）结果进行了试验改进，炮眼深度确定在1.2 m左右，每班可完成一个循环进尺，便于人员班次安排，并且炮眼利用率较之前安排有明显提高。

3 炮眼数目的确定

炮眼数目的多少直接影响爆破效果,过多的炮眼会增加炮眼钻进辅助时间,过少的炮眼会影响爆破效果。合理数目的炮眼是取得爆破效果和提高掘进速度的重要条件之一。但是,在开挖平硐施工过程中,由于受机械设备、人员素质的影响,特别是施工队伍单纯考虑成本,认为少打眼、少装药就会节省成本,往往造成爆破进展效果不理想,成硐后的断面尺寸严重不足,不仅影响了质量和进度,同时也增加了施工成本。

3.1 确定炮眼数目的计算公式

$$N = \frac{q \cdot S \cdot L}{L \cdot n \cdot r}$$

式中:N 为炮眼的数目,个;q 为平硐爆破单位炸药消耗量,kg/m³(表4);L 为炮眼深度,m;n 为炮眼装药系数(表5);R 为炸药的线装药密度,kg/m;S 为平硐开挖断面积,m²。

表4 小断面(小于 6 m²)爆破炸药单耗量 q 值表

铵锑炸药	铵油炸药	水胶炸药
1.50	1.50	1.10
1.80	1.70	1.30
2.30	2.10	1.70
2.90	2.80	2.10

表5 炸药装药系数 n 值

炮眼名称	岩石 f 值					
	10~20	8~10	7~8	5~6	3~4	1~2
掏槽孔	0.80	0.70	0.65	0.60	0.55	0.50
崩落孔	0.70	0.60	0.55	0.50	.045	0.40
周边孔	0.75	0.65	0.60	0.55	0.45	0.40

3.2 通过经验值确定炮眼数目

根据以往相关工程在不同地质条件下提供的炮眼布置数目,可供类似条件下布置炮眼参考,见表6。表6中所列数目不含不装药眼,如果炮眼直径变小或改大时,炮眼数目也要作相应的增减。

表6 地质平硐炮眼数目参照表

岩石等级	断面尺寸/m²	炮眼数目/个
软岩石（Ⅰ～Ⅲ类）	4～6	11～14
次坚硬岩石（Ⅲ～Ⅳ）	4～6	13～16
坚硬岩石（Ⅳ～Ⅴ）	4～6	14～20
特坚硬岩石（Ⅵ）	4～6	20～28

4 实践应用

4.1 双楔形掏槽眼布置方法的应用

在乌龙山水电站地下厂房勘探斜硐的施工中，地层为凝灰岩，岩石较坚硬、完整。斜硐断面为 2.0 m×2.5 m，当时，经过现场试爆试验，掌子面布炮孔 28 个，采用双楔形掏槽孔，掏槽孔深度为 2.2 m，其他炮孔均为 2 m。

施工每循环进尺 2 m，断面尺寸误差均控制在设计范围的 5% 以内，取得了很好的效果。单掌子面施工时，日进尺最高达到 6.7 m，平均进尺在 5.0 m 以上。

双楔形掏槽眼两两对称地布置在平硐掌子面中央偏下的位置，炮眼与工作面的夹角为 65°～75°，炮眼底距离为 0.05～0.10 m，每对炮眼与另一对炮眼间距离为 0.20～0.30 m，槽口宽度交错取 0.30～0.4 m，如图 3 所示。

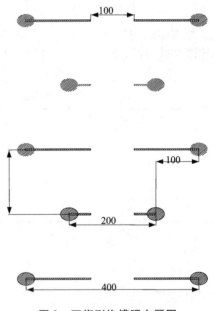

图 3 双楔形掏槽眼布置图

4.2 垂直、楔形混合掏槽法的应用

黄河上游玛尔挡水电站平硐开挖中，地层岩性为二长岩（闪长岩、辉长岩），岩石坚硬、完整。开挖断面要求为 2.0 m×2.0 m，前期施工中，由于施工队伍未进行现场试爆试验，也未进行任何计算，特别是在 PD2#、PD6#、PD9#、PD12#、PD18#、PD22# 等勘探平硐开挖施工中，根据地质岩石力学试验表明，微风化岩石抗压强度为 140～200 MPa，$f \geq 14$，（岩石的普氏坚固系数 f 直接用岩石单轴向抗压强度来确定，$f = R/10$，式中，R 代表岩石单向抗压强度，MPa），在岩石爆破等级划分中，属于难爆－极难爆岩石级，施工中使用单一的楔形掏槽法或垂直掏槽法，布炮孔 11～17 个数目不等，掏槽孔深度 1.25 m，其他炮孔深度均为 1.10 m，结果常常产生"冲天炮"，循环进尺只有 0.40～0.60 m，掏槽困难，炮眼利用率只达到 30%～50%，不仅大大浪费了人力、物力，还严重影响了工程进度。并且由于炮眼布置数目不足，平均成硐尺寸只有 1.8 m×1.3 m，断面尺寸严重不足，无法满足地质要求的 2.0 m×

2.0 m 的断面尺寸。经调整,采用锥形掏槽孔,将炮眼数量增加到 20 个,炮眼深度不变,效果有所提高,但是仍不能达到预期目标。2008 年,经反复试改掏槽方式,最终摸索出双楔形掏槽法和垂直、楔形混合掏槽法,取得了良好的效果。

4.2.1 混合掏槽法的炮眼布置

垂直、楔形混合掏槽法在内部布置垂直掏槽眼 3~6 个,在外部布置楔形掏槽眼 4~6 个,炮眼底距离一般为 0.10~0.20 m,每对炮眼与另一对炮眼之间距离为 0.30~0.40 m,炮眼倾斜角度 $a = 55° ~ 65°$,如图 4 所示。

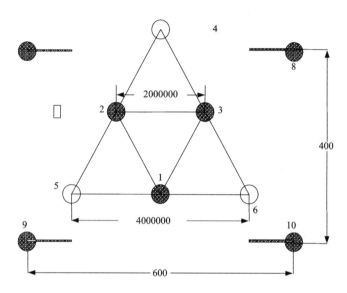

图 4　混合掏槽法炮眼布置图

4.2.2 不同掏槽方式爆破效果对照

不同掏槽方式的爆破效果见表 7。

表 7　不同掏槽方式爆破效果对照

掏槽方式	掏槽炮眼数/个	循环进尺/m	炮眼利用率/%
单一掏槽法	6~10	0.4~0.6	50
双楔形掏槽法	8~10	0.8~1.0	75~85
垂直、楔形混合掏槽法	7~10	0.8~1.1	75~95

在上述掏槽孔布置的基础上,将崩落孔、周边孔炮眼布置 15~18 个,使掌子面炮眼数目达到 22~28 个不等,爆破后的断面尺寸平均高度达到 1.90~2.10 m,宽度达到 1.60~2.0 m,能够满足地质编录的要求。

5　结论

通过几年来对水电站地质平硐勘探的施工实践,在平硐施工中,要针对不同的地质条件,通过有效的试爆试验,对平硐开挖炮眼进行合理有效布置,优选出最有效的掏槽方式,同时,对崩落孔、周边孔进行足够合理配置,就可以达到提高爆破进尺,满足平硐开挖工期的要求。

参考文献

[1] 张应立.工程爆破实用技术[M].北京:冶金工业出版社,2005.
[2] 顾毅成.爆破工程施工与安全[M].北京:冶金工业出版社,2004.
[3] 于亚伦.工程爆破理论与技术[M].北京:冶金工业出版社,2004.
[4] 吴子骏,等.工程爆破学[M].北京:煤炭工业出版社,2004.
[5] 刘殿中.工程爆破实用手册[M].北京:冶金工业出版社,1999.
[6] 王龙飞,王仙芝.小断面隧道斜眼掏槽开挖爆破技术,[J].建筑施工.2005(5):63-65.
[7] 章兵,潘天林,宋义敏,等.坚硬岩石巷道合理掏槽形式的探讨[J].煤矿开采,2000(4):50-51.
[8] 宗琦,任军.关于巷道掘进爆破中的合理炮眼深度和掏槽技术[J].煤矿爆破,2001(1):7-11.
[9] 王从平.关于巷道掘进爆破中的一些技术问题[J].煤矿爆破,2001(2):13-17.
[10] 刘优平,陈寿如.直眼掏槽爆破参数设计探讨[J].采矿技术,2005(3):65-66.
[11] 刘健.深孔爆破在综合开采坚硬预先弱化和瓦斯抽采中的应用[J].岩石力学与工程学报,2014.
[12] 龚敏.硬岩掘进中主要爆破参数的确定与应用[J].煤炭学报,2015.

参考文献(略)

岩土施工技术

承压渗流条件下不良地质体灌浆技术研究与应用

舒王强　朱华周　周运东　陈安重

(中国电建中南勘测设计研究院有限公司　湖南长沙　410014)

摘要：针对向家坝水电站泄水坝段坝基存在构造挤压破碎等不良地质结构，以及大坝蓄水后坝基钻孔灌浆存在的承压渗流不利的工况，创新提出了一种承压渗流条件下对不良地质体先"固孔止水"后"高压冲挤"组合灌浆处理新技术，有效地解决了承压渗流条件下不良地质体防渗、补强、灌浆多种技术难题。本文对固孔止水与高压冲挤组合灌浆技术研究与应用情况进行了全面的介绍，以利于该项新技术成果在类似工程中推广应用。

关键词：承压渗流条件；核部破碎带；固孔止水；高压冲挤小段原位强压挤劈

1　前言

金沙江向家坝水电站大坝坝基存在构造挤压破碎带等不良地质结构，关系到坝基应力变形和渗透稳定，是向家坝水电站工程的关键技术问题[1]。工程建设期间，向家坝水电站坝基先后进行了常规的水泥固结与帷幕灌浆，部分坝段进行了水泥与环氧复合灌浆处理。电站蓄水发电运行后，检查发现泄水坝段坝基挠曲、核部破碎带防渗帷幕存在一定的缺陷，需要进行防渗帷幕补强灌浆。

向家坝水电站泄水坝段坝基挠曲核部，破碎带结构致密、分布深度很大，帷幕补强采用常规的灌浆工艺，普遍存在钻孔成孔困难、孔内承压涌水、灌浆劈裂抬动、质量效果一般等技术问题。对此，根据向家坝水电站泄水坝段帷幕补强灌浆技术要求，结合泄水坝段挠曲核部破碎带工程地质特征，以及大坝蓄水后坝基钻孔灌浆存在的承压渗流不利的工况，经深入研究后创新提出了一种固孔止水与高压冲挤组合灌浆新技术，并于泄水坝段开展了补强灌浆生产性试验研究工作。试验研究成果充分表明，采用组合灌浆新技术进行挤压破碎带帷幕补强灌浆，可有效地解决挠曲核部破碎带防渗补强工程中诸多技术问题，灌浆质量效果明显优于常规的水泥灌浆。此后，按照补强灌浆生产性试验组合灌浆成果技术，对向家坝水电站泄水坝段坝基帷幕进行了全面补强灌浆施工，并取得了较理想的补强灌浆效果。

作者简介：舒王强(1977—)，男，高级工程师，从事水利水电工程施工技术管理工作。

2 组合灌浆技术介绍

2.1 固孔止水灌浆技术

固孔止水灌浆采用一种"钻灌一体,分段冲挤"新技术。该技术把钻孔、平压、灌浆、护壁合为一体,钻灌过程中采用一种脉冲高压灌浆泵向孔内泵入一种水泥稳定浆液作为冲洗液,即可借助浆水比重差屏蔽孔内涌水,又可通过冲挤钻具局部封阻作用,配合调控脉冲浆量与频率关系产生的瞬间冲挤高压,自上而下、随钻随灌,护灌结合。并且每间隔0.5~1.0m后上提冲挤钻具,进行孔口封闭辅助升压,通过控制回浆压力进一步提升进浆压力,对间隔段按照规定的技术参数进行高压冲挤灌浆。

2.2 高压冲挤灌浆技术

高压冲挤灌浆采用一种"双塞小段,强压挤劈"控制性灌浆新技术。所谓"双塞小段,强压挤劈",就是对固孔止水灌浆所形成的完整灌浆孔段,下入一种液压栓塞,按照小段长自下而上依次进行灌浆分段封闭,采用一种脉冲高压灌浆泵对封闭段脉冲泵入要求的水泥稳定浆液,依次自下而上对灌浆孔进行小段长、小脉冲、强挤劈控制性的强压挤劈渗灌注(图1)。"双塞小段,强压挤劈"控制性灌浆新技术主要特点如下。

(1)小段长原位灌注。灌浆封闭段长为0.5~1.0m,可避免大段长产生小应力面局部劈裂跑浆的无效灌注,确保全孔段灌浆有效性与均一性。

(2)小泵量脉冲灌注:脉冲灌浆泵脉冲量≤0.5 L/冲次,可确保对松软岩体灌浆的可控性与有效性。

(3)强制性挤劈灌注:对灌浆封闭段按照设定的脉冲量与脉冲频率无回浆调控强制性高压冲挤灌注,可确保对松软岩体强压挤劈灌入设定的灌入量,并达到设定的灌浆强度。

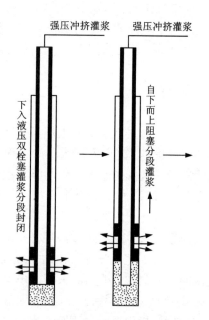

图1 高压冲挤灌浆工法示意图

3 生产性试验研究

3.1 试验布置与地质条件

试验区布置在挠曲核部破碎带分布较厚的泄洪段,现场试验共布置2排10孔(图2),试验区分为普通水泥与超细水泥两个试验区(图2)。

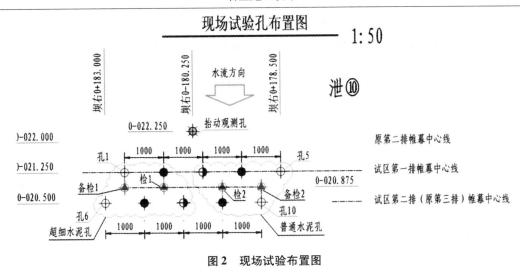

图 2 现场试验布置图

试验区先导孔(抬动观测孔)钻孔取芯揭示，孔深 53～72 m 之间岩体破碎，多呈碎块、碎屑结构(图3)，透水率 1 Lu～5 Lu 不等。

图 3 试验区挤压破碎带灌浆处理前取样

3.2 试验灌浆材料

现场生产性试验按两个区分别采用普通高抗硫酸盐水泥与超细高抗硫酸盐水泥进行灌浆试验效果对比。普通高抗硫酸盐水泥选用原坝基防渗灌浆统一规定使用的普通高抗硫酸盐水泥，抗压强度等级为 42.5 MPa；超细高抗硫酸盐水泥 $D50 \leqslant 10\mu m$，表面积 $\geqslant 700\ m^2/kg$，28天抗压强度 $\geqslant 58\ MPa$。

现场试验灌浆浆液均采用稳定浆液，为提高浆液的稳定性，浆液中加入中性高效减水剂(缓凝型)，其浆液配比及其性能见表1。

表 1 高压冲挤灌浆试验水泥稳定浆液性能表

分组	浆液配比(重量比)			浆液性能		
	水	水泥	减水剂	漏斗黏度/s	失水量/%	密度/(g·cm^{-3})
普通	0.8～0.9	1	0.008～0.01	<25	<5	1.55～1.60
超细	0.9～1.0	1	0.008～0.01	<25	<5	1.50～1.55

采用"钻灌一体,分段冲挤"灌浆工艺时,浆液孔口进行沉淀处理后回收循环使用。现场灌浆试验浆液接近初凝后进行弃浆处理,普通水泥弃浆时间不大于 4 h;超细水泥弃浆时间不大于 2 h。

3.3 设备、机具

固孔止水与高压冲挤组合灌浆新技术所使用的设备基本同常规的灌浆设备一样,其中高压脉冲灌浆泵可采用无稳压装置的普通高压单缸往复泵,也可采用无稳压装置的普通的三缸往复灌浆泵卸除两缸后改型为单缸脉冲泵;固孔止水阶段"钻灌一体,分段冲挤"钻灌机具主要由高强地质钻杆连接长螺旋或长圆管钻具组成;高压冲挤阶段"钻灌一体,分段冲挤"所用灌浆栓塞宜采用高强液压栓塞。

3.4 试验灌浆

3.4.1 固孔止水阶段"钻灌一体,分段冲挤"钻灌

(1)"钻灌一体"严格控制钻灌速度,一般钻灌速度不大于 5 cm/min 为宜。

(2)"分段灌浆"灌浆前需先上提孔底高压冲挤钻灌机具至本间隔段起始孔深,确保上下灌浆段灌浆搭接连续。

(3)"钻灌一体,分段冲挤"的钻灌分段间隔与灌浆压力参照表2进行。

表2 钻灌一体,间隔冲挤"钻灌间隔分段与压力控制表

排序	1		2	
灌浆间隔/m	0.5~1.0		0.5~1.0	
注入率/(L·min^{-1})	<5		<3	
控制压力/MPa	进浆	回浆	进浆	回浆
Ⅰ序孔	>3.0	<2.5	>4.5	<2.5
Ⅱ序孔	>3.5	<2.5	>5.0	<2.5
Ⅲ序孔	>4.0	<2.5	>5.5	<2.5

(4)"间隔冲挤"灌浆控制标准如下:

①灌浆注入率严格按表6.2-1制定的参数执行。

②间隔段原位灌注,当冲挤灌浆压力达到设计冲挤灌浆压力时,注入率<1.0 L/min,且灌注时间>60 min,可进行下一个间隔段钻灌,以此类同,直至全灌浆段钻灌结束。

3.4.2 高压冲挤阶段"双塞小段、高压冲挤"灌浆工艺

(1)"双塞小段、高压冲挤"灌浆工艺其灌浆压力按进浆管路上最大冲挤灌浆压力值进行控制。灌浆分段、灌浆压力与灌入量控制参照表3进行。

表3 "双塞小段、高压冲挤"灌浆工艺参数控制表

排序	1				2			
灌浆分段/m	0.5~1.0				0.5~1.0			
脉冲量/(L·冲次$^{-1}$)	<0.2							
控制参数 P/MPa、V/(L·m^{-1})	P_{min}	V_{max}	P_{max}	V_{min}	P_{min}	V_{max}	P_{max}	V_{min}
Ⅰ序孔	5.0	400	7.0	300	6.0	400	8.0	200
Ⅱ序孔	5.5	350	7.5	250	6.5	350	8.5	150
Ⅲ序孔	6.0	300	8.0	200	7.0	300	9.0	100

(2)"自下而上、下塞小段、高压冲挤"灌浆工艺其灌浆结束标准控制如下:

①当单位灌入量达到设定最大单位灌入量、且灌浆压力大于设定最小灌浆压力时,或当灌入量达到设定最大灌入量的150%、但灌浆压力仍小于设定最小灌浆压力时,停止强压冲挤灌浆,并带压闭浆10 min后结束本段灌浆;

②当灌浆压力达到设定最大灌浆压力、且灌入量大于设定最小灌入量时,或当灌浆压力超过设计最大灌浆压力的20%、但灌入量仍小于设定最小灌入量时,停止强压冲挤灌浆,并带压闭浆10 min后,结束本段灌浆。

3.4.3 灌浆抬动变形控制

向家坝水电站大坝已经蓄水运行,由于向家坝大坝为重力坝型,蓄水运行后随着坝基应力分布的改变,给坝基灌浆压力控制提出了更严格的要求。为准确监测试验灌浆过程中坝基抬动变形情况,灌浆试验前布置与安装了一种滑套式结构抬动观测装置,其结构内外管之间密封可靠,从而进一步确保了长期抬动观测精度。试验灌浆过程中实施全过程专人专职进行抬动监测,并按照零抬动进行灌浆抬动控制。

4 试验成果分析

4.1 单位注入量分析

根据现场生产性试验钻灌单位注入量统计结果,固孔止水阶段平均单位注入量为102.2 kg/m,高压冲挤灌浆阶段平均单位注入量为225.5 kg/m,累计平均单位注入量为327.7 kg/m。可见,尽管试验区之前已进行了多排帷幕灌浆,第一阶段固孔止水采用了"钻灌一体,分段冲挤"新工艺,其孔底受灌段灌浆压力要大于常规的孔口封闭灌浆压力,从而在较大压力条件下,地层仍然具有一定的可灌性;第二阶段"钻灌一体,分段冲挤"灌浆采用了无回浆调控强制性高压冲挤灌注方式,试验灌浆灌入量完全依据试验方案制定的最小灌浆压力与最大灌入量或最大灌浆压力与最小灌入量进行控制。

4.2 灌浆压力分析

(1)第一阶段采用"钻灌一体,分段冲挤"工艺进行固孔止水灌浆,其平均冲挤灌浆压力

均达到和超过了 5.0 MPa(包括约 1.0 MPa 管损压力)。

(2)第二阶段采用"钻灌一体,分段冲挤"工艺进行高压冲挤灌浆,平均冲挤灌浆压力均达到和超过 8.0 MPa(包括约 1.0 MPa 管损压力),如此超高冲挤灌浆压力,对挠曲核部破碎带实施高压挤密、劈楔与压渗灌浆提供了必要的灌浆能量(图4)。

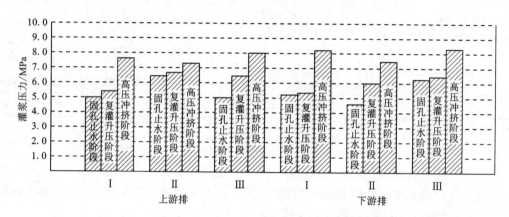

图4 "固孔止水"与"高压冲挤"组合灌浆工艺生产性试验灌浆压力变化曲线图

注:复灌升压是指局部破碎部分孔段灌冰封孔后钻(扫)灌一体,分段冲挤"灌浆压力"

4.3 抬动观测分析

高压冲挤灌浆技术特征为小脉冲(约 0.2 L/冲次)或小注入率(3~5 L/min)、小灌浆段(0.5~1.0 m)控制性灌注,灌浆过程中产生的应力扩散范围有限,理论上分析其灌浆应力不会影响到上部大坝主体结构。但鉴于本次"高压冲挤"灌浆试验采用灌浆压力较大,抬动变形监测仍作为本次试验的一项重要工作,试验灌浆过程中,特别是第二阶段超高压冲挤灌浆试验过程中,进行了全程灌浆抬动观测,观测结果表明,仅有 S3 号试验孔(与抬动观测孔间隔约 1.0 m)在进行第一阶段固孔止水试验灌浆时(孔口回浆压力 2.5 MPa),孔底段 71.1~71.6 m 段出现了抬动异常外,其余孔段灌浆过程中均没有出现抬动迹象。

4.4 钻孔取样检查

两个试验区通过高压冲挤灌浆后,检查孔取出的芯样可见,芯样层面、裂隙、块间孔隙明显见水泥结石,其中挠曲核部破碎带碎屑结构体基本改性为高压冲挤灌浆复合结构体,取出的芯样基本成型,密实性与完整性较灌浆前显著提高(图5)。但从两个检查孔芯样整体性与完整性来看,超细水泥试验区同普通水泥试验区无明显区别,说明采用组合灌浆技术其灌浆机理并不因浆液颗粒细度而改变。

4.5 钻孔压水试验检查

透水率为防渗工程的重要评判指标,现场试验灌前压水试验透水率为 1~5 Lu,试验灌浆后压水试验检查成果表明,两个检查孔全孔段透水率均小于 0.1 Lu。由此可见,采用"高压冲挤"灌浆后形成的复合结构体原结构发生了明显改变,整体密实性明显提高。

图 5 挠曲核部破碎带高压冲挤灌浆复合体芯样

4.6 物探检查

普通水泥试验区,试验灌浆前,试验孔段平均波速为 3316 m/s,试验灌浆后,平均波速为 3652 m/s,较前提高了 10.13%,其中,挠曲核部破碎带(低波速区)试验灌浆前平均波速为 2641 m/s,试验灌浆后,平均波速为 3087 m/s,较前提高了 16.90%;超细水泥试验区,试验灌浆前,试验孔段平均波速为 3316 m/s,试验灌浆后,平均波速为 3703 m/s,较前提高了 11.67%,其中,挠曲核部破碎带(低波速区)试验灌浆前平均波速为 2641 m/s,试验灌浆后,平均波速为 3217 m/s,较前提高了 21.82%。

4.7 水力坡降与耐久性试验分析

为进一步论证向家坝坝基挠曲核部破碎带碎屑结构岩体采用组合灌浆技术形成的防渗体的渗流水力坡降与耐久性,对 J1、J2 两孔进行了全裸孔对穿疲劳压水试验,试验时 J2 为压水孔,J1 为观测孔,试验水压为 2.0 MPa,历时 10 d。疲劳压水成果显示,J2 全孔压水试验透水率一直稳定在 0~0.07 Lu,未发现击穿现象。按照 J1 与 J2 两个试验孔 1.5 m 间隔、J2 有效试验压力 2.0 MPa(压力水头 200 m)理论计算分析,挠曲核部破碎带组合灌浆技术补强灌浆后形成的复合结构体水力破坏坡降 i 远大于 100,其水力坡降与耐久性完全满足向家坝坝基渗流稳定要求。

5 成果应用

为确保泄水坝段挠曲核部破碎带碎屑状岩体高水头运行条件下长期渗流稳定,组合灌浆技术现场生产性试验完成后,专门针对泄水坝段挠曲核部破碎带进行了帷幕补强灌浆。补强灌浆范围主要为泄(6)至泄(13)坝段,各坝段补强灌浆处理范围主要为挠曲核部破碎带上下分支及其影响带。泄(7)至泄(13)补强灌浆按双排布置,排距 0.7 m,孔间距 1.0 m;考虑到泄(6)坝段分布有防渗墙,补强灌浆按单排布置,孔间距 0.8 m。补强灌浆最大灌浆孔深约 165 m,设计补强灌浆工程量 48000 m。设计补强灌浆防渗标准为 ≤0.5 Lu,渗透破坏坡降 > 100,全部采用固孔止水与高压冲挤组合灌浆技术进行。补强灌浆工程完工后经检查孔取芯与压水试验检查,取出的芯样基本成型完整,所有检查孔全孔段透水率平均值为 0.2 Lu,最小为 0,最大为 0.45 Lu,完全满足设计要求。

6　结语

　　向家坝坝基挠曲核部破碎带承压渗流条件下帷幕补强灌浆,创新采用了固孔止水与高压冲挤组合灌浆新技术,有效地解决了常规灌浆工艺存在钻孔成孔困难、孔内承压涌水、灌浆劈裂抬动、质量效果一般等诸多技术问题。对于承压渗流条件下采用固孔止水与高压冲挤组合灌浆工艺的应用,固孔止水是技术基础,高压冲挤是技术关键。而高压冲挤灌浆技术核心所在,就是突破了传统的稳压灌浆技术理念,借助一种脉冲式瞬间高压冲挤技术,对不良地质体实施一种强压冲挤、劈楔、压渗灌注,从而使得不良地质体结构本质发生改变,形成劈楔、压渗灌浆复合结构体,其抗渗性能与力学性能,是常规水泥灌浆工艺所难以达到的。

　　总而言之,本次向家坝坝基挠曲核部破碎带承压渗流条件下帷幕补强灌浆,首次试验与应用固孔止水与高压冲挤组合灌浆技术所取得的良好效果与成功工程,即可为灌浆工程技术界开拓一种创新技术思维,也可为类似工程提供技术借鉴。尤其是随着对"高压冲挤"灌浆新技术研究的不断深入与工程实践,以及对不同性状的不良地质体实施强压冲挤、劈楔与压渗灌浆机理的系统研究,及其对"高压冲挤"灌浆所形成的复合结构体水泥固化机理的探讨与认识,"高压冲挤"灌浆新技术必将逐步成为一套新型、经济、环保的技术为工程所用。

参考文献

[1] 钟南苑. 向家坝水电站设计中重大技术问题的研究[J]. 中国三峡建设:(科技版),2007,12(4):1-4.

灌浆技术在玄武岩夹层复杂地层中防渗堵漏的研究

王　林　申国涛　张文涛

(黄河勘测规划设计有限公司地质勘探院　河南洛阳　471002)

摘要：在内蒙古前夭子水库右岸库区防渗堵漏施工中，地层结构主要为"三岩三土"，岩层整体风化破碎、垂直裂隙发育；个别部位地层复杂，渗漏严重，通过对玄武岩夹层复杂地层分析，总结出一套针对玄武岩夹层的灌浆施工技术，供类似工程借鉴及使用，以便提高施工质量，加快施工进度，降低施工成本和工程造价。

关键词：玄武岩；三岩三土；灌浆技术

1　概述

前夭子水库位于黄河一级支流浑河中游，坐落在内蒙古自治区和林格尔县新店子镇下悢亥村，距和林格尔县城 44 km。水库工程规模为中型，工程等别为Ⅲ等，是一座以防洪、灌溉为主综合利用的中型水利枢纽工程，水库总库容为 9000×10^4 m³。

该水库于 2003 年 8 月 20 日开始下闸蓄水试运行，2004 年发现主坝右坝肩和水库右岸坡渗漏严重，且有流土。根据内蒙古自治区水利水电勘测设计院 2007 年 5 月编制的《内蒙古自治区呼和浩特市和林格尔县前夭子水库大坝安全鉴定评价报告》、呼和浩特市水务局 2007 年 5 月 28 日鉴定的《大坝安全鉴定报告书》以及 2010 年 8 月 13 日水利部大坝安全管理中心的三类坝鉴定成果核查意见，前夭子水库大坝安全类别评定为Ⅲ类坝，急需进行除险加固。

从整体上分析，水库大坝右岸渗漏透水带的渗漏量大，渗径长，局部地层透水性强，地质构造较发育，右岸玄武岩中，垂直节理、裂隙较为发育，下伏花岗片麻岩陡倾角节理较发育，同时右岸局部玄武岩地层中夹有低液限黏土、级配不良砾石隔层，地质条件较为复杂。根据右岸库区地形、地质等相关条件，确定采用帷幕灌浆对该部位进行防渗堵漏处理，防渗标准为透水率 $q \leq 10$ Lu。

2　地质情况描述

该工程灌浆区因受构造体系的影响，地质构造较发育，有宽张裂隙带破坏了岩体完整性，增大了透水性，且有多条断层破碎带通过，存在绕坝渗漏问题。灌浆区域地质条件复杂，玄武岩夹层地层统称为"三岩三土"，"三岩"主要指两层喷发玄武岩和一层花岗片麻岩夹杂，

作者简介：王林(1982—)，男，工程师，从事水利水电工程的施工与管理工作。

岩层整体风化破碎、垂直裂隙发育；"三土"则指地表低液限黏土，以及下部三层岩石间所夹的两层含有级配不良砾石的低液限黏土。其中下部两层黏土受玄武岩喷发时的高温影响，局部已烧结成块，硬度较大。组成工程灌浆区的岩石主要为太古界桑干群（Ar_{1sn}）花岗片麻岩、闪长岩，第三系中、上新统玄武岩（β_{n1-2}），第四系地层上部为低液限黏土，局部夹杂级配不良砾石。基于此情况，在灌浆施工过程中不好控制，灌浆工艺复杂，灌浆施工难度大。

3 施工工艺

3.1 灌浆施工顺序及工艺

帷幕灌浆按分序加密的原则进行。灌浆施工的一般总体顺序为：先导孔→Ⅰ序孔→Ⅱ序孔→Ⅲ序孔→质量检查孔。相邻的两个次序孔之间，在岩石中同一排钻孔灌浆的间隔高差不得小于15 m。

钻灌施工工艺流程如图1所示。

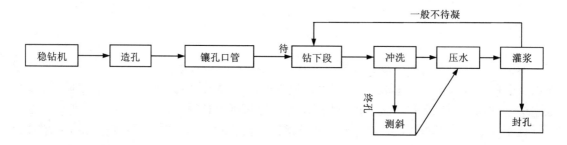

图1 单孔灌浆工艺流程图

3.2 灌浆方式

采用自上而下孔内循环灌浆法进行灌浆。

3.3 灌浆浆液

灌浆浆液的浓度应由稀到浓，逐级变换。帷幕灌浆浆液水灰比采用5∶1、3∶1、2∶1、1∶1、0.8∶1、0.6∶1、0.5∶1水泥浆，0.5∶1加速凝剂（水玻璃）水泥浆（或速凝水泥砂浆）等八个比级。

4 针对玄武岩夹层采取相应的灌浆技术措施

4.1 开灌水灰比

在灌浆工程施工中，灌浆水灰比的确定，需要考虑多方面的影响因素，如地层、灌浆压力、设计扩散半径等。针对本工程地质条件的特点，根据现场实际情况选取开灌水灰比：灌前压水试验透水率小于 20 Lu 时,开灌水灰比采用 5∶1;灌前压水试验透水率大于等于 20 Lu 时,开灌水灰比采用 3∶1。经灌浆试验结果证明,浆液性能通过调节均能满足不同的地层灌浆的目的,在水库防渗施工中,应是可考虑选用的方法之一,同时,应当大力开发新的灌浆技术,使之能适应除险加固工程防渗堵漏的要求。

4.2 可控灌浆工艺

可控灌浆工艺是采用既具一定流动可灌性、又具一定高塑性变形强度及时变性的特殊复合膏浆,利用浆液可控凝结及时变的特性,采用全液压无级调速高压脉动灌浆泵,借助脉动瞬间高压促使浆液通过特殊灌浆头灌注,能有效控制浆液的扩散范围,保证浆体在钻孔周围较均匀扩散充填透水孔隙,从而使强透水地层内快速形成防渗效果较好的连续帷幕体。

工程范围内断层带部位,渗漏量大,渗径长,局部地层透水性强,地层构造较发育,在帷幕灌浆施工过程中,当灌浆孔段灌前压水试验岩石透水性较强(如段长 5 m,压入流量≥50 L/min)或灌浆过程中吸浆量较大时,采用可控灌浆工艺进行灌注。

(1)可控灌浆起灌水灰比 1∶1。当 1∶1 水泥浆液注入量已达 300 L 以上,而灌浆压力和注入率均无显著改变时,应变换 CS 双液浆进行灌注。CS 双液浆采用 1∶1 水泥基浆(浆液密度 1.5~1.6 g/cm³),掺入水玻璃速凝剂比例为 3%~6%。水玻璃加量应据现场试验确定,一般可按 3%、4%、5%、6% 顺序加入。每一比级的浆液注入量按 300 L 及以上控制。当灌浆压力逐渐增大时停止速凝剂比级变换,防止灌浆压力过快增大。

(2)对吸浆量较大的孔段,当水泥砂浆无效时灌注 CS 双液浆、速凝水泥砂浆或水泥黏土混合浆液(加入水玻璃基外加剂)。

(3)可控灌浆采用纯压式灌注方式。灌浆压力选取设计压力的高端值;灌浆段长度≤5 m。

(4)灌注速凝浆液或膏状浆液时。当灌浆压力升高至 0.5 MPa 或者灌注时间达到 20 min 时,宜迅速终止灌浆;较高黏度的速凝浆液灌注量达到 500 L/m 即可结束灌浆。当灌注速凝水泥浆液无效时,可采用速凝砂浆或其他方式进行灌注。水泥砂浆的基浆配比为 1∶1~0.6∶1,加砂率按 20%~30% 控制。当速凝水泥砂浆无效时,采用投入不同级配的石子、间歇待凝、扫孔复灌等方式进行处理。

可控灌浆工艺相比其他灌浆方法,能较好地解决常规工艺在复杂地层成孔困难、灌浆扩散不均一、防渗堵漏效果不理想等一系列技术难题,在本工程断层带部位防渗堵漏中起到了一定的效果。

4.3 大渗漏通道部位施工工艺

本工程大渗漏通道是指在钻孔过程中出现岩层、岩性变化,发生掉块,塌孔、钻进速度变化、回水变色、失水、涌水等异常的地段。

(1)示踪试验。

判断为大渗漏通道部位后,停钻先进行渗漏示踪试验,以查找渗漏通道是否与右岸山体后侧的渗漏点连通。采取环保型有色试剂或有机溶剂作为示踪试验外加剂,延长向通道内注水时间,跟踪观察染色水流的出露点,计算渗流时长,结合地质情况进一步分析渗漏通道的形成机理,设计具有针对性的截水堵漏方案。进行示踪试验时,还要注意观测渗漏通道附近灌浆孔地下水位变化情况,在下游渗漏点安装量水堰,观测分析库水位与渗漏点出水量的变化关系，同时便于随时检验灌浆效果（图2）。

（2）大渗漏通道部位施工工艺。

灌浆过程中开灌水灰比直接采用比级为1∶1，采取分流的灌浆方式，尽可能降低注入率（小于30 L/min）；采用孔口直流式灌浆（图3），当累积水泥量达到3 t仍无变化时，采取相应的措施，如灌浆时适当缩短段长，灌浆过程中采取间歇、限流、物理堵漏（填入砂石料）、添加速凝剂或增稠交联等技术方法，特殊部位使用水泥黏土混合膏状浆液进行灌注；当透水率小时，灌浆应采用孔口封闭循环式。

图2 示踪试验

图3 大通道采用孔口直流式灌浆堵漏

（3）大渗漏通道部位灌浆时，采取纯压式灌注方式。

灌浆浆液材料根据该工程的要求和实际情况进行现场试验，通过大量的浆液材料配合比试验得到适合该工程所需要的灌浆材料后，进行该部位大规模施工。该方法在满足设计要求的前提下能有效控制灌浆材料的扩散半径，提高了施工进度，且防渗堵漏效果明显。

4.4 低液限黏土及级配不良砾夹层灌浆

（1）冲洗钻孔时，为防止上覆岩体失稳，不宜群孔联合冲洗。

（2）对于低液限黏土层，根据试验段透水率情况，采取适当施工措施。当透水率小于或等于设计防渗标准时，用较稀的纯水泥浆液进行补强灌注；当透水率大于防渗标准时，渗漏量较大，用浓浆灌注；如遇夹砂层"吃水不吸浆"时，采取灌注改性水玻璃浆液。

（3）对于级配不良砾隔层，尽量采用纯水泥浆液灌注；如长时间灌注难以达到设计压力，或一旦升至设计压力流量就突变，则应采用混合浆液或进行封堵。

5 帷幕灌浆效果分析

5.1 灌浆质量检查

帷幕灌浆检查孔的数量为灌浆孔总数的10%，一个单元工程内布置一个检查孔。帷幕灌浆检查孔在该部位灌浆结束14 d后进行，检查孔的孔径为$\phi75$ mm，按规定提取岩芯。本工程共计46个单元，从46个帷幕检查孔的取芯情况看，每个检查孔都有多处水泥充填物，在断层带及大渗漏通道部位水泥充填物较多；从灌后压水成果资料分析，透水率$q \leqslant 10$ Lu，满足设计要求。

5.2 灌前灌后右岸山体渗漏点效果分析

现场观测数据显示，2014年灌浆前水库蓄水至1209.93 m高程时，库区右岸渗漏量为0.11 m³/s，年总渗漏量为347万m³。之后因下游灌溉需求放水量较大，水库一直在1206 m高程以下低水位运行，库区右岸渗水量也随之减少，直至不漏。自2014年9月中旬起重新蓄水至2015年4月7个多月时间内，库水位缓慢回升至1209.93 m高程，库区右岸原渗漏点滴水不漏，说明进行灌浆防渗堵漏工作已取得了显著效果(图4)。

图4 灌浆前右岸山体渗漏严重，三角量水堰观测几乎满堰；灌浆后水位高程右岸山体已滴水不漏

6 结论

综上所述，在整个施工过程中，准确把握灌浆施工过程中的难点和重点，针对玄武岩夹层复杂地层中帷幕钻孔灌浆的施工难度，制定相应的灌浆技术措施，通过调整开灌水灰比和可控灌浆工艺的施工方法，更好地解决玄武岩夹层复杂地层中灌浆的技术难题；对于大渗漏通道的灌浆施工方法，不仅有效地提高了钻灌速度，并且节省了不必要的浆液损耗，提高了施工的灌浆质量，有效地解决了大坝渗漏问题，具有十分广泛的应用前景。

参考文献(略)

厚层饱水软弱致密岩体化学灌浆技术研究

周运东 舒王强 袁爱民 陈安重

(中国电建中南勘测设计研究院有限公司 湖南长沙 410014)

摘要：软弱致密岩体力学强度低，结构致密，孔隙微细，渗透性小，化学灌浆加固处理浆液渗流机理复杂。本文结合某水电站大坝左岸挤压带厚层软弱致密岩体化学灌浆试验研究成果，针对软弱致密岩体存在的低渗非达西渗流特性，对常规的化学灌浆"浸润"机理有限性，以及影响软弱致密岩体化学灌浆渗流特性的主要工艺因素进行了分析与研究。

关键词：软弱致密岩体；碎屑结构；孔隙喉道；压敏效应；贾敏效应；非达西渗流

1 引言

断层软弱带（夹层）、风化蚀变带等软弱致密岩体，由于其力学强度与变形模量较低，是水电站大坝尤其是重力坝基础需要重点研究与处理的对象。所谓软弱致密岩体其典型结构多为碎屑、砂粒或泥质结构，通常情况下孔隙微细，渗透性小，力学强度低。对于这类软弱致密岩体的加固处理，目前国内外多采用化学浆液灌浆技术。然而，由于软弱致密岩体为微细颗粒多孔介质结构，孔隙喉道细小，渗流网络连通性差，液固表面分子作用强烈，灌浆渗流同时存在压敏与贾敏效应。受渗流启动压力差异影响，化学浆液很难透过低渗网路或闭塞孔道，导致可能形成许多灌浆盲区。故此，在进行软弱致密岩体化学灌浆处理工程应用中，往往难以达到理想的整体灌浆处理效果，特别是对于有压饱水条件下厚层软弱致密岩体的灌浆处理更是收效甚微。

本文结合某水电站左岸厚层致密挤压带软弱岩体化学灌浆现场试验研究工作，借助低渗非达西渗流特性，进行浆液性能、灌浆压力、注入率等化学灌浆主要技术参数的优化研究与探讨，旨在为工程需要寻求一种对饱水致密厚层软弱岩体进行加固处理的最佳化学灌浆技术。

2 化学灌浆渗流理论分析

2.1 "浸润"[1]灌浆机理浅析

目前对于软弱致密岩体实施化学灌浆加固处理，其"浸润"灌浆机理一直为大家所认同。所谓"浸润"，就是液体能湿润某种固体或附着在固体表面的现象。化学灌浆"浸润"机理，就是借助浆液的浸润性能，通过"毛细管现象"来实现。根据毛细管现象的原理分析，通

作者简介：周运东(1983—)，男，湖南省长沙市人，工程师，从事水利水电工程施工技术管理工作。

常情况下毛细管浸润高度取决于液体的表面张力与接触角,可根据能量平衡基本方程求得。

$$h = 2\sigma\cos\theta/(\Delta\rho g r)$$

其中:σ 为表面张力系数;θ 为接触角;$\Delta\rho$ 为液、气密度差;g 为重力加速度;r 为毛细管半径。

根据毛细管现象的计算公式,对于节理裂隙型破碎岩体或较薄软弱夹层等地质缺陷,借助化学灌浆充填后"浸润"机理进行灌浆修补与加固是非常有效的。然而,有关研究表明,当岩体孔隙小于0.1 mm时,无论是在液体质点间,还是液体和孔隙壁间均处于分子引力的作用之下,即使存在毛细管现象,液体也不能自由流动。而当岩体孔隙小于0.1 μm时,分子间的引力很大,要使液体在孔隙中移动需要非常高的压力梯度。由此看来仅仅依靠化学浆液进行极为有限的毛细管"浸润"灌注,难以对厚层、饱水软弱致密岩体达到理想的整体处理固结效果。

2.2 低渗透非达西渗流特性[2]

通常情况下认为,软弱致密岩体类似于黏土性状应具备达西渗流条件。其实不然,由于其软弱致密岩体孔隙孔道细小,多数孔道半径为微米级别,受毛细管力及其液、固界面间分子引力强烈作用,化学灌浆时浆水两相会在孔隙孔道中形成相间排列的浆水段塞而形成贾敏效应,造成较大的浆液渗透阻力,从而导致软弱致密岩体化学灌浆其渗流特征偏离达西线性律,呈现出低渗非达西渗流现象,并存在较大的灌浆渗流启动压力。岩体透水率越小,非达西渗流现象越明显。典型的软弱致密岩体化学灌浆 $P - Q$ 曲线如图1所示,其主要特性如下。

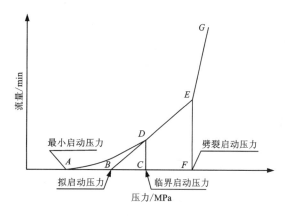

图 1　典型非达西渗流特性曲线

(1)$P - Q$ 曲线 AD 段呈非线性,流量与压力呈指数关系,PA 为灌注最小启动压力。过渡点 D 所对应的压力为临界压力 PC。

(2)$P - Q$ 曲线 DE 段呈拟线性,拟线性段的反向延长线不通过坐标原点,而与灌浆压力轴有一正直交点 B,所对应的压力即为拟启动压力 PB。

(3)$P - Q$ 曲线 EG 段为灌浆劈裂曲线段,E 点为灌浆劈裂拐点,对应劈裂启动压力 PF。

3　现场试验研究

3.1　试验区岩性

根据钻孔取样揭示,试验区挤压带埋深40~60 m,典型芯样岩体结构多为碎屑状(图2),干密度大于2.1 g/cm³,孔隙比小于0.25,渗透系数为10~5 至 10~6 cm/s,波速小于2500 m/s,整体性状密实而强度较低,用手轻捏即呈散沙状,遇水

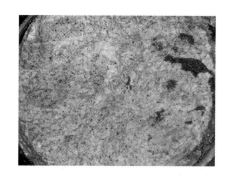

图 2　碎屑结构岩体芯样断面

后即崩解分散。另外，由于电站已经蓄水运行，试验区岩体完全饱水并具有约 0.3 MPa 左右的渗压。

3.2 化学浆材改性

化学灌浆对岩土体加固处理其实质就是化学浆液驱赶孔隙喉道水渗润固结过程。软弱致密岩体孔隙喉道细小，孔隙喉道直径与饱水吸附滞留层厚度在一个数量级，甚至更细小，故此饱水吸附滞留层应是造成低渗非达西渗流启动压力存在的根本原因。试验显示，化学浆液中添加表面活性剂可降低浆水界面张力，增加浆液对孔隙介质表面的湿润角，减小吸附滞留层厚度。故此，对于饱水厚层软弱致密岩体进行化学灌浆加固处理，通常情况下需对化学浆液适量添加表面活性剂来改善浆液黏度、表面张力及其接触角。

传统的表面活性剂分子由于其结构的局限性，在降低浆水界面表面张力、复配以及增溶等方面的能力有限。而双分子表面活性剂由于特殊的结构，在很低的浓度下就有很高的表面活性，在加入量很少的情况下，就能使浆水界面张力降至超低且具有很好的增溶及复配能力。

结合试验区挤压带饱水厚层软弱致密岩体结构特性，化学灌浆试验研究首先开展了环氧浆液改性研究工作。改性后的环氧浆液主要技术性能见表1。

表1 MS – 1086E($A:B = 5:1$)水下高渗环氧灌浆材料主要性能指标

序号	项目		单位	指标
1	浆液密度		g/cm³	>1.0
2	初始黏度		mPa·s	<10
3	胶凝时间		h	>15
4	28d 抗压强度		MPa	>55.0
5	28d 抗剪强度		MPa	>6.5
6	28d 抗拉强度		MPa	>15
7	28d 黏结强度	干黏结	MPa	>3.5
		湿黏结	MPa	>3.0
8	28d 抗渗等级			>P12

3.3 化灌工艺改进

目前，国内外对于致密软弱岩体进行化学灌浆加固或防渗处理，多按照设计灌浆压力值来调控注入率进行灌浆控制。由于致密软弱岩体强度很低及其非均质性对灌浆压力极为敏感，常规的化学灌浆工艺普遍存在小应力面灌浆劈裂局部跑浆，从而不仅影响到灌浆的均一性，同时因劈裂跑浆无效灌注而造成化学浆液极大浪费。

对此，针对目前国内外常规的化学灌浆工艺技术存在的诸多问题，结合致密软弱岩体孔隙喉道细小，多数孔道半径为微米或纳米级别，部分孔道为泥质胶结近于孤立盲道等技术特征，试验研究推出了一种微控渗润化学灌浆新工艺，完全依据致密软弱岩体结构性状及其渗流特性,采用一种微小的单位注入率进行恒稳控制性灌注,以期达到对致密软弱岩体的均匀、有效的渗润固结,其工艺技术思路完全不同于常规的化学灌浆工艺。

常规的化学灌浆工艺要求控制灌浆压力稳定,并通过调控灌浆注入率来实现,其单位注入率为变量;而微控渗润化学灌浆工艺要求单位注入率稳定,并通过调控压力来实现,其灌浆压力为变量(图3)。微控渗润化学灌浆工艺,充分考虑化学灌浆对细微孔隙喉道非达西渗流启动压力条件,采用一种接近岩体自身综合渗透能力大小的微小单位注入率恒稳微渗控制性灌注,随着已经渗入岩

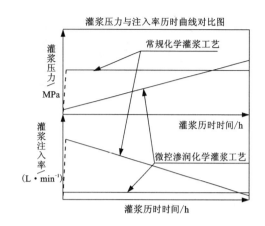

图3 灌浆参数控制对比图

体部分孔隙喉道的化学浆液逐渐凝胶,微渗调控压力将随时间呈正比例线性自然上升,其最终灌浆压力足以满足致密软弱岩体所有不同孔隙喉道渗流启动压力而依次进行充分、有效、均匀渗润固结。

3.4 水泥复合灌浆

软弱致密岩体化学灌浆前进行水泥复合灌浆作为传统方法是非常必要的。水泥浆液复合灌浆目的主要是充填软弱致密岩体及其周边影响带较大的孔隙与裂隙,改善软弱致密岩体均一性,同时也可形成较完整的化学灌浆孔段,为灌浆下塞封闭提供必要的条件。根据水泥浆液复合灌浆目的,试验区挤压带厚层软弱致密岩体水泥复合灌浆后,岩体整体透水率为0.5～1.0 Lu。

3.5 灌浆压力取值

软弱致密岩体化学灌浆所具有的低渗非达西渗流特性,主要表现在灌浆渗流具有较大的启动压力。由低渗非达西渗流特性曲线可见,拟启动压力 PB 反映附加渗流阻力,在非线性段随浆液渗流孔数增多附加阻力增大,也就是说,化学灌浆时在非线性段随灌浆压力增大,参与浆液渗流的孔隙喉道数量也会相应增多。而达到临界压力后拟线性段,附加渗流阻力基本为定值,此时参与浆液渗流的孔隙吼道数量也基本成为定数。理论上分析对于软弱致密岩体化学灌浆有效灌浆压力必须大于临界启动压力 PC,且较大的灌浆压力可充分涵盖更多的细小孔隙喉道渗流启动压力,但过大的灌浆压力有可能产生小应力面劈裂,或产生压敏效应致使局部孔隙喉道闭合,反而影响灌浆整体效果。故此,对化学灌浆压力取值,原则上应在拟线性段所对应的 PC 与 PF 之间进行优选。

为求得不同孔序孔段化学灌浆典型低渗非达西渗流特性曲线,现场试验过程中各个试验段灌浆前专门进行了简易升压试验(图4)。升压试验按照注入率 $0 \rightarrow 0.2 \rightarrow 0.4 \rightarrow 0.6$ 分三级进行。初步测定并分析得出 $P-Q$ 曲线临界压力 PC 为 2.0～3.5 MPa不等。

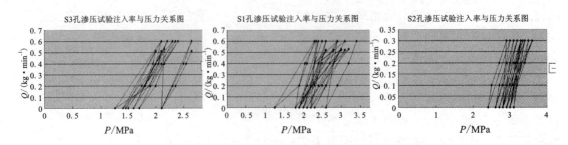

图4　化学灌浆压力取值简易升压试验 $P-Q$ 曲线图

3.5　注入率控制

根据化学灌浆各灌浆段升压试验 $P-Q$ 曲线分析可见，各孔段之间灌浆启动压力存在较大的差异，各序孔之间随着分序加密化学灌浆后启动压力也呈明显上升趋势，而且在拟线性段所对应的 PC 与 PF 之间单位注入率相差也较大。为确保化学浆液在孔隙喉道中充分的渗润时间，同时配合浆液凝胶时间实施同一孔段不同孔隙喉道分级固结升压渗润，确保化学灌浆渗润的整体均一性。依据软弱致密岩体低渗非达西渗流特性，化学灌浆注入率控制应以满足各孔序灌浆段灌浆压力大于临界启动压力 PC 条件下，尽可能采用恒稳而微小的单位注入率进行灌浆压力控制。对此，根据升压试验 $P-Q$ 成果分析后确定，挤压带饱水厚层软弱致密岩体化学灌浆现场试验浆液注入率、灌浆压力基本按照表2进行控制。

表2　挤压带化学灌浆试验注入率、压力与灌入量控制表

灌浆分段/m	0.5	
单位注入率	Ⅰ序孔≤0.2 L/min	Ⅱ序孔≤0.15 L/min
灌浆压力	通过恒稳微小单位注入率进行调控，$P_{min}>2$ MPa，$P_{max}<5$ MPa	

4　成果分析与质量检查

4.1　试验过程压力变化分析

挤压带化学灌浆试验分Ⅱ序进行（图5），施工顺序为S3→S1→S2。试验各孔序（顺序）灌浆压力递增直方图显示，随着试验灌浆孔序（顺序）变化，稳恒等值注入率相对应的控制压力呈明显上升趋势，特别是S2Ⅱ序孔，在降低注入率控制值情况下，相对应的控制压力仍然较前一试验孔提高近30%。由此可见，软弱致密岩体通过化学灌浆，随着化学灌浆分序对岩体渗透性的改善，其灌浆启动压力明显增加。

4.2　钻孔取样检查

挤压带化学灌浆试验完成后，共布置了J1、J2两个检查孔，检查孔取出的芯样完全成

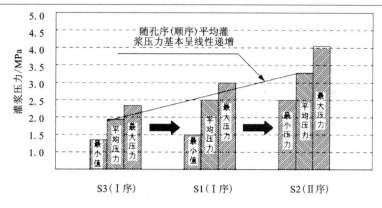

图 5　各孔序(顺序)灌浆压力递增直方图

型,芯样层面、裂隙、孔隙明显见环氧胶结,挤压带结构基本改性为脉状或斑状环氧渗润复合体(图6、图7)。

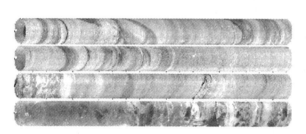

图 6　检查孔孔内录像展示图

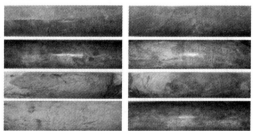

图 7　试验后挤压带检查孔钻孔取芯

4.3　钻孔压水试验

J1、J2 两个检查孔压水试验成果显示,采用 2 MPa 水压进行试验压水,透水率均为 0。为进一步验证环氧浆材灌浆试验帷幕体抗渗强度,对两个检查孔专门进行了历时 72 h 对穿疲劳压水试验,试验压力为 2.0 MPa,压水流量始终稳定为 0 Lu。

5　问题与探讨

某水电站左岸挤压带饱水厚层软弱致密岩体化学灌浆试验,依据低渗非达西渗流特性,现场结合升压试验 $P-Q$ 曲线,合理选取灌浆压力取值范围,在满足各孔序灌浆段灌浆压力大于临界启动压力 PC 条件下,采用一种恒稳微小浆液单位注入率进行灌浆压力控制,同时配合浆液凝胶时间实施同一孔段不同孔隙喉道分级固结升压渗润,确保化学灌浆渗润的整体均一性,取得了比常规化学灌浆控制方法更好的灌浆效果。试验成果显示,挤压带经过化学灌浆后,检查孔取出的芯样完全成型,芯样层面、裂隙、孔隙明显见环氧胶结,挤压带结构基本改性为脉状或斑状环氧渗润复合结构体,检查孔压水试验透水率与对穿孔疲劳压水试验渗流量均为 0 Lu。

尽管如此,仔细观测发现,取出的芯样仍有极少部分挤压带软弱致密碎屑结构芯样固结强度偏低(图8),初步分析其原因,可能是由于挤压带碎屑结构岩体过于致密,改性后的水下高渗环氧浆液即使借助比水更好的渗透性能压渗进入细微孔隙,但在高水头全封闭渗流条件下,挤压带孔隙水依托岩体固体颗粒表面分子吸附作用,环氧浆液很难对孔隙水进行干净置换,从而形成环氧浆液与残留水分子混合体,一定程度上会影响到环氧浆液固化性能。对此,有必要进一步对影响低渗非达西渗流特性的浆液流体性能、灌浆压力、灌浆注入率等灌浆技术参数进行研究与优化,特别是针对高水头全封闭渗流条件下,在实施化学灌浆过程中如何辅以有效的孔隙排水、排气措施,降低细小孔隙吼道渗流启动压力,确保化学浆液渗流充分涵盖更多的细小孔隙喉道,尽可能减少孔隙残留水占位而影响饱水软弱致密岩体化学灌浆的整体灌浆效果。

少部分致密均质挤压带碎屑结构芯样环氧固结强度偏低

图8　部分芯样胶结缺陷图

参考文献

[1] 周向玲. 浸润及毛细现象的能量来源[J]. 河南师范大学学报(自然科学版), 2001, 29(3).
[2] 罗赛虎, 徐维生. 低渗非达西渗流研究综述[J]. 灾害与防治工程, 2007, 62(1).

陡立岩壁高层排架基础钢栈桥力学性能理论计算方法

王冠平

(西北水利水电工程有限责任公司　陕西西安　710065)

摘要: 本文阐述了高陡边坡治理中陡立岩壁高层钢排架基础钢栈桥稳定分析计算中内部构件力学性能的理论计算方法。采用理论分析方法对钢栈桥主要影响因素进行分析，确定各种荷载工况，对结构模型进行简化，选取最不利荷载工况，分析确定钢栈桥内力的计算方法和计算公式、钢栈桥基础构件强度、整体稳定性、局部稳定性以及刚度的分析计算方法和计算公式，并在工程实例中验证，为类似工程的设计计算及施工提供参考。

关键词: 钢栈桥；陡立岩壁；刚度稳定性

引言

近年来，国家基础建设项目越来越多，对施工安全要求越来越高。很多交通、水利、水电等工程修建在高山峡谷中，经常遇到陡立边坡岩层因卸荷、徐变或地震影响造成不稳定现象，为防止施工过程中可能形成的块石坠落对施工人员、设备、建筑物造成危害，需采取被动防护网对块石进行拦截；在基础设施运行期间，为防止基础设施或建筑物由于塌方或掉块等地质灾害造成的破坏，需要对边坡上松动岩体或者危岩进行清理、锚固或采取其他治理措施；针对高陡边坡，通常采用以钢栈桥为基础的高层钢排架组合结构为边坡加固治理提供作业面。该组合结构属临时设施，由施工单位自行设计并需进行安全验算，因其结构复杂、危险性较大、安全验算繁冗，本文重点探讨钢栈桥和高层钢排架组合结构体系安全验算前期各构件内力、强度、刚度及稳定性的理论计算方法，以期达到简化计算、优化设计的目的。

1　钢栈桥和高层钢排架组合结构选型

钢栈桥是整个组合结构的核心，其选型对结构体系有重要的影响，一般选择既具有较好的力学性能，又便于施工的梁桁体系；高层钢排架选择常规的扣件式脚手架，如图1所示。

作者简介：王冠平，(1967—)，男，高级工程师，副总工程师。

2 钢栈桥稳定影响因素及荷载计算

2.1 影响结构体系稳定的因素分析

对于陡立岩壁钢栈桥基础和高层排架体系,要建立系统的计算理论和计算方法,首先要分析影响结构的受力性能和稳定性的指标,并确定控制性的指标,这些指标主要包括结构形式、结构高度跨度、恒载、活载及荷载组合方式等[3]。钢栈桥基础主要影响因素包括钢栈桥的结构形式、跨度以及其上高层钢排架的作用。

小跨度时,钢栈桥结构选择图2所示形式,大跨度时,中间D处加立杆[1]。

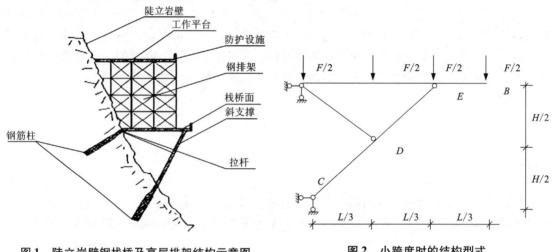

图1 陡立岩壁钢栈桥及高层排架结构示意图　　　　图2 小跨度时的结构型式

2.2 荷载计算

荷载主要包括恒荷载和活荷载,荷载的大小是影响结构受力最重要的因素。钢栈桥恒载主要包括钢栈桥结构的自重、栈桥上部铺设的钢板重量及高层排架及其上的恒载;活荷载主要包括施工时堆料荷载,施工荷载,对高层排架还要考虑风荷载,必要时还需要考虑地震作用的影响;由于栈桥桥面有铺板,因此可以考虑将脚手架等荷载等效为分布荷载进行结构的内力计算。

3 钢栈桥力学性能计算

栈桥结构体系主要由栈桥主体架、上部纵梁、钢板、防护栏杆以及支撑组成。其力学性能计算包括内力计算、强度验算、稳定性验算、刚度验算和位移验算等内容[6]。计算方法及计算公式见表1。

表1 钢栈桥力学性能计算公式表

计算项目	计算内容		计算公式	备注
栈桥梁内力计算[7]	AB杆	弯矩	$M_{max} = \dfrac{FL}{2}$	
		剪力	$F_{S,max} = \dfrac{3F}{2}$	
	BC杆	轴力	$F_{N,max} = \dfrac{3F}{2}\sqrt{1+\dfrac{L^2}{H^2}}$	
	A支座反力	水平方向反力	$F_x = -\dfrac{3FL}{2H}$	拉力
		竖向反力	$F_Y = \dfrac{3F}{2}$	
	B支座反力	水平方向反力	$F_x = \dfrac{3FL}{2H}$	压力
		竖向反力	$F_Y = \dfrac{3F}{2}$	
	钢板传递纵梁压力		$F = l_1 l_2 q$	l_1—板的跨度即纵梁的间距，当梁的间距不同时，可以取其中的较大值；l_2—钢栈桥架的间距；q—是分布在板上的均布荷载，作用在板上的集中力可以根据荷载等效的原则换算成均布荷载
钢栈桥强度验算[8]	横梁AB杆强度		$\sigma = \dfrac{N}{A_n} + \dfrac{M_x}{\gamma_x W_{nx}} \leqslant f$	N—杆件所受的轴力；M_x—杆件所受的弯矩；A_n—杆件的截面净面积，对未开孔的截面即为截面面积；W_{nx}—槽钢截面的截面模量；f—钢材的抗弯强度设计值；γ_x—为与截面模量相应的截面发展系数，对工字形截面 $\gamma_x = 1.05$，当绕 y 轴弯曲时 $\gamma_y = 1.2$；对于箱形截面 $\gamma_x = \gamma_y = 1.05$
	斜撑及斜拉杆的强度		$\sigma = \dfrac{N}{A} \leqslant f$	

续表1

计算项目	计算内容	计算公式	备注
钢栈桥稳定性验算	横梁的稳定性验算	$\dfrac{l_1}{b_1} \leq 13$	l_1—纵梁侧向支撑间的距离; b_1—翼缘宽度
	弯矩作用平面内整体稳定验算[9]	$\dfrac{N}{\varphi_x A} + \dfrac{\beta_{mx} M_x}{\gamma_x W_{1x}(1 - 0.8 N/N'_{Ex})} \leq f$	N—所计算构件段范围内的轴心压力; M_x—所计算构件段范围内的最大弯矩; φ_x—弯矩作用平面内轴心受压构件整体稳定系数; W_{1x}—在弯矩作用平面内对较大受压边缘的毛截面模量; γ_x—为与截面模量相应的截面发展系数,可查截面塑性发展系数表[10]获得; N'_{Ex}—考虑抗力分项系数的欧拉临界力,$N'_{Ex} = \pi^2 EA/(1.1\lambda_x)^2$; β_{mx}—等效弯矩系数
	斜梁的稳定性验算	$\lambda_x = \dfrac{l_x}{i_x}$ $\sigma = \dfrac{N}{\varphi_x A}$	λ_x—细长比; i_x—回转半径; l_x—杆件计算长度
栈桥梁刚度验算	栈桥杆件刚度验算要求	$\lambda_x = \dfrac{l_{0x}}{i_x} \leq [\lambda]$ $\lambda_y = \dfrac{l_{0y}}{i_y} \leq [\lambda]$	l_{0x}、l_{0y}—为构件对主轴 x 轴、y 轴的计算长度; i_x、i_y—为截面对主轴 x 轴、y 轴的回转半径
	横梁、斜撑刚度 x 轴的长细比 λ_x 计算	$\lambda_x = \dfrac{l_x}{i_x} < [\lambda] = 150$	
	横梁、斜撑刚度 y 轴的长细比 λ_x 计算	$\lambda_y = \dfrac{l_y}{i_y} < [\lambda] = 150$	
钢栈桥位移验算	横梁位移验算	$v \leq \dfrac{14 F l^3}{384 EI}$	
	主梁位移验算	$v \leq [v_T] = l/400$	

续表 1

计算项目	计算内容		计算公式	备注
纵向梁验算	纵向梁内力计算[11]	跨内最大弯矩(AB)	$M_{max}=0.078(1.2q_1l^2+1.4q_2l^2)$	
		支座最大弯矩(B支座)	$M_{max}=0.106(1.2q_1l^2+1.4q_2l^2)$	
		结构最大剪力	$V_{s,max}=0.606ql$	
	纵向梁强度验算	抗弯强度	$\sigma=\dfrac{M_x}{\gamma_x W_{nx}}\leq f$	M_x—杆件所受的弯矩; A_n—杆件的截面净面积,对未开孔的截面即为截面面积; γ_x—为与截面模量相应的截面发展系数; W_{nx}—槽钢截面的截面模量; f—钢材的抗弯强度设计值
		抗剪强度	$\tau=\dfrac{VS}{Ib}<f_v$	
	纵向梁稳定性验算	可不验算的条件	$\dfrac{l_1}{b_1}\leq 13$	l_1—纵梁侧向支撑间的距离; b_1—翼缘宽度
		稳定性验算公式	$\dfrac{M_x}{\varphi_b W_x}\leq f$	$\varphi_b=\dfrac{570bt}{l_1 h}\cdot\dfrac{235}{f_y}$ 由于φ_b大于0.6,因此应用下式计算的φ_b'来代替φ_b的值: $\varphi_b'=1.07-\dfrac{0.282}{\varphi_b}$
	纵向梁位移验算[13]	最大挠度	$f_{max}=0.67\dfrac{ql^4}{100EI}$	
		主梁位移	$v\leq[v_T]=l/400$	
锚筋桩验算	抗拔承载力[12]		$R_t=0.8\pi d_1 lf$	d_1—锚筋桩的等效直径,可根据面积相等原则求得; f—砂浆和岩石间的黏结强度特征值,根据工程实际的地质情况选取

4 实例验证

利用表 1 中钢栈桥力学性能计算公式，对新疆某水电站边坡危岩体治理工程、甘肃某水电站左岸缆机平台上部 $F29$ 沟下游塌滑区支护工程中钢栈桥及高层排架结构的钢栈桥内力、强度、稳定性、刚度和位移进行反演验证[15]，验证结果均满足相关规范的指标[14]要求，两项目实施期间，钢栈桥基础稳固，脚手架运行安全可靠，使用过程中未发生安全事故。

5 结论

在陡立岩壁钢栈桥和高层钢排架组合结构体系的设计、应用中分析和简化的钢栈桥力学性能计算公式，不仅能够大幅减少计算工程量，缩短计算过程，而且降低施工单位设计和验算钢栈桥和高层钢排架组合结构体系力学性能的难度，达到简化计算、优化设计的目的，同时也起到降低造价、节约成本的作用。其适用于水电站项目、边坡工程、勘探施工便道钢栈桥的力学性能理论计算，特别适用于危险性较大的高陡边坡治理工程高层钢排架基础钢栈桥力学性能理论计算。

参考文献

[1] 王国周，瞿履谦. 钢结构[M]. 北京：清华大学出版社，2001.
[2] 陈绍藩，顾强. 钢结构基础[M]. 北京：中国建筑工业出版社，2004.
[3] 赵风华. 钢结构设计原理[M]. 北京：高等教育出版社，2005.
[4] 赵根田，孙德发. 钢结构[M]. 北京：机械工业出版社，2005.
[5] 沈祖炎，陈扬骥，陈以一. 钢结构基本原理（第 2 版）[M]. 北京：中国建筑工业出版社，2000.
[6]《钢结构设计手册》编委会. 钢结构设计手册[M]. 北京：中国建筑工业出版社，2004.
[7] GB50009 - 2012 建筑结构荷载规范[M]. 北京：中国建筑工业出版社，2012.
[8] GB50017 - 2001 钢结构设计规范[M]. 北京：中国计划出版社，2003.
[9] GB50068 - 2003 建筑结构可靠的设计统一标准[M]. 北京：中国建筑工业出版社，2001.
[10] 建筑结构静力计算手册[M]. 北京：中国建筑工业出版社，2004.
[11] 邱继生，郭玉霞. 结构力学[M]. 西安：西北工业大学出版社，2016.
[12] 肖湘. 建筑结构[M]. 重庆：西南交通大学出版社，2014.
[13] 林宗凡. 建筑结构原理及设计[M]. 北京：高等教育出版社，2008.
[14]（JGJ130 - 2011）建筑施工扣件式钢管脚手架安全技术规范[M]. 北京：中国建筑工业出版社，2011.
[15] 王宇辉. 脚手架施工与安全[M]. 北京：中国建筑工业出版社，2008.

渣体围堰防渗灌浆技术研究

张宗刚　李永丰　刘良平

(中国电建集团中南勘测设计研究院有限公司 湖南长沙 410014)

摘要：块石架空地层防渗是渣体围堰施工的难点，传统的、单一的防渗技术难以满足工程要求。本文以锦屏一级水电站二期围堰防渗工程实践为例，提出一种以快速钻孔技术、悬挂式防渗技术、石粉与水泥的混合浆液技术及静压控制注浆技术为主的综合灌浆技术，有效地解决了渣体围堰防渗难题。为块石架空地层、河流漂石地层围堰防渗施工提供了一种有效、经济的施工技术。该综合灌浆技术是解决块石架空层、大漂石堆积层等复杂地层防渗施工的新思路，可在类似防渗工程中推广应用。

关键词：渣体围堰；快速造孔；混合浆液；综合防渗灌浆技术

1 前言

防渗是土石围堰施工的难点[1]，高喷灌浆、静压灌浆、混凝土防渗墙是比较成熟的土石围堰防渗施工方法，能很好地解决传统的以土石为填筑料的围堰防渗问题。近几年，随着水电开发的进一步深入，单一的、以工程开挖石渣为主要填筑材料的围堰开始出现。受填筑材料的局限，此类围堰往往块石密布、架空严重，传统的、单一的土石围堰防渗施工方法难以满足工程要求。本文结合锦屏尾水二期围堰灌浆防渗工程实例，提出以悬挂式防渗技术、快速钻孔技术[6]、废弃石粉膏浆浆液调配技术、静压控制灌浆技术为主要技术的综合灌浆技术，有效地解决了渣体围堰防渗难题。为块石架空地层、河流漂石地层围堰防渗施工提供了一种有效的、经济的施工技术。

2 工程概况

锦屏一级水电站位于四川省凉山彝族自治州木里县和盐源县交界处的雅砻江大河湾干流河段上。工程采用坝式开发，电站装机6台，单机容量600MW。尾水出口处原河床覆盖层主要分为三层：第一层含块碎石砂卵石层，第二层卵(碎)砾石砂质粉土层，第三层含块碎(卵)砂砾石层，总厚度30余米，结构松散。下覆基岩为第6层薄-中厚条带状、角砾状大理岩。

二期围堰堰顶高程EL1647.5 m。堰顶宽度为7.0 m，围堰轴线长度约269 m，围堰外侧坡比1∶2.0，内侧坡比1∶1。采用防渗心墙加灌浆防渗复合结构防渗形式，心墙内、外侧坡比1∶1.0，心墙最小厚度2.0 m。受黏土材料供应影响，心墙材料(EL1647.5～1644 m)采用碎

作者简介：张宗刚(1979—)，男，高级工程师，从事水利水电勘探及岩土工程施工工作。

石黏土掺50%石粉复合材料填筑。施工时河床淤积水位约5 m，受施工道路及尾水出口开挖影响，部分松散大块石堆积于第一层含块碎石砂卵石层上。二期围堰利用尾水开挖料为填筑料，直接填筑于原河床覆盖层上，堰体及堰基均存在大量块石架空。

3 二期围堰防渗方案比选及确定

3.1 围堰防渗方案比选

高喷灌浆、静压灌浆、混凝土防渗是比较成熟的土石围堰防渗施工方法，但在架空结构严重的土石围堰应用上，尤其是工期紧张的围堰防渗上，均存在着一些难以克服的缺陷。

（1）混凝土防渗墙。在架空结构严重的地层中进行防渗墙施工，存在着护壁泥浆大量漏失的问题，不仅直接增加了泥浆的工程量，而且伴随着泥浆的漏失，容易出现塌孔、塌壁等孔内事故；架空结构地层中通常含有的大孤石强度较高，造孔中遇到大孤石，要采取预爆的方式进行处理，同时施工设备体积大，重型及大型设备用量多，施工成本高，施工工期长，使用周期较短的混凝土围堰在工期和投资控制上均不适宜。

（2）高喷灌浆。利用土体在10～30 MPa压力下能被切割、破坏的原理，采用高压喷射流的冲击力，对土体产生穿射、切割、搅拌、挤压作用，破坏地基土而后被浆液置换、充填、混合，形成浆液与土粒混凝的防渗板墙结构。此方法一般多用于小粒径松散土体防渗处理，而在架空结构严重、卵石、块石密布的围堰地层中难以使用，喷射的浆液对堰体岩土体很难产生破坏作用，形成不了有效的防渗体。

（3）静压注浆。普通硅酸盐水泥在水下，尤其是动水下凝结时间需要10 h以上，甚至发生假凝或不凝现象。在架空结构严重且有动水的地层中进行灌浆，灌浆过程可控性较差，基本不能实现返浆[2]。当采用定量的标准时，其效果的评价、可靠性等难以控制。因此在架空结构地层可以采用静压注浆结合充填级配料进行处理，或者直接灌注砂浆、低级配混凝土等，但存在凝固时间长、灌浆效果不显著等问题。

基于单一的传统防渗技术存在问题，综合考虑围堰施工工期要求、围堰使用时间，以及前期回填灌浆、锚索注浆等的成功实例。二期围堰防渗采用风动钻进快速造孔，水泥与石粉外加速凝剂混合膏状浆液结合静压注浆的综合灌浆技术。

3.2 防渗灌浆工艺确定与优化

根据工程特点和防渗要求，结合锦屏尾水二期围堰工程特点、当地材料条件，在保证防渗质量、施工工期前提下，遵循尽可能降低工程造价原则对防渗灌浆工艺进行了优化调整。

（1）防渗灌浆排数与防渗深度的确定。

防渗灌浆孔按单排布置，孔距1.0 m，灌浆过程中依据施工情况对薄弱部位进行局部加强处理（两序施工、间隔加密）。

施工时围堰外侧最高水位EL1646.5 m（随河道清淤进展有所下降），堰内侧开挖面高程EL1630 m，水面最大高差16.5 m。通过对尾水出口围堰底部覆盖层地质条件分析，结合先导造孔探测，第二层卵（碎）砾石砂质粉土层应在EL1628 m附近出露。该层对防渗较为有利，并且低于尾水明渠基础面5 m，经过对水头、绕渗综合分析确定采用悬挂式防渗体，防渗体底部高程以控制 EL1625 m 为准。

(2)造孔。

为解决钻孔进度问题,选用 T98 系列钻具,该钻具可用于地质钻机、潜孔钻等多种造孔设备。钻头与管靴采用同心圆结构(图1)。该钻具解决了在架空地层采用偏心钻具造孔中"跑风"问题[4],并可降低套管跟进卡管的风险[7],提高了套管的重复利用率,实现了快速钻进;钻进过程中采用全孔套管跟进技术,促进了孔内返渣、减少了孔内事故。在二期围堰防渗施工中,平均单机造孔进度达到 3 m/h。

图1 T98 系列钻具

(3)浆液配制。

锦屏工程砂石料场骨料加工工程中,产生大量石粉弃料。该石粉原岩为大理岩,具有细度好、均匀性好、杂质少等特点。根据前期利用水泥石粉混合浆液回填灌浆的施工经验,选择按30%的质量比掺入石粉代替水泥浆液作为基液(表1)。

表1 掺石粉浆液强度结果统计表

序号	W/C	石粉掺量(代灰)/%	容重/(kg·m^{-3})	抗压强度/MPa	
				7d	14d
1	0.5:1	25	1798	13.8	17.6
2	0.5:1	30	1789	11.5	15.2
3	0.5:1	35	1779	10.2	14
4	0.5:1	40	1770	8.9	11.5
5	0.5:1	45	1761	7.5	9.8
6	0.5:1	50	1753	6.4	7.8

该浆液可泵性好,施工可操作性强,浆液强度满足要求,结石致密,但存在浆液沉淀快、稳定性较差的问题。为解决浆液沉淀快、稳定性较差的问题,实现膏状浆液的调配并有效控制凝结时间,可在基液中加入水玻璃作为外加剂。实际施工中按混合浆液的 0.75%~1% 掺入水玻璃,通过对浆液配比的优化,解决了架空层控制灌浆中浆液扩散大、难于快速凝结、浆液有效利用率低的难题。

(4)灌注压力与方法调整。

初始灌浆时采用孔口封闭、全孔一次性灌浆方式,压力 0.2~0.4 MPa,采用水泥掺30%石粉进行灌注。开始施工的2个灌注孔,共灌注水泥超过120t仍未结束。在浆液中增加水玻璃作外加剂,将注浆压力从 0.2~0.4 MPa 调整为静压注浆方式,灌浆段长调整为1.5 m。通过试验,浆液在围堰外渗现象明显减少,浆液的无效扩散范围、注浆耗量得到有效控制。结合浆液凝结时间、填筑体孔隙率估算及现场试验,总结出每段(1.5 m)注入2 t浆液后拔管一节的经验,既保证了浆液在有效范围内扩散,确保了灌注效果,亦有利于注浆施工的继续,不影响套管起拔。

为控制注浆效果,钻探时要详细记录钻孔进尺情况与异常情况,并根据钻孔记录、返渣等情况综合判断架空段部位、长度,对架空段长过大的部位,可在孔口适当加砂及水玻璃以加速浆液的凝固,达到控制浆液扩散范围的目的。

(5)效果检查。

围堰防渗注浆效果检查应区别于常规的固结或帷幕灌浆效果检查[1]。Ⅰ序加密孔注浆完成后,可通过观测围堰内水位下降情况来检验其成效。Ⅱ序孔完成后,可在防渗帷幕轴线上钻孔,采用观测孔内稳定水位、孔内注水试验等方法结合基坑降排水效果综合判定。

4 实施成效

4.1 进度

二期围堰防渗灌浆项目自2011年12月25日开始实施,到2012年2月9日完成灌浆检查,历时46 d。较计划工期缩短14 d,为后续尾水渠开挖、导墙砼浇筑、围堰拆除争取了时间。

4.2 注浆效果检查及基坑防渗效果

防渗幕墙完成后,布置检查孔5孔。采用孔内稳定水位观测和注水试验的方式进行,检查成果如见表2。成果表明幕墙与河床水位差稳定在2.8~1 m之间,综合渗水量11.3 L/mim,预测处理后基坑渗水量不超过100 m³/h,为可接受状态。通过基坑抽排水测试,所揭露的围堰未发现明显渗水点。经综合判断防渗幕墙形成,具备开挖条件。开挖后,经检测基坑总渗水量约为30 m³/h。

围堰拆除时,揭露出的灌浆防渗体充填饱满、致密(图2)。除围堰上部3 m左右通过挖掘机直接挖除外,下部需采用爆破拆除。

图2 开挖揭露的防渗体

表2 注水试验孔s成果表

孔号	终止孔深/m	孔外侧河床水位/m	孔内稳定水位/m	间隔时间/min	水位下降高度/m	间隔时间耗水量/L	单位渗水量/(L·min^{-1})	备注
JC-01	23.5	1643.3	1640.5	2.4	1	13.2	5.5	孔内水位距孔口7 m
JC-02	18	1642.3	1640	4.77	5.7	75.24	15.77	孔内水位距孔口6.7 m
JC-03	18	1641.7	1640.3	5.5	4	52.8	9.6	孔内水位距孔口5.7 m
JC-04	18	1641.3	1639.3	4.33	2.8	36.96	8.54	孔内水位距孔口5.7 m
JC-05	18	1643.3	1642	3.33	4.1	54.12	16.25	孔内水位距孔口5.5 m

4.3 投资

根据尾水二期围堰灌浆成果统计(表3),按灌浆前3孔综合耗浆量推测,防渗需耗用水泥8795 t。实施过程中,采用石粉、水泥、水玻璃调配的膏状浆液节约水泥50.5%,约4437 t,具有明显的经济效益。

表3 尾水二期围堰灌浆成果统计表

孔序	灌注量					综合耗灰量/(kg·m⁻¹)	水泥单耗/(kg·m⁻¹)	备注
	段长/m	水泥/t	石粉/t	砂/t	水玻璃/kg			
Ⅰ序孔	2608.0	3247.5	1322.3	186.4	13244.2	1752.2	1245.2	
Ⅱ序孔	2650.0	1099.3	472.6	1.1	956.1	593.2	414.8	
检查孔	94.0	12.0	5.2	0.0	0.0	183.0	128.1	
总计	5352.0	4358.8	1800.0	187.4	14200.3	1150.7	814.4	

5 结论和建议

(1)锦屏一级水电站尾水二期围堰运用悬挂式防渗帷幕形式,采用快速钻孔工艺,结合膏状浆液配置技术、分段总量控制静压注浆技术而形成的渣体围堰综合防渗技术,具有施工条件简单、工程进度快、防渗效果好、工程造价低等优点,实现了渣体围堰有效防渗。该方法对渣体围堰以及流域上游漂卵石等复杂地层防渗具有较强的适应性。

(2)膏状浆液的调制是控制性灌浆的关键,可充分利用黏土、细砂、石粉等本地材料,但应注意浆液应有一定的结石强度,稳定性、黏滞性满足要求。

(3)锦屏一级尾水二期围堰在实施过程中,膏状浆液配制、帷幕设计、灌浆工艺参数等均在探索中完成。受条件限制,相关参数选择尚停留在经验选值阶段,还有待进一步深入研究。

参考文献

[1] 张毅.土石围堰中控制性灌浆防渗技术的应用分析[J].水能经济,2016(12):73-75.
[2] 闫丰,段隆臣,吴景华,等.复杂地层中可控复合浆液研制[J].探矿工程:岩土钻掘工程,2013(2):64-67.
[3] 何成.空气潜孔锤跟管取芯钻进相关技术探析[J].科技创新导报,2010(2):60.
[4] 鲁瑞.论述松散堆积体帷幕灌浆快速施工技术[J].科技与企业,2012(23):228.
[5] 董志民.高压气动潜孔锤跟管钻进技术在填石层中的应用与分析[J].工程勘察,2015(12):18-21.
[6] 郑英飞,王茂森,岳文斌.气动潜孔锤双冲击跟管钻进技术[J].探矿工程:岩土钻掘工程,2014(5):38-41.
[7] 张晓光,陈一也.潜孔锤跟管钻进套管断裂分析及结构改进[J].探矿工程:岩土钻掘工程,2011(10):43-45.

小断面隧洞光面爆破施工技术探究

夏 骏　丁 晔　方宗友

（长江岩土工程总公司　湖北武汉　430000）

摘要：水利工程中小断面隧洞的开挖受断面限制较大，给爆破开挖、通风、排水和支护都带来了较大的困难，制约着隧洞爆破开挖的效率。本文结合西藏山南市结巴水库输水导流洞施工实例，从全断面钻爆法光面爆破开挖技术和施工管理两方面对小断面隧洞开挖爆破效率的提升提出具体控制措施，对施工进度的提高、质量和成本的控制作用较明显，值得同类工程参考借鉴。

关键词：小断面隧洞；光面爆破；施工管理

1　工程概况

结巴水库位于西藏自治区山南市乃东县境内的雅鲁藏布江左岸一级支流旺曲河，输水导流隧洞位于主坝左岸，洞身段长约447 m。沿线地形起伏小，无较大规模断裂分布，地基岩石为花岗岩，弱透水，岩体完整性较好，岩石类别以Ⅲ类为主。导流洞主要段尺寸为3.5 m×4.3 m，呈城门形，断面面积约为13.735 m^2，属小断面隧洞。

2　小断面隧洞爆破开挖的特点

小断面隧洞爆破开挖的特点是：洞内作业面小，不利于钻爆开挖、通风、排水、出渣等工作的展开，爆破效果直接影响施工质量、进度和安全。

针对其特点，主要采取以下措施：(1)选择合理的施工作业机具；(2)根据隧洞类型和地质条件，优化光面爆破参数设计；(3)加强现场管理，寻找一种快速的施工组织模式以形成较高的生产能力，提高施工质量和进度。

3　施工作业机具选择

钻孔：采用YT28型气腿式凿岩机，$\phi42$ mm直径钻头钻孔。

通风：采用压入式和抽风式相结合的工艺，加快排烟进度，配备YZF200L1-2轴流风机布置于工作面，空压机通过塑料风管架设于洞壁向洞内供风排烟。

作者简介：夏骏(1990—)，男，硕士，助理工程师，现从事水利水电工程施工管理工作。Email：417004923@qq.com

出渣：采用 LZ-120D 立爪装岩机，配备 XK8-7/1392A 型电瓶车装岩运输，出洞后由装载机转 5 t 自卸汽车运至指定渣场堆存。

4 光面爆破设计

输水导流洞施工采用全断面光面爆破法开挖，光爆效果是质量控制的关键，要实现较好的光爆效果，首先应根据隧洞类型和地质条件设计相关的技术参数，并在爆破开挖中采取合适的技术保证措施。

4.1 爆破主要参数选取

爆破的参数主要有周边眼间距 E、密集系数 K、不耦合系数 D、最小抵抗线 W 和线装药密度 q，各主要参数依据工程类比法及施工现场实际效果确定。

（1）炮眼深度。

炮眼深度主要受开挖宽度或高度最小值及围岩类别影响，最大炮眼深度一般控制在断面宽度或高度最小值的 0.5～0.7 倍，$L = 0.7H = 0.7 \times 3.5 = 2.45$ m。本工程中，周边眼、辅助眼深度 $L = 2.5$ m，掏槽眼比辅助眼和周边眼深 0.2 m。

（2）不耦合系数 D、装药直径 d。

炮孔直径 D 与药卷直径 d 之比为不耦合系数，合适的周边眼不耦合系数应使爆炸后作用于炮眼壁的压力小于围岩抗压强度，根据理论和实际，不耦合系数在 1.5～2.0 时，缓冲效果最佳，光爆效果最好。本工程中，周边孔爆破采用直径 25 mm 的 2 号岩石硝铵炸药，不耦合系数 $D = 42/25 = 1.68$，符合技术要求。

（3）掏槽眼参数。

完整坚硬岩石中使用直眼掏槽时炮眼利用率高，爆破循环进尺高。根据工程类比法及工程施工试验，本工程隧洞爆破开挖掏槽采用 5 眼正菱形直眼掏槽，掏槽孔深 2.7 m，如图 1 所示。施工时要严格控制孔位的布设及钻孔的平行度，要求钻眼平直、间距均匀、相互不得穿孔。

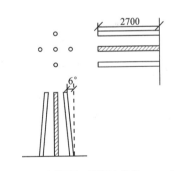

图 1 掏槽眼三视图（单位：mm）

（4）周边眼间距 E、最小抵抗线 W。

由一般经验公式确定，周边眼间距 $E = (8～16)d = 336～672$ mm。对于围岩节理发育、层理明显的地段，周边眼间距 E 取值应适当减小，相反岩石坚硬完整度越好地段 E 取值越大，根据本隧洞围岩类型、地质情况，周边眼间距 E 取 600 mm，最小抵抗线 $W = 700$ mm，炮孔密集系数 $m = E/W = 0.86$。

（5）线装药密度 q。

线装药密度 q 是指单位长度孔眼中的装药量（kg/m），参照工程现场经验数据见表 1，本工程中周边孔的线装药密度 q 取 0.2 kg/m。

（6）炮眼及装药量设计。

①炮眼数量。

表1 光面爆破周边眼参数

岩性	$q/(\text{kg}\cdot\text{m}^{-1})$	m	E/mm	W/mm
软岩	0.07~0.12	0.5~0.8	350~500	400~600
中硬岩	0.2~0.3	0.7~1.0	450~650	600~800
硬岩	0.3~0.35	0.7~1.0	550~700	600~800

炮孔数 N 可按下式计算

$$N = qS/(ry)$$

式中：N 为炮眼数量，不包括未装药的空眼；q 为单位炸药消耗量；s 为开挖断面面积，m^2；r 为装药长度与炮眼长度比值，暂取 0.7；y 为每米药卷的炸药质量，kg/m，2 号岩石硝铵炸药每米药卷的炸药质量为 0.75 kg。

根据修正的普氏公式计算单位炸药消耗量：

$$q = 1.4\sqrt{\frac{f}{s}}\ (\text{kg/m}^3)$$

式中：s 为隧洞断面面积，结合工程实际围岩为花岗岩（Ⅲ类），取岩石的坚固系数 $f = 12 \sim 18$。

将 f 值代入上式计算得 $q = 1.31 \sim 1.60\ \text{kg/m}^3$，由于隧洞断面小，所受岩石作用大，结合工程及现场试验，本工程炸药单耗 q 取 $1.6\ \text{kg/m}^3$。

代入公式计算得炮孔数量 $N = 42$ 个。

②单个循环装药量计算。

$$Q = qV = 1.6 \times 13.375 \times 2.5 = 48.07\ \text{kg}$$

③炮眼布置。

设计炮眼布置如图 2 所示，钻孔 46 个，其中空孔 4 个，在开挖过程中，根据岩石硬度及完整度、岩层产状等的变化，可对炮眼布置适当调整。

④装药量及装药结构。

根据工程类比法及施工经验、炮眼布置图、每循环炸药用量及周边孔装药量，确定各眼装药参数见表 2。

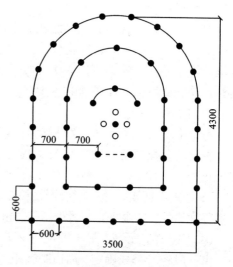

图2 炮眼布置（单位：mm）

表2 炮眼装药参数表

名称	孔深/m	孔数/个	单孔装药量/kg	单孔装药/节	装药小计/kg	装药结构
掏槽眼	2.7	1	1.8	12	1.8	耦合连续
空心眼	2.7	4	—	—	—	—
辅助眼	2.5	18	1.65	11	29.7	耦合连续
周边眼	2.5	23	0.6	5	11.5	不耦合连续

(7)起爆方法。

合理的起爆顺序应使后起爆炮孔充分利用先起爆炮孔所创造的自由面,本隧洞施工起爆顺序为:先起爆掏槽眼,再起爆辅助眼和底板眼,最后起爆周边眼。

4.2 爆破控制措施

为提高光面爆破效果和平均循环进尺,施工中应注意以下技术保证措施。

(1)提高布孔位置及钻孔精度。钻孔前测量人员应定出隧洞中线、起拱点、顶拱及底板的高程,炮工依次准确画出隧洞轮廓线,并根据设计图纸定出炮孔位置。钻周边孔时保证平行,控制好炮孔深度、方向和外插角,严格控制各孔的装药量和装药密度。

(2)炮泥堵塞。炮泥的堵塞长度为 30 cm,炮孔堵塞能够保证炸药充分反应,同时降低爆炸产生的气体溢出自由面的温度和压力,使更多热量转为机械功,并在一定程度上阻止碎石颗粒飞出,提高爆破安全。

(3)管道效应。由于药卷与炮孔壁存在月牙形空间,炸药引爆时,沿炸药方向传爆的爆轰波传播速度较在空气中传播的空气冲击波传播速度慢,于是先到达的空气冲击波对炮孔末端还未激发的炸药进行挤压作用。由于工业炸药多为混合炸药,当对混合炸药的挤压达到炸药的压死密度时,末端炸药无法引爆,导致炮孔利用率降低。解决办法:使用硬纸片插在药卷之间,对空气冲击波进行阻挡,或将雷管移至炸药中段进行起爆。

(4)炸药与岩石的匹配。当炸药的波阻抗与岩石的波阻抗接近时,最利于爆轰波能量的传播,即减少了爆轰波在不同介质界面上的反射损失。

(5)间隔装药。通过间隔装药,爆轰波从炸药传播到空气层时被减弱,从而传播到岩壁时作用在炮孔壁上的冲击压力峰值低于岩石的极限抗压强度,岩石不会发生粉碎性破坏而生成大量粉尘;空气冲击波在间隔孔隙中来回震荡,增加了应力波对岩石的作用时间,有利于对岩石的破碎。

(6)孔底起爆。其实际炮泥堵塞更长,堵塞效果更好;由内而外起爆,炸药各段产生的应力波在靠近孔口处更密集,利于岩石向孔口方向爆破破碎;爆轰气体压力作用时间延长,底部气体溢出量减少。

5 施工管理控制措施

(1)开挖质量控制。为保证开挖不欠挖且超挖控制在允许范围内,项目部首先进行爆破专项方案的编制和会审,并进行施工爆破试验。对爆破孔排列、方向、装药量等工艺组织业主、监理和施工方进行研讨改进,根据爆破试验结果,调整爆破参数。

(2)支护质量控制。针对隧洞开挖断面较小的特点,本工程开挖支护分别采用锚喷支护和复合衬砌两种支护方式。项目部将施工措施和支护方案报监理审批,对施工过程中爆破质量和支护质量进行控制,并检查结果,及时采取措施。

(3)引排水技术措施。采取截、堵、排相结合的综合措施,隧洞施工前先做好洞顶、洞口和隧洞周围地表的防排水工作,防止地表水从洞口进入洞内。当洞内涌水较集中时,喷锚前先设置软管排水,边排水边喷混凝土,喷锚完成后,开挖岩面与喷砼间形成的排水管将水引到隧洞排水沟内。初期支护通过引水导管及喷射砼的堵截作用形成永久性排水系统。

小型隧洞开挖要实现快速施工,软、硬件必须齐头并进,硬件是选择合适的设备及其配件,软件是施工组织设计和施工现场管理,本工程施工管理经验归纳如下:

(1)小断面隧洞施工受断面限制,选择合适的出渣设备和出渣方法,快速出渣。定期对现场施工设备进行保养和维护,以降低因机械损耗对工程进度产生不利影响。

(2)制定合理的循环计划表是隧洞快速掘进的必要措施,本工程隧洞循环进尺流程:测量放线→钻孔→装药爆破→通风除尘→排险→出渣→支护→循环。按此安排班组作业,各班组应在上一工序完成前半小时到工作面附近待命,以缩短工序衔接时间,并在施工中不断调整,获得最优的循环计划并严格执行。

(3)项目部定期开展技术交流和培训会,做好现场施工的技术交底工作,加强管理人员和现场作业人员的责任心和技术水平。选择有经验的炮工以及熟练的出渣工人,通过现场技术交底,使其成为一个有序高效的班组。根据作业效益进行分配,对于明显提高隧洞开挖进度的班组或个人可酌情进行奖励,以提高现场作业人员的工作积极性。

6 结语

本文结合结巴水库输水导流洞的施工实例对小断面隧洞的开挖效率进行探讨,采取全断面光面爆破开挖方法,根据围岩的地质条件设计爆破参数,并在实际爆破过程中对爆破参数进行修改调整。针对小断面隧洞狭小作业环境,通过采取正确的技术控制以及管理措施,进一步保证了小断面隧洞施工的质量和进度,从而使工程达到良好的经济效益。

参考文献

[1]刘殿中,杨仕春.爆破工程实用手册[M].北京:冶金工业出版社,2003.
[2]吴智囊.增大小断面隧洞开挖单循环进尺探讨[J].水利科技,2008(02):43-44.
[3]王道平,周科平.光面爆破在某水电站引水隧洞开挖中的应用[J].研究与开发,2004(1):51-52.
[4]汤瑞良,朱三雁.光面爆破快速掘进法在某工程施工中的应用[J].浙江水利科技,2005(3):78-79.

讨赖河冰沟水电站引水隧洞开挖施工技术

李 诺 李海鹏

(西北水利水电工程有限责任公司 陕西西安 710065)

摘要：冰沟一级引水式水电站位于甘肃酒泉讨赖河，引水隧洞处于酒泉砂砾石地层中。无施工经验可借鉴，经在施工中摸索采用"控制给水"的"少水钻进"技术，不但有利于岩石的掘进，而且有利于工作场面的除尘，提高了效率，解决了易塌孔、装药难的问题。同时在施工过程中加强对围岩变形进行观测，为在酒泉砂砾石地层中隧洞开挖施工积累了经验。

关键词：酒泉砂砾石；引水隧洞；施工技术

0 前言

酒泉砂砾石地层中进行地下洞室开挖施工，据国内可查资料反映无相关经验可借鉴，可以称之"史无前例"，具有极大的挑战性。要确保该项目工程的顺利实施，其施工难度是很难预测的，因此在工程关键性工艺项目的施工工艺上，需要我们进行适宜地技术创新，以达到提高施工质量的目的。

1 工程概况

冰沟一级水电站位于甘肃省酒泉地区讨赖河冰沟峡谷口上游 2.2 km 处，北距酒泉市约 60 km，距嘉峪关市 40 km，是一座日调节引水式电站，工程由枢纽建筑物、有压引水隧洞、调压井、压力钢管及发电厂房等建筑物组成。电站主要功能为发电，总装机容量 21MW，主要建筑物级别为 4 级，设计洪水标准 50 年，相应流量 1020 m³/s。大坝为闸坝，建筑基面高程 1996.5 m，最大坝高 25.5 m，坝顶长 130 m，设两孔 8 m×9.5 m(宽×高)平底泄洪闸和一孔 2.5 m×3 m(宽×高)的平底冲砂闸，钢质弧门控制水位。

引水隧洞为有压洞，引水流量 26 m³/s，断面呈圆形，衬砌后内径 3.3 m，混凝土衬砌厚度 0.4 m；进口底板高程 2003 m，位于正常蓄水位 2020 m 以下 17 m。进口位于左岸坝前 10 m，洞底板坡降为 0.276%，洞轴线长 7.125(m)。引水洞线穿越祁连山中高山区、山前冲–洪积扇和戈壁滩等三大地貌单元。其中高山区洞长 2.5 km，占洞线总长 7.125 km 的 35.09%，河谷两岸均发育Ⅴ级基座阶地，岸坡基岩裸露，自然边坡 40°~60°；山前冲洪积扇区长 2.625 km，占洞线总长的 36.84%，峡谷口以上，河谷呈"V"形，以下为"U"形。岸坡高 128~138 m。高程 2077 m 以上，地面平坦，坡度 3°~5°，局部 10°；该高程以下，坡度 80°以

作者简介：李诺(1966.03—)，男，高级工程师，现从事技术质量管理工作，曾任该项目副经理兼项目总工程师，参加冰沟悬索桥及进场道路工程、冰沟进场斜井工程、冰沟水电站引水隧道Ⅱ标段工程。

上，局部为负坡；戈壁滩区长2.0 km，占洞线总长的28.07%。本段河谷呈"U"形，地面高程2022~2086 m。

工程主要岩层均为酒泉砂砾石层，位于戈壁滩地貌的Ⅳ级阶地上，岩性是第四系晚更新统含漂石砂卵砾石层，具有水平层理，钙泥质胶结层与松散层相间分布，胶结层出现频率为1~2层/m，单层厚度0.2~0.3 m，胶结层延伸性差，分布不稳定，胶结作用随埋深增大而加强。引水洞穿过F_{10}断裂带后即进入晚更新世砂卵砾石层段，该段段长4790 m，洞顶埋深50~70 m，最小39 m。

2 施工布置

2.1 施工支洞和竖井

1#施工支洞位于引5+675处，长221 m；2#施工支洞位于引6+982处，长271 m。1#、2#支洞断面为3 m×3.5 m，呈城门型，纵坡为7.5%~8.1%。1#施工竖井位于引5+482处，直径1.5 m，深度67 m。支洞和竖井均与主洞正交，其主要功能是交通与风、水、电及混凝土浇筑管路布置，人员通过施工支洞、竖井进入主洞施工。

2.2 施工供风

采用集中供风方式[1]，1#、2#支洞口分别配置一台固定式22 m³电动空气压缩机。

3 施工技术与方法

采用钻爆法全断面[2][3]掘进施工，利用自制简易式钻孔平台，人工手持风钻成孔，人工装药，电雷管起爆（非电毫秒雷管），岩小药量装药，周边实施光面爆破。

引水隧洞开挖的工艺流程为：测量放线→布孔→钻孔→人工装药→光面爆破→通风排烟（安全监测）安全支护→出渣→转入下一循环。

3.1 施工测量放线

首先对施工测量控制网点进行复测，评定网点精度，使测量控制网点满足设计要求，布设施工控制网并定期进行检测。

洞室均采用全断面开挖，隧洞开挖前，每一个循环开始，测量人员做好中线、开挖断面轮廓线放样工作。进洞后，在洞口顶拱处设置激光定位仪，以控制隧洞轴线。

3.2 钻孔施工

施工中采用槽钢、角钢、钢管、钢筋等焊接加工的可移动式钻孔台架，台架[4]工作台板可拆卸组合以适用不同高度位置的钻孔。洞室爆破机械排险后，人工即可就位。就位后，工人在台架的各个区域排险，互不影响。钻孔采用3台YT-28气腿式风钻，选用ϕ40钻头同时造孔。在钻进过程中经过不断试验改进并确定采用"控制给水"的"少水钻进"方法，即采用手摇泵给水钻进。这样不但有利于岩石的钻进，而且有利于钻进工作场面的除尘，提高了钻进效率，解决了易塌孔、装药难的问题。为保证光爆效果，司钻手定岗定位，掏槽眼、辅助眼、周边眼、底板眼由专人负责。通过严格控制，爆破轮廓圆顺，炮茬错台基本控制在10 cm以内。

经统计工程项目调整后掘进单循环平均时间为6.5 h，平均循环进尺2.2 m，最高日进尺11.4 m。

3.3 爆破设计

爆破采用全断面人工钻爆法施工，风钻造孔、直眼掏槽、人工装药、光面爆破法，导爆管配合导爆索联网火雷管起爆。首先进行爆破网络设计，并做好爆破试验，确定爆破参数，施工中可根据围岩结构，对爆破参数适当加以调整，以达到最佳爆破效果。崩落孔直接装 $\phi32$ 岩石炸药标准药卷。周边眼加密(30 cm)，隔眼间隔装药，用 $\phi25$ mm 小药卷，不耦合装药。采用的爆破参数见表1所示。

表1 爆破设计参数表[5]

施工部位	孔径/mm	孔深/m	孔距/cm	炸药规格/mm	单孔药量/kg	炸药单耗/(kg·m⁻³)	线装药密度/(g·m⁻¹)
掏槽孔	$\phi42$	2.5	45	$\phi32$	2.2		
崩落孔	$\phi42$	2.2	50	$\phi32$	1.6	1.32	200
周边孔	$\phi42$	2.2	30	$\phi25$	0.6		

3.4 施工通风

掘进速度加快意味着单位时间内炸药量增加，采用无轨运输，单头掘进长度为1500 m，施工高峰期洞内4台车出渣、装渣。由于炮烟、粉尘、内燃机废气的排出，施工人员和内燃机的供氧不足，加上深进尺、埋深大、内燃机产生热量多，致使洞内温度升高等因素，通风难度很大。

综合以上因素，通风系统配置为采用压入式通风和吸出式通风相结合，选用90-1轴流通风机，$\phi700$ mm 软风管。爆破15 min后，掌子面空气良好。

压入式通风机和吸出式通风机分别安装在支洞与主洞交叉处内侧高2.5 m处以及支洞与主洞交叉处外侧高2.8 m处，紧贴主洞洞壁，风机支架稳固结实。

风管挂设，沿洞壁每5 m设锚杆，锚杆长度1 m，外露20 cm，安装锚杆时统一放线确定挂线位置，以保证悬挂高度一致，风管吊挂在 $\phi5$ mm 钢丝拉线上并用紧绳器拉紧，有效地保证了风管平、顺、直。

3.5 装渣运输

该工程断面小、线路长，洞内装渣采用南昌产120 m³/h 履带式立爪装岩机，运输采用3 m³ 农用自卸车。经测算每车装车耗时3 min，包括车辆倒车就位时间均控制在5 min以内，洞内车速限10 km/h。

3.6 洞室监测

我国《锚杆喷射混凝土支护技术规范》(GB50086—2001)对允许变形量的规定是以相对收敛量给出的,判定标准见表2。

表2 洞周允许相对收敛量(%)

围岩类别	隧洞埋深/m		
	<50	50~300	300~500
III	0.1~0.3	0.2~0.5	0.4~1.2
IV	0.15~0.5	0.4~1.2	0.8~2.0
V	0.2~0.8	0.6~1.6	1.0~3.0

本工程使用的收敛观测仪[6-7],收敛计精度达0.01mm,操作方便,精度比普通观测仪高。顶拱观测使用全站仪,精度为1mm。开挖后24 h内测出初始读数,量测频率为每班一次。收敛观测实测数据记录见表3:引4+659、引4+625、引4+595收敛观测记录表。

表3 收敛观测记录表

收敛观测记录表(引4+659)　　收敛观测记录表(引4+625)　　收敛观测记录表(引4+595)

序号	观测时间	观测值/mm	位移值/mm	序号	观测时间	观测值/mm	位移值/mm	序号	观测时间	观测值/mm	位移值/mm
1	2003.5.25-8:45	-3.93		1	2003.5.28-9:00	-4.85		1	2003.5.30-8:50	-3.75	
2	2003.5.25-9:45	-3.81	0.12	2	2003.5.28-10:00	-4.70	0.15	2	2003.5.30-9:50	-3.64	0.11
3	2003.5.25-11:45	-3.68	0.13	3	2003.5.28-12:00	-4.55	0.15	3	2003.5.30-11:50	-3.55	0.09
4	2003.5.25-15:45	-3.5	0.18	4	2003.5.28-16:00	-4.34	0.11	4	2003.5.30-15:50	-3.47	0.08
5	2003.5.25-23:45	-3.25	0.25	5	2003.5.28-23:00	-4.26	0.08	5	2003.5.30-23:50	-3.40	0.07
6	2003.5.26-15:45	-3.18	0.07	6	2003.5.29-15:00	-4.15	0.11	6	2003.5.31-15:50	-3.35	0.05
7	2003.5.27-15:45	-3.12	0.06	7	2003.5.30-15:00	-4.09	0.60	7	2003.6.1-15:50	-3.33	0.02
8	2003.5.28-15:45	-3.09	0.03	8	2003.5.31-15:30	-4.06	0.30	8	2003.6.2-15:50	-3.32	0.01
9	2003.5.29-15:45	-3.07	0.02	9	2003.6.1-15:30	-4.05	0.10	9	2003.6.3-15:50	-3.32	0.00

续表3

序号	观测时间	观测值/mm	位移值/mm	序号	观测时间	观测值/mm	位移值/mm	序号	观测时间	观测值/mm	位移值/mm
10	2003.5.30-15:45	-3.05	0.02	10	2003.6.2-15:30	-4.05	0.00	10	2003.6.4-15:50	-3.27	0.05
11	2003.5.31-15:45	-3.04	0.01	11	2003.6.3-15:30	-4.04	0.10	11	2003.6.5-15:50	-3.27	0.00
12	2003.6.1-15:45	-3.02	0.02	12	2003.6.4-15:30	-4.04	0.00	12	2003.6.6-15:50	-3.27	0.00
13	2003.6.2-15:45	-3.01	0.01	13	2003.6.5-15:30	-4.04	0.00	13	2003.6.7-15:50	-3.24	0.03
14	2003.6.3-15:45	-3.00	0.01	14	2003.6.6-15:30	-4.02	0.20	14	2003.6.8-15:50	-3.23	0.01
15	2003.6.4-15:45	-2.98	0.02	15	2003.6.7-15:30	-4.02	0.00	15	2003.6.9-15:50	-3.23	0.00
16	2003.6.5-15:45	-2.96	0.02	16	2003.6.8-15:30	-4.01	0.10	16	2003.6.10-15:50	-3.23	0.00
17	2003.6.6-15:45	-2.95	0.01	17	2003.6.9-15:30	-4.01	0.00	17	2003.6.11-15:50	-3.22	0.01
18	2003.6.7-15:45	-2.94	0.01	18	2003.6.10-15:30	-4.00	0.01	18	2003.6.12-15:50	-3.22	0.00
19	2003.6.8-15:45	-2.93	0.01	19	2003.6.11-15:30	-4.00	0.00	19	2003.6.13-15:50	-3.21	0.01
20	2003.6.9-15:45	-2.93	0.00	20	2003.6.12-15:30	-4.00	0.00	20	2003.6.14-15:50	-3.20	0.01
21	2003.6.10-15:45	-2.93	0.00	21	2003.6.13-15:30	-4.00	0.00	21	2003.6.15-15:50	-3.20	0.00
22	2003.6.11-15:45	-2.93	0.00	22	2003.6.14-15:30	-4.00	0.00	22	2003.6.16-15:50	-3.20	0.00
23	2003.6.18-15:45	-2.90	0.03	23	2003.6.21-15:30	-3.99	0.01	23	2003.6.17-15:50	-3.20	0.00
24	2003.6.25-15:45	-2.90	0.00	24	2003.6.28-15:30	-3.99	0.00	24	2003.6.24-15:50	-3.19	0.01
25	2003.7.2-15:45	-2.90	0.00	25	2003.7.5-15:30	-4.00	0.00	25	2003.7.1-15:50	-3.20	0.00
								26	2003.7.8-15:50	-3.20	0.00

在实际控制中,一般当收敛值达到 20~30 mm 时,应及时进行初次支护。但通过三个断面的观测位移值-时间曲线可以看出酒泉砂卵砾石层中地下洞室的收敛量相对较小,最大为 0.6 mm,且在 15 d 后趋于稳定。由此推断酒泉砂砾石围岩相对稳定[8](图1、图2、图3)。

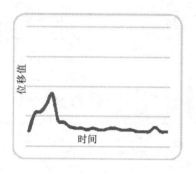

图1 引4+659 断面观测位移值-时间曲线

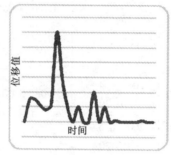

图2 引4+625 断面观测位移值-时间曲线

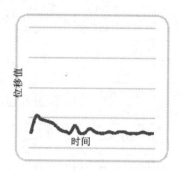

图3 引4+595 断面观测位移值-时间曲线

但本工程标段中对支洞、竖井与主洞交叉处进行钢拱架联合支护[9],局部胶结较差(即有流沙和夹层)部位进行挂网锚喷措施加强支护[10~11]处理。为防止洞顶掉块,在循环进尺完成后,建议先进行喷射厚 5 cm 混凝土封闭岩面[11]。

4 结语

工程项目自 2002 年 3 月开工,5 月底进入主洞后连续两个月月进尺仅为 90 m,经过实践总结调整后在 8 月、9 月分别创造单头掘进进尺 219 m 和 230 m 的记录,至 2002 年 12 月底共完成隧洞 2943 m,且未发生洞室塌方现象。

应特别注意的是,有些已稳定未支护的砂卵砾石洞段在后序混凝土浇筑过程中,因泵送砼中水的作用使拱顶部位砂卵砾石层剥落,掉入已浇筑的砼中,产生质量隐患,所以即使在稳定的酒泉砂卵砾石围岩中,在开挖成型后应及时采用挂网喷护厚 5 cm 的薄层混凝土予以封闭,以保证混凝土浇筑质量。

另外喷锚对泥质胶结砂砾层有影响,喷砼水能引起泥质胶结砂砾层表面脱落,喷射的砼也随之脱落,达不到支护效果。因此,应采用挂网(板)喷砼[12]的方法,并在喷砼施工中严格控制水量,以达到支护目的。

总之,通过施工过程中不断实践探索,本工程安全地顺利按期完成[14-15],为在砂砾石地层中进行洞室开挖施工积累了宝贵经验。

参考文献

[1] 董兰凤. 地下洞室施工理论与技术进展[J]. 西北水电,2002(2).
[2] 王宝仲. 地下洞室不良地质段常用施工方法及处理措施[J]. 科技风,2009(14).

[3] 舒晓东. 地下洞室不良地质段常用施工方法综述[J]. 四川水力发电, 2008(2).
[4] 魏权. 地下洞室施工安全专项措施[J]. 四川水力发电, 2016(4).
[5] DL/T5099—1999 水工建筑物地下开挖工程施工技术规范[S].
[6] 谭恺炎. 地下洞室施工安全监测的设计与实施[J]. 水力发电, ISTIC PKU -2008(9).
[7] 桂惠中, 王涛. 地下洞室围岩稳定计算分析[J]. 建筑技术开发, 2005(5).
[8] 高凯, 王林维, 郭建宏. 云南某水电站地下洞室围岩稳定性分析[J]. 西北水电, 2015(5).
[9] 阳建齐, 杨根录, 权锋. 积石峡水电站导流隧洞与中孔泄洪洞交叉段开挖支护方法[J]. 西北水电, 2008(5).
[10] 付红波, 李秋玲. 乌东德水电站导流洞不良地质洞段开挖支护施工技术[J]. 西北水电, 2013(5).
[11] 袁望弘. 地下洞室开挖锚喷支护方案设计与施工分析[J]. 低碳世界, 2017(1).
[12] GB50086-2001 锚杆喷射混凝土支护技术规范[S].
[13] 侯习昆, 杨进华. 地下洞室施工技术及安全管理工作探究[J]. 城市建设理论研究, 2015(13).
[15] 常兴兵, 虎晓鹏, 李秋玲, 等. 江边水电站安全管理工作综述[J]. 西北水电, 2012(5).

混凝土配重式拖模施工技术应用与实践

张宗刚 李永丰 刘良平

(中国电建集团中南勘测设计研究院有限公司 湖南长沙 410014)

摘要：锦屏一级水电站泄洪洞龙落尾底板具有结构曲线复杂、流速高等特点，底板混凝土的温控及不平整度要求高。工程近400 m的长度，仅110 d的施工时间，工期十分紧张。采用配重式拖模施工方案，具有结构简单、操作方便、施工速度快的特点，且能有效提高抹面质量，确保混凝土表面不平整度满足设计要求。本文结合锦屏一级水电站泄洪洞龙落尾底板混凝土施工的实际，对混凝土配重式拖模施工方案进行了介绍和总结，以便给同类型项目的施工提供借鉴。

关键词：配重式拖模；龙落尾底板；混凝土施工

1 前言

锦屏一级水电站泄洪洞龙落尾段为高速水流区，正常蓄水位下流速为24.59~50.72 m/s。底板衬砌厚度为1.4 m，宽度为13 m，含奥奇曲线段、斜坡段、反弧段、下平段，并设有4个掺气槽、2个补气洞。其中，奥奇曲线段长79.24 m；斜坡段长157.3 m(含两个长20 m的变高衔接压坡段)、坡度24.36°；反弧段长度为103.6 m，反弧半径$R=300$ m；下平段长59.436 m、坡度8%。奥奇曲线段、斜坡段不平整度最大允许高度为3 mm，反弧段、下平段不平整度最大允许高度为1 mm。混凝土温控要求高，内部允许最高温度36℃，允许浇筑温度16℃。泄洪洞龙落尾段特殊的技术设计，对工程施工提出了极高的要求。

2 拖模施工方案的确定

拖模施工一般有两种形式，一种为有轨拖模，一种为无轨拖模[3]。锦屏一级水电站泄洪洞龙落尾底板混凝土的计划方案为有轨拖模，但在底板混凝土施工前，发现该方案存在较多问题，其中主要如下：

(1)龙落尾段结构曲线复杂，型钢轨道的加工制作困难，需专门定制。另设计对混凝土的不平整度要求高，轨道安装的精度达不到这一要求。

(2)泄洪洞龙落尾底板混凝土为C9050抗蚀耐磨混凝土，每方混凝土掺加有0.8 kg微纤维，混凝土的流动性较差。加之龙落尾总长近400 m，最大坡度24.36°，混凝土无法采用溜槽入仓，更无法浇筑常态混凝土。在这种情况下只能选用泵送入仓。

(3)受制于锦屏砂岩骨料的特性，C9050抗蚀耐磨混凝土胶凝材料用量达480 kg/m³，用

作者简介：张宗刚(1979—)，男，江苏徐州人，高级工程师，从事水利水电勘探及岩土工程施工工作。

水量为 160 kg，混凝土的初凝时间在 8～10 h。而龙落尾的施工工期仅 110 d，按初凝时间 8 h 计算，每天仅能浇筑 3 m，无法按期完成。如此，只能通过增加浇筑工作面的方式来解决。

（4）泄洪洞龙落尾底板为过流面，且流速最高达 50.72 m/s，对底板成型混凝土面的保护显得尤为重要，应尽可能减少施工过程中对底板混凝土面的破坏。然而既要采用泵送入仓，又要增加混凝土浇筑的工作面，其施工通道的布置、泵管的架设及供水供电管线的布置就显得困难重重。

鉴于上述几方面原因，有轨拖模并不适合在锦屏一级水电站泄洪洞龙落尾段使用。为此，拖模采用配重式无轨拖模[1]，并设置支撑刮轨来控制混凝土体型。同时，在适当位置放置接力泵，解决浇筑工作面增加后混凝土的入仓问题。

3 拖模的设计

3.1 模板的设计

龙落尾底板设计断面宽 13 m，为避免拖模在运行过程中不至于卡住，拖模设计宽度 12.8 m。考虑到工期要求、混凝土入仓强度、混凝土初凝时间等，模板设计长度为 1.2 m。考虑到拖模跨度较大，拖模前后分别设置 2 根 250×125 H 型钢作为主梁，间距 0.8 m；主梁间利用 5×10 cm 方钢连接作为次梁；底面模板采用 $\delta=8$ mm 钢板制作。为保证底模具有足够的刚度，以 15 cm×15 cm 间距设置加劲板，高度 10 cm。模板四周采用钢板制作作挡板，高度 30 cm。

3.2 拖模支撑系统的设计

拖模的支撑系统需兼顾支撑模板和控制混凝土体型的双重作用[4]，因此支撑系统设计时需考虑两方面的因素：（1）要有足够的支撑力，保证拖模在运行过程中不会下沉；（2）要可调节，使刮轨安装就位后能进行精细调整，控制刮轨的顶面高程与混凝土设计高程一致。为此，利用钢筋架立筋或设计部分锚筋作为刮轨的支撑锚筋，间距控制为 75～100 cm，以保证有足够的支撑力，严禁将刮轨直接焊接在面层钢筋网上。用 $L=10$ cm，$\phi 48$ 钢管焊于支撑锚筋上，$\phi 48$ 钢管内焊接 M24 螺母，并设置螺杆，螺杆顶部焊接弧托。弧托通过 $L=10$ cm 螺杆与 M24 螺母连接，安装过程中如高程有细微差别，可旋转螺杆调整弧托高程。弧托内放置 $\phi 48$ 钢管作为拖模运行刮轨[2]，刮轨共对称设置 4 道。具体结构形式如图 1 所示。

3.3 模板牵引系统的设计

根据《水工建筑物滑动模板施工技术规范》（SL32-92）关于牵引力的计算[5]，拖模利用两个 10 t 手拉葫芦对称牵引运行可满足要求。锚固点根据现场实际情况选取合适位置设置锚杆，锚杆规格为 $C32$，$L=4.5$ m，外露 1.6 m。沿行走轨道布置 2 道钢丝绳，上游端固定在锚筋上，下游端间隔布置绳卡及卡环。手拉葫芦挂钩挂在卡环上，每上行一段后即更换挂点，逐步牵引上行。模板牵引时应重点注意如下问题：（1）锚固点和拖模上的牵引点应左右对称，钢丝绳应尽量与洞室轴线和混凝土板面平行，防止在拖行过程中将模板拉偏。（2）拖模上牵引点的位置应根据拖模+配重后计算的重心位置来确定，防止出现将拖模拉离刮轨或拉不动的情况发生。

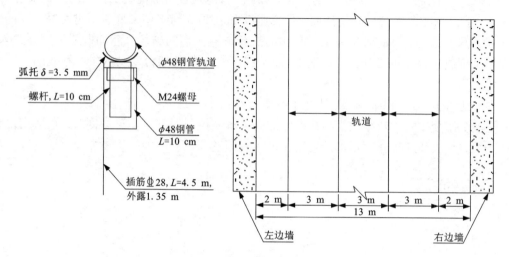

图1 支撑锚筋结构形式图

施工时，拖模将要跨过4道掺气坎，掺气坎处底板为台阶状。利用钢丝绳与手拉葫芦配合，钢丝绳事先在掺气坎顶拱井口固定好，手拉葫芦栓在钢丝绳中间位置。拖模起吊时，先将拖模利用手拉葫芦栓好，人工拉拽葫芦将拖模上升到能过掺气坎的高度，再利用两侧手拉葫芦缓慢将拖模拉拽到掺气坎上游合理位置，完成拖模过掺气坎的挪动。

3.4 抹面平台的设计

抹面平台长2.5 m，采用ϕ48钢管在拖模下游侧搭设10个三角支架，三角支架间铺设木板作为抹面施工平台，抹面平台末端利用钢管与拖模顶部斜拉，使平台悬挑于拖模后方。拖模的设置形式如图2所示。

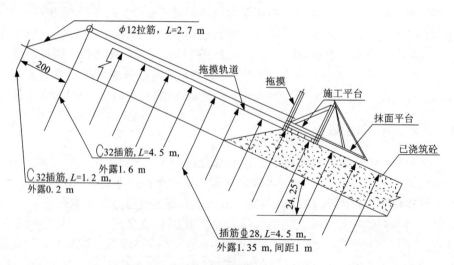

图2 拖模设置形式示意图

4 拖模运行试验

4.1 试验过程

泄洪洞龙落尾 C9050W8F75 抗蚀耐磨砼设计要求不平整度最大允许值为 1mm，施工中对平整度及拖模抹面工艺控制显得尤为关键，且混凝土在掺加 HF 外加剂后，施工性能与普通混凝土存在较大差异。因此，为总结并验证 HF 混凝土的抹面时机及拖模工艺的可行性，得出可供参考的实践经验数据，在正式施工前进行了拖模运行试验。试验部位模拟龙落尾施工工况，宽度 13 m、长度 5 m，混凝土浇筑厚度 1.4 m，人工形成 25°左右坡度。混凝土按照泵送入仓要求拌制，根据现场实际情况采取自然入仓的方式进行浇筑。拖模配重采用混凝土试块，每块重约 7kg，共 500 块。

通过试验，得出数据如下：

（1）拌合楼出机口混凝土坍落度基本维持在 20~22 cm 之间，经罐车运输（运输时间20~30 min）到现场后，坍落度损失为 1~2 cm。

（2）该配合比下混凝土的初凝时间为 8~12 h。

（3）采用缓凝型 HF 外加剂拌制的混凝土，拖模被混凝土覆盖 6 h 后方可首次拖模。采用非缓凝型 HF 外加剂拌制的混凝土，拖模被混凝土覆盖 4.5 h 后方可首次拖模。

（4）本次试验拖模共滑升 2 m，历时 26 h，滑升速度为 8 cm/h。

（5）采用缓凝型 HF 外加剂拌制的混凝土，首次压光距拖模开始滑升时间约 11 h。采用非缓凝型 HF 外加剂拌制的混凝土，首次压光距拖模开始滑升时间约 8 h。

4.2 试验结论

（1）龙落尾抗蚀耐磨砼采用拖模浇筑施工工艺可行，但为保证施工工期，宜采用非缓凝型 HF 外加剂拌制的混凝土，以缩短混凝土初凝时间，使浇筑速度加快。同时拖模滑升初抹后需采用保温被及时覆盖，以缩短混凝土的终凝时间，保证施工进度。

（2）拖模首次滑行的距离宜控制在 50 cm 左右，每次滑升宜控制在 15~20 cm/h，以保证在后续混凝土浇筑和振捣的过程中，刚滑行的混凝土不出现鼓包现象。尽量做到均匀对称下料，使拖模运行区域内的砼初凝时间基本一致。

（3）混凝土覆盖拖模后，应加强振捣，否则拖模后混凝土表面将有大量气泡。在压光之前，至少应进行 2 次抹面，去除砼表面的凹坑或者凸起，以保证砼表面的平整度。

（4）拖模配重 3.3 t 满足最大坡度下拖模的压重需要，拖模的支撑刮轨，宜通长设置，并固定牢靠。

5 拖模施工工艺

5.1 底板分仓

考虑到施工工期的要求，结合龙落尾结构线型特点，龙落尾底板分仓长度不超过 27 m，共分23仓进行混凝土浇筑施工。

5.2 施工通道布设

利用预留在边墙上的丝杆孔,通过螺栓配钢管接长并形成悬挑1.2 m的三角支撑架,在上面满铺木板形成施工通道,靠边墙侧架设泵管,外侧设置90 cm矮护栏,并将供水、供电管线设置在通道上,每隔一定距离设置配电箱,以解决通道、泵管架设、管线布置问题。

5.3 拖模运输、就位

拖模在加工场制作完成。待第一个仓位备仓完成后,使用8 t汽车吊配合载重运输车运输至工作面,并将拖模安放到安装好的轨道上。拖模安放完成后,将抹面平台焊接在拖模上,形成整体;同时安装手拉葫芦,与预先设置好的锚固点连接。

5.4 混凝土入仓

采用泵送方式入仓,平铺法浇筑。根据进度计划,龙落尾段至少需布置两个混凝土浇筑工作面,投入2套拖模施工。其中,第六仓至第二十三仓为1#浇筑工作面,占用直线工期。第一仓至第五仓为2#浇筑工作面,不占用直线工期。

首先开展1#浇筑工作面施工,可在2#浇筑工作面(第五仓位置)设置泵车,向上泵送。当泵送至极限位置时,可增设接力泵。实施过程中,在第九仓底板位置设置接力泵,该仓实施跳仓,不进行混凝土浇筑,待后期择机进行混凝土浇筑。当浇筑至第十三仓位置时,2#浇筑工作面需开展施工。这时,底板第十四仓至二十三仓施工,在奥奇曲线起点位置设置泵车,向下泵送。在龙落尾下部施工通道设置泵车,进行第一仓至第五仓的施工。混凝土分仓如图3所示。

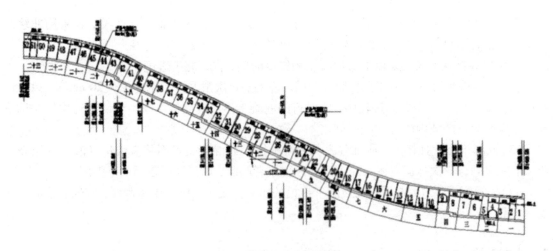

图3 混凝土分仓示意图

5.5 混凝土入仓强度分析

拖模宽度12.8 m,长度为1.2 m。根据试验情况,混凝土初凝时间为8~12 h,暂定拖模的移动速度为 0.2 m/h,底板 0.2 m 长度内的设计混凝土量为 3.64 m^3,考虑损耗等因素,在拖模正常运行下入仓强度为 4 m^3/h。刚开始浇筑时 1.2 m 拖摸覆盖混凝土方量为 44.5 m^3,安排 5 h 内完成,则入仓强度为 9 m^3/h。该入仓强度是一般施工队伍所能达到的水平,施工方案可行。

5.6 抹面及混凝土体型控制

现场拖模轨道安装前,每个轨道支撑由测量人员进行校核,轨道安装完成后,再次对轨道整体进行校核。在反弧段及奥奇曲线段由于纵坡坡度不一致,为保证形体,拟通过控制轨道精度方式进行控制。在反弧段通过抬高上游端行走轮架、人工抹面的方式进行拟合(反弧段半径为 300 m,按照拖模长度 1.5 m 计算,拖模与反弧段结构面最大高差 0.9mm,通过现场测量及人工抹面控制消除)。由于奥奇曲线段每一处的弧度均不相同,在浇筑时对奥奇曲线段分段进行拟合,即将奥奇段分为若干段近似的圆弧,测算出每一段调整的幅度,浇筑过程中根据预先设定的幅度适时调整,并通过全站仪全过程跟踪,确保形体控制准确无误。

拖模运行后的抹面采用人工压光抹面,主要分三道进行。

第一道抹面主要是找平,在砼浇筑到位后 6 h 左右进行。采用方木或铝合金直尺作为刮板,以安装的刮轨(刮轨要求安装牢固、不变形,以确保成型质量)为支撑,刮除多余的混凝土,达到去高填低的效果,整平后割除刮轨。

第二道抹面主要是提浆,应间隔一段时间,在混凝土塑性很小时进行,一般采用木搓板揉压出灰浆,同时找平刮轨留下的坑槽;达到抹面时机后,且在压光之前,应尽量增加抹面的次数,去除砼表面的凹坑或者凸起,提高砼表面的平整度。

第三道抹面主要是压光,一般以用手轻按混凝土面,不沾水泥浆,并留有手印痕迹为准。利用专用铁搓板压光,铁搓板四周边应稍稍卷起,以消除压光的接茬痕迹,使混凝土表面光洁平整,并对上道抹面遗留下的麻点、接茬痕迹进行精细修整,进一步提高混凝土表面光洁度。

每次抹面后混凝土需及时用保温被覆盖,防止出现假凝现象。实践证明,按照 0.2 m/h 的浇筑速度,可用来抹面时间为混凝土浇筑完成后 7~20 h。第一道抹面:混凝土浇筑完成后拖摸行走,混凝土结构成型,取出轨道后回填混凝土并用平板振捣器振捣密实,然后开始抹面,进行找平。第二至第三道抹面参照人工抹面时间,在混凝土凝结前完成。施工过程中,采用 2 m 水平靠尺进行检查,控制抹面平整度。

6 应用效果评价

配重式拖模在龙落尾底板混凝土施工中的应用,取得了良好的效果。

(1)提高了工程施工质量,在混凝土浇筑中,面模没有出现浮起现象,面板平整度好。拖模施工的连续性,解决了常规模板施工易出现的混凝土错台、挂帘、表面气泡等质量问题。对出模的混凝土表面能及时进行原浆抹面、压实、收光,保证了混凝土表面平整、光滑。

(2)能够连续浇筑混凝土,提高了混凝土浇筑速度,减少了常规模板施工时各层面之间的重复工作量,大大节约了周转材料和劳动力的投入,加快了施工进度,降低了工程成本。

(3)拖模结构简单,造价低。配重系统与模板分离,装卸方便,整个系统易于拼装,转运灵活，施工方便，安全性高，人工操作方便。

（4）解决了施工工作面广，施工场地不易布置大型施工设备的问题。可根据实际施工需要增加工作面，有利于控制进度。

参考文献

[1] 刘发明,谢如美.配重式拖模在小湾水电站泄洪洞高边坡的施工[J].云南水力发电,2011(3):42-44.
[2] 周勇,熊淑兰.溪洛渡表孔溢流面二期混凝土隐轨拖模施工技术[J].甘肃水利水电技术,2014(7):58-60.
[3] 李栋森.大型拖模在大堤混凝土防水墙上的应用[J].建筑技术,1993(5):277-279.
[4] 代昌福,韩金涛,郑祥.溪洛渡水电站泄洪洞龙落尾底板拖模的研制及施工技术[J].四川水力发电,2013(5):1-3.
[5] (SL32-92)水工建筑物滑动模板施工技术规范[S].

浅谈猴子岩水电站高边坡危岩体治理

来智勇　王富贵

(成都万力建筑工程有限公司　四川成都　610072)

摘要：本文主要介绍高边坡危岩体治理，深层及浅表层防护结合的立体防护及施工方案的调整预案。

关键词：高边坡危岩体治理

1　工程概况

工程所在地位于四川省甘孜藏族自治州康定县孔玉乡猴子岩水电站色龙料场，该危岩体位于料场顶端EL1948～EL1967处，桩号K0+240～K0+270范围。该料场于2013年3月开始开挖，危害部位离料场开挖平台约100 m，2013年4月20日雅安芦山7.0级地震，导致多条贯穿裂缝形成，最大裂缝约15 cm，随时有垮塌危险，若垮塌将会对料场施工道路形成阻断，并对施工人员安全造成威胁，整个料场取料开挖将处于瘫痪状态。

如果对该部位进行爆破作业，爆破后可能导致危岩体顶端山体进一步垮塌或形成更大的危岩体，不利于料场开挖及满足电站大坝坝体回填需求。因此只有对该危岩体进行锚索加固支护，让料场顺利进行开挖作业。处理方案为在该部位分三个高程(EL1967；EL1961；EL1955)布置11束($P=2000$ kN，$L=30$ m)压力分散型锚索。

2　施工简述

我公司接到任务后便对该部位进行排架搭设作业，完成排架作业施工后，进行锚索孔位放点、钻机移位，加固处理。

在锚索孔开孔过程中出现山体浅表层裂缝加大、纵横向裂隙发育、山体滑移的趋势。情况非常危急，为保证安全我公司只有暂停该部位施工作业。

鉴于此种情况，决定对该部位浅表层先进行封闭、加固处理。处理方案如下：

(1)对该部位增设主动防护网，确保表层石块掉落，不致对下方施工人员产生伤害；

(2)对该部位所有裂缝进行封闭，采用M25水泥砂浆进行封堵，防止雨水对裂缝的冲刷；

(3)对浅表层岩体进行锚固，采用随机锚杆进行加固作业，锚杆设计孔深为4 m，外露0.5 m，加固危险的、易发生垮塌的或裂隙发育点；

(4)危岩体上下游各设一排锚杆束，锚杆束($L=12$ m，$3×\phi32$)设计孔深11.5 m，外露0.5 m，上下游锚杆束施工在同一高程，下杆注浆(采用M35，7d)后用$\phi32$钢绳连接，收紧，

作者简介：来智勇，男，高级工程师，现工作于成都万力建筑工程有限公司。

对该部位捆绑防护。

在锚杆束施工过程中我作业人员对该部位浅层岩体有大致了解，岩体每100 cm左右均有5~30 cm不等的裂缝，直延至设计孔深11.5 m，锚杆束造孔过程为保证成孔，采用水泥砂浆等材料对裂缝进行封堵，以确保快速成孔。

当各项防护作业均完成后再次对锚索进行造孔施工，在施工过程中我部对锚索孔施工进行调整，计划首先对EL1967锚索两端孔进行，完成后一台钻机转移至EL1955高程，另一台钻机继续对EL1967高程剩余2个锚索孔进行作业，当EL1967与EL1955高程锚索孔均完成施工后再对EL1961高程锚索孔进行施工作业。

锚索造孔施工按既定方案进行作业，但在造孔过程中我部发现根据锚杆束造孔时了解到的岩体情况并不完全，岩体裂隙比想象中还要复杂，裂缝也大得多，最宽可达到80 cm，以传统的固壁灌浆手段无法保证锚索孔成孔，施工部采用水泥砂浆中加入水玻璃和一些惰性堵漏材料，甚至于直接用喷射细石混凝土等方式对裂缝进行封堵。当造孔达到设计孔深30 m时，根据造孔过程发现，设计锚索锚固段处于强破碎带，不符合预应力锚索锚固段应置于完整或弱风化岩体内要求。对已成孔进行孔内成像检测，显示孔深30 m时，该段岩层相当破碎，只能将锚索设计孔深加深至40 m。

我公司完成加深造孔后，再次对成孔进行孔内成像检测，检测结果孔底依然是强破碎带，再次对孔深进行加深至60 m。加深成孔至60米后孔内成像检测，锚固段处于弱破碎岩层中，符合锚索设计规范要求。

按照前期制定施工方案进行锚索孔造孔作业，已成孔锚索进行下索、注浆、锚墩浇筑、张拉等作业。

3 锚索施工

3.1 施工流程(图1)

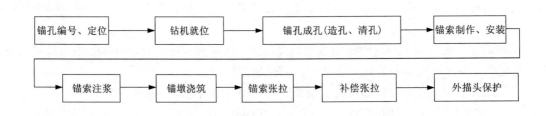

图1 锚索施工流程

3.2 作业平台搭设及钻机就位

3.3 锚孔成孔

3.3.1 锚孔要求

(1)钻孔孔径为140 mm，钻孔孔深、倾角、方位角应符合设计要求。

(2)在钻孔过程中,如岩体破碎或地下水渗漏严重使钻进受阻,应采取固壁灌浆等措施。

3.3.2 锚孔成孔设备及配套机具选择

(1)钻机:选择 YG-80 型全液压锚固钻机。

(2)空压机:XHM900-14D 型中风压空压机(风压 1.4 MPa,风量 25 m³/min)。

(3)钻杆:ϕ89 高强度钻杆。

(4)潜孔锤:DHD350Q 冲击器(配 ϕ140 钎头)。

(5)机具:同径粗径长钻具、钻杆体焊螺旋片、扶正器、防卡器、反振器、喷射灌浆钻具。

3.4 预应力锚索结构型式

锚索体型式为压力分散型 2000 kN,钢绞线采用 1860 MPa15.24 mm 无黏结钢绞线。

预应力锚索主要由导向帽、单锚头、锚板、注浆管、高强低松弛无黏结钢绞线等组成。

3.5 锚索注浆

锚索注浆使用符合设计要求的浆液。锚固浆液为水泥净浆,浆液配比为 0.36∶1。采用 JRD-350B 高压螺杆泵进行灌注。

3.6 锚墩浇筑

锚墩浇筑流程:钢筋制安→钢垫板安装→锚墩立模及砼浇筑→模板拆除→混凝土养护与表面保护。

3.7 锚索张拉(图2)

预应力锚索的张拉作业按下列施工程序进行:机具定位→分级理论值计算→外锚头混凝土强度检查→张拉机具安装→预紧→分级张拉→锁定。

锚索张拉按分级加载进行,由零逐级加载到超张拉力,经稳压后锁定,即 $0 \rightarrow mP \rightarrow$ 稳压。10~20 min 后锁定(m 为超载安装系数,最大值为 1.1,P 为设计张拉力),相应的张拉工艺流程如下:

图 2 锚索张拉流程

初始荷载为设计工作荷载的 $0.2P$ 或 30 kN/股。按照先中间后周边、间隔对称分序张拉的原则用单根张拉千斤顶将钢绞线逐根拉直,并按要求记录钢绞线伸长值。钢绞线调直时的伸长值不计入钢绞线实际伸长值。分级循环张拉至设计工作荷载,分级荷载分别为 0.25、0.5、0.75、1.0、1.1 倍设计工作荷载 P。

锚索张拉锁定后,夹片错牙不应大于 2 mm,否则应退锚重新张拉。锁定时,钢丝或钢绞线的回缩量不宜大于 6 mm。在设计工作荷载 P 基础上继续加载至 mP 锁定,即 $P \rightarrow mP$(稳定 10~20 min)。超载安装系数 m 按要求取 1.05~1.1。张拉结束稳定后,切除长的钢绞线进行封锚保护处理。

4　结语

高边坡危岩体综合治理工程，采用预应力锚索、锚杆束连接钢绳捆绑、插筋、主动防护网等措施防护。预应力锚索对边坡滑体施加锚固力；锚杆束连接钢绳对浅层可能松动岩体施加捆绑力、插筋对可能滑移的浅表层小块滑动岩石进行加固，防止施工期间岩体轻微滑移；主动防护网主要针对表层松散岩石滚动、掉落等现象进行防护。

高边坡的综合治理工程较复杂，设计时既要考虑合理、经济、安全、适用的边坡治理方案，也要考虑施工中的可行性和安全性。施工方案的制定应当充分考虑高边坡危岩体的危害，在施工次序上考虑先施工表层再浅层后深层，做到由外到内加固危岩体。

我公司施工人员克服了各种施工难度，顺利完成了该危岩体加固治理工程，处理了的危岩体经受了雨季考验没有出现变形及位移，确保了料场取料顺利进行。最大体会是：在施工过程中根据工程现场实际情况，做好安全预案和保证措施落实到位；确保安全工作万无一失是第一首要任务。

参考文献(略)

抓槽防渗墙施工技术在扎敦水利枢纽大坝基础防渗墙中的应用研究

纪晓宇[1]　张宝军[2]　杜金良[2]　丁玉峰[2]

(1 中水东北勘测设计研究有限责任公司　吉林长春　130000)
(2 中水东北勘测设计研究有限责任公司　吉林四平　136000)

摘要：本文简单介绍了抓槽防渗墙施工技术的发展、水利领域的应用现状以及抓槽防渗墙在扎敦水利枢纽大坝基础防渗墙中的施工工艺流程、主要技术要点、质量控制。

关键词：抓槽；大坝基础防渗墙；施工应用

0 引言

抓槽防渗墙施工技术是地下连续墙施工技术在水利领域中的推广及应用。地下连续墙技术是使用专用成槽机械，在设计位置按设计要求开挖一条固定宽度的槽段，再利用护壁泥浆对槽内两侧原始地层进行保护，当槽深达到设计要求时，开挖结束，形成一个单元槽段，单元槽段以导管法浇筑混凝土，完成一个墙体单元的施工，各墙体单元之间按相应的接头方式相互联结，形成一道现浇式混凝土地下连续墙[1]。抓槽防渗墙施工技术在水利领域的应用现阶段主要可分为大坝基础防渗墙及临时围堰防渗墙施工技术，根据施工原始地层的稳定性条件选择是否下置钢筋笼。

地下连续墙施工技术应用于水利领域主要具备以下几点优势：(1)地下连续墙的结构刚度大；(2)能够适应各种地质条件；(3)可直接作为承重基础结构的大坝基础结构或作为临时围堰用的防渗结构物；当作为围堰防渗墙时，根据墙体材料选择的不同，成本也大不相同，施工成本要高于传统的高喷灌浆防渗墙，但其防渗效果要强于传统的高喷灌浆防渗墙，更有利于围堰内部大坝主体结构的施工；(4)成墙深度的优势，目前我国西藏旁多水利枢纽的大坝基础防渗墙成墙深度最深可达201 m，这是其他施工方法所难以达到的；(5)施工噪声小、震动小，施工过程中对原始地层的破坏相对较小。

地下连续墙施工技术应用于水利领域的缺点是：(1)施工技术比较复杂；(2)作为承重基础结构的大坝基础结构或作为临时围堰用的防渗结构物施工成本较高；(3)对于施工范围内基岩起伏变化较大的地区，岩溶地区，卵、砾石地区，有高承压水头的地区，或其他地质条件不稳定的工区，不宜采用[2]；(4)施工过程中产生的废弃泥浆是污染源，需要另行加以处理，如若处理不当会影响施工场地条件，影响生态环境；(5)抓除的原始地层与泥浆混合物不能

作者简介：纪晓宇(1987—)，男，硕士研究生。

二次利用，也不能随意堆弃坝面之上，需及时处理。

1 地下连续墙的发展和在水利领域的应用现状

地下连续墙施工技术首创于20世纪50年代初，起源于欧洲。在1950年前后，在意大利的米兰，ICOS公司首先应用了桩排式地下连续墙。随着施工经验的积累，为解决桩排式地下连续墙所存在的整体稳定性差，接缝多，影响墙体防渗性能和强度等问题，ICOS公司开创了两钻一抓方式的施工方法。地下连续墙自开创后，在施工机械和施工技术方面不断得到改进和推广。1954年这种施工方法传入法国、德国等欧洲国家，并很快得到普遍应用。1956年该技术推广至南美洲，1957年加拿大于北美洲首次应用该技术。1959年该技术推广至亚洲日本，在日本各施工企业竞相发展，逐步创新，现在已成为世界上应用地下连续墙最多的国家[3]。

国外常见的施工技术有：利用抓斗和冲击钻机联合作业成槽的伊科斯（ICOS）法；利用单斗挖槽的埃尔赛（ELSE）法；利用冲击回旋钻机成槽的索列丹斯（SOLETANCHE）法；利用多头钻机成槽的BW工法；利用双头滚刀式成槽机成槽的TBW工法；以及利用凿刨式成槽机成槽的TW工法等[4]。

我国20世纪50年代末期开始将液法应用于水利枢纽工程领域。我国的传统方法是1959年密云水库创造的利用冲击钻机开挖槽孔形成防渗墙的钻劈法，此方法开创后一直被广泛沿用。近年一些水利工程引入抓斗成槽机，用以提高施工工效。20世纪末，小浪底水利工程是我国首次将被认为是目前最先进的槽孔墙造孔设备的液压铣槽机应用于大坝的基础工程上。2010年，西藏旁多水利枢纽大坝基础防渗墙工程中，施工配备大型精良的防渗墙造孔设备HS-875液压抓斗成槽机6台、大型冲击钻机70台，以201 m防渗墙成墙、158 m防渗墙接头管拔管、201 m防渗墙水下混凝土浇筑创造了防渗墙建造3项世界纪录[5]，是多年来地下连续墙施工技术在我国水利领域应用经验不断积累与创新的硕果。

2 抓槽防渗墙施工技术在扎敦水利枢纽工程中的应用实例

2.1 工程概况

扎敦水利枢纽工程位于内蒙古呼伦贝尔牙克石市境内，是扎敦河上唯一的控制性水利枢纽工程，同时也是一座以防洪、森林防火、供水为主，兼顾发电等综合效用的水利枢纽工程。扎敦水利枢纽工程大坝基础防渗墙施工总轴线长度为1010.30 m，墙体宽度为0.6 m，入岩槽段深入基岩2.0~3.0 m。墙体最深处为25.3 m，墙体最浅处为9.0 m；累计完成防渗墙面积16675.36 m^2，其中上部覆盖层15621.20 m^2，底部基岩层1051.61 m^2，混凝土浇筑11104 m^3。

施工现场地质情况自上而下分别为：

（1）人工填筑土（级配良好砂砾石）：杂色，中密-密实，湿-很湿，2~20 mm颗粒含量约占75%，磨圆度一般，呈次棱角状，下部含较多黏粒。

（2）泥砾（Q_{2-3gl}）：灰绿色，以砾石为主，中密-密实，很湿，2~20 mm颗粒含量占57%~65%，磨圆度一般，多呈次棱角状，含较多砂层夹层及透镜体，其余为黏粒充填，具可塑性。

（3）强风化砂质板岩：灰白色，变余结构，板状构造，岩芯多呈 2～5 cm 碎块状，主要矿物为绢云母、绿泥石和石英，节理面见较多铁锈，为强风化岩。

（4）弱风化砂质板岩（O_{2d}）：灰白色，变余结构，板状构造，岩芯多呈半柱状和碎块状，局部呈 5～10 cm 短柱状，主要矿物为绢云母、绿泥石和石英，节理面见较多水锈，为弱风化岩。

2.2 施工工艺流程

抓槽防渗墙施工工艺流程如图 1 所示：

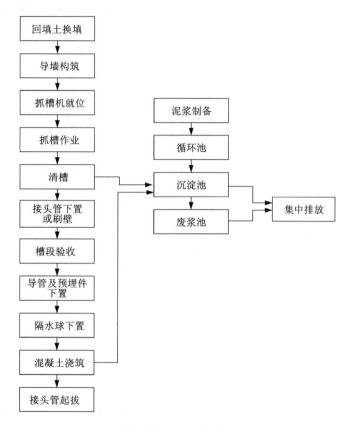

图 1 防渗墙工艺流程图

2.3 工程施工主要技术要点

工程施工技术要点包括 6 个方面：导墙构筑、护壁泥浆制备、入岩槽段基岩凿除、清槽、预埋件下置、混凝土浇筑。

2.3.1 导墙构筑

导墙主要起控制大坝基础防渗墙施工轴线精度、为成槽设备导向、挡土、重物支承台和维持稳定液面等作用。本工程导墙做成"┐ ┌"型现浇钢筋混凝土结构导墙，导墙顶高出地面

20 cm,以防止地面水流入槽内污染泥浆。导墙内净空 650 mm,其断面如图 2 所示。

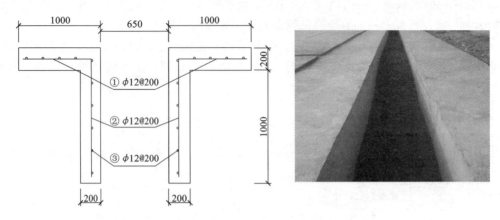

图 2　导墙构筑示意图及构筑完成效果图

2.3.2 护壁泥浆制备

泥浆主要是在防渗墙挖槽过程中起到护壁的作用,其质量好坏将直接影响到防渗墙的质量与安全。防渗墙护壁泥浆主要技术参数见表 1。

表 1　防渗墙护壁泥浆主要技术参数表

项目	1	2	3	4	5	6
名称	比重 /(g·cm^{-3})	黏度 /s	失水量 /(mm·30min^{-1})	泥皮厚度 /mm	含砂率/%	pH 值
新泥浆	1.05~1.08	21±1	15±1	1~2	≤1	7~9
循环再生泥浆	1.08~1.25	21~30	≤30	≤3	≤4	≤9
废弃泥浆	〉1.3	〉35	〉35	〉4	〉5	〉11

护壁泥浆搅拌均匀后放入储浆池内,待 24 h 后,膨润土颗粒充分水化膨胀,方可泵入循环池,以备使用。

2.3.3　入岩槽段基岩凿除

入岩槽段基岩凿除选用 CZ-30 冲击钻机采用钻劈法施工。Ⅰ序槽段布置 7 个主孔,Ⅱ序槽段布置 5 个主孔,主孔凿岩达到设计深度后,对槽段内部"小墙"进行凿除处理。

2.3.4　清槽

清槽过程包括清底与清洗接头。清底时尽可能扫清槽底部的沉渣,清底至设计深度,底部沉渣厚度要求 ≤100 mm;Ⅱ序槽段清刷接头应在清底前进行。本工程的刷壁器采用偏心吊刷,保证钢刷面与相邻已施工完成的槽段的接头管孔紧密接触从而达到清刷效果。用吊车吊起刷壁器对接头处进行上下刷动,上下刷壁的次数应不小于 20 次,直到刷壁器的毛刷面上无泥为止,以清除先行施工完成的槽段接头处上的沉渣或泥皮等杂物,确保连续槽段间接头处紧密接合。

2.3.5　预埋件下置

针对设计要求的不同预埋件加工制作相应的简易钢筋或钢管网架,用于满足预埋件下置位置的技术要求。本工程所涉主要预埋件为监测仪器及帷幕灌浆预埋管。

（1）监测仪器下置。

制作下尺寸简易钢筋笼，钢筋笼顶部焊接吊环，用于钢筋笼的吊起、下置及钢筋笼下置后的固定，钢筋笼两侧布置以导墙顶部为基准点的控制点，布置槽段内部各用途监测仪器位置，确保监测仪器下置位置与设计要求一致，下置至设计深度后用钢管穿过钢筋笼两侧吊环用以固定钢筋笼。监测仪器及仪器数据线用绑扎方式固定于钢筋笼内。

（2）帷幕灌浆预埋管下置。

帷幕灌浆预埋管焊接连接，长度大于防渗墙深度 1.0 m，底部制作成锯齿形状用于控制管底部位移，灌浆预埋管底部做封堵处理。根据设计要求的 3.0 m 孔距，于导墙上布置灌浆预埋管下置位置控制点。由于本工程大坝基础防渗墙内未设计钢筋笼，故灌浆预埋管采用单根下置模式，下置完成后对灌浆预埋管顶部进行固定，以防止偏移。混凝土浇筑完成后去除高于导墙部分管体。

本工程共计下置监测仪器槽段 5 个；帷幕灌浆预埋管槽段 60 个。

2.3.6 混凝土浇筑

工程防渗墙混凝土强度等级为 C25，抗渗等级 W8，坍落度 180~220 mm，混凝土浇注采用混凝土罐车自卸的水下灌注法。

成槽报检合格后第一时间内开始浇注混凝土，并计算所需混凝土方量。根据单元槽段大小及成槽深度合理布置导管数量、长度，导管下端与槽底距离严格控制在 30~50 cm 之间，导管与槽段端部应不大于 1.5 m，导管距导管之间的间距不大于 3.0 m。导管连接处用橡胶垫圈密封防水，导管内放置隔水球以便混凝土浇注时能将管内泥浆从管底排出。

首次浇注混凝土后导管埋深不得小于 0.5 m。在混凝土浇注过程中导管下端埋入混凝土内的深度不得小于 1.0 m、不得大于 6.0 m，槽内混凝土面上升速度不得小于 2.0 m/h。混凝土浇注超出设计标高 30~50 cm 后，凿去墙顶浮浆层后的标高符合设计要求。

2.4 工程施工过程中质量控制重点

工程施工过程中针对以下 6 个方面进行重点的监督控制：导墙制作过程控制，护壁泥浆性能参数控制，成槽机及冲击钻机施工精度控制，清槽达标控制，接头管、浇筑导管下置及起拔控制，混凝土浇筑过程控制。

2.4.1 导墙构筑过程控制

导墙构筑根据现场施工条件分段制作，按规范要求对导墙构筑所需原材料进行采购及进场检测；钢筋使用前进行除锈处理；导墙槽开挖前后利用测量仪器严格控制坝轴线精度，每 3~5 m 布置一个轴线基准点；模板加固采用脚手架 0.2% 沿水平方向设置三道支撑，并用木方进行加固处理，导墙内侧模板垂直度优于 0.2%；导墙混凝土应分层进行浇筑，内、外侧导墙应同时进行浇筑，浇筑之前用垫块将钢筋网垫起，导墙混凝土养护至少 24 h，混凝土强度达到 75% 以上时方可以进行拆模。

2.4.2 护壁泥浆性能参数控制

护壁泥浆性能参数控制贯穿整个施工过程各个阶段，利用"泥浆三件套"对护壁泥浆的比重、黏度、含砂率性能进行检测，通过对护壁泥浆的性能检测数据，严格控制施工所用护壁泥浆以满足规范要求。

2.4.3　成槽机及冲击钻机施工精度控制

成槽施工是防渗墙施工质量是否完好的关键一步，成槽的技术指标主要是前后偏差、左右偏差。在导墙顶面布置防渗墙分段线及控制点；成槽机及冲击钻机的行走路面需经夯实及碾压处理，确保路基坚实、平直；成槽机抓斗及冲击钻机钻头中心平面应与导墙中心平面相一致，开槽及冲击起始阶段对其垂直精度进行严格控制，每0.5~1.0 m对其中心线位置进行复测。

2.4.4　清槽达标控制

重视清槽质量对防渗墙质量的影响。清底采用抓斗直接清理，清底时抓斗下放缓速进行，尽量避免槽底超深，清底至设计深度后对槽底淤积物进行检测，直至淤积物小于10 cm，视为满足清底设计要求；清底过程中须不断向槽内补充合格的护壁泥浆；清槽过程中必须对槽内护壁泥浆进行取样并检测护壁泥浆参数性能，做好对护壁泥浆的严格控制；Ⅱ序槽段须对防渗墙墙体连接面进行刷壁处理，钢丝刷下置至墙底后沿墙体垂直面缓速提升至导墙槽内护壁泥浆液面之上，利用高压水枪对刷面杂物进行冲洗，如此反复洗刷墙壁至少20次后，直至钢刷露出液面后表面干净无泥。

2.4.5　接头管、浇筑导管下置及起拔控制

Ⅰ序槽段混凝土浇筑之前需下置接头管，接头管长度大于槽深1.5~2.0 m，便于安装液压顶拔机，接头管选配过程中合理选配接头管长度，接头管安装前应对接头管逐段进行清理和检查，禁止使用表面已产生变形的接头管；接头管中线与分幅线对齐，吊装接头管对位应准确，管身垂直、缓慢沉放，不得碰撞槽壁和强行入槽。

接头管起拔采用专用液压顶拔机，待混凝土初凝后1~2 h开始活动接头管，将接头管缓慢拔出10~20 cm，而后每间隔1 h活动一次，一般在混凝土浇筑完毕后8~10 h接头管可全部拔出。

浇筑导管：根据单元槽段大小及成槽深度合理布置导管数量、长度，导管下端距槽底距离严格控制在30~50 cm之间，导管距槽段端部应不大于1.5 m，导管距导管之间的间距不大于3.0 m；首次浇注混凝土后导管埋深不得小于0.5 m，在混凝土浇注过程中导管下端埋入混凝土内的深度不得小于1.0 m、不得大于6.0 m，根据每车浇筑后的槽内混凝土液面测量数据，对导管进行拆卸。

2.4.6　混凝土浇筑过程控制

混凝土浇筑前向导管内投放隔水球以便混凝土浇注时能将管内泥浆从管底排出；尽量控制混凝土自卸速度使其匀速进入导管避免导管堵塞；控制2个导管同时进行混凝土浇筑，尽量减小混凝土浇筑过程中的时间间隔，避免出现断层。夹层等现象；混凝土浇筑过程中对槽内混凝土液面进行多点多次检测，从而有效控制导管的埋深及混凝土的数量，各槽段所浇筑混凝土均取样送检。

2.5　工程结束后的质量检查

本工程对防渗墙质量的检查采取开挖与注水试验抽检相结合的方式。

2.5.1 开挖检查

混凝土浇筑完成 28 d、强度达到设计要求后,对防渗墙上部墙体进行开挖,开发深度自防渗墙顶高程向下 2.0~3.0 m,通过更直观的方式对防渗墙混凝土浇筑质量及相邻墙体连接处的情况进行检查(图3)等。

图3 防渗墙开挖效果示意图

经开挖检查情况表明:本次施工的防渗墙墙体连接好,密实度好,防渗墙墙体未出现夹泥、蜂窝、空洞、脱节现象,墙体连续、成墙质量好。

2.5.2 注水试验

本工程针对防渗墙的169个槽段,采取随机抽样钻孔取芯注水试验检查,随机抽取试验段共计14个,试验数据统计结果见表2。

表2 扎敦水利枢纽工程大坝基础防渗墙注水试验数据统计表

序号	桩号	孔深/m	渗透系数/$(cm \cdot s^{-1})$	
1	坝 0+033.50	6.50	4.20	$\times 10^{-8}$
2	坝 0+135.50	13.50	2.78	$\times 10^{-8}$
3	坝 0+159.50	14.50	2.02	$\times 10^{-8}$
4	坝 0+213.50	12.50	2.38	$\times 10^{-8}$
5	坝 0+215.50	13.00	2.80	$\times 10^{-8}$
6	坝 0+305.50	13.00	3.34	$\times 10^{-8}$
7	坝 0+353.50	13.00	3.19	$\times 10^{-8}$
8	坝 0+443.50	13.00	3.27	$\times 10^{-8}$
9	坝 0+533.50	13.00	2.68	$\times 10^{-8}$
10	坝 0+629.50	13.00	2.65	$\times 10^{-8}$
11	坝 0+720.50	10.00	3.16	$\times 10^{-8}$
12	坝 0+847.50	12.00	3.24	$\times 10^{-8}$
13	坝 0+935.50	13.00	2.13	$\times 10^{-8}$
14	坝 1+001.50	7.00	3.43	$\times 10^{-8}$

随机抽检数据表明：本工程大坝基础防渗墙渗透系数均能满足设计的抗渗等级要求。

3　结束语

进入 21 世纪以来，随着我国可持续发展战略的确立，绿色新能源的开发与应用受到高度重视，国家对水利事业的发展投入日趋增大，因此，各种新工艺、新技术逐步被引入水利领域。抓槽防渗墙施工技术正是地下连续墙施工技术在水利领域中的推广及应用。通过在扎敦水利枢纽大坝基础防渗墙工程施工中的应用，发现抓槽防渗墙施工技术在承重基础结构的施工中具有结构刚度大、地质条件适应性强、对原始地层破坏小等优点，但在施工过程中还应该注意对导墙制作精度、成槽垂直精度、护壁泥浆性能等关键技术环节进行重点控制。

参考文献

[1] 周春松. 地下连续墙技术在天津港应用的研究[D]. 天津：天津大学，2004.
[2] 乔勇. 王滩电厂地下连续墙工程设计计算与施工[D]. 成都：西南交通大学，2007.
[3] 梁晨. 地下连续墙施工技术应用研究[D]. 天津：河北工业大学，2007.
[4] 吴熹，刘开运，王成，等. 世界上最先进的大坝基础混凝土防渗墙技术[J]. 西北水电，2001.
[5] 毛玉忠，佘洪波. 铸造世界第一墙[N]. 中国水利报，2010.
[6] 赵明佳，李丽. 大坝基础防渗墙施工技术与质量监督[J]. 黑龙江水利科技，2014.
[7] 施英杰. 试论大坝基础混凝土防渗墙施工技术[J]. 水利科技，2015.
[8] 陈怀伟. 杭州地区地下连续墙施工工艺研究[D]. 上海：同济大学，2008.

在砂卵石地层深基坑支护中土钉墙技术的应用实践

牟联合　冯升学

(中国电建集团成都勘测设计研究院有限公司　四川　成都　610072)

摘要：本文主要介绍在砂卵石地层深基坑支护中采用土钉墙支护的工作原理、设计和施工方案，设计时对单根土钉抗拉承载力进行计算，土钉墙整体稳定性采用圆弧滑动简单条分法进行验算；土钉墙施工采用开挖与锚喷支护交叉作业，锚杆机冲击钻进锚管，机械注浆、喷护及时跟进的施工技术，通过工程实践取得成功，为类似深基坑支护提供参考。

关键词：砂卵石地层；基坑支护；土钉墙应用

1　前言

成都地区建筑物基坑施工由于受周边建筑物的场地限制影响，以及建设工期和节省造价的要求，在深基坑临时支护方式中，选择使用土钉墙支护技术；土钉墙是由间距较小、长度较短的土钉(注浆的锚管)、喷射砼面层和被加固土体组合而成的加筋式复合土体的支护结构体系；因其工程造价经济、施工简便、施工周期短、对场地要求较小等特点，在高边坡工程、深基坑工程中得到了广泛的应用；20世纪90年代后逐渐应用于高层建筑的深基坑开挖的支护工程中，但在砂卵石地层深基坑支护中采用土钉墙支护的施工难度较大，需要一定设计技术水准；本文通过工程实例，探讨了在砂卵石地层中采用土钉墙支护的设计和施工经验。

2　工程概况

2.1　基本情况

某大楼位于光华大道南侧，正北面为温江花博会主会场，距温江城区约1km；拟建建筑物包括19层的办公主楼(1#楼)和2层的档案馆及会议中心(5#楼)等，1#楼部分设置2层地下室，5#楼部分设置1层地下室，两部分基坑在地下室一层连为一整体，基坑形状呈"L"形。1#楼基坑坑底标高为 -11.50 m，5#楼基坑基坑坑底标高为 -6.80 m，地面标高为 -0.80 m，基坑开挖深度分别为10.70 m和6.00 m(表1)。基础形式采用筏形基础，结构类型为剪力墙结构。为保证施工时基坑边坡稳定及场地周边设施、建筑物安全，决定在基坑开挖时采用土钉墙进行支护。

作者简介：牟联合(1967.08—)，男，高级工程师，主要从事岩土工程施工管理。

表1 基坑概况一览表

平面位置	地面标高/m	±0.00 标高/m	标高/m	深度/m	周长/m
办公主楼	528.55	529.35	-11.50	10.70	725
会议中心	528.55	529.35	-6.80	6.00	

2.2 工程地质

场地处于成都平原中部，该区域构造属新华夏系第三沉降带四川盆地西部，区内断裂构造和地震活动较微弱，历史上从未发生过强烈地震，从地壳稳定性来看应为稳定区。根据勘察所揭露深度40.2 m 范围内，表层为耕植土层，下部为第四系更新统冲洪积层（粉质黏土、砂层及卵石层）。基坑施工范围内大部分为砂卵石地层，各层的岩性特征如下：

（1）耕植土层：浅黄色、灰黑色，干至稍湿，松散；主要由黏性土组成，含大量植物根系，在场地内广泛分布，层厚0.40~1.30 m。

（2）粉土层：灰黄色、浅黄色、灰色，稍湿，松散；主要由粉粒组成，含部分黏粒，场地内广泛分布，层厚0.40~3.2 m，埋深0~1.5 m。

（3）粉质黏土层：灰黄色、浅黄色、黄褐色，稍湿，松散；主要由黏粒和粉粒组成，层厚0.50~1.60 m。

（4）细砂1层：灰色、灰白色、浅灰色，稍湿，松散；主要由石英、长石、云母片和大量暗色矿物组成。主要分布于卵石层顶部，个别地段渐变为中砂或粗砂，分布广泛，厚度变化大，层厚0.20~1.3 m，埋深0.50~2.6 m。

（5）中砂2层：褐黄、褐灰、黄灰色，很湿至饱和，松散；以长石、石英为主，含少量云母片、暗色矿物，其中混有少量卵石及圆砾。该层呈薄层或透镜体状不规则分布于卵石层中，层厚0.5~2.9 m，埋深0.70~21.1 m。

（6）卵石层：母岩成分以花岗岩、石英岩、闪长岩为主，一般粒径为3~10 cm，最大粒径为20 cm。上部花岗岩呈中-强风化。充填物以中细砂为主。磨圆度、分选性中等，各段卵石含量不均匀，大部分在50%以上，有愈向深处愈为密实的趋势。卵石层埋深0.5~3.7 m。

2.3 水文地质条件

场地地下水主要赋存于第四系砂卵石层中，属孔隙潜水，受大气降水及地下水径流补给，场地内地下水位埋深5.5~6.9 m，在进行地下水位以下基坑开挖施工前需进行基坑降水，将地下水位降至开挖底面以下。

3 土钉墙支护的作用原理

土体的抗剪强度较低，抗拉强度几乎为零，但土体具有一定的整体性，在基坑开挖时可使土体保持直立的临界高度，超过这个高度将发生崩塌、整体性破坏。在土体中放置土钉与土共同形成复合土体，能有效地提高土体的整体刚度，弥补土体抗拉、抗剪强度的不足。通过相互作用和应力重分布，使土体自身结构强度的潜力得到充分发挥。

4 土钉墙设计

由于基坑距已有建筑较远,地表载荷较小,且具备一定的放坡开挖条件,根据场地所处位置、岩土工程条件和施工条件,结合成都市区常用的、既经济又安全的基坑支护方式,并经多种支护方式的分析比较,确定采用土钉墙支护方案。支护段周长约725 m,护壁高6.0~10.7 m,总支护面积约6967 m²。

4.1 土钉支护设计

4.1.1 设计参数的确定

(1)岩土物理力学参数。支护设计所需的岩土物理力学参数按岩土工程勘察报告选用。

(2)放坡宽度。根据场地施工条件和土钉墙支护的特点,基坑开挖放坡宽度为2.6~2.8 m,局部为1.8 m。

(3)开挖深度。拟建建筑地下室顶板标高相对±0.000的高程为-5.85和-9.90,需开挖至-6.80~-11.50 m。根据场地现状基坑开挖深度为6.0~10.7 m,局部为4.7 m。

(4)地表堆载。

在基坑开挖和基础施工过程中,场地周边会堆放一些建筑材料以及施工机具,另留人员的通道,地表堆载按均布荷载考虑,均布荷载 q_0 取 5 kN/m²。

4.1.2 地表堆载 q_0 引起的侧压力 σ_{0k}

用式(1)计算

$$\sigma_{0k} = q_0 \tag{1}$$

4.1.3 自重竖向应力 σ_{rk}

(1)计算点位于基坑开挖面以上时,用公式(2)计算

$$\sigma_{rk} = \gamma_{mj} z_j \tag{2}$$

式中:γ_{mj} 为深度 z_j 以上土的加权平均天然重量。

(2)计算点位于基坑开挖面以下时,用式(3)计算

$$\sigma_{rk} = \gamma_m h h \tag{3}$$

式中:$\gamma_m h$ 为开挖面以上土的加权平均天然重量;h 为基坑开挖深度。

4.1.4 基坑外侧竖向应力标准值 σ_{ajk}

用式(4)计算

$$\sigma_{ajk} = \sigma_{0k} + \sigma_{1k} + \sigma_{rk} \tag{4}$$

4.1.5 支护结构水平荷载标准值 e_{ajk}

(1)当计算点位于地下水位以上时,用式(5)计算

$$e_{ajk} = \sigma_{ajk} K_{ai} - 2c_{ik}(K_{ai})1/2 \tag{5}$$

(2)当计算点位于地下水位以下时,用式(6)计算

$$e_{ajk} = \sigma_{ajk} K_{ai} - 2c_{ik}(K_{ai})1/2 + [(z_j - h_{wa}) - (m_j - h_{wa})\eta_{wa} K_{ai}]\gamma_w \tag{6}$$

式中:K_{ai} 为第 i 层土的主动土压力系数,$K_{ai} = tg_2(45 - \varphi_{ik}/2)$;$\varphi_{ik}$ 为第 i 层土的内摩擦角标

准值;c_{ik}为第i层土的黏聚力标准值;h_{wa}为基坑外侧水位深度;η_{wa}为计算系数;m_j为计算参数;γ_w为水的密度;h为基坑开挖深度。

4.1.6 单根土钉抗拉承载力计算

用式(7)计算

$$1.25\gamma_0 T_{jk} \leqslant T_{uj} \tag{7}$$

式中:T_{jk}为第j根土钉受拉荷载标准值;T_{uj}为第j根土钉抗拉承载力设计值;T_{jk}、T_{uj}分别按下列公式计算,$T_{jk} = \zeta e_{ajk} S_{xi} S_{zi}/\cos\alpha_j$,$T_{uj} = (\pi d_{nj} \sum q_{sik} l_i)/\gamma_s$;$\zeta$为荷载折减系数;$S_{xi}$、$S_{zi}$为第$j$土钉与相邻土钉的平均水平、垂直距离;$\alpha_j$为第$j$根土钉与水平面的夹角;$d_{nj}$为第$j$根土钉锚固体直径;$q_{sik}$为土钉穿越第$i$层土体与锚固体极限摩阻力标准值;$l_i$为第$j$根土钉在直线破裂面外穿越第$i$层稳定土体内的长度。

4.2 土钉墙整体稳定性分析

土钉墙应根据施工期间不同开挖深度与基坑地面以下可能的滑动面,采用圆弧滑动简单条分法按式(8)进行整体稳定性验算:

$$\sum c_{ik} L_i + s \sum (w_i + q_0 b_i)\cos\theta_i \tan\varphi_{ik} + \sum T_{nj} \times [\cos(\alpha_j + \theta_j) + \sin(\alpha_j + \theta_j)\tan\varphi_{ik}/2] - s\gamma_k\gamma_0 \sum (w_i + q_0 b_i)\sin\theta_i \geqslant 0 \tag{8}$$

式中:T_{nj}为第j根土钉在圆弧破裂面外锚固体与土体的极限抗拉力,$T_{nj} = \pi d_{nj}\sum q_{sik}l_{ni}$;$l_{ni}$为第$j$根土钉在圆弧破裂面外穿越第$i$稳定土体内的长度。

4.3 设计计算结果

根据上述计算参数和依据进行计算,具体确定的支护技术指标如下:

(1)基坑土钉墙护壁段总长度为725 m,护壁面积约6920 m²,护顶宽度1.0 m,局部为0.7 m。第一排距地面1.0~1.2 m,竖向间距1.5 m,水平间距1.2~1.5 m,土钉倾角为15°;具体布置见表1。

表1 基坑各断面土钉支护布置

基坑断面	土钉排数	土钉长度/m	竖向间距/m	横向间距/m
D1	7	12、11、11、10、8、6、5	1.5	1.2
D2	7	10、10、9、8、7、6、5	1.5	1.5
D3	7	11、9、8、7、7、6、5	1.5	1.5
D4	7	10、9、9、8、8、6、5	1.5	1.5
D5	7	10、9、9、8、7、6、4	1.5	1.5
D6	4	9、8、7、6	1.5	1.5
D7	4	6、5、4、3	1.5	1.5
D8	4	6、5、4、4	1.5	1.5
D9	3	5、4、3	1.5	1.5
D10	7	11、11、10、9、8、6、5	1.5	1.5
D11	7	11、9、9、8、7、6、4	1.5	1.5

(2)土钉是选用直径 φ48、壁厚 3.3 mm 的钢管,且管壁预钻 φ8 的灌浆梅花孔洞,管内灌注水泥浆水灰比为 0.5:1,土钉外露端部所用纵、横向加强筋直径均为 φ14;基坑深度为 4.7 m 和 6 m 的钢筋网直径为 φ6.5、间距为 300 mm×300 mm,基坑深度为 10.7 m 的钢筋网直径为 φ8、间距为 200 mm×200 mm,所有钢筋网翻卷宽度为 1.0 m,其上作护顶。

喷射 C20 细石素混凝土,厚度 100 mm;排水管采用 φ30PVC 管,长度 500 mm,纵横向间距 3 m。

5 土钉墙的主要施工

工程于 2007 年 6 月开始施工,10 月施工结束;土方开挖采用先周边,后中间原则,分段开挖,作业面在水平方向上按 20 m 距离分段开挖。在每一层周边开挖完成后进行基坑支护,与该层中间的开挖交叉施工,每层的开挖深度控制在 1.5~1.8 m 以内,在遇含砂层时控制在 1 m 以内。

5.1 主要设备和人员投入

主要设备有:电动空压机额定功率 55 kW;砼喷射机,7.5 kW;电焊机,20 kW;注浆机,11 kW;灰浆搅拌机,7.5 kW;砂轮切割机,2.5 kW。设备及人员投入见表 2。

表 2 劳动力及施工机具表

机具			人员	
名称	类型	数量/台	工种	人数/人
空压机	电动 12 m³	4	锚喷工长	4
锚杆机	QC-150	4	技术负责人	1
砼喷射机	HPJ-111	4	内业资料员	1
注浆泵	VBJ1-2	4	技术工人	12(含机修工)
砂灰机	JFC200	4	材料员	3
钢材加工机械		配套	质安员	1
电焊机	BX315	5	钢筋工	6
经纬仪	J2	1	电工	2
水平仪	DJ3	1	普工	30

5.2 土钉结构

土钉结构如图 1 所示。

图 1 锚管土钉

5.3 工艺流程

主要施工工艺流程为：土方开挖→人工清坡到位→锚杆机就位→土钉施工→挂钢筋网及焊接加强筋→喷射混凝土→一次土钉灌浆→待凝→二次灌浆→下一层土方开挖。

当施工遇见纯砂层或砂卵石地层时，则在人工清坡后锚杆施工前进行初喷混凝土及挂钢筋网，以防止砂（卵）石层坍塌。

5.4 土钉墙施工过程控制要点

（1）在基坑边坡分层分段开挖后，应及时跟进土钉墙施工，防止开挖边坡的长时间裸露，尤其是砂层要及时用素混凝土喷射覆盖。

（2）土钉施工前按设计要求定出位置并作标记和编号，位置误差应小于150 mm，土钉倾角误差小于3°，孔深误差小于+200 mm、-50 mm，土钉施工过程中遇障碍物或难以达到设计要求时，可适当调整位置或增加土钉数量。

（3）锚管的注浆质量是保证土钉拉拔力的关键，严格控制注浆质量，主要抓好对注浆结束标准及注浆压力的控制，在每一次灌浆结束且终凝后，即可进行补强灌浆。

（4）喷射砼顺序自下而上进行，喷头与受喷面距离0.8~1.5 m，射流方向与喷射面垂直，钢筋部位应先喷填钢筋后方，再进行面层覆盖。砼终凝后，应喷水精心养护。

（5）对于场地分布有细砂、中砂地段，应严格控制土方开挖深度不超过1.5 m，并挖探槽，若层厚超过1.0 m，应先做斜管，注浆24 h后才开挖下一层；现场准备一定数量装满砂的纺织袋及撑木，以备急用于土质差地段（淤泥、砂层、杂填土、人工填土等）或严重渗水地段，土方开挖及喷锚支护过程中，应随时观察坑壁坑顶有无裂缝及其变化情况，若有变化，应采取加固措施。

（6）在基坑支护期，直至地下室回填，坚持做好基坑边坡变形观测。本工程在基坑周围平均布置了15个变形观测点，在基坑成型初期每天观测1次，在基坑支护结构变形趋于稳定后，3天至1周观测1次，若出现位移值较大等异常情况应及时进行处理，从变形观测数据来看，除个别变形观测点最大变形值为28 mm外，其余各段变形值都较小，说明土钉墙支护结构整体上是稳定的。

（7）对于第一排土钉距地表大于2 m的或地层松软的地段，加设 $\phi16$ 地表锚拉筋；在距坡口6~10 m以外打 $\phi50$ 的钢锚拉杆，并与边坡钢筋网上的 $\phi16$ 钢筋连接，垂直锚杆间距3~5 m，以预防坡顶的变形。

（8）要做好坡顶的排水和防水工作，在坡顶1.5 m范围内，用15 cm水泥砂浆封口，避免水渗漏冲刷边坡，引起边坡失稳；特别要做好基坑周边降水设施的有效运行和雨季坡顶的排水工作，确保基坑边坡支护期的安全。

（9）地表堆载：在基坑开挖和基础施工过程中，场地周边会堆放一些建筑材料以及施工机具，加工人员的通行，其荷载按均布荷载考虑，均布荷载 q_0 控制在5 kN/m^2 以内。

（10）遇密实砂卵石层或粒径大于15 cm的卵石，采用锚杆机钻进时，钻进至4~5 m深度后，锚杆很难继续钻进，该工程中遇到此类问题，只有移孔位、采取人工掏孔或增补锚杆措施，没有其他更好的处理方法。

6　结束语

该项目中土钉墙支护工程设计和施工为建筑主体的顺利实施提供了充分的保障和条件，期间经受了汶川5·12大地震冲击的安全考验，为在砂卵石地层实施土钉墙方案提供了成功的实践经验，在砂卵石地层深基坑支护中土钉墙技术得到了很好的应用。

参考文献

[1] JGJ120—90 建筑基坑支护技术规程[S].
[2] CECS96:97 基坑土钉支护技术规程[S].
[3] GB50086—2001 土钉喷射混凝土支护技术规范[S].

灌浆技术在水电工程岩溶地质处理中的应用

何 桥 闫帅驰

（中国电建集团贵阳勘测设计研究院有限公司 贵州贵阳 550081）

摘要：岩溶地区的水电工程，经常遇到各种岩溶地质现象，为保证帷幕灌浆质量，需对帷幕线附近的岩溶地质部位进行岩溶专项灌浆处理。本文介绍了溶孔、溶蚀裂隙、溶洞及岩溶管道等4种岩溶地质部位的灌浆思路，以及岩溶灌浆施工工艺。岩溶地质灌浆处理应重点关注岩溶处理孔的孔位布置和深度控制，不同类型岩溶的冲洗方法、浆液选择以及结束标准。以四川硕曲河去学水电站位岩溶灌浆为例，分析了3#灌浆平硐岩溶处理后帷幕灌浆效果，可供类似工程参考。

关键词：岩溶类型；灌浆；岩溶处理；去学水电站

1 引言

为避免水电工程帷幕灌浆在施工过程中遇到岩溶发育部位时，仍按照常规帷幕灌浆施工而造成岩溶处理不到位的情况，应对防渗帷幕线范围内岩溶区域进行明确划分与界定，以便及时采取针对性的岩溶灌浆处理措施。通过岩溶专项灌浆处理后，再进行系统的防渗帷幕灌浆施工，确保常规防渗帷幕灌浆施工工艺技术满足水电工程大坝防渗帷幕灌浆施工质量。

2 不同岩溶类型的灌浆思路

2.1 溶孔部位的灌浆施工

岩溶灌浆施工中遇溶孔及小型溶洞时，应尽快将灌浆压力升至设计灌浆压力，采用劈裂效应将处理范围内的岩体击穿，使独立发育的溶孔和小型溶洞迅速充填密实。

2.2 溶蚀裂隙的灌浆施工

在钻孔过程中遇到溶蚀裂隙时，往往出现轻微掉钻、不返水、卡钻、掉块或返水呈黄泥色的现象。轻微掉钻、不返水的情况说明遇到无充填型溶蚀裂隙，有可能该溶蚀裂隙与附近某个溶洞或溶蚀管道存在溶蚀裂隙连通，灌浆施工时应一次性灌注至升压，可采用浓浆或砂浆灌注；卡钻的情况说明钻孔遇到方解石充填的溶蚀夹层或缓倾角溶蚀破碎带，灌浆施工时应尽快升至设计压力；钻孔过程中返黄泥色水说明灌浆钻孔遇到黄泥充填型溶蚀裂隙，灌浆

作者简介：何桥（1989—），男，主要从事地基加固与处理，2016年毕业于贵州大学资源与环境工程学院地质工程系，硕士研究生，主要从事地基加固与处理。E-mail：764689135@qq.com。

施工时,如其他孔段出现黄泥或黄泥水,则待被串孔出浓浆后,封闭被串孔灌至升压。

2.3 溶洞及岩溶管道的灌浆施工

溶洞和岩溶管道对防渗帷幕灌浆效果产生影响较大,特别是当顺层发育的岩溶贯穿防渗帷幕线上下游时,将对防渗帷幕灌浆造成极为严重的渗漏隐患,充填、半充填的岩溶洞穴及岩溶管道的灌浆主要按浆液充填与置换原理进行处理(置换灌浆我院已取得专利),不能全部置换的黄泥充填型溶洞要做到溶洞四周全封闭处理,即灌浆处理后黄泥充填型的溶洞(岩溶管道)附近不能有渗水通道,否则,将产出后期管涌击穿破坏,从而导致防渗帷幕出现管道型渗漏。无充填型岩溶洞穴及管道以细石混凝土、高流态混凝土、级配料配合砂浆灌注回填并结合补强灌浆的方式进行处理。

2.4 涌水部位的灌浆施工

岩溶地区的水电工程中,当灌浆平硐处于坝基河床水位线以下时,若钻孔普遍出现孔内涌水,说明该区域溶蚀裂隙较为发育,且连通性较好,对该部位的灌浆应先对涌水进行封堵处理,再进行帷幕及固结灌浆施工,才能更好地保证帷幕与固结灌浆施工的质量。

当灌浆孔钻孔过程中遇到涌水时,特别是当涌水压力超过 0.2 MPa 时,根据涌水情况,可按下述方法进行处理:(1)灌前测定涌水压力和涌水量;(2)自上而下分段灌浆;(3)缩短段长,对涌水段单独灌浆;(4)相应提高灌浆压力,其灌浆压力≥正常灌浆压力+涌水压力;(5)改为纯压式灌浆;(6)灌注浓浆;(7)灌注速凝浆液;(8)灌浆结束后采取屏浆措施,屏浆时间不少于 2 h;(9)闭浆;(10)闭浆结束后待凝 48 h;(11)复灌。

3 岩溶区灌浆施工工艺

水电工程岩溶区灌浆,施工程序一般遵循首先进行涌水封堵、再进行溶蚀裂隙灌浆处理,对于充填型岩溶管道(溶洞)的处理,应先钻孔至处理部位,然后进行充填物冲洗置换,最后进行置换空腔灌浆。

3.1 灌浆孔

岩溶管道(溶洞)处理钻孔通常布置在帷幕灌浆孔上、下游排中间位,孔间距 0.5~1 m,钻孔孔深至岩溶管道或溶洞底部 0.5 m;钻孔孔向一般与主帷幕孔平行,当遇岩体结构面时,钻孔尽可能与岩体结构面相交。孔深:钻至岩溶区底部以下 0.5 m,当处理的岩溶部位厚度大于 2 m 时,分层进行处理;对黄泥、黑色淤泥充填的岩溶管道,采取多孔联合冲洗置换,三个孔为一组,每组钻孔深度相同;当施工中局部遇集中涌(渗)水较大孔段时,应先进行堵水灌浆处理,根据堵水灌浆效果适当加密岩溶处理钻孔孔距。处理充填型溶蚀裂隙、岩溶管道(溶洞)的钻孔开孔孔径为 $\phi 90$ mm,终孔孔径不小于 $\phi 75$ mm。对于空腔型岩溶管道(溶洞),若需进行砂浆或细石混凝土回填的,选择孔径为 $\phi 110 \sim \phi 150$ mm。扫孔采用钻孔相同的工艺。

3.2 岩溶冲洗

对于黄泥、黑色淤泥充填的岩溶管道(溶洞),采用风水联合冲洗的方式:置换孔钻至处理深度后,先对注风孔进行 4~5 MPa 高压水冲洗,当注水孔返出充填物,返水逐渐澄清或无充填物返出注水孔后,封闭注水孔,继续对注风孔进行高压水冲洗,直至排泥孔返出充填物,返水逐渐澄清或无充填物返出后,即对注风孔进行中风压(0.8 MPa)注风,同时对注水孔进行相同压力注水,形成风水联合冲洗岩溶管道(溶洞)充填物,风水联合冲洗采取间隔冲洗的方式,一般情况下间隔 2~3 次,每次冲洗时间为 30 min,间隔时间为 2 h,当最后一次冲洗排泥孔无充填物冲洗出孔外时,风水联合冲洗结束,当最后一次冲洗仍有充填物被冲洗至排泥孔外时,则应增加冲洗次数,直至排泥孔无充填物冲出孔外。

对于流沙充填的岩溶管道(溶洞),除采取风水联合冲洗的方式外,还可采取两孔同时高压扰动喷射冲洗,具体方法为:钻机就位后,钻孔至岩溶管道(溶洞)底板以下 0.5 m,将钻杆前端安装特制的高压扰喷钻头,钻至需进行旋喷灌浆处理的孔深位置。施工参数初步拟定为:孔距 0.5~1.0 m,冲洗液为 2∶1 水泥浆液,压力 4~5 MPa,旋转速度为 32 r/min,提升速度为 10~20 cm/min,充分利用流沙的流动性及 1∶1 水泥浆液的悬浮作用,将大量的流沙通过钻孔冲洗带出孔外,从而使充填流沙的岩溶管道(扰动)形成置换空腔,达到置换效果。

3.3 灌注浆液

坝址岩溶区域的岩溶管道(溶洞)冲洗置换灌注浆液可采用 0.5∶1 比级的水泥浆液贯注。

溶蚀裂隙和构造裂隙灌注浆液宜采用 2∶1、1∶1、0.8∶1、0.5∶1 四个比级的纯水泥浆液进行灌注。

3.4 灌浆段长与灌浆压力

不同岩溶类型的灌浆段长与灌浆压力可按照生产性试验确定的参数进行控制。

3.5 灌浆结束标准

(1)岩溶裂隙灌浆结束标准。在相应孔深对应的最大设计压力下,注入率不大于 3 L/min,继续灌注 10 min 即可结束灌浆。

(2)充填型岩溶管道(溶洞)灌浆结束标准。在排泥孔返出浓浆后,封闭排泥孔,灌浆压力升至 2.0 MPa,注入率不大于 3 L/min,继续灌注 10 min 即可结束灌浆。

(3)空腔型岩溶管道(溶洞)灌浆结束标准。钻孔揭露空腔型岩溶管道(溶洞)时,对岩溶空腔进行水泥砂浆或细石混凝土回填,回填至灌注孔溢出砂浆或细石混凝土后,砂浆或细石混凝土不下沉,岩溶空腔灌注结束。

(4)构造裂隙及破碎带灌浆结束标准。对于坝址区构造裂隙及破碎带的灌浆,若无涌水时,一次性灌至相应部位帷幕灌浆的设计压力及结束标准,若钻孔遇涌水时,则应先进行该段堵水灌浆,然后再扫孔至处理部位,按帷幕灌浆要求灌至结束标准。

(5)在灌注过程中不能灌注结束的孔段,可根据具体情况待水泥浆凝固后扫孔复灌,直至达到灌浆结束标准。

3.6 灌浆注意事项

(1) 严格控制灌浆升压速度,升压速度要与吸浆率协调,以减小围岩扰动。

(2) 严格执行灌浆材料的计量工作,定期检测灌浆自动记录仪、流量传感器、压力传感器、密度传感器,及时纠正配量误差,特殊孔段的堵水灌浆、岩溶空腔回填水泥砂浆和细石混凝土可采取手工记录。

(3) 对大耗浆孔段首先采用低压、浓浆、限流、限量、间歇的处理措施,控制灌浆压力与注入率,短时间内不让压力升幅太大,采用0.5:1的浓浆,掺和一定比例的砂、限流小于40 L/min进行复灌,一次水泥注入量为10 t左右,待凝,间隔时间为8 h。如此循环灌注,直至灌浆正常结束。

3.7 封孔

采用压力灌浆封孔法封孔。灌浆结束时,以0.5:1浓浆采用该孔最大灌浆压力进行灌浆封孔,延续时间30 min后结束,孔口脱空部分采用人工抹干硬性水泥砂浆封实。

4 工程实例

4.1 工程简介

四川硕曲河去学水电站位于定曲河最大支流硕曲河干流上,采用混合式开发,正常蓄水位2330.0 m,水库总库容1.326亿 m^3,电站装机容量246MW,为二等大(2)型工程。大坝为沥青混凝土心墙堆石坝,为减少坝基渗漏量,将心墙基座建在岩基上,并对建基面进行固结灌浆和帷幕灌浆。

4.2 工程地质条件

坝址区岩溶出现形式主要为溶孔、溶蚀裂隙、溶洞及岩溶管道等。

溶蚀裂隙以顺层溶蚀裂隙最为普遍,溶蚀裂隙顺层延伸忽宽忽窄,长度50~150 m,常见宽度0.1~0.5 m,或者顺层发育成串珠状小溶洞。左岸多为顺层发育和呈串珠状发育分布的小规模溶洞及溶孔,受地质构造影响,右岸岩溶主要为竖向或向河岸边倾斜发育,地表溶洞基本上都是处于半充填状态。

溶洞的发育与分布不均,溶洞发育高程大多为2219~2695 m,正常蓄水位(2330 m)以上溶洞37个,之下37个,溶洞距河面高差0~450 m,溶洞的发育与河流阶地分级具有一致性,距河面110 m以上为古喀斯特溶洞,计有30个,现代喀斯特溶洞44个。绝大多数溶洞深度均小于5 m,一般2~3 m居多,呈不规则半圆形、半铁锅形,分布高程较高处由于长期风化剥蚀仅残留溶洞洞形;洞底均向硕曲河河床方向倾斜,倾角5°~15°。溶洞地下水补给河水,说明岩溶区渗水通道较为发育。

4.3 灌浆效果分析

按照岩溶灌浆处理流程和工艺,对去学水电站防渗帷幕线范围内岩溶区域进行了处理。

以 3# 灌浆平硐岩溶处理为对象进行灌浆效果分析。

3# 灌浆平洞岩溶处理主要集中在 WD14 单元，据 WD14 单元岩溶处理孔、帷幕灌浆孔以及灌后检查孔透水率分布数据分析可知，进行岩溶处理前该部位透水率集中在 5 Lu 以上，进行岩溶处理后，帷幕灌浆时，透水率大于 5 Lu 的段数降低了 21.2%，灌后检查孔的透水率均在 3 Lu 以内，说明岩溶灌浆后，较大的岩溶透水通道被水泥浆填充，再经过帷幕灌浆，WD14 单元的岩体到达防渗要求，合格率达 99.46%。通过物探检测可知，3# 灌浆平洞内岩体的平均波速为 5529~5968 m/s，完整性系数为 0.79~0.90，岩体完整；钻孔全景数字成像显示岩体裂隙及岩石缝隙中可见水泥结石充填，12 对电磁波 CT 共发现 9 处异常区，但异常区规模不大且分布分散。以上数据及分析说明去学水电站 3# 灌浆平洞岩溶灌浆处理取得了良好的效果。

5　结语

（1）水电工程岩溶灌浆关键在于探明岩溶发育情况，针对不同岩溶发育类型和发育规模，采取不同的思路进行处理。施工工艺上与对应的帷幕灌浆既有联系，又有区别，进行岩溶灌浆时应重点关注岩溶处理孔的孔位布置和深度控制，不同类型岩溶的冲洗方法、浆液选择以及结束标准。

（2）对去学水电站防渗帷幕线范围内岩溶区域进行了岩溶灌浆处理再进行帷幕灌浆，通过灌后压水试验和物探检测，表明 3# 灌浆平洞岩体灌后达到防渗要求，岩溶灌浆处理取得了较好的效果，其工程经验可供类似工程借鉴。

参考文献

[1] 张晓悦，张晓乐，王建新. 二滩高拱坝坝基灌浆帷幕防渗效果研究[J]. 水电能源科学，2012，30(3)：121-123.
[2] 崔立柱，朱巍. 高压帷幕灌浆技术在水利工程岩溶地区的应用[J]. 城市建筑，2014(23)：347-347.
[3] 张养锋. 观音岩水电站右岸灌浆洞堵水灌浆质量控制[J]. 房地产导刊：中，2014(8)：291-293.
[4] 刘志. 灌浆技术在水利水电工程中的应用及施工工艺[J]. 城市建设理论研究：电子版，2011(32).
[5] 隆威，胥向东. 岩溶地区帷幕灌浆研究[J]. 西部探矿工程，2006，18(3)：228-230.
[6] 谢政. 岩溶地区水库渗漏分析及帷幕灌浆防渗处理探讨[J]. 黑龙江水利科技，2014(5)：102-104.
[7] 隆威，胥向东. 岩溶地区帷幕灌浆研究[J]. 西部探矿工程，2006，18(3)：228-230.
[8] 唐平. 深孔帷幕灌浆技术参数研究[D]. 北京：中国地质大学(武汉)，2010.
[9] 张景秀. 坝基防渗与灌浆技术[M]. 北京：中国水利水电出版社，2002.

母线廊道与尾水管对穿锚索施工技术

李晓松

(中南水电水利工程建设有限公司　湖南长沙　410014)

摘要：向家坝水电站右岸地下引水发电系统母线廊道位于岸坡约130 m以内的微风化～新鲜岩体中，岩层较平缓，层状结构面对顶拱稳定影响较大，洞室顶拱岩石以Ⅱ～Ⅲ类为主，边(端)墙以Ⅱ类为主，有泥质岩石分布的洞段为Ⅳ类，破碎夹泥层(如JC2-1、JC2-2、JC2-3和JC2-4等)分布部位为Ⅴ类围岩。尾水管段洞身均以T32-6-1、T32-6-2新鲜岩体为主，围岩类型以Ⅱ类为主，局部节理裂隙发育段为Ⅲ类，软弱夹层为Ⅴ类。在洞身出露的软弱夹层主要有JC2-2、JC2-3和JC2-4，其中JC2-4在尾水管与厂房洞叉管附近分布，将影响该部位岩体的稳定，或与节理裂隙组合构成不稳定块体。针对以上情况，在母线廊道与尾水管设置预应力对穿锚索，以确保岩体稳定。

关键词：母线廊道与尾水管；对穿锚索；施工技术

1 工程概况

向家坝水电站右岸地下引水发电系统母线廊道与尾水管设计为对穿型无黏结锚索，从母线廊道底板对穿尾水管顶拱。真共有四条母线廊道，其中每个母线廊道布置24束，间排距为4500 mm×4500 mm，锚索孔深为22～37 m不等，索体长度为19.5～32.3 m，对穿锚索设计张拉力均为2000 kN。

2 施工方案

先从母线廊道内施工锚索孔至尾水管顶拱，由于锚索后期施工，须先对锚索孔进行孔口保护，避免杂质、石块掉进锚索孔内。待尾水管第一层开挖出露锚索孔时，再安装母线廊道端的钢锚墩，利用升降台车或类似设备安装尾水顶拱端钢锚墩，再从母线廊道内往下穿入锚索并固定，而后进行锚索张拉、封孔灌浆、锚头保护等施工工序。

2.1 对穿锚索施工工艺流程

顶拱对穿黏结锚索施工工艺流程见图1。

作者简介：李晓松(1984—)，男，工程师，从事水利水电技术管理工作。

```
锚索制作 ┐
          ├→ 锚墩混凝土浇筑(或垫座混凝土浇筑＋钢锚墩安装)→
造孔→测斜 ┘   锚索安装→张拉→封孔灌浆→二次张拉→外锚头保护
```

图 1　对穿锚索施工工艺流程

2.2　锚索造孔

(1)钻孔孔位。

按设计图纸要求或监理工程师指定的位置进行钻孔，确保开孔偏差不大于 10 cm。由于母线廊道底板不平整，有残留石碴。开孔前，须清除设计孔位周边 1 m 范围内的残留石碴。为控制钻孔孔斜，采用地锚将钻机机架固定。钻孔的孔位及方位角采用全站仪测量定位，钻孔倾角采用地质罗盘及角度测量仪放样。

(2)钻孔方法。

采用 70 型全液压锚固工程钻机配高风压潜孔锤钻孔，电动空压机供风，利用特制的高压风雾化除尘水包排碴和除尘，并根据地层的变化，随时调整钻孔参数和钻孔工艺，以提高工效。

(3)钻孔孔径。

2000 kN 级预应力锚索钻孔孔径为 ϕ160 mm，用同一孔径钻穿至尾水管顶拱。

(4)钻孔孔深。

沿母线洞洞轴线方向共布置有 3 排锚索，每排有 8 束，间排距为 4500 mm × 4500 mm，第一排和第二排锚索孔深度为 22 ~ 34 m，ΔL = 1.7 m。第三排 1 ~ 7 号孔为 25.4 ~ 37.4 m，ΔL = 1.7 m。8 号孔为 22 m。为保证锚索钻孔能够钻穿厂房顶拱，钻孔孔深一般大于设计孔深 0.5 ~ 1.0 m。

(5)孔斜控制。

采用加长粗径钻具及加设平衡器和扶正器保证孔斜在设计范围内，在钻进过程中，每钻进 5 m 用 CQ - 1 型测斜仪检测孔斜，如果有偏差及时采取措施纠正，如果无效，则用高标号砂浆回填待凝，重新钻孔。保证孔斜偏差不大于孔深的 1%。

(6)钻孔冲洗。

钻孔完毕，采用风、水联合冲洗钻孔，直至孔内岩屑清洗干净为止，并做好孔口保护。

2.3　钢垫墩安装

钻孔完成后，须对锚索孔进行孔口保护，避免杂质、石块掉进锚索孔内。在尾水管第一层开挖出露锚索孔后，即在母线廊道底板人工开挖锚坑，浇筑找平垫层混凝土，安装母线廊道端的钢锚墩。而后利用升降台车将尾水管顶拱端的钢锚墩提升上去，施工人员利用升降台车安装定位。钢锚墩为三层 Q345 钢板重叠满焊连接而成，焊缝厚度均为 12mm，规格依次为：ϕ750 mm、厚 40 mm，ϕ520 mm、厚 40mm，ϕ340 mm、厚 50 mm。利用导向管使钢锚墩与钻孔垂直，钢锚墩固定采用 4 根 ϕ16mm，长 300 mm 的定制膨胀螺栓固定，找平用 C35 碎石混凝土,导向管与孔道间的空隙用 M40 砂浆密封。

2.4 锚索的制作与安装

锚索编制平台:在母线廊道内采用 $\phi50$ 钢管搭设长 32 m、宽 1 m、高 1.2 m 的编锚平台,现场编制锚索体。

(1)钢绞线。

采用 ASTMA416 – 94 型 1860 MPa 级低松弛高强度无黏结钢绞线,其直径、强度、延伸率均满足设计规定要求。

(2)切割下料。

按实际钻孔深度下料,实际切割下料长度 = L(孔深) + 2 m,采用砂轮切割机对钢绞线切割下料。

(3)编制锚索。

按设计锚索结构图编制锚索,沿锚束的轴线方向每隔 2 m 设置一个隔离架,两隔离架中间用无镀锌铁丝捆扎,使整个内锚固段呈一串枣核状。每根钢绞线保持顺直不交叉,并按要求安放 D25 mm 塑料注浆管和回浆管。

(4)锚索安装及固定。

经检验合格后的锚索方可下入孔内,下锚施工在母线廊道内进行,采用人工与机械卷扬相结合的方法平稳快速地安装锚索,下锚过程注意保护锚索附件和 PVC 套,锚索弯曲半径不小于 3 m,保证在将锚束体安装完成后,注浆管和排气管畅通完好。锚索安装好后要用专门的夹具牵拉固定,防止锚索体坠落至尾水管内。

2.5 锚索张拉

考虑母线廊道与尾水管对穿锚索较短,且为垂直的无黏结锚索,孔道摩擦力对张拉影响很小,可以忽略不计;同时由于尾水管第一层开挖高度大,多工序交叉干扰,上下两个工作面通讯联络不便,厂房顶拱端张拉施工困难。因此,计划采用"两端预紧,单端张拉"的施工方法,即正式张拉和二次补充张拉均从母线廊道单端进行。

(1)张拉准备

前先对投入使用的张拉千斤顶和压力表进行配套标定,并绘制出油表压力与千斤顶张拉力的关系曲线图。张拉设备和仪器标定间隔期一般控制在 6 个月内,如一切正常则可延长至 10 个月,超过标定期或遭强烈碰撞的设备和仪器,重新标定后方可投入使用。

安装锚具及千斤顶,连接液压系统,仔细检查各系统的运行情况,确保无误后开始进行张拉。

(2)张拉机具

张拉油泵采用 ZB4 – 500S 电动油泵,千斤顶采用 YDC240Q 型和 YCW – 250B 型。

(3)张拉施工

先对承压钢垫板进行清理,再依次安装测力计(适用于需进行应力监测的锚索)、锚板、夹片、限位板、千斤顶及工具锚等。安装前锚板上的锥形孔及夹片表面应保持清洁,为便于卸下工具锚,工具夹片可涂抹少量润滑剂。工具锚板上孔的排列位置需与前端工作锚的孔位一致,避免在千斤顶的穿心孔中钢绞线发生交叉现象。

锚索正式张拉前,先对每股钢绞线施加 30 kN 的张拉荷载进行预张拉,以使锚索各钢绞线受力均匀、完全平直,并将该荷载锁定在锚板上。再对所有钢绞线进行第一次张拉,张拉至设计荷载的 0.7~0.8 倍,初步锁定;待高边墙部位开挖到底部,边墙变形基本完成后,根据监测分析结果再二次张拉到设计荷载的 1.05 倍,稳压后锁定,锁定后的 48 h 内,若锚索应力下降到设计值以下 10%,应进行补偿张拉。

张拉过程中当达到每一级的控制张拉力后稳定 5 min 即可进行下一级张拉,达到最后一级张拉力后稳定 30 min,即可锁定。张拉时,升荷速率每分钟不超过设计应力的 1/10,卸荷速率每分钟不超过设计应力的 1/5。

张拉荷载控制以拉力为主,辅以伸长值校验。当实际伸长值大于理论计算值 10% 或小于 5% 时,应暂停张拉,查明原因并采取相应措施予以调整后,方可继续张拉。

张拉锁定后,用金钢石砂轮切断外露钢绞线,切口位置距锚板的距离不小于 50 mm。

2.6 锚索灌浆

(1)灌浆材料。

灌浆材料采用 M50 水泥浆,水泥采用湖南石门特种水泥有限公司生产的"石门"牌 P. HSR42.5 高抗硫酸盐水泥。

(2)灌浆方式。

采用 3SNS 高压灌浆泵从母线廊道内通过锚索灌浆管自下而上一次性进行灌浆,利用锚索夹具缝隙排气和回浆,灌浆过程中,压力控制在 0.2~0.4 MPa,当排浆比重与灌浆比重相同时进行屏浆时,屏浆压力为 0.3 MPa,屏浆时间为 30 min。

2.7 外锚头保护

尾水管洞室采用喷护混凝土保护,砼强度等级为 C30,母线廊道内锚头用现浇混凝土保护,混凝土等级 C35,保护层厚度不小于 50 mm。锚头保护前对锚具及钢绞线除绣。

混凝土主要用于钢垫墩找平、锚墩、锚头保护,每次需求量小,点多、分散,计划采用 JQ350 型强制式混凝土搅拌机,其特点是体积小、重量轻、结构简单、易于搬迁。

3 质量检查和验收

3.1 质量检查

预应力锚索施工过程中,会同监理工程师进行以下项目的质量检查和检验:
(1)每批钢绞线到货后的材质检验;
(2)预应力锚索安装前,每个锚孔钻孔规格的检测和清孔质量的检查;
(3)预应力锚索安装入孔前,每根锚索制作质量的检查;
(4)灌浆前,抽样检验浆液试验成果和对现场灌浆工艺进行逐项检查;
(5)预应力锚索张拉工作结束后,对锚索的张拉应力和补偿张拉的效果进行检查。

上述的每项质量检验和检查均应由技术人员作出记录,并经监理工程师签认合格后,才进行后续工序的施工。

3.2 验收试验和抽样检查

（1）预应力锚索验收试验。预应力锚索施工中，按施工图纸和监理工程师指示随机抽样进行验收试验，抽样数量不小于3束。

（2）完工抽样检查。完工抽样检查的合格标准，以应力控制为准，实测值不大于施工图纸规定值的5%，并不小于规定值的3%。当验收试验与完工抽样检查合并进行时，其试验数量为锚索总数量的5%。

4 结语

向家坝水电站引水发电系统母线廊道与屋水管对穿链索施工方案的可行性，确保了该部位对穿锚索的施工质量和施工安全，按照预定期限完成了施工任务，且质量达到优良标准。由此可见，编制详细而完整的可实施方案对工程质量和安全起到了决定性的作用。

参考文献（略）

浅谈隧道单向掘进出洞施工实践

张文涛

(黄河勘测规划设计有限公司地质勘探院　河南洛阳　471002)

摘要：本文以某隧道单向掘进出洞施工的成功实践为例，全面叙述了隧道单项掘进中出洞的一般思路及施工措施。

关键词：交通隧道；单向掘进；导洞

1　工程概况

1.1　工程简介

某工程1号、2号隧道是对外交通道路的重要组成部分，其中：1号隧道总长919 m，起点桩号K10+007.000，设计高程2647.096 m，终点桩号K10+926.000，设计高程2649.598 m；2号隧道总长994 m，起点桩号K10+994.000，设计高程2649.445 m，终点桩号K11+988.000，设计高程2642.245 m。隧道设计等级为公路四级，设计行车速度20 km/h，按单洞双车对向交通设计，隧道建筑限界为7.5 m×4.5 m，洞内路面横坡采用双向坡1.5%，隧址区内地震动加速度为0.19g，隧道结构抗震设防烈度为Ⅷ度。

1.2　地形地貌

场区为中山区，属侵蚀地貌，地面最大高程为3050 m，河床高程2559 m，高差491 m。场区山体地形较陡峻，地形坡度一般为40°~50°，靠近黑河侧可形成近直立基岩陡坎，陡坎高度约10 m。

1.3　隧道出口处施工情况调查

在开工前编写的1号、2号隧道施工整体方案中，计划在1号隧道进口、2号隧道出口两个工作区正常施工后，还要在1号隧道和2号隧道连接部位设置第三个工作区。该工作区主要进行1号隧道出口、2号隧道进口处理和洞内Ⅴ级围岩段、Ⅳ级围岩段开挖、临时支护及连接段施工。

在进场施工后，经过对1号、2号隧道连接部位进行查勘、测量，发现该部位地形狭窄、

作者简介：张文涛(1979—)，男，工作于黄河勘测规划设计有限公司地质勘探院，2004年毕业于吉林大学岩土工程施工与管理专业，现主要从事水利水电工程施工等工作。

两岸山体陡峭,修建临时进场道路线路长(约1.5 km)、造价高(初步估算约为600万元),即使临时道路建成后,在施工及运行期间也存在较大的安全风险。同时连接段处于两个冲沟交汇的最低部,面积小、汛期降雨时易被水淹;右岸山体(2号隧道进口侧)表面岩石风化、脱落严重,常有石块滚入沟底。鉴于上述种种不利因素,最终认定1号隧道和2号隧道连接部位不具备作为一个施工工作面的条件。只能采用从1号隧道进口、2号隧道出口分别进行单头掘进的方式,从洞内往外施工出洞。

根据1号隧道设计图纸,出口段前20 m为明洞。明洞起始桩号K10+906部位的地表高程为2662.000 m,设计出口洞顶高程2656.365 m,上覆岩(土)体厚度仅为5.635 m。考虑到上覆岩体由表及里分别由表层土(平均厚度1.5 m左右)、全风化及强风化的Ⅴ类围岩组成,稳定性极差,钻爆施工时易出现坍塌、冒顶等安全事故。给施工带来极大的安全隐患。

2 出洞开挖施工方案

出洞遵循"早进晚出"的原则,出洞前对洞口段地形、地质进行了现场调查,出口原地面坡度较陡,坡度40°~50°,地表为松散覆盖层,厚度0.5~1.5 m,下层为强风化、弱风化含砾砂岩,层厚4~8 m。设计K10+906~K10+926段为明洞。

出洞面选择至K10+906处,与设计一致,采用从隧道内向隧道外单项掘进的方式进行,该处开挖轮廓拱顶高程2652.365 m,出口底板高程为2645.515,该处覆盖层厚度约9.5 m。当隧道掘进至K10+901处时,停止掘进,采用从洞内挖掘小导洞的方式出洞。小导洞位于隧道上台阶中间位置,以便出碴及管线和小型机具材料引出洞外,小导洞利用弱爆破法,人工配合开挖。小导洞一旦出洞,立即施工洞口的边坡防护,以确保洞口稳定。随后施工洞口锁扣锚杆,锚杆施工完毕后,在洞口先开挖1 m,注意预留核心土,并排架立两榀工字钢拱架,最后从洞内往洞外开挖,直至贯通。

2.1 洞外施工

先对K10+906~K10+926明洞段进行部分开挖,深度至隧道中台位置,即"揭盖子"开挖。然后对洞口段进行清表刷坡,清除表层松散坡积物和松散岩体,边坡按1:0.5坡度进行刷坡,小导洞于K10+906处出洞后,立即对临时边仰坡进行防护施工,在边坡挂设25 cm×25 cm ϕ6.5钢筋网片,喷射一层10 cm厚C20混凝土,并打设4 m长ϕ22螺纹钢,间排距2.0 m,梅花形布置,以保证破面稳定。

边坡防护施工完毕后,从洞外往小里程方向,沿隧道开挖轮廓线外50 cm布设两排ϕ25、长4.5 m砂浆锚杆,间距0.5 m,排距0.5 m,梅花形布置。先从洞外往洞内开挖1.2 m,架设2榀I18工字钢拱架,打锚杆、挂钢筋网、喷射混凝土、做好初期支护工作,并预留核心土。然后从洞外往洞内按两台阶进行开挖掘进,直至出洞贯通。

2.2 洞内施工

根据现场围岩情况,掌子面爆破还采用全断面,在掌子面里程已接近至K10+906、距离约15 m时,采用两台阶开挖,台阶长度尽量减短,控制在3 m以内,当上台阶掘进至K10+891,即距贯通面15 m时,为减小对围岩的扰动,保证安全,每循环进尺控制在1.0 m以内,每开挖1米,立即支护一榀钢拱架。施工中严格按照"短进尺、弱爆破、快封闭、勤量测"的原则进行施工,严格控制装药量,增加周边眼和辅助眼的数量。当掌子面往大里程掘进10 m至K10+901时,停止开挖,喷射混凝土封闭掌子面。转入小导洞施工。小导洞位于隧道上台阶中间位置,导坑尺寸为3 m(宽)×4 m(高),采用弱爆破,人工开挖,网喷混凝土进行初期支护,并每2 m设置一道I18工字钢拱架,以加强支护能力,保证导洞的稳固。由于出口段覆盖层较薄,围岩自稳性较差,为防止洞口坍塌,小导洞施工时,要突出一个"快"字,即"快开挖、快支护、快封闭"。

隧道小导洞贯通后,按两台阶施工法,从洞内向洞外逐步扩挖至设计轮廓,及时按照设计要求进行初期支护,并尽早封闭成环,控制好安全步距,确保隧道出洞段施工安全。

3 施工步骤

3.1 洞口边、仰坡开挖及防护

3.1.1 边、仰坡刷坡

为保证洞口边坡的稳定,防止后期被雨水冲刷,出洞后先对仰坡进行刷坡。边、仰坡施工时采用人工配合挖掘机开挖,施工洞口边、仰坡外的截水沟,截水沟距仰坡边坡线的距离不少于5 m。

3.1.2 锚杆及钢筋网

在边坡挂设25 cm×25 cm ϕ6.5钢筋网片,并打设4 m长 ϕ22螺纹钢,间排距2.0 m,梅花形布置,以保证破面稳定。

3.1.3 混凝土

边坡部位锚杆及钢筋网施工完毕后,喷射一层10 cm厚C20混凝土。喷射作业应分层分片、由上而下顺序进行,后一层喷射应在前一层混凝土终凝后进行,坡面有较大凹洼时,应结合初喷予以找平。喷射混凝土终凝2 h后,应喷水养护,养护时间不少于7d。

3.1.4 截水沟、排水沟的砌筑

洞口5 m范围外设置截水天沟,天沟与排水沟相连接,保证排水畅通,流到山梁以外。砌筑砂浆采用M7.5水泥砂浆,片石的最小截面不应小于100 cm,应及时勾缝,并进行洒水养护。

根据现场地形,左低右高,左侧采用自然排水,通过天沟将水引至山谷低洼处自然排走,右侧设置沟槽,将水引至左侧排走。

3.2 小导洞施工

3.2.1 开挖

小导洞位于隧道上台阶中间位置,导坑外轮廓尺寸为3 m(宽)×4 m(高),顶部为一半径1.5 m的半圆形拱。开挖采用光面爆破,减小装药量,进行弱爆破,人工辅助出碴。每循环开挖不超过1 m,开挖后及时进行初支,每1 m设置一榀钢拱架,加强支护。

3.2.2 初期支护

小导洞采用 φ22 砂浆锚杆 + φ8 钢筋网片 + 喷射厚混凝土进行初期支护，锚杆长 3.5 m，间距 1 m，梅花形布置，钢筋网格间距 20 cm×20 cm，并每 1 m 设置一道 I18 工字钢拱架，纵向连接钢筋采用 φ22 螺纹钢，间距为 1.0 m，喷射 C20 混凝土 22 cm 厚。初期支护施工工序流程为：开挖后初喷砼→系统支护（锚杆、钢筋网、钢架）施工→复喷砼。

1. 打设砂浆锚杆

采用 φ22 砂浆锚杆，长 3.5 m，间距 1 m，梅花形布置。锚杆施工时与岩面垂直，锚杆须与钢筋网片连接牢固。

2. 钢筋网铺设

钢筋须经试验合格，使用前必须除锈，在洞外分片制作，安装时搭接长度不小于 1 个网格。

人工铺设贴近岩面，与锚杆和钢架绑扎连接（或点焊焊接）牢固。钢筋网和钢架绑扎时，应绑在靠近岩面一侧，确保整体结构受力平衡。

喷混凝土时，减小喷头至受喷面距离和控制风压，以减少钢筋网振动，降低回弹。

3. 钢架施工

（1）制作。钢架按设计尺寸在洞外下料分节焊接制作，制作时严格按设计图纸进行，保证每节的弧度与尺寸均符合设计要求，每节两端均焊连接板，节点间通过连接板用螺栓连接牢靠，加工后必须进行试拼检查，严禁不合格品进场。

（2）安装。钢架按设计要求安装，安装尺寸允许偏差：横向和高程为 ±5 cm，垂直度为 ±2°。钢架的下端设在稳固的地层上，拱脚高度低于上部开挖底线以下 15~20 cm。拱脚开挖超深时，加设钢板或混凝土垫块。安装后利用锁脚钢管定位。超挖较大时，拱背喷填同级混凝土，以使支护与围岩密贴，控制其变形的进一步发展。两排钢架间用 φ22 钢筋拉杆纵向连接牢固，以便形成整体受力结构。

（3）施工技术措施。钢架安装前，测量组放出钢架水平和高度的控制点、中线水平和竖直的控制点。钢架安装时，严格控制其内轮廓尺寸，钢架架立时，预留钢架沉降量，尽量紧贴围岩面，防止侵限。钢架安装好后，用锚杆锁脚固定，防止其发生移位。钢架背后喷砼密实，拱架全部被喷射混凝土覆盖，保护层厚度不小于 4 cm。

4 喷射混凝土

开挖后完成找顶、撬帮并立即进行初喷封闭围岩，充分发挥围岩的自稳能力，喷砼采用湿喷机配机械手进行作业。

（1）喷混凝土料由洞外自动计量搅拌站生产。混凝土搅拌车运输混凝土，卸入湿喷机，机械手配合湿喷机喷混凝土。

（2）施工技术措施。

喷射前将松动的围岩处理干净，检查开挖断面净空尺寸，检查电路、设备和管路。在不良地质地段，设专人随时观察围岩变化情况，当受喷面有涌水、淋水、集中出水点时，先进行引排水处理。

喷混凝土前设置砼厚度标识，并采用高压水冲洗受喷面；遇水易泥化地段采用高压风吹净岩面。喷射作业采取分段、分片、分层自下而上顺序进行。对于较大的凹洼处,首先喷射填平。喷嘴与岩面保持垂直,且距岩面 0.8~1.2 m。喷砼时控制好风压和速凝剂掺量,减少回弹,喷射压力控制在 0.15~0.2 MPa。

施工中经常检查出料弯头、输料管和管路接头,处理故障时断电、停风,发现堵管时先关机后停风。

5 监控量测

5.1 监控量测项目

(1)洞外地表沉降观测;
(2)周边收敛量测;
(3)拱顶沉降量测。

5.2 点位布设

在 K10+891~K10+926 段地表,沿中线方向纵向每 10 m 设置一处沉降观测点,横向两侧各 20 m 范围内每 5 m 设置一处沉降观测点。洞内每 5 m 布置 1 个拱顶下沉点和 2 个净空水平收敛量测点,用全站仪观测点位的动态变化。

5.2.1 地表下沉点的布置要求

(1)在开挖线影响范围以外设置 2~3 个高程基准点。
(2)监控点的埋深:在埋设点挖长、宽、高均为 200 mm 的坑,然后放入沉陷测点,测点一般用 ϕ20~30 mm,长 300~400 mm 圆头钢筋制成。测点四周用混凝土填实。
(3)控制点的测量时间:地表下沉量测采用水准仪加测微器观测,观测至衬砌结构封闭、下沉基本停止时为止。

5.2.2 拱顶下沉及周边收敛

洞口内每隔 5 m 作一个观测断面,最前端的一个断面紧跟掌子面,每断面 2 对测点用收敛计和水准仪分别观测水平收敛值和拱顶下沉值。

5.2.3 量测频率

洞内观测分为开挖工作面观测和初期支护状态观测两部分。开挖观测应在每次开挖后进行,地质情况基本稳定无变化时,可每天进行一次。对初期支护的观测也应每天至少进行一次。

量测数量的处理与反馈:根据量测数据及时绘制拱脚水平相对净空变化、拱顶相对下沉和地表下沉的时态曲线及其与开挖工作面距离的关系图。

对初期支护时态曲线进行回归分析,选择与实测数据拟合性好的函数进行回归,预测可能出现的最大位移。

5.2.4 根据量测结果按下列要求进行隧道稳定性综合判别

隧道稳定性综合评价标准:
(1)实测最大值或回归预测值的最大值应不大于允许值或设计最大值。

（2）根据位移速率判别：

当周边位移速率小于 0.1 mm/d 时或拱顶下沉速率小于 0.07 mm/d 时，认为围岩位移达到基本稳定；当周边位移或拱顶下沉速率大于 1.0 mm/d 时，表明位移不稳定，应加强观测；当周边位移或拱顶下沉速率大于 5.0 mm/d 时，应报警，进行加固。

6　总结

本文以隧道某出洞施工实践介绍了隧道单向掘进出洞的一般思路及施工措施，可供其他后续单向掘进施工进行出洞的工程项目参考。实际施工过程中根据地形、围岩地质特征采取一系列的防护措施，保证了隧道顺利安全出洞。

参考文献

[1] 吴立,闫天俊,周传波.凿岩爆破工程[M].武汉：中国地质大学出版社,2004.
[2] JTG F60 - 2009 公路隧道施工技术规范[S].

错落山体中洞室开挖施工技术研究

贾九名　何晓宁

(西北水利水电工程有限责任公司陕西 西安 710077)

摘要：某电站错落山体中排水洞开挖施工中洞内岩体破碎、塌方严重、工作面多、工期紧、施工干扰大、存在安全隐患高、施工组织难度大。通过对开挖施工技术的研究，尤其是在爆破计算、现场试验的基础上确定了施工技术方案。经实践，该施工技术方案保证了在错落山体中进行硐室开挖的进度、质量和安全的要求，为满足工期要求奠定了坚实基础。

关键词：错落山体；洞室挖技术研究

1　工程概况

某电站错落山体地段位于断层 F_1 和断层 F_2 所围限的断块内，两断层相向倾斜。断块内为砂板岩和花岗岩，顺河向展布，宽度 4.5 km。为了解错落山体中的地质情况，进一步分析变形、塌方、滑动等原因，同时对错落山体进行安全监测和排水，为此在错落山体中布设六条监测排水洞。六条排水洞开挖总长为 3569.58 m，开挖断面分为 3.5 m×3.5 m、2.5 m×3.0 m、2.0 m×2.0 m 三种体型。

2　工程地质条件

错落山体的形态特征，总体呈 NNE 展布的长条形，中部宽度大，两头宽度小，后缘见明显的凹陷带，前部也可见两条凹陷带。前缘边坡总体呈向河床凸出的弧形山梁，大致走向 NE30°，上游略向 N 偏转而下游近 SN 向，边坡平均坡度 43°，由多条冲沟及沟间山梁组成，最大的冲沟上游为黄花沟，下游为石门沟，中部分别为 1#、2#、3#、4# 冲沟，最大的山梁上游为双黄梁、下游为鸡冠梁，中部分别为 1#、2#、3#、4#、5# 梁等。

错落山体中排水洞的岩体基本为浅灰色中粗粒花岗岩，强－弱分化、碎裂、次块状、镶嵌破碎结构、断裂发育，硐室干燥、总体完整性差、稳定性差。部分位置卸荷张拉明显。

3　工程施工方案

施工方案的优劣直接影响到施工质量的好坏与进度，在前期准备工作都就绪的情况下，才开始硐室开挖施工。

作者简介：贾九名(1988—)，男，工程师，项目经理。

结合目前硐室开挖施工技术和经验,所选施工方案必须满足施工支护安全可靠、出渣速度快、工期短、达到连续开挖并支护的要求。经过分析论证,采用全断面光面开挖施工方案。

4 工程爆破设计与参数

根据现场炸药供应及围岩情况,本工程爆破炸药规格为 2 号岩石硝铵炸药、药卷直径为 ϕ32 mm,长度为 200 mm,每卷药卷重量为 0.15 kg,装填系数取 0.78。

4.1 计算炮眼数量 N

炮眼数目的多少直接影响每一循环凿岩工作量、爆破效果、循环进尺、硐室成型的好坏。根据现场实际情况以及硐室围岩的情况,炮眼数目 N 可按下式计算:

$$N = a_1 + a_2 \times s$$

式中:a_1、a_2 为为由岩体可爆程度确定的系数,$a_1 = 37.6$,$a_2 = 1.36$(根据岩体性质查得);s 为开挖面积,$s = 10.99\ m^2$(设计开挖断面面积)。

$$N = 37.6 + 1.36 * 10.99 = 52$$

经计算,炮眼数目 $N = 52$。

其中,掏槽炮眼为 6 孔、辅助炮眼为 18 孔、周边炮眼为 22 孔、底孔炮眼为 6 孔(图 1)。

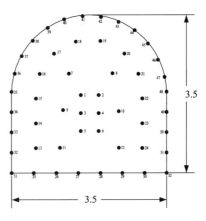

图 1　3.5 m×3.5 m 开挖断面炮孔布置图

4.2 计算总装药量 Q

每一循环开挖进尺按 2.5 m 控制,每方开挖量的炸药单耗量为 1.6 kg/m³。

每一循环装药量 Q,按下式计算:

$$Q = q \times v = q \times s \times L$$

式中:q 为炸药单耗量,$q = 1.6\ kg/m^3$(根据开挖断面面积及围岩类别查得);s 为开挖面积,$s = 10.99\ m^2$(设计开挖断面面积);L 为每一循环开挖进尺,计划进尺按 2.5 m 控制,即 $L = 2.5\ m \times$ 炮眼利用率 $0.9 = 2.25\ m$。

则 $\qquad Q = 1.6\ kg/m^3 \times 10.99\ m^2/m \times 2.25\ m = 39.56\ kg$

4.3 计算各炮眼装药量

每一循环总装药量 $Q = 39.56$ kg,折合为药卷数量,即 39.56 kg÷0.15 kg/卷 = 263.7 卷,取整数 264 卷。

根据炮孔的位置不同,各类炮孔的装药量可进行如下分配:

掏槽孔:$Q_{掏} = 1.4 \times Q/N$

辅助孔:$Q_{辅} = 1.0 \times Q/N$

周边孔:$Q_{周} = 1.0 \times Q/N$

底孔:$Q_{底} = 0.6 \times Q/N$

(1)掏槽眼。

$$Q_{掏} = 1.4 \times Q/N$$

式中:Q 为每一循环的总装药量;N 为每一循环总炮孔数目。

$Q_{掏} = 1.4 \times 39.56 \text{ kg} \div 52 \text{ 孔} = 1.07 \text{ kg/孔}$

折合为药卷数量,即 1.07 kg÷0.15 kg/卷 = 7 卷,即每一循环掏槽眼装药总量为

$$7 \text{ 卷} \times 6 \text{ 孔} = 42 \text{ 卷}$$

(2)辅助眼。

$$Q_{辅} = 1.0 \times Q/N$$

式中:Q 为每一循环的总装药量;N 为每一循环总炮孔数目。

$Q_{辅} = 1.0 \times 39.56 \text{ kg} \div 52 \text{ 孔} = 0.761 \text{ kg/孔}$

折合为药卷数量,即 0.761 kg÷0.15 kg/卷 = 5 卷,即每一循环掏槽眼装药总量为

$$5 \text{ 卷} \times 18 \text{ 孔} = 90 \text{ 卷}$$

(3)周边眼。

$$Q_{周} = 1.0 \times Q/N$$

式中:Q 为每一循环的总装药量;N 为每一循环总炮孔数目。

$Q_{周} = 1.0 \times 39.56 \text{ kg} \div 52 \text{ 孔} = 0.761 \text{ kg/孔}$

折合为药卷数量,即 0.761 kg÷0.15 kg/卷 = 5 卷,即每一循环掏槽眼装药总量为

$$5 \text{ 卷} \times 22 \text{ 孔} = 110 \text{ 卷}$$

(4)底孔眼。

$$Q_{底} = 1.0 \times Q/N$$

式中:Q 为每一循环的总装药量;N 为每一循环总炮孔数目。

$Q_{底} = 0.6 \times 39.56 \text{ kg} \div 52 \text{ 孔} = 0.457 \text{ kg/孔}$

折合为药卷数量,即 0.457 kg/0.15 kg/卷 = 3 卷,即每一循环掏槽眼装药总量为

$$3 \text{ 卷} \times 6 \text{ 孔} = 18 \text{ 卷}$$

则各种炮眼的装药量为:

掏槽眼:42 卷×0.15 kg/卷 = 6.3 kg

辅助眼:90 卷×0.15 kg/卷 = 13.5 kg

周边眼:110 卷×0.15 kg/卷 = 16.5 kg

底孔眼:18 卷×0.15 kg/卷 = 2.7 kg

合计:260 卷、39 kg。

5 工程支护形式设计与参数

洞内支护结合实际情况遵循"超前锚、早喷护、短开挖、强支护、勤测量、早封闭"的原则。超前锚指施工过程中根据围岩的构造影响程度,结构面的发育情况和组合状态确定超前用锚杆进行围岩加固;早喷护指爆破后及时采用喷射混凝土对围岩加固,以限制围岩变形、掉快、塌方;短开挖是根据实际情况,尽量缩短每次爆破进尺,减少爆破对围岩的扰动;强支护指结合现场情况采用喷射混凝土、挂网喷护及钢支撑构架等进行洞内支护;勤测量指加强对围岩变形的监测,掌握洞内变化动态;早封闭指爆破支护过程中及时将硐室顶拱采用喷射

混凝土进行封闭,以便确保围岩与支护结构成为一个受力整体,提高洞内稳定性。

本工程硐室永久支护主要为锚杆、喷射混凝土、钢支撑构架、木支撑等支护形式。

5.1 锚杆支护

锚杆支护主要包括超前锚杆和洞内安全支护锚杆。本工程根据洞内实际情况,超前锚杆采用 $\phi25$、$L=4.0$ m、入岩 3.5 m 规格,洞内安全支护锚杆采用 $\phi25$、$L=3.0$ m、入岩 2.5 m 规格。支护锚杆均采用水泥进行灌浆。

5.2 喷射混凝土

喷射混凝土主要是对爆破后洞内围岩相对破碎,掉快严重等现象进行的支护方式。在喷射混凝土时,为了确保地质人员能够顺利地对围岩进行编录,需根据现场实际情况对断层、裂隙等部位预留,不进行混凝土喷射,待地质人员编录以后再进行喷护。

5.3 钢支撑构架

根据洞内围岩强度、破碎以及塌方等情况,监测排水洞洞内钢支撑采用 12# 和 16 号槽钢进行制作。钢支撑榀间距控制在 50~80 cm,每榀钢支撑之间采用槽钢或钢筋进行连接。要求每榀钢支撑必须紧贴岩面,对部分无法紧贴在岩面的,采用槽钢进行顶拱支护。对岩体破碎部位,待钢支撑完成后,在钢支撑顶拱铺设格栅网,以防止顶拱塌方石渣落至工作面;对开挖期间由于岩体破碎导致塌方、冒顶严重的部位,采用拱上拱的形式进行支护,即根据塌方、冒顶情况,首先对正常开挖部分进行钢支撑支护,再在其顶拱部位采用拱上拱进行钢支撑,以防止冒顶部位再次塌方,确保施工安全。

5.4 木支撑支护

木支撑主要是针对小断面(2 m × 2 m)采取的支护形式。木支撑采用圆木根据洞内情况进行支护。

6 工程最终结果

某电站错落山体中排水洞开挖施工遇洞内岩体破碎、塌方严重、工作面多、工期紧、施工干扰大、存在安全隐患高、施工组织难度大等问题。通过对开挖施工技术和洞内安全支护施工技术的研究,尤其是在爆破计算、现场试验的基础上确定了施工技术方案。经实践,该施工技术方案保证了在错落山体中进行硐室开挖的进度、质量和安全的要求,为满足进度工期要求奠定了坚实基础。

参考文献(略)

不注浆超前小导管在红层隧洞掘进中的应用

高全全　徐海军　茹官湖

(西北水利水电工程有限责任公司　陕西西安　710065)

摘要：超前小导管是软弱破碎岩层隧洞掘进工程中常用的一种施工工艺，以往多采用水泥或水泥砂浆注浆的形式使周围岩石形成固结体，达到加固与支护作用，防止隧洞拱顶坍塌，保证施工安全。本文介绍了在某水电站排洪工程施工中，通过试验，成功地运用不注浆超前小导管有效地防止了红层隧洞拱顶坍塌。该法的运用简化了施工工艺，加快了施工进度，节约了成本，同时保证了施工安全，对软弱破碎岩层隧洞施工有一定的借鉴意义。

关键词：超前小导管；红层；隧洞；掘进；注浆

我公司承揽的某排洪洞工程出口段要穿越青海省S101省道，路面距离洞顶19.9 m。由于该部位岩石为全风化红层(泥质粉砂岩)，且极为破碎，局部甚至呈颗粒状，洞脸边坡极不稳定，曾在洞脸爆破开挖过程中因锁口锚杆失效，致使洞脸出现局部坍塌，为了保证洞室开挖的顺利开展，又对锁口锚杆进行了加密，并在锚杆孔内灌注了大量水泥浆以固结岩体，同时在洞脸顶部马道部位布设了斜向锚杆。这样一来，虽然洞脸得到了有效的加固，但在开洞口时拱顶仍然出现了局部坍塌，致使超前锚杆支护失效，再采取什么样的支护形式成了问题的关键。

管棚或超前小导管施工工艺已在诸多工程中得到了广泛运用[1-4]，是软弱破碎岩层隧洞开挖超前支护的首选方法，但由于受施工条件的限制，采用管棚或注浆超前小导管施工已不能满足施工进度要求，因当地最低气温已在 -14℃以下，及时进洞是迫切需要，因此在超前锚杆方案失败后，经过认真研究决定采用不注浆超前小导管进行施工，在确定各种支护参数后，经过两个循环的试验，该方法对预防拱顶坍塌有明显的效果，为洞口段施工赢得了宝贵的时间。

1　红层的岩性及工程部位红层的具体特征

1.1　红层的岩性

红层在我国主要是指中生代以来即三叠系、侏罗系、白垩系和新生代晚近系的湖相、河流相、河湖交替相或是山麓洪积相等陆相碎屑岩。其岩性主要是砾岩、砂岩、粉砂岩、黏土质粉砂岩、黏土岩或泥质页岩等，其成岩作用差，有的呈半胶结状、层状，强度较低。

作者简介：高全全(1970—)，男，高级工程师，技术质量部主任。

1.2 工程部位红层的具体特征

通过勘测资料可知,排洪洞山体全部为红层,其岩性主要是泥质粉砂岩,进、出口洞口段为全风化,基本呈颗粒破碎状和薄层状,岩性很软,其中出口段岩体中还夹有钙粉,遇水变软且胶结,其外观如图1所示。

图1 现场全风化红层(泥质粉砂岩)外观

1.3 全风化红层岩性对成洞的影响及采用超前支护的必要性

红层本身的岩性较软且破碎,全风化后性状变得更差,洞室爆破开挖过程中,侧墙部位尤其是拱顶部位、极易坍塌,无法按设计断面进行洞型控制,施工难度大。因此,为了提高洞室开挖质量,保证施工安全,在该种岩石中挖洞前采取超前支护是十分必要的。

2 不注浆超前小导管支护结构设计及施工工艺

2.1 不注浆超前小导管支护结构设计

不注浆超前小导管支护结构由18号工字钢支撑、无缝钢管($\phi44.5$,$\delta=2.5$ mm)、钢筋网片($\phi6.5$,间距20 cm)、喷射混凝土(C20)、锚杆($\phi22$)组成。具体结构如图2所示。

2.2 不注浆超前小导管支护结构施工方法及相关参数

(1)小导管加工:按照设计长度截取小导管,然后将一端加工成锥形。

(2)钢支撑加工及布孔,孔径5 cm。

(3)掌子面清理。

(4)测量放线及钢支撑安装(包括锁脚锚杆)。

(5)用风钻带入方式插入小导管,插入仰角3°,外露30 cm。

(6)钻爆破孔爆破,单循环进尺最大控制在1.0 m以内。

(7)掌子面清理,测量放线,2榀钢支撑安装至掌子面(榀间距40~50 cm)。

(8)钢筋网片铺设及钢支撑榀间连接筋焊接。

(9)喷混凝土封闭。

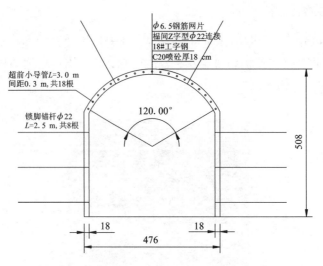

图2 不注浆超前小导管支护结构示意图

(10)下一循环开挖与支护,开挖支护至超前小导管留入岩内不小于50 cm时,根据实际情况,再次插入小导管,如此循环推进。

施工现场效果如图3所示。

图3 不注浆超前小导管支护现场照片

3 不注浆超前小导管支护结构的特点及存在的问题

3.1 结构特点

(1)由于不进行注浆,简化了超前小导管施工工艺。

(2)通过合理的间距设计,并利用红层具有一定胶结性,可有效地控制拱顶坍塌,基本上保证了洞室开挖成型。

(3)加快了施工进度,节约了施工成本。

(4)通过喷射混凝土封闭岩面,使钢支撑、钢筋网片和超前小导管形成整体的临时支撑体系,保证了施工安全。

3.2 存在的问题

(1)因无注浆环节,虽有效地控制了拱顶坍塌,但不能使其周围岩体得到很好的固结,整体性差,导管下部岩层颗粒较细的部位仍有一定程度的掉落,喷砼回填量有所增加。

(2)由于本法采用了在工字钢上打孔的方法,对工字钢支撑强度可能会有一定的影响。

(3)该种支撑体系仅为临时支护,二衬施工需要及时跟进。

4 结束语

不注浆超前小导管支护方法的采用在有效控制拱顶坍塌、加快施工进度、提高结构安全性等方面起到了良好的作用,对工期要求较紧的同类岩层中的隧洞超前支护施工有一定的借鉴意义。

参考文献

[1] 丰保卫,姚勐,王士成. 管棚支护技术在穿越浅埋全风化地层中的应用[J]. 公路,2011,10:224-226;

[2] 许发灿,郑仲钦. 双层小导管超前支护在隧道进洞施工中的应用[J]. 公路与汽运,2008,6:134-146;

[3] 李汉忠. 大管棚和超前注浆不导管支护在隧洞中的应用[J]. 建筑机械化,2009,4:30-34.

[4] 张蓓,王建鹏,王复明,等. 隧道超前小导管对掌子面稳定性影响分析[J]. 郑州大学学报(工学版),2009,4:30-34.

长距离小断面输水隧洞爆破效率最优化研究

黄 帆　肖冬顺　曾立新　周治刚　王洪庆　严绎强　马 明

(长江岩土工程总公司(武汉)　武汉　430000)

摘要：爆破是隧洞开挖施工中的主要手段，爆破效率的高低严重影响着隧洞开挖工程的效益。为提高爆破效率，缩短隧洞开挖的循环时间，增加循环进尺，作者对隧洞爆破效率的影响因素进行了研究，采用正交试验设计方法，进行现场试验，试验结果表明，爆破效率影响因素对目标值的影响由大到小的顺序是：炮眼直径 D、掏槽形式 P、炮眼深度 L、装药量 M、炮眼数量 N、延迟时间 T、堵塞结构 S。炸药规格为 $\phi32mm$，开挖断面为 $1.7\ m \times 2.1\ m$，地层岩性仍为Ⅲ类围岩，炮眼直径 $D=38\ mm$，掏槽形式 P 为直线掏槽，炮眼深度 $L=2.5\ m$、装药量 $M=90\%$，炮眼数量 $N=19$ 个，延迟时间 $T=50\ ms$，堵塞结构 S 为土夹砂：为最优参数组合。

关键词：爆破效率；正交试验；循环进尺；最优化

1　引言

在隧洞开挖过程中，爆破效率是制约生产效率的重要因素。目前关于隧洞爆破开挖过程中的变形、损伤特性方面的研究较多，但对于输水隧洞爆破开挖效率方面的研究不多；在进行隧洞爆破效率方面的研究仅仅只是进行不同爆破参数单因素影响情况下的对比分析，并没考虑各个不同爆破参数对爆破效率的影响。

在工程设计或科学研究中，常需同时考虑 3 个及其以上的因素，若进行全面试验，则试验规模很大，难以实施。正交试验实施多因素试验是寻求最优水平组合的一种高效试验方法，其优点在于：数据点分布均匀；所需试验次数少，即可达到试验要求；可对试验结果数据进行极差分析、方差分析、回归分析等，引出有价值的科学规律[1]。秦敢[2]等通过正交试验，对张拉控制应力、预应力钢筋与管道壁的摩擦系数、钢绞线孔道局部偏差摩擦系数以及锚具变形和钢筋内缩值对输水隧洞预应力混凝土衬砌应力的影响进行敏感性分析，发现这 4 个影响因素的敏感性高低依次为：预应力钢筋与孔道壁的摩擦系数、张拉控制应力、锚具变形和钢筋内缩值、钢绞线孔道局部偏差摩擦系数。刘敦文[3]等通过进行风筒直径、风筒口距掌子面的距离和风筒悬挂位置三因素四水平的正交试验，得到了各个因素对隧道瓦斯浓度影响的重要顺序，并确定了风筒最优化设置方案；且现场试验的结果也验证了最优化方案的科学有效性。王晓玲[4]等通过正交试验得到了输水隧洞 TBM 施工工期影响因素的显著组合。付宇德[5]等通过正交试验进行不同因素对隧洞穿越断层破碎带过程中的渗流作用的影响分析，得到了控制引水隧洞竖向位移和涌水量的最优参数组合。罗伟[6]等通过数值模拟技术进行了

作者简介：黄帆(1991—)，男，助理工程师，硕士，主要从事水利水电工程勘探与施工技术研究。

单因素条件下微差延时对爆破效果的影响分析。马韦韦等[7]对如何提高爆破效率问题进行了经验性的分析总结,对提高爆破效率有很强的借鉴意义。曹进军[8]利用模糊层次分析法对炸药性能、炸药单数、孔网参数、装药参数、不耦合系数、起爆时间以及掏槽形式等爆破参数对爆破效果的影响进行优化分析,得出的优化参数组合在实际应用中取得了良好的爆破效果。以上研究取得了很大成效,但未进行多因素相互影响条件下长距离小断面输水隧洞爆破效率的正交试验最优化分析。

掏槽眼爆破直接影响着炮眼利用率或循环进尺,而周边孔的爆破效果直接影响隧洞断面的成型质量和围岩稳定及完整程度[9];相同的爆破断面和掏槽眼形式,不同的装药结构、不耦合系数均会对爆破效果产生影响[10-13];良好的炮眼堵塞能显著的提高爆破效果,大量的研究成果表明,最佳的堵塞结构参数能充分利用爆破能力达到最优的爆破效率[14-16]。本文以林芝市朗镇灌区工程输水隧洞为研究对象,采用正交试验,进行炮眼直径、炮眼深度、炮眼数量、装药量、堵塞结构、延迟时间以及掏槽形式这7个爆破参数相互影响下对隧洞爆破效率的最优化分析。

2 工程概况

某工程为V等小(2)型工程,包含一条1.626 km的无压引水隧洞,进洞口底板高程3225.00 m,出洞口底板高程为3204.47 m,开挖断面为1.7 m×2.1 m、2.7 m×2.8 m(宽×高)。大断面穿越地层岩性为三叠系郎杰学群姐德秀组(T_3j)炭质绢云母片岩,岩体多风化,岩层挠曲,裂隙极为发育,岩体多碎块或碎屑状散体结构,局部呈碎石土状,为V类围岩;小断面穿越地层岩性为三叠郎杰学群姐德秀组(T3j)炭质绢云母片岩、砂质板岩,裂隙较发育,围岩多呈碎块状、裂隙结构,以Ⅲ类围岩为主,局部为Ⅳ类围岩。

经过对隧洞1+200.00-隧洞1+300.00段小断面开挖爆破效率统计分析,爆破效率为60%,平均循环进尺为1.5 m,效率低;施工工艺采用空压机供风,风钻工凿岩钻孔,直线掏槽,人工装药,导爆索传爆,再通过非电雷管引爆炸药;采用2.5 m钎杆、φ40 mm合金钻头、φ32 mm的2号岩石乳化炸药。该段隧洞采用的爆破参数见表1。

表1 前期爆破参数设计

项目	数量/个	孔深/m	单孔装药量/节	总装药数/节	总装药量/kg	非电毫秒雷管段位	备注
中空孔	1	2.5	0	0	0	0	
掏槽孔	4	2.5	10	40	6	1	
辅助孔1	2	2.5	8	16	2.4	3	
辅助孔2	2	2.5	8	16	2.4	5	
辅助孔3	2	2.5	8	16	2.4	7	
底孔	3	2.5	9	27	4.05	9	
帮孔	6	2.5	9	54	8.1	9	
顶孔	1	2.5	9	9	1.35	9	
合计	21				26.7		

图1为隧洞1+200.00－隧洞1+300.00段工作面爆破布置图,隧洞开挖断面为1.7 m×2.1 m,图中数字为起爆顺序。最先起爆的为掏槽孔,然后依次起爆辅助孔、周边孔(底孔、帮孔、顶孔)。掏槽孔距中心孔30 cm,梅花形布置;辅助孔间距为40 cm,距中心孔50 cm;周边孔距隧洞开挖轮廓线10 cm,间距为50 cm。

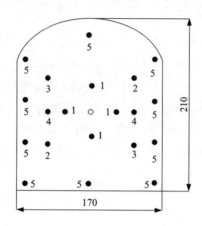

图1 前期工作面炮孔布置图

3 正交试验设计

排除地质条件的影响,在隧洞1+000－隧洞1+100Ⅲ类围岩段,采用lg(37)正交表,仅对炮眼直径、炮眼深度、炮眼数量、装药量、堵塞结构、延迟时间、掏槽形式这7个爆破效率影响因素进行3水平(参数水平见表2)的正交试验,结果见表3。引入"循环进尺率(Q)"概念,作为试验评价指标;循环进尺率是指完成一个爆破循环,单位时间内的爆破进尺,单位为m/s。Q循环进尺值越大,说明爆破效率越高。炮眼数量的变化体现在爆破辅助孔的变化上,炮眼孔距未变化;由于开挖断面的限制,炮眼深度限制在2～3 m;炸药采用ϕ32 mm二号岩石乳化炸药。正交试验结果见表3。

表2 正交试验参数水平表

因素		炮眼直径 D/mm	炮眼深度 L/m	炮眼数量 N/个	装药量 M/%	堵塞结构 S	延迟时间 T/ms	掏槽形式 P
水平	1	38	2	19	80	土	0	直线掏槽
	2	40	2.5	21	90	砂	50	楔形掏槽
	3	42	3	23	100	土夹砂	100	锥形掏槽

表3 爆破效率影响因素正交表

试验号	爆破效率影响因素							循环进尺率 Q 循环进尺
	D	L	N	M	S	T	P	
1	1	1	1	1	1	1	1	1.2
2	1	2	2	2	2	2	2	1.5
3	1	3	3	3	3	3	3	1
4	2	1	1	2	2	3	3	0.8
5	2	2	2	3	3	1	1	1.1
6	2	3	3	1	1	2	2	0.75
7	3	1	2	1	3	2	3	1.2
8	3	2	3	2	1	3	1	1.8
9	3	3	1	3	2	1	2	1.4
10	1	1	3	3	2	2	1	1.8
11	1	2	1	1	3	3	2	2
12	1	3	2	2	1	1	3	1.6
13	2	1	2	3	1	3	2	1
14	2	2	3	1	2	1	3	1.3
15	2	3	1	2	3	2	1	1.9
16	3	1	3	2	3	1	2	0.6
17	3	2	1	3	1	2	3	0.9
18	3	3	2	1	2	3	1	1
k_1	1.517	1.1	1.367	1.242	1.208	1.20	1.467	
k_2	1.142	1.433	1.233	1.367	1.3	1.342	1.208	
k_3	1.150	1.275	1.208	1.2	1.33	1.267	1.133	
极差 R	0.375	0.333	0.159	0.167	0.092	0.142	0.334	
主次因素顺序	1	3	5	4	7	6	2	
最优因素组合水平	1	2	1	2	3	2	1	2.3

4 结论

(1)通过正交试验设计方法,得到了爆破效率7个影响因素的主次顺序和最优参数水平,他们对目标值 Q 循环进尺影响顺序由大到小是:炮眼直径 D、掏槽形式 P、炮眼深度 L、装药量 M、炮眼数量 N、延迟时间 T、堵塞结构 S。在进行小断面隧洞爆破开挖施工时,应重点考虑炮眼直径,掏槽形式;注意炮眼直径和炸药尺寸的配合。

(2)炸药规格为 $\phi 32$ mm,开挖断面为 1.7 m×2.1 m,地层岩性仍为Ⅲ类围岩,炮眼直径

$D=38$ mm、掏槽形式 P 为直线掏槽、炮眼深度 $L=2.5$ m、装药量 $M=90\%$、炮眼数量 $N=19$ 个、延迟时间 $T=50$ ms、堵塞结构 S 为土夹砂:为最优参数组合;此时 Q 循环进尺 $=2.3$ m/s,大于正交表中任意参数组合的目标值,并且这组参数值不在正交表中。

参考文献

[1] 吴波,陈志,李建明,等.基于 CFD 正交试验的螺旋槽干气密封性能仿真研究[J].流体机械,2014,42(1):11-16.

[2] 秦敢,曹生荣,殷娟,等.输水隧洞预应力混凝土衬砌应力正交敏感性分析[J].南水北调与水利科技,2014,12(5):1-5.

[3] 刘敦文,唐宁,李波,等.瓦斯隧洞通风风筒优化数值模拟及试验研究[J].中国公路学报,2015,28(11):98-103,142.

[4] 王晓玲,赵梦琦,洪坤,等.输水隧洞 TBM 施工工期全局敏感性分析[J].天津大学学报(自然科学与工程技术版),2015,48(7):569-577.

[5] 付宇德,吴立,袁青,等.穿越富水断层带隧洞渗流特性正交模拟分析[J].科学技术与工程,2016,(21):322-327.

[6] 罗伟,彭耘,梅发勇,等.微差延时对隧洞光面爆破质量影响的数值分析[J].爆破,2007(24):17-22.

[7] 马韦韦,田建胜.关于提高巷道爆破效率的问题探讨[J].中州煤炭,2011,187(7):37-38.

[8] 曹进军.基于模糊层次分析法的软岩隧道爆破效果影响因素分析与优化研究[D].武汉:武汉科技大学,2014.

[9] 王海亮.工程爆破[M].北京:中国铁道出版社,2008.

[10] 陈利权.提高岩巷掘进爆破效率的初步探讨[J].黑龙江科技信息,2008(12):47.

[11] 东兆星,齐燕军,尹锦明.岩巷掘进中影响爆破效率的主要因素分析[J].科技信息,2007(32):304.

[12] 翁春林,叶加冕.工程爆破[M].北京:冶金工业出版社,2008.

[13] 汪旭光.爆破设计与施工[M].北京:冶金工业出版社,2012.

[14] 王振东,郑华伟,沈振锋,等.提高隧洞钻爆开挖炮孔利用率研究[J].中国水运,2008,8(9):253-254.

[15] 陈新华.炮孔最佳堵塞结构参数的确定[J].爆破,1993(3):47-50.

[16] 杨年华,张志毅,邓志勇,等.硬岩隧道快速掘进的钻爆技术[J].工程爆破,2003(1):16-21.

渡槽伸缩缝渗漏水处理新技术研究与实践

范 明[1] 陈安重[2] 胡铁桥[2]

(1 长沙普照生化科技有限公司 湖南长沙 410014)
(2 中国电建集团中南勘测设计研究院有限公司 湖南长沙 410014)

摘要：对于渡槽伸缩缝渗漏水处理，在渡槽输水运行工况条件下目前多采用常规的灌浆堵漏措施。由于传统的堵漏灌浆材料固结体难以适应较大的线性温度变形要求，从而不能从根本上解决渡槽伸缩缝渗漏水问题。对此，结合南水北调某中线干线上渡槽某槽礅出现的渗漏水情况与环境温度变化要求，创新采用了一种在渡槽伸缩缝背水侧缝面深部进行弹性环氧充填灌固，以及浅部进行弹性组合体嵌固复合加强防渗体系，取得了较好的效果。本文对其渡槽复合加强防渗体系结构、材料、工艺等进行了详细介绍。

关键词：渡槽伸缩缝；渗漏水处理；弹性组合体防渗体系

1 前言

南水北调某中线干线上渡槽采用三槽一联板梁式混凝土结构，底宽21.3 m（单槽6 m），高5.4 m，设计水深4.15 m，设计输水流量$Q=125$ m³/s，加大流量$Q=150$ m³/s，最大跨度30 m，距地面最大高度为16 m。由于渡槽规模大，结构线路分布长，跨越地段地层复杂，四季环境温差变化较大，个别槽段接头伸缩缝出现渗水，渡槽渗水不仅会造成水量损失，冬季渗漏水更会造成冻胀，引起混凝土结构破坏从而危及渡槽的运行安全。为此，每年冬季需对已出现渗漏的槽段接头伸缩缝采用聚氨酯化学浆液进行临时堵漏灌浆处理。

南水北调中线工程是利国利民的生态工程、经济工程、社会工程，举国关注。为彻底根治渡槽接头渗水，渡槽管理部门组织开展了槽段接头伸缩缝渗漏处理技术工作，并结合漏水量较大的某槽墩伸缩缝漏水情况进行了研究与试验处理。

2 渗漏原因分析

根据南水北调工程十一五国家相关科研成果，渡槽连接伸缩缝采用了可靠的多重复合止水结构，较好地解决了渡槽连接处止水问题。然而，受渡槽结构、环境、地层等多方因素影响，难免出现个别槽段接头伸缩缝小量渗水的现象。分析其原因主要有以下方面因素。

作者简介：范明(1965.02—)教授级高级工程师，MS-1085系列水下环氧固化剂、MS-1087系列水下重防腐涂料、水下抗冲磨涂料、MS-1086系列水下环氧结构胶、水下抗冲磨环氧砂浆、水下环氧高渗透灌浆材料等众多产品的第一发明人。多个产品获得国家重点新产品，产品列入国家火炬计划、湖南省科技计划、多次获国家科技创新基金支持。

（1）槽身为现浇三向预应力混凝土多纵薄壁梁结构，槽身连接处结构窄薄，单槽断面尺寸为 6.0 m×5.4 m，边墙厚 0.6 m，中墙厚 0.7 m，伸缩缝面止水难度大，技术含量高，施工结构精度难以保证。

（2）槽墩基础地质条件复杂，渡槽输水后随过水水深变化荷载发生改变，基础发生变形造成渡槽混凝土结构缝错位，原止水结构易产生破坏。

（3）渡槽输水后荷载大，且随过水水深变化而发生改变，止水结构受荷载影响易产生疲劳变形。

（4）工程地处北方四季分明，季节性温差较大，年内极端温差高达 50°以上，昼夜温差可达 20°以上。由于渡槽混凝土断面尺寸小，厚度仅 0.6 m，属小体积混凝土结构，且跨度大（达 30 m），对气温变化敏感，温度效应明显，对季节温差和昼夜温差传递快，伸缩变形大，变形频率高，容易造成混凝土结构伸缩缝防渗填料疲劳失效。

（5）对每年冬季检查出现的伸缩缝灌注聚氨酯进行临时处理，但由于聚氨酯作为一种遇水发泡、以水止水快速堵漏材料，其发泡体为一种挤压嵌入式非整体黏性结构，随着主体结构伸缩变形后，灌浆封堵固结体便与主体结构缝面脱开而产生二次渗漏（图1）。

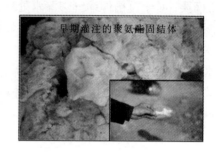

图 1　对伸缩缝灌注聚氨酯

3　处理方案设计

3.1　处理原则

为确保渡槽的安全运行，渡槽伸缩缝渗水处理严格按照确保不损伤原有迎水面止水结构的条件下，对背水缝面增设复合加强防渗体系，且少使用或不使用聚氨脂材料的原则进行。

3.2　技术思路

对渡槽伸缩缝原止水系统背水侧缝面，先嵌固一组弹性橡胶管进行压胀堵水，并对压胀堵水管前缝面灌注弹性环氧浆液充填封固，而后对压胀堵水管后缝面采用弹性环氧胶泥与弹性橡胶管进行组合嵌固，在渡槽伸缩缝背水侧缝内增设一道弹性环氧充填灌固，以及弹性胶泥与弹性胶管组合嵌固的复合弹性防渗体系。

3.3　主要材料性能

（1）组合嵌固弹性橡胶管采用耐气候性好、抗腐蚀能力强的特种液压膨胀胶管，定制管径 ϕ40 mm，壁厚 8 mm，单根长 40 m。主要性能参数见表1。

（2）缝内充填灌固材料采用 MS-1086G 水下弹性环氧灌浆材料，其主要性能见表2。

（3）组合嵌固所用弹性环氧胶泥采用 MS-1086T 水下弹性密封胶，其主要性能见表3。

表1 液压膨胀胶管主要性能参数表

型号	内径/mm	外径/mm	自由状态膨胀/mm	适用孔径/mm	自由状态工作压力/MPa	工作状态下耐压强度/MPa	
						试验压力	爆破压力
CWS增强-20	25±0.5	40±2	70	40~60	0.5	1.5	3.0

表2 MS-1086G水下微弹性环氧灌浆材料主要性能参考表

项目		指标
比重/(g·cm⁻³)		1.15±0.05
初始黏度/(25℃,MPa·s⁻¹)		<500
凝固时间/h		2~24(可调)
胶砂体力学性能(水下)	28天抗压强度/MPa	>25(可调)
	28天拉伸变形率/%	>15(可调)
	28天抗拉强度/MPa	>5
	28天正拉黏结强度/MPa	≥2.5

表3 MS-1086T水下环氧弹性密封胶主要性能参考表

项目	高黏度型
比重	1.2~1.4
与环氧界面剂黏接强度/MPa	>2.0
延伸率/%	150~250
流平性/mm	下垂度<3.0
24h恢复率/%	>95
表干时间/h	6~8
有效使用时间/min	>40

4 处理施工技术

4.1 工艺流程

施工平台(排架)搭设→缝面清理→钻孔引水→缝面封堵→缝内灌浆→组合嵌缝→效果检查。

4.2 施工工艺

(1)缝面清理。

对渡槽背水面伸缩缝填充板料进行凿除、清理,两侧缝面清理深度20cm,底板缝面清理深度15cm,并对缝面进行打毛找平、清洗。

(2)钻孔引水。

在缝面两侧斜向钻孔埋管深部引出缝面渗水,钻孔孔径 $\phi15$ mm,引水管管径 $\phi10$ mm。引水钻孔主要布置在渗水点多、量大的部位,钻孔斜穿缝面深度需绕过压胀堵水管部位。

(3)缝面封堵。

缝面封堵采用弹性橡胶管嵌入压胀封墙。橡胶管嵌入前分别在缝面和胶管上涂刷弹性环氧界面剂与胶泥,以增强橡胶管嵌压封闭性能。橡胶管嵌压到缝面预定位置后,对胶管进行压胀封堵,压胀水压约 0.5 MPa(见图2)。

(4)缝内灌固。

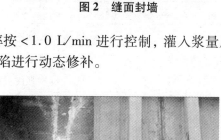

图 2 缝面封墙

缝内灌固主要通过引水管灌注具有一定渗透性的 MS-1086G 水下弹性环氧灌浆材料,灌注速率按 <1.0 L/min 进行控制,灌入浆量原则上以漫过中间止水带为宜,以便对中间止水结构缺陷进行动态修补。

(5)复合嵌固。

缝内灌浆完成后,对压胀封闭管后缝面采用弹性环氧胶泥与弹性橡胶管组合进行复合嵌固。复合嵌固按照界面剂涂刷(管、面分别涂刷)→环氧胶泥嵌入→第一根橡胶管嵌入→环氧胶泥嵌入→第二根橡胶管嵌入→表面环氧胶泥修平程序进行(图3)。

图 3 复合嵌固

5 结束语

渡槽作为南水北调工程的重要输水建筑物,能否安全有效运行直接关系南水北调工程的社会、经济、环保等综合效益。对于大跨度、多纵薄壁梁混凝土结构渡槽而言,受伸缩缝结构、运行工况、环境变化等多方面因素影响,渡槽接头伸缩缝止水系统难免会出现失效而渗漏。渡槽伸缩缝一旦出现渗漏水,在渡槽运行工况条件下目前多采用常规的灌浆处理措施,由于常规的灌浆材料固结体难以适应较大线性温度变形伸缩的情况,从而不能从根本上解决渡槽伸缩缝渗漏水问题。对此,结合南水北调某中线干线上渡槽槽礅伸缩缝出现的渗漏水情况与环境温度变形伸缩要求,创新采用了一种在渡槽伸缩缝背水侧缝内增设一道弹性环氧充填灌固,以及弹性胶泥与弹性胶管组合嵌固的复合弹性防渗体系,取得了较好的效果。

本渡槽伸缩缝渗漏水处理新技术,主要创新点包括:(1)适合渡槽输水运行工况下施工;(2)弹性橡胶管主动压胀封闭状态完全静水条件下施工;(3)伸缩缝背水深部缝面灌浆充填固胶后形成的弹性封闭体整体性好、抗渗能力强;(4)伸缩缝背水浅部缝面弹性环氧胶泥与弹性胶管复合嵌固形成的弹性封闭体整体性好、适应变形能力强;(5)所用灌浆充填或复合嵌固材料性能稳定、耐候性好、绿色环保。

参考文献(略)

塑性混凝土防渗墙结合帷幕灌浆在栗树埂水库防渗处理工程中的应用

周兴雄[1] 赵 斌[2] 廖 强[2]

(1. 双柏县水务局 云南双柏县 675100)
(2. 中国电建集团昆明勘测设计研究院有限公司 云南昆明 650041)

摘要：本文结合栗树埂水库除险加固工程实践，对塑性混凝土防渗墙结合帷幕灌浆防渗系统设计、施工和质量检测进行介绍，可供同类工程参考。

关键词：栗树埂水库；塑性混凝土防渗墙；帷幕灌浆；防渗处理

栗树埂水库枢纽工程位于云南省双柏县，由拦河坝、岸边溢洪道及坝下输水涵洞等组成。拦河坝为均质土坝，最大坝高33.5 m，坝顶宽度4.0 m，大坝长133.8 m，坝顶高程1835.00 m。该工程于1985年竣工，受当时技术条件、施工机械和资金筹措等限制，坝底清基不够彻底，坝体填筑质量较差，左岸坝肩下游面自工程竣工起即出现渗漏现象，多年来未做处理，带"病"运行至今。在水力作用下，坝体现已出现不同程度的裂缝，1827.00 m高程以下坝身大面积渗漏，坝基覆盖层及两岸坝肩渗漏尤为严重，局部有集中渗漏现象，下游坝面大面积沼泽化。为确保大坝安全运行，需对大坝进行防渗加固处理。

1 防渗方案设计

栗树埂水库坝址区出露的地层有第四系冲、洪积和残、坡积松散堆积层，以及下伏的中生界侏罗系上统妥甸组泥岩夹泥质粉砂岩。冲、洪积层主要为含碎石圆砾壤土、砂壤土，分布于河床阶地，厚度2~5 m；残、坡积层主要为含砾壤土、粉质黏土，分布于河道两侧缓坡地段，厚度2~3 m；下伏的妥甸组泥岩夹粉砂质泥岩，分布于整个坝址区。坝址区岩层走向为SSE向，倾向149°~241°，倾角16°~36°，单斜构造。坝基区域地质构造较简单，地表未发现明显的断层构造痕迹，但经勘探和钻孔压水试验发现下游民房附近有渗水现象，判定坝基偏左岸顺河方向有一条剪性断层，受此断层影响，左岸坝基岩体中节理裂隙较发育。针对大坝坝体和坝基存在的渗漏问题，决定采用垂直全封闭式塑性混凝土防渗墙和帷幕灌浆相结合的防渗方案进行处理。沿坝轴线布置的防渗系统剖面如图1所示。

防渗系统布置方案为：沿坝轴线自1832.10 m高程以下坝体内挖槽垂直浇筑0.4 m厚塑性混凝土防渗墙，防渗墙嵌入强风化基岩0.5~1 m深。塑性混凝土防渗墙浇筑完成后，对大坝左右岸基础进行帷幕灌浆，帷幕灌浆按单排孔设计，孔距1 m。塑性混凝土防渗墙、灌浆

作者简介：周兴雄(1975—)，男，大学本科，高级工程师。

帷幕轴线与坝轴线重合。防渗系统设计指标为：塑性混凝土防渗墙 28d 抗压强度≥2 MPa，弹性模量为 600～700 MPa，渗透系数≤1×10^{-6} cm/s。灌浆帷幕的透水率小于 3 Lu，采用纯水泥浆液灌注，灌浆压力为 0.2～0.5 MPa。

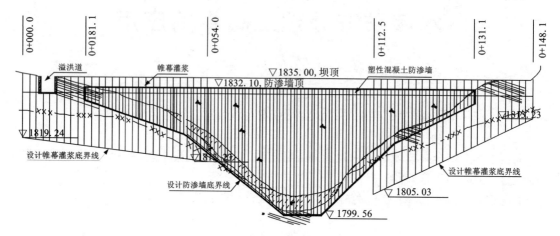

图 1　沿坝轴线布置的防渗系统剖面图（尺寸单位：m）

2 塑性混凝土防渗墙

混凝土防渗墙按墙体材料的物理力学性质，可分为刚性混凝土防渗墙和塑性混凝土防渗墙，塑性混凝土防渗墙具有较好的柔性，能适应地基的变形。为保证塑性混凝土防渗墙与灌浆帷幕的良好连接，决定先进行塑性混凝土防渗墙施工，再进行左右岸坝基帷幕灌浆施工。

2.1 施工准备

（1）施工平台。先挖除 1833.50 m 高程以上坝体，形成一个宽度约 15 m 的施工平台，满足塑性混凝土防渗墙施工导墙、排浆沟、运输道路等设施的布置需要，挖除的坝体待防渗墙施工完成后再恢复。

（2）导墙修建。本工程导墙采用"工"字型钢筋混凝土结构，高 1.4 m，墙顶宽 0.5 m，两导墙间间距 0.45 m，混凝土强度等级为 C20。导墙的结构及尺寸如图 2 所示。

为保证首尾两个防渗墙槽段的正常施工，导墙端头在防渗墙边界处向外延伸 2 m。导墙浇筑完成后，在下游侧平行于坝轴线布设排浆沟。

（3）泥浆护壁。护壁泥浆由水、黏土及添加剂组成，泥浆的性能指标和配合比根据地层特性通过试验确定。对每次新拌制的泥浆每天进行一次黏度、比重测试。孔内泥浆在混凝土浇筑之前进行黏度、比重、含砂量测试。浇筑置换出的泥浆经沉淀或其他净化方式处理后重复利用。

2.2 槽段划分及施工

按照施工安排，塑性混凝土防渗墙分两期施工。从大坝右岸向左岸沿坝轴线逐段先施工

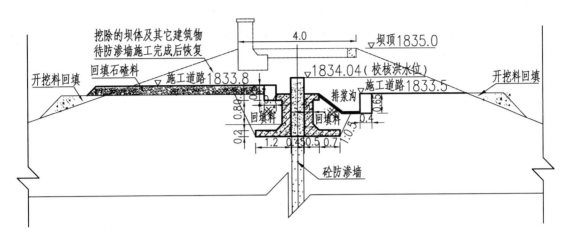

图2 导墙结构及尺寸(尺寸单位:m)

Ⅰ期槽段,后施工Ⅱ期槽段。在同一槽段内,先钻主孔,后劈打副孔。该工程共分19个槽段施工,每个槽段长约6 m,各槽段孔位布置如图3所示。

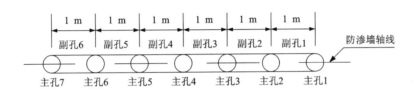

图3 各槽段布孔示意图

槽段长度在施工过程中可结合实际情况适当调整,为了减少槽段之间接头孔数量,提高防渗墙的整体性,在满足 $L \leqslant Q/(K \times B \times V)$ 的条件下,宜尽可能使槽段长些。

2.3 槽孔建造清孔验收

采用"钻劈法"进行槽孔开挖作业,将每个槽段沿轴线划分为主孔和副孔,先进行主孔施工,后进行副孔施工。首先采用冲击钻机配空心钻头和十字钻头冲击钻进主孔,当空心钻头钻进穿过坝体土层和砂卵石层后,改为十字钻头进行基岩段钻孔。主孔钻进结束后,对副孔用十字钻头劈打施工,这时由于两边主孔已成形,劈打中间副孔容易使隔墙松动塌落,使主副孔贯通成槽。不论是主孔钻孔还是副孔劈打,均适时采用专用套筒清除槽底部钻渣与碎屑。成槽过程中,当接近设计基岩面时开始采取基岩钻渣样品,并由现场地质工程师会同监理人进行岩样的鉴定,以确定最终成槽入岩深度。

Ⅰ期槽段浇筑塑性混凝土成墙后,Ⅱ期槽段成槽时在Ⅰ期槽段端头套打一孔,与一期槽段墙体搭接不少于0.4 m,以保持防渗墙的整体性。

所有主孔和副孔孔位偏差不得大于3 cm,孔斜率不大于4%。相邻两个槽段接头套接孔的两次孔位中心任一深度的偏差值不大于墙厚的1/3,孔深要符合设计要求。成槽过程中,为保证不发生孔壁坍塌,孔内泥浆应维持在导墙顶面以下30~50 cm之间。

每个槽段开挖至设计深度后，清槽换浆采用泵吸反循环法，在清除槽内废渣的同时及时向槽内补充新鲜泥浆。对于Ⅱ期槽段，在清槽换浆结束前或清槽过程中用钢丝刷钻头刷洗两侧槽段接头混凝土壁上的泥皮，至钢丝刷钻头不带泥屑、孔底淤积不再增加为止。

清槽换浆结束后 1 h 须达到下列标准：槽底残渣淤积厚度不大于 10 cm；槽内泥浆比重为 1.1～1.2 g/cm^3，泥浆黏度为 15 s～25 s；泥浆含砂量≤5%。

在清槽验收合格后 4 h 内，必须浇筑塑性混凝土，如因特殊原因不能按时浇筑，则重新按上述规定进行检测，若达不到要求应重新清槽换浆。

2.4 塑性混凝土配合比

防渗墙采用低弹模、掺膨润土、一级配塑性混凝土。水泥选用 42.5 级普通硅酸盐水泥。碎石最大料径不大于 20 mm，含泥量不大于 1.0%，饱和面干吸水率不大于 1.5%。砂的细度模数为 2.4～2.8 cm，含泥量不大于 1.0%。黏土的指标一般控制为含水率 13%，土粒比重 2.6～2.7，液限 43.3%，塑性 23.1%，塑性指数 20.2%，泥浆比重 1.15～1.20。膨润土、减水剂、引气剂为市场购买的合格产品。经试验确定每立方混凝土配合比为：水 250 kg、水泥 192 kg、碎石 801 kg、砂 979 kg、黏土 100 kg、膨润土 28 kg。塑性混凝土统一在拌和系统拌制，混凝土初凝时间不小于 6 h，终凝时间不大于 24 h，出机口坍落度 18～22 cm，扩散度 34～38 cm，拌和析水率小于 3%。

2.5 塑性混凝土浇筑

采用槽内下直升导管法灌注塑性混凝土。导管内径为 200 mm，导管间用法兰、胶垫连接，连接前配置足够的 0.1～0.3 m 的短管，以便调节使用。导管的连接和密封必须可靠，防止泥浆进入污染混凝土。其上端焊接固定一个漏斗，方便入料。导管准备好后，由钻机悬吊导管和漏斗，以便控制下插就位和起拔作业，使导管可作上下垂直移动。每个槽段塑性混凝土浇筑一般要求使用两套以上导管，导管安放位置应合理、准确、垂直，彼此间距不宜大于 3.5 m，靠端头的导管中心至槽段端部的距离不大于 1.0 m，以保证混凝土流动过程中覆盖整个仓面且能确保均匀上升。

槽孔口设置钢盖板，导管从钢盖板中穿过，避免塑性混凝土由导管外散落在槽孔内，影响浇筑质量。塑性混凝土终浇高程高于防渗墙墙顶设计高程 0.5 m。

3 帷幕灌浆

3.1 施工准备

帷幕灌浆钻孔分两序施工，将部分Ⅰ序孔作为先导孔先行施工。根据先导孔的施工效果，确定是否需对有关设计参数进行修正，以达到更佳的灌浆效果。

3.2 钻孔及冲洗

开孔直径 91 mm，终孔直径 75 mm，选用 XY-2PC 型回转式钻机钻进。先导孔和检查孔按规定分段钻取岩芯，进行地质编录。钻孔偏差需符合设计规定，否则报废原孔，重新钻孔。

灌浆前采用灌浆泵向孔底注入清水进行冲洗,至孔口返水澄清 10 min 后结束冲洗,孔内残留岩芯沉积厚度不超过 20 cm。

3.3 压水试验

首先在先导孔中自上而下分段做压水试验,其他灌浆孔采用"简易压水法",试验压力为灌浆压力的 80%,压水 20 min,每隔 5 min 测读一次压入流量,取最后一次流量值计算透水率。

3.4 灌浆材料

在左右坝肩各设置一个集中制浆站,每个集中制浆站配备一台高速制浆机和一个储浆桶,水泥采用 42.5 级普通硅酸盐水泥,浆液拌制时间不少于 3 min,浆液在使用前应过筛,从制备到用完的时间小于 2 h。

3.5 灌浆压力及灌浆方法

采用自上而下分段灌浆法施工。灌浆压力起始段为 0.2 MPa,最大为 0.5 MPa。浆液浓度由稀到浓逐级变换,水灰比采用 3∶1、2∶1、1∶1、0.8∶1、0.5∶1 五个比级。当灌浆压力保持不变而注入率持续减少或注入率保持不变而灌浆压力持续升高时,不得变换水灰比;当某一比级浆液的注入量达到 300 L 以上或灌浆时间达 1 h 以上而灌浆压力和注入率均无显著改变时,应改用浓一级水灰比浆液灌注;当注入率大于 30 L/min 时,可根据情况越级变换浓浆液灌注。在规定灌浆压力下,注入率不大于 0.4 L/min 时,继续灌注 60 min 或注入率不大于 1 L/min 时,继续灌注 90 min,便可结束该段钻孔的灌浆。

4 防渗处理效果

塑性混凝土防渗墙的施工质量和防渗效果采用开挖取样观测、超声波检测及注水试验等手段进行检验;帷幕灌浆通过质量检查孔做压水试验检查其防渗效果。检测结果如下:

(1)共选取 4 个部位开挖取样检测,墙体未有明显的夹泥、分缝现象,成墙质量较好。塑性混凝土试样 28d 抗压强度均大于 2 MPa,平均为 2.37 MPa。

(2)预埋了 9 根超声波测管,分 3 组检测,每组 3 根测管。其中 1 组布置在相邻的两个槽段内,以检测接头部位的成墙质量。发射和接收传感器从测管底部同步上升,移动点距为 0.25 m。经检测,第一组和第二组波速未出现异常,塑性混凝土均质性较好,接头紧密;第三组中的两根测管在测深 1.75 m 时,波速稍低,判断该处存在泥夹层,但因波速衰减不大,故未做处理。

(3)选取了 6 个槽段进行钻孔注水试验,渗透系数分别为 4.56×10^{-7} cm/s、6.42×10^{-7} cm/s、5.35×10^{-7} cm/s、7.21×10^{-7} cm/s、6.66×10^{-7} cm/s、5.49×10^{-7} cm/s,满足设计要求。

(4)帷幕灌浆质量检查孔的数量为灌浆孔的 10%,检查孔各孔段压水试验透水率均小于 3 Lu,平均为 1.17 Lu,灌浆效果良好。

5 结语

塑性混凝土是用黏土和膨润土取代普通混凝土中的大部分水泥形成的一种柔性工程材料。与普通混凝土相比,塑性混凝土弹性模量低、极限应变大、能适应较大变形、抗渗性能好,同时还具有节约水泥、降低造价等优点。塑性混凝土防渗墙结合帷幕灌浆已广泛应用于施工围堰、老坝除险加固等工程。实践中精心组织施工,加强质量控制,可取得满意的防渗效果。

参考文献

[1] 程瑶. 塑性混凝土配合比试验研究及应用[J]. 长江科学院院报, 2002, 19(5): 62-64.
[2] 肖树斌. 塑性混凝土防渗墙的抗渗性和耐久性[J]. 水力发电, 1999, 46(11): 24-27.
[3] 戚蓝, 黄君宝, 黄晓东. ANSYS 软件在有垂直防渗墙的堤坝及地基渗流计算中的应用[J]. 长沙交通学院学报, 2005(3): 48-51.
[4] 陈世莲. 土石坝坝基帷幕灌浆设计探讨[J]. 山西建筑, 2007, 33(33): 360-361.
[5] 丘志平. 土坝加固工程中坝基帷幕灌浆的特点[J]. 甘肃水利水电技术, 2006, 42(1): 25-26.
[6] 王胜强. 山西省万家寨引黄工程北干线大梁水库塑性混凝土防渗墙施工工艺[J]. 山西水利科技, 2011: 47-49.
[7] DL/T5199-2004 水电水利工程混凝土防渗墙施工规范[S].
[8] SL62-94 水工建筑物水泥灌浆施工技术规范[S].

新疆苏巴什水库岩溶地区灌浆施工技术

王 晋

(成都万力建筑工程有限公司　四川成都　610072)

摘要： 苏巴什水库位于新疆阿克苏地区柯坪县境内的苏巴什河上，水库坝址处于苏巴什河河段的岩溶峡谷区，坝区岩石孔隙比高，透水性强。在这种地区建坝，必须有完整而可靠的防渗帷幕处理措施，才能保证大坝基础的安全稳定及正常蓄水。

关键词： 水库；岩溶；灌浆

1　工程概况

苏巴什水库坝址地层为石灰岩、砾岩。右岸(原河床)地形较缓，坝基岩性上部为坡积层，全风化砾岩，透水性中等，下部为石灰岩，岩溶发育，以溶洞、溶隙为主，尤其在右岸岸坡砾岩与石灰岩界面附近开口溶洞发育，溶洞规模大，充填物为软塑状黏土夹风化砾岩、石灰岩，充填不密实，岩溶通道连通性好。右岸(河床)坝段坝基透水性受岩溶发育程度影响，为强透水带、全风化砾岩，厚度15~60 m，是大坝坝基渗流的主要部位，渗流通道以溶蚀管道为主。左岸岸坡地形较陡，坝基岩性为砾岩夹灰岩，在岩层中形成了一系列断层、裂隙，使岩体透水性极强。

岩溶地区因为裂隙多、渗漏性大，在坝基、坝肩以及水库周边也需要设置防渗灌浆，这样灌浆轴线就比一般地区的灌浆轴线长。岩溶地区的灌浆深度比一般地区的要深，一般会超出坝高2~3倍，这也造就了在岩溶地区的防渗灌浆工程量比常规地区的要大，同时，因为岩溶地区地质条件的复杂性，也导致了在该地区灌浆作业的难度加大，因此，在岩溶地区灌浆作业就要有针对性的进行。

2　帷幕灌浆试验

2.1　灌浆试验的目的和内容

针对岩溶地区复杂的地质条件，适时开展帷幕灌浆试验，是论证拟定的防渗线路的可灌性和合理性，为设计提供合理的参数、确定合理的防渗处理措施等的最关键的环节。同时也是验证防渗帷幕采用灌浆方法处理在技术上的可行性、效果上的可靠性的必须措施。

帷幕灌浆试验的主要内容包括：各种不同岩体的成孔和可灌性，灌浆深度与灌浆压力之

作者简介：王晋，男，工程师，现工作于成都万力建筑工程有限公司。

间的关系，透水率与单位吸浆量之间的关系。

2.2　成孔及灌浆方式和孔排距及灌浆参数试验

帷幕灌浆试验在大坝趾板Ⅰ、Ⅱ两处试验区同时进行，每区设先导孔1个，抬动孔2个。分别对孔口封闭自上而下分段成孔分段循环灌浆和一次性成孔自下而上分段卡塞循环灌浆两种方式进行试验，选用效果优的一种进行施工。

Ⅰ区 W15－7－Ⅰ先导孔采用地质回转钻机逐段取芯压水，灌浆采用孔口封闭自上而下分段循环方式灌浆，Ⅰ区其余各孔采用潜孔锤逐段造孔，每段均做简易压水试验，灌浆采用孔口封闭自上而下分段循环方式灌浆。

Ⅱ区 W16－7－Ⅰ先导孔采用地质回转钻机逐段取芯压水，Ⅱ区其余各孔采用潜孔锤逐段造孔，每段均进行简易压水试验，各孔均采用自下而上分段卡塞循环式灌浆。

帷幕灌浆孔接触段长度为2 m，以下段长为5 m。终孔孔深为透水率小于5 Lu的地段。帷幕灌浆每排分Ⅲ序施工，先灌Ⅰ序然后Ⅱ序最后Ⅲ序。

2.3　试验成果

通过该试验区的灌浆试验施工和检查孔检查灌浆效果，得出以下结论。

(1)地质钻机回转取芯成孔和潜孔锤冲击破碎成孔对灌浆效果影响不大，后者成孔效率高但有时存在潜孔锤下入孔内后不做工的现象，需起钻清洗潜孔锤。两种成孔方式都可采用。

(2)孔口封闭自上而下分段成孔分段循环灌浆方式效果优于一次性成孔自下而上分段卡塞循环灌浆方式。前者灌浆效果好，后一段可以对前一段进行复灌，并且不存在绕塞及灌浆塞卡死在孔内拔不出来的现象。

(3)苏巴什水库帷幕灌浆工程中，采用孔距2.0 m，排距1.5 m，采用高压灌注(压力为3.0 MPa)方法形成的帷幕完全能达到渗流控制标准。灌浆试验表明，设计所采用的孔排距布置是可靠合理的，高压灌浆方案是可行的。

3　帷幕灌浆施工方法

帷幕灌浆施工采用孔口封闭孔内循环自上而下分段成孔循环灌浆的施工方法。

造孔采用地质岩芯钻机配金刚石钻头钻进和潜孔锤成孔相结合的方式进行，孔口段(第1段)孔径91 mm，灌注完成后埋设孔口管，待凝固后施工下一段次，以下各段孔径为75 mm。灌浆孔施工按设计要求分序分段，遇有溶洞裂隙、掉钻或掉块难以钻进时，可缩短段长，经灌浆处理后继续钻进。

由于岩溶地区地质条件的特殊性、复杂性，灌浆过程中存在很多不确定因素，这就要对各种地层的灌浆处理方法有所了解，同时各种材料的准备要充分。溶洞的处理方法多种多样，一般采取先封闭，再密实。根据溶洞类型具体施工方法有：溶洞空腔大，且处于工作面浅表时，可通过开挖等手段揭露溶洞，再进行回填、围封处理；溶洞处于非浅表且有很大的空间时，可以先灌入细石混凝土，后进行水泥砂浆灌注封闭；溶洞为充填型溶洞时，首先要了解充填物的构造、溶洞发育情况，然后再根据溶洞充填物特性及发育情况采取相应的措施。

帷幕灌浆钻孔的施工顺序为：抬动观测孔 → 先导孔 → Ⅰ序孔 → Ⅱ序孔 → Ⅲ序孔 → 质量检查孔。

帷幕灌浆按先下游后上游的顺序进行，每排按分序加密法施灌，次序孔施工必须在先序孔超前15 m之后。同序孔中，先灌低高程孔，后灌高高程孔。

4 帷幕灌浆技术要求

4.1 灌浆材料和浆液选择

灌浆主要材料水泥采用P.O42.5 MPa高抗硫硅酸盐水泥。

帷幕灌浆试验选用配合比为：3∶1、2∶1、1∶1、0.8∶1、0.5∶1五个比级。

4.2 钻孔

帷幕灌浆孔均要进行孔斜测量，在开孔前使用水平尺对钻机平整度、钻具垂直度进行检查，并在孔深10 m、20 m、30 m左右位置使用测斜仪对孔斜检测，其孔斜偏差不得大于表1的规定。

表1 钻孔孔斜最大允许偏差值表

孔深/m	20	30	40	50	60
孔斜最大允许偏差值/m	0.25	0.50	0.80	1.15	1.50

4.3 钻孔冲洗和裂隙冲洗

所有灌浆段在灌浆前均进行了钻孔冲洗和裂隙冲洗，即直接用钻杆通入大流量水流，从孔底向孔外对灌浆段进行钻孔冲洗。冲洗至回水清净后结束，孔内残存的沉积物厚度不超过20 cm。

钻孔冲洗完成后，对灌浆段卡塞，用压力水进行裂隙冲洗。冲洗压力采用80%的灌浆压力，压力不超过1 MPa。裂隙冲洗至回水清净后结束。

4.4 压水试验

试验孔压水试验采用单点法分段卡塞进行，其他灌浆孔采用分段卡塞进行简易压水试验。检查孔采用单点法分段卡塞进行压水试验。

简易压水试验压力为灌浆压力的80%，且不大于1 MPa，压水时间为20 min，每5 min测读一次压水流量，连续四次读数中最大值与最小值之差小于最终值的10%时，取最后的流量值作为计算流量，其成果以透水率表示。

4.5 制浆和灌浆方式

制浆材料按重量配比称量，称量误差小于5%。

浆液的搅拌时间和工艺通过浆液试验确定。浆液必须搅拌均匀,并通过过滤网进入量浆筒后继续搅拌。每种不同配比的浆液至少测定一次浆液的密度参数,浆液从制备至用完的时间小于 4 h。

浆液温度保持在 5～40℃,如温度较低,则采取搭设暖棚、加热制浆水等保温措施,保证浆液温度在 5℃以上,同时加强水温和浆温的检测工作。

灌浆时,接触段灌浆塞应塞在盖板砼中。

接触段和位于断层处的灌浆段或有破碎带的孔段灌浆后必须待凝,待凝时间根据地质等具体情况确定,一般至少待凝 24 h。

射浆管距孔底不得大于 50 cm。

4.6 灌浆压力和浆液变换

初定灌浆压力见表 2。

表 2 帷幕灌浆试验压力初定值表

段次	段长/m	压力/MPa
1	2	0.3～0.5
2	5	0.6～0.8
3	5	1.0
4	5	1.0
5	5	1.0
6	3	1.0

在压水试验和灌浆施工过程中均应进行抬动监测,使用百分表或千分表量测,对以上各灌浆压力进行验证,抬动变形值不得超过 0.2 mm,则选用设计灌浆压力,如超过该值,则应多次论证求得相应最大灌浆压力。

压力表应安装在孔口回浆管上。

灌浆压力应尽快达到确定的设计压力,接触段等注入率大的孔段应分级升压,以免浆液流串过远,并减少发生抬动破坏的可能性。

当灌浆压力保持不变、注入率持续减少时,或当注入率保持不变而灌浆压力持续升高时,不得改变水灰比;当某一比级浆液注入量已达 300 L 以上或灌注时间已达 30 min,而灌浆压力和注入率均无显著改变时,应换浓一级浆液灌注;当注入率大于 30 L/min 时,可根据具体情况越级使用浓浆液。

4.7 灌浆结束标准和封孔

帷幕灌浆孔在规定的最大设计灌浆压力下,当注入率小于 0.4 L/min 时,继续灌注 30 min 或注入率不大于 1 L/min 时,继续灌注 60 min,灌浆即可结束。

灌浆孔全孔灌浆结束并经验收合格后进行封孔。封孔采用"分段压力灌浆封孔法"封孔,即自下而上分段进行封孔,采用与该段灌浆压力相同的压力,灌注 0.5∶1 的纯水泥浓浆进行封孔,当注入率不大于 1 L/min 延续 30 min 停止,在孔口段延续 60 min 停止。

4.8 特殊情况处理和质量检查

当灌浆压力或注入率突然改变较大时，应立即查明原因，采取相应的措施处理。灌浆过程中发现冒浆，漏浆时，可采取表面封堵，间歇灌浆等方法处理；如回浆变浓，宜换用相同水灰比的新浆进行灌注，若效果不明显，延续30 min，即可结束灌浆。

(1) 灌浆段注入量大，灌浆难以结束的处理办法。

施工中一般采用了低压浓浆、限流限量、间歇待凝灌注法。低压浓浆灌注法是吸浆量大孔段灌浆的首选方法，当低压浓浆法仍无法达到结束标准时，再采用限流、限量，限流、限量灌注，其注入率多控制在20 L/min左右，灌入水泥限量为5 t/m。在采用低压浓浆、限流限量两种方法仍不能达到结束标准时，再采用间歇、待凝、复灌的方法进行灌注，待凝后，再扫孔复灌，直至达到灌浆结束标准。

(2) 串浆情况处理办法。

灌浆施工过程中，串浆现象较多。出现此种情况是因为钻孔之间存在相互连通的通道。灌浆施工过程中遇串浆情况时，采用以下措施进行处理：①正在钻进的孔串浆，立即停机起钻，防止因串浆而埋钻，并将串浆孔从孔口封堵，待灌浆孔灌浆结束后，再对串浆孔进行扫孔、继续钻进和灌浆；②具备灌浆条件的串浆孔，采用一孔一泵同时对灌浆孔和串浆孔进行灌注。

灌浆工作必须连续进行，因故中断时，应及早恢复灌浆，否则应立即扫孔并冲洗钻孔，然后恢复灌浆。

灌浆质量检查以检查孔压水试验为主，结合钻孔取芯资料、岩体波速测量、灌浆记录等综合评定。

灌浆质量合格标准为：帷幕检查孔压水试验要求坝体砼与基岩接触段及其下一段的透水率 $q \leqslant 6$ Lu 为压水试验合格，其余各段的压水试验合格率应达到90%以上。

5 帷幕灌浆效果

苏巴什水库帷幕灌浆基岩总进尺19698.31 m，总耗灰量为3995104.85 kg，平均单位注入量为202.81 kg/m。其中Ⅰ序孔基岩进尺5304.43 m，耗灰量为1959683.12 kg，平均单位注入量为369.47 kg/m，Ⅱ序孔基岩进尺5407.41 m，耗灰量为1307859.03 kg，平均单位注入量为270.98 kg/m。Ⅱ序孔较Ⅰ序孔递减26.7%。Ⅲ序孔基岩进尺8986.47 m，耗灰量为1478687.68 kg，平均单位注入量为164.55 kg/m。Ⅲ序孔较Ⅱ序孔递减39.3%。检查孔基岩总进尺2041.4 m。检查孔压水试验平均值为4.24 Lu，均满足规范和设计要求。所在单元工程透水率合格率达100%。

6 结语

根据以往的灌浆施工经验结合岩溶工程地质条件的复杂性，防渗处理具有较大难度和不可预见性，但由于各工程岩溶地质条件的差异较大，帷幕灌浆的设计和施工中既有共性，也各有特性，这是多数岩溶地区工程进行正式帷幕灌浆前必须进行灌浆试验的根本原因。另外，每个工程的勘测手段和方法各不相同，获取的资料以及对资料的分析处理也不一致，岩溶地区高压灌浆的试验工作是非常必要的，这是论证拟定的防渗线路的可灌性和合理性，为设计提供合理的参数、确定合理的防渗处理措施等最关键的环节，同时也是对岩溶地区高压灌浆的规律探索。

虽然新疆苏巴什水库工程地质条件十分复杂，防渗处理具有较大难度和不可预见性，但我公司根据工程实际情况先进行帷幕灌浆试验制定了合理的施工参数和施工方法，在施工过程中又根据实际情况合理采取技术措施，对岩溶地区有效地进行了帷幕灌浆防渗处理，帷幕检查孔合格率为100%，达到设计预期效果。

参考文献

[1] SL 62-2014 水工建筑物水泥灌浆施工技术规范[S].
[2] 孙钊. 大坝基岩灌浆[M]. 北京：中国水利水电出版社，2004.

锦屏水电站泄洪洞无盖重固结灌浆试验分析与探讨

张宗刚

(中国电建集团中南勘测设计研究院有限公司 湖南长沙 410014)

摘要：锦屏水电站泄洪洞"龙落尾"段属于高速水流区，过流面平整度要求极高。为减少常规固结灌浆对混凝土过流面的二次破坏，在锦屏一级水电站泄洪洞工程"龙落尾"段进行了无盖重固结灌浆试验。本文结合泄洪洞"龙落尾"的工程特点，介绍了无盖重固结灌浆的基本工艺，扩展了灌浆工艺的范畴。通过对无盖重固结灌浆试验成果分析，就其在锦屏水电站泄洪洞固结灌浆施工中的可行性和优越性进行了探讨。

关键词：锦屏水电站泄洪洞；无盖重固结灌浆分析

1 前言

锦屏一级水电站布置在雅砻江河道右岸，采用有压接无压，洞内"龙落尾"的布置形式。泄洪洞地质条件为：出露第六层黑色、深灰色中薄、中厚层大理岩，发育第③、④节理裂隙，0+960 m～1+010 m 洞段出露 F_7（产状 NW330°～340°∠40°～60°）、F_{28}（产状 SW290°～305°∠80°～85°）两断层，其中 F_7 断层带宽 50～100 cm，影响带大于 5 m，岩体全－强风化；1+000 至 1+010 m 洞段出露 F_{28} 断层，下盘为影响带，断层 100～200 cm，影响带大于 10～20 m，洞室左侧及左侧拱岩体强－弱风化、右侧及右侧拱为碳质大理岩，岩体全－强风化，且渗水严重，稳定性差，属Ⅳ～Ⅴ类围岩。施工详图阶段开挖揭示泄洪洞沿线围岩类别Ⅲ$_1$ 类约52%，Ⅲ$_2$ 类约26%，Ⅳ类约22%。

根据设计要求，泄洪洞无压"龙落尾"段需进行固结灌浆，以提高围岩的整体性。

2 灌浆方法选择

2.1 有盖重固结灌浆

锦屏水电站泄洪洞工程中，采用传统的有盖重固结灌浆施工工艺，存在以下弊端。

（1）施工质量无法满足。

由于泄洪洞龙落尾段属于高速水流区，对过流面平整度要求极高（设计要求不平整度最

作者简介：张宗刚(1979—)，男，高级工程师，从事水利水电及岩土工程施工工作。

大允许高度：奥奇曲线段、斜坡段为 3 mm，反弧段、下平段及出口为 1 mm），而泄洪洞龙落尾段灌浆孔数量巨大（约 4000 个孔），这将对混凝土面产生很大的二次破坏，并且灌浆后封孔数量巨大，很难保证每个封孔都达到要求，这将对泄洪洞以后的安全运行产生隐患。

（2）施工安全难以保证。

该部位洞顶距洞底高差大，高达 20 m，斜坡段坡度较陡，坡度达到 24.36°，由于泄洪洞混凝土过流面有极高的平整度要求，混凝土浇筑后不允许对混凝土面进行二次破坏，所以在搭设灌浆排架时，无法在混凝土面上焊接固定排架用的拉筋。这将使搭设的施工排架很难满足施工安全要求。

2.2 无盖重固结灌浆

与有盖重灌浆相比，无盖重灌浆存在两个关键问题。

表层岩体受爆破和卸荷影响，会形成较大的松弛层，而阻塞器又是塞在 0～50 cm 孔深处，有效的灌浆范围实际上是从孔深 50 cm 处开始至孔底，表层基岩的 50 cm 范围形成了一个灌浆"盲区"，使表层 50 cm 的松弛层不易达到良好的灌浆效果。

由于采用无盖重灌浆，基岩表面没有混凝土层封闭，灌浆时浆液容易沿着裂隙从基岩表面冒出，使灌浆压力受到损失，影响灌浆质量。无盖重固结灌浆能否达到质量要求，还有待验证。

对此，泄洪洞固结灌浆施工开始之前，在泄洪洞无压段泄 1+080 至泄 1+090 m、泄 1+000 至泄 1+010 m 洞段内先选取了两个单元进行无盖重固结灌浆试验，通过分析试验单元的灌浆施工成果和检查结果，对无盖重灌浆的灌浆效果进行验证。

综上所述，有盖重固结灌浆这种工艺不适合在锦屏水电站泄洪洞中应用，而无盖重固结灌浆是一种在建基面开挖验收合格后，即可进行施工的灌浆工艺。这种灌浆方式施工灵活性大，可提早进行，可减少对混凝土施工的干扰。通过无盖重固结试验，说明在锦屏水电站泄洪洞工程中，采用无盖重固结灌浆能有效避免上述问题。

3 无盖重固结灌浆试验中常见情况的处理

试验段灌浆孔分布在洞周 360°范围内，间排距 3.0 m，孔深 8.0 m。灌浆方式采用三参数大循环方式，自上而下分两段钻孔灌浆。

在试验段的灌浆过程中，较为频繁的出现孔间串浆、岩缝漏浆等异常情况。出现异常情况时，采用过以下两方面措施进行处理。

3.1 孔间串浆

当两个及两个以上孔处于同一条裂隙上时，极易发生该情况，发生串浆时，首先立即查明串通孔数、范围，如果串通孔具备灌浆条件，则可以同时灌注，但必须是一泵一孔，严禁串联。如果串通孔不具备灌浆条件，则需对串通孔进行封堵，待被串通孔正常结束一定时间后，再对串通孔进行扫孔灌浆。

3.2 岩缝漏浆

无盖重固结灌浆直接在裸岩上施工，很容易从灌浆孔周围的岩石表面发生漏浆，发生漏浆时，如果漏浆流量很小，则只需进行降压、限流，同时对漏浆缝隙进行封堵，到不再漏浆时，再逐渐恢复正常压力，直至正常结束。

如果漏浆量较大，应立即查找漏浆位置及数量，同时暂时停止灌浆，用水将漏浆处的岩缝冲洗干净，再用锚固剂或其他速凝材料进行嵌缝和地表封堵，恢复灌浆时，应先用小流量且保持无压力状态，使水泥浆先在管路和孔内循环，确保不再漏浆时，再缓慢的升压，直至正常结束。

如果漏浆量很大、岩缝较宽、采用嵌缝及地表封堵的方法均无效果时，可在水泥浆内掺入少量速凝剂，采用低压把含有速凝剂的水泥浆压入孔内，并使浆液从岩缝中流出，从而使含有速凝剂的水泥浆填充整条漏浆的岩缝，封闭岩缝。此种方法堵缝时浆液注入的压力几乎为0，类似于自流方式，只需将浆液填充到漏浆的岩缝里，尽量避免浆液注入裂隙，堵塞灌浆通道。待凝固8 h后，重新扫孔复灌，复灌浆时，先用小流量、无压或低压力，使水泥浆先在管路和孔内循环，确保不再漏浆时，再缓慢地升压至设计压力，直至正常结束。

4 试验段灌浆效果分析

试验段灌浆结束后，采用压水检查和声波检查相结合的方式进行检查，每个试验单元灌前布置占灌浆孔数5%的先导孔，灌后布置占灌浆孔数5%的检查孔，先导孔兼作灌前声波孔，检查孔兼作灌后声波孔，以此来做灌前和灌后的对比，以增强灌区的可灌性资料。试验段01单元的详细数据见表1；试验段02单的详细数据见表2。

表1 试验段01单元灌前和灌后透水率对比

灌前先导孔透水率			灌后检查孔透水率			降低/%
孔号	段次	透水率/Lu	孔号	段次	透水率/Lu	
XWGS010105	1	∞	JC-01	1	0.48	/
	2	29.49		2	0.04	99.86%
XWGS010303	1	27.98	JC-02	1	0.77	97.25%
	2	20.65		2	0.98	95.25%
XWGS010501	1	26.71	JC-03	1	0.62	97.68%
	2	13.24		2	0.41	96.90%
灌前平均	1	27.35	灌后平均	1	0.62	97.72%
	2	21.13		2	0.48	97.74%

表1中的数据反映，试验段01单元先导孔灌前平均透水率为24.24 Lu，灌后检查孔平均透水率为0.55 Lu，灌后岩体透水率比灌前降低了97.73%，并且灌后检查孔透水率均满足设计要求（$q < 3$ Lu）。

表2 试验段02单元灌前和灌后透水率对比

灌前先导孔透水率			灌后检查孔透水率			降低/%
孔号	段次	透水率/Lu	孔号	段次	透水率/Lu	
XWGS020101	1	18.41	JC-01	1	0.61	97.74
	2	8.09		2	0.04	97.74
XWGS020303	1	32.5	JC-02	1	0.03	97.74
	2	13.74		2	0.37	97.74
灌前平均	1	25.46	灌后平均	1	0.32	98.74
	2	10.92		2	0.21	98.12

表2中的数据反映，试验段02单元先导孔灌前平均透水率为18.19 Lu，灌后检查孔平均透水率为0.26 Lu，灌后岩体透水率比灌前降低了98.57%，并且灌后检查孔透水率均满足设计要求（$q<3$ Lu）。

为更进一步验证灌浆效果，在灌浆前后，由第三方对两个试验单元进行了岩体声波测试。结果见表3。

表3 试验段灌前及灌后声波波速测试统计表

单元	灌序	平均速度	大值平均	小值平均	测点数	≤4500	4500~5000	5000~5500	≥5500	提高率/%
01单元	灌前	4815	5338	4404	109	28.44	33.94	23.85	13.76	1.58
	灌后	4891	5376	4239	150	24	23.33	37.33	15.33	
02单元	灌前	5141	5462	4779	119	7.56	26.05	45.38	21.01	9.12
	灌后	5610	5729	5420	78	0	1.28	26.92	71.79	

根据第三方物探监测结果来看，试验区01单元灌前岩体声波波速变化范围为4400~5340 m/s，灌前岩体平均声波波速为4815 m/s；灌后岩体声波波速变化范围为4230~5380 m/s，灌后岩体平均声波波速为4891 m/s，灌后比灌前岩体平均声波波速提高1.58%。试验区2单元灌前岩体声波波速变化范围为4770~5470 m/s，灌前岩体平均声波波速为5141 m/s；灌后岩体声波波速变化范围为5420~5730 m/s，灌后岩体平均声波波速为5610 m/s，灌后比灌前岩体平均声波波速提高9.12%。

针对表层的50 cm岩体能否达到良好的灌浆效果这一问题，从"灌前及灌后对比试验检测单孔声波测试曲线图"可看出，孔口50 cm范围内，2个试验单元灌前声波波速为4400~5470 m/s，灌后声波波速为5400~5900 m/s，灌后声波波速较灌前声波波速均有明显的提高，说明表层基岩的完整性也有明显的改善（图1、图2）。

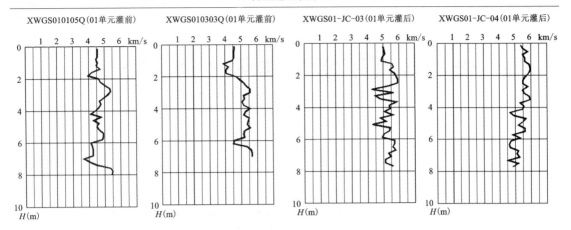

图 1　试验段 01 单元灌前及灌后对比试验检测单孔声波测试曲线图

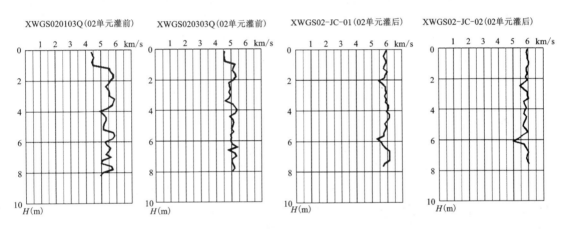

图 2　试验段 02 单元灌前及灌后对比试验检测单孔声波测试曲线图

5　结论和建议

从试验段灌浆成果分析，无盖重固结灌浆工艺满足泄洪洞无压段固结质量要求，可以在锦屏一级水电站泄洪洞工程中应用。该工艺可在混凝土施工前进行，避免了固结灌浆施工时对混凝土面造成的二次破坏，避免了对混凝土施工的干扰。同时可在时间上给混凝土施工更多的自由度，有利于其避开不利季节施工，提高施工质量。

无盖重固结灌浆工艺可行性较强，但也存在钻孔串浆、地表漏浆等异常情况，且其发生概率较有盖重固结灌浆更大，施工过程中应加强观察，及时发现和处理异常情况。

无盖重固结灌浆工艺作为一种新型的固结灌浆工艺，在某些方面尚不成熟，在后续的工作中需对其进行进一步研究、验证，使之更加成熟，以便更广泛的推广应用。

参考文献(略)

低温环境下水工隧洞衬砌混凝土裂缝渗水分析及控制

夏 骏 肖冬顺

(长江岩土工程总公司(武汉) 湖北武汉 430000)

摘要：混凝土作为水利工程中常用材料，其材料特性决定了混凝土裂缝的产生是难以避免的，而低温的环境阻碍混凝土的自行硬化从而降低混凝土强度，进一步增加了混凝土施工的难度。低温环境下水工隧洞衬砌混凝土施工中易产生裂缝这，地下水沿衬砌混凝土的裂缝或薄弱部位涌出，造成隧洞衬砌施工质量问题。本文从低温环境下水工隧洞衬砌混凝土裂缝产生原因、施工中裂缝预防措施以及隧洞衬砌混凝土渗水的处理措施三个角度来探讨低温环境下水工隧洞衬砌混凝土渗水的问题。

关键词：低温环境；衬砌混凝土；裂缝渗水分析及控制

1 前言

混凝土是水利工程中最重要的材料，但混凝土作为多种材料的混合物，其材料特性决定了裂缝是不可避免的，随着我国水力资源开发的重心不断向西藏等高海拔严寒地区转移，低温环境给混凝土的施工带了更大挑战。例如西藏地区年平均气温5.2℃，最低气温为零下10℃左右，在此环境下，水工隧洞衬砌混凝土施工极易产生裂缝这一施工缺陷，地下水沿衬砌混凝土的裂缝或薄弱部位涌出，造成隧洞衬砌施工质量问题。因此，掌握混凝土裂缝的成因，并采取相应的衬砌混凝土裂缝渗水预防和控制措施具有重要意义。

2 低温环境下水工隧洞衬砌混凝土裂缝

2.1 低温环境下衬砌混凝土强度降低及裂缝产生原因分析

低温阻碍混凝土自行硬化，混凝土的成型过程会受到影响，使得衬砌混凝土强度降低，造成工程质量的缺陷。

(1)低温造成水体冷凝使混凝土配比的体积增加，而混凝土又无法反向收缩，混凝土内部的缝隙就会变多变大，如果膨胀到一定极限可直接产生裂缝，造成混凝土衬砌结构损坏。

(2)混凝土骨料附近常伴有水膜和水泥浆膜，低温不利于黏合力的提高，使得衬砌混凝土强度下降。

作者简介：夏骏(1990—)，男，硕士，助理工程师，现从事水利水电工程施工管理工作。Email：417004923@qq.com。

（3）西藏地区昼夜温差较大，温度的升高和降低过程中，混凝土内部水伴随着液化与冷凝的交替，水形态的变化带来位置和体积的变化，影响混凝土结构的变化，使其体积不断增大和缩小，这是裂缝产生的重要原因。

（4）新浇混凝土强度的增长取决于水泥的水化作用，低温会降低水泥的水化速率，因而混凝土初凝和终凝的时间被延长。

2.2 低温环境下衬砌混凝土施工中易产生的裂缝类型

2.2.1 沉降收缩裂缝

水工隧洞进行衬砌混凝土浇筑施工，在泵送混凝土到达钢拱架结构中时，在侧壁和顶拱结构中易产生沉降收缩缝。混凝土浇筑后，在塑性状态时，由于自身重力作用，较重骨料下沉，水分上升移动，即"泌水"。若在下沉过程中受到混凝土中钢筋等障碍物的阻碍，处于障碍物上方的混凝土沉降受阻，而两侧的混凝土仍然正常沉降，从而在障碍物上方产生张力，导致障碍物上方混凝土表面开裂；同时，在障碍物下部有可能出现新月状的空穴，这些空穴中充满泌水，影响钢筋与混凝土的黏合强度。混凝土用水量越大，越易引起沉降裂缝，裂缝位于钢筋上部，裂缝中部宽、两段窄，宽度 1~4 mm，其深度一直延伸到钢筋表面，加速钢筋的锈蚀。

防止出现沉降收缩裂缝的措施：一是控制混凝土配比中的用水量，适量掺加减水剂，在满足泵送和浇筑要求时，宜尽量减少坍落度；二是使用连续级配的粗骨料、偏粗的中砂保证混凝土的均匀性；三是衬砌混凝土浇筑时下料不宜太快，防止振捣不实。

2.2.2 干缩裂缝

在混凝土硬化后较长时间产生的水分蒸发引起水泥干燥收缩，裂缝呈无规则状，宽度较小，多为 0.05~0.15 mm。混凝土的水分蒸发干燥过程相对缓慢，干缩裂缝由外向内、由表及里逐渐发展。干缩裂缝损害薄壁结构的抗渗性和耐久性，随着裂缝的发展甚至影响隧洞衬砌结构的耐久性和承载能力。

防止出现干缩裂缝的措施：一是选用干燥收缩较小的中低热水泥和粉煤灰水泥；二是控制混凝土配比中用水量，适量掺加减水剂；三是西藏地区干燥且风大，应加强衬砌混凝土早期的保温养护。

2.2.3 塑性收缩裂缝

浇筑衬砌混凝土未凝结硬化前，还处于塑性状态时易产生塑性收缩裂缝。塑性收缩产生的原因主要是失水，即新浇筑混凝土表面失水速度大于泌水速度，表面混凝土收缩大于内部混凝土收缩，内部混凝土限制了表面混凝土的收缩，在表面产生张力，当张力大于抗拉强度时，表面就会出现开裂，即塑性收缩裂缝。塑性收缩裂缝呈 V 形，表面较宽，越往里越细，裂缝较长，长短不一。

防止出现塑性收缩裂缝的措施：一是降低混凝土表面游离水的蒸发速度；二是减小混凝土的面层干缩量；三是增大混凝土面层早期的抗裂强度。

2.2.4 施工缝

施工缝作为新、老混凝土的结合面，在其缝面上常采取冲毛或凿毛工艺，但由于现场施工条件限制，往往在开仓前会有少量的积水和细小的渣滓难以彻底清除，使施工缝依然成为一个薄弱部位。

2.2.5 地质条件因素产生的裂缝

隧洞施工工期一般较紧，过早进行衬砌混凝土的施工，难以保证混凝土的施工质量，在此类隧洞施工过程中，在误判围岩类型的情况下，当锚固支护作业不合理，隧洞形状易发生变形恶化，在一段时期内部分衬砌混凝土承担了支护作用，衬砌混凝土受外部的应力作用而产生裂缝。同时，隧洞的地质条件较差时，底板围岩较弱，其承压能力较差，完成混凝土的浇筑后，可出现不均匀的沉降，若不能合理地设置变形缝，往往易产生贯穿性大裂缝。

断层、软弱破碎带或裂隙等地质条件变化处，围岩的自稳能力差，岩石与混凝土衬砌接触面应力集中张拉产生不同程度的不规则裂缝，或长或短，有的甚至是贯穿裂缝。

3 低温环境下衬砌混凝土施工中裂缝防治措施

针对西藏寒冷地区，以原材料准备、配合比要求、混凝土的拌和、运输、浇筑、养护和施工管理措施为几个关键点，提出对低温环境下水工隧洞衬砌混凝土裂缝的防治措施。

3.1 原材料准备

（1）水泥应采用现行国家标准规定的普通硅酸盐水泥或硅酸盐水泥，水泥中碱含量应小于0.6%，水灰比控制在0.5~0.6，并控制其用量与施工标准相符合；
（2）采用二级或多级配粗骨料，骨料应避免露天堆放和暴晒；
（3）根据西藏长期低温施工环境，应采用防冻型减水剂。

3.2 配合比要求

根据原材料品质、衬砌混凝土强度要求、混凝土耐久性以及施工工艺对工作性质的要求，调配合适的混凝土配合比。

3.3 混凝土的拌和、运输、浇筑

（1）拌和系统应进行篷布保温密封，拌和前使用热水冲洗拌和罐进行预热；
（2）拌制时，应先放入砂石骨料和水，然后放入水泥，最后根据规定掺量添加减水剂等外加剂，以减少用水量，防止冻害；
（3）选择合适地点设置拌合站，以缩短从拌合站到隧洞的运输距离；
（4）搅拌后混凝土温度应不低于10℃，入模混凝土温度不低于5℃；
（5）隧洞衬砌混凝土浇筑时应按设计要求留置变形缝；
（6）浇筑好的衬砌混凝土应及时进行养护，在西藏这样的低温地区应采取保温措施，防止衬砌表面温度因环境因素而发生剧烈变化；
（7）应该在衬砌混凝土达到一定强度之后再考虑拆模。

3.4 外部加热法养护

低温环境会减缓隧洞衬砌混凝土的自行硬化，外部加热法通过提高衬砌混凝土环境温度以保证混凝土硬化过程具备一定的温度条件。隧洞衬砌浇筑时，使用棉被或帆布等材料遮盖

住出入洞口以隔绝外部低温环境中的冷空气,然后在隧洞内点火炉以升高洞内温度,通过加热混凝土衬砌周围的空气,将热量传给混凝土使其在正温条件下能正常硬化,以达到衬砌混凝土的养护条件。

3.5 建立质量保证体系,制定施工管控措施

(1)加强对泵送混凝土搅拌站的监督管理,从源头抓起,确保原材料的管控到位;
(2)通过通讯联络,加强车辆的调度工作,避免混凝土运输时间过长,严格遵守混凝土泵的操作规程,以确保混凝土质量;
(3)做好施工劳力的组织工作,强化施工管理,将衬砌混凝土的运输、浇筑、振捣、二次抹压及养护工作落实到个人。

4 水工隧洞衬砌混凝土渗水处理措施

水工隧洞的混凝土衬砌完成后,其强度增长还需要一定的时间,在此期间地下周围裂隙水被封闭于混凝土衬砌外,形成较高的外水压力,于是在衬砌混凝土的施工缝、变形缝等薄弱位置发生渗漏现象。

4.1 针对于围岩存在裂隙渗水的"引导排水"方案

在水工隧洞衬砌混凝土浇筑时若没有采取有效的排水措施,隧洞围岩中的地下水由于隧洞衬砌混凝土的封闭形成较高外水压力,地下水在刚浇筑的衬砌混凝土中形成渗水通道,混凝土水化热完成后,衬砌与围岩之间实际形成了一个较大的空隙,于是在混凝土薄弱部位产生渗水现象,因此在衬砌混凝土浇筑前采取"引水"措施是有利于后续衬砌混凝土浇筑施工的。

"引水"即先引导后排水,在围岩裂隙渗水或集中渗水的部位设置导水孔,导水孔沿着裂隙的走向打,孔深1 m,孔径$\phi = 42$ mm,间距2~3 m,孔内插PVC管,其插入孔内部分开一些小孔以利于渗水通过小孔沿管流出,创造导排水减压的条件,然后进行二次浇注衬砌混凝土,使渗水通过导水管排出。从而二次衬砌混凝土有足够的时间使强度增加,最后通过注浆封闭导水孔达到止渗的目的。

4.2 水工隧洞衬砌混凝土渗水处理措施

4.2.1 混凝土置换法

该法是针对衬砌混凝土裂缝较严重或失效的部位进行剔除,然后用新的混凝土或其他材料进行置换的一种方法。置换材料根据使用条件和处理要求进行选择,主要考虑置换材料与水的亲和性、润湿性、综合力学性能等指标,混凝土置换法的基本工艺流程:①剔除渗水或失效部位的混凝土;②剔除部位的混凝土面层及钢筋处理;③配置置换材料,目前常用的置换材料有水泥制混凝土或砂浆、聚合物或改性聚合物混凝土或砂浆;④养护及涂刷。

4.2.2 表面封闭

表面封闭法主要是在出现细微裂缝的衬砌混凝土表面涂膜,如使用环氧砂浆进行涂刷,

以提高衬砌混凝土面层的防水性及耐久性，同时通过密封水工隧洞表面，防止水分、二氧化碳以及其他有害介质侵入，从而达到裂缝处理以及保护衬砌混凝土面层的目的。

这种修补裂缝的方法主要用于修补衬砌混凝土面层的裂缝而无法深入裂缝内部，可用于衬砌混凝土干缩裂缝的处理，同时在进行衬砌混凝土的置换法或堵漏法之后再进行表面封闭，可对处理后的混凝土面层起到保护作用也可以使隧洞衬砌表面更加美观。

4.2.3 堵漏法

（1）化学灌浆：采用化学灌浆材料、快速凝结添加剂和膨胀水泥砂浆等材料进行渗漏部位的堵漏。当裂缝较深时，对裂缝全深度注入修补材料，以提高衬砌混凝土的防水性和耐久性。

（2）封堵法：在衬砌混凝土涌水的孔洞或缝面部位，使用快速堵漏剂如 PBM 聚合物，利用其在水中快速固化、强度增大迅速、与混凝土黏结强度高的特点，对裂缝、孔洞或孔隙进行快速封堵。

5 结论

低温环境增加了水工隧洞衬砌混凝土的施工难度，文章通过对低温环境下水工隧洞衬砌混凝土渗漏问题的分析，提出以下结论。

(1)混凝土的材料特性导致了裂缝的不可避免，而低温环境加剧了裂缝的产生，因此必须在衬砌混凝土原材料、配合比、拌和、浇筑和养护的施工过程中采取针对性的防治措施，以减少衬砌混凝土裂缝的产生。

(2)水工隧洞衬砌混凝土浇筑前采取"引排水"措施是一种控制围岩地下水的有效手段，通过引水将无规则的地下水变为规则的卸压排水导流，待衬砌混凝土成型后再对引水孔进行灌浆封堵，实际上减少了后期堵漏的施工难度。

(3)水工隧洞衬砌发生渗漏时，应根据围岩地质情况和衬砌混凝土缺陷情况采取针对性补漏措施。

参考文献

[1] 柳其圣.黄沙岭特长隧道涌水处理方案探讨[J].公路交通科技，2012(3)：28-32.
[2] 邱发起.水工隧洞渗漏的综合治理[J].铁道建筑，2007，13(10)：38-40.
[3] 余光辉.长线路小断面引水隧洞施工与质量控制[J].水利水电快报，2009(4)：27-29.
[4] 颜辉杰.论水利工程施工混凝土质量控制[J].企业科技与发展，2009(10).
[5] 张雄，习志臻，王胜先，等.仿生自愈合混凝土的研究进展[J].混凝土，2001(3).
[6] 魏以忠，周毓.浅议混凝土的几种施工技术[J].中国新技术新产品，2010(3).
[7] 陈萌.混凝土结构收缩裂缝的机理分析与控制[D].武汉：武汉理工大学，2006.

浅谈抗滑桩在地质滑坡治理工程中的应用
——以宁波鄞州前门山滑坡工程为例

赵云孟

(华东建设工程有限公司 浙江)

摘要：滑坡是指斜坡上的土体或者岩体，受河流冲刷、地下水活动、地震及人工切坡等因素影响，在重力作用下，沿着一定的软弱面或者软弱带，整体地或者分散地顺坡向下滑动的自然现象[1]。本文介绍了宁波鄞州区横街镇前门山边坡滑坡治理工程的设计和施工情况，重点是抗滑桩在滑坡体中的应用，抗滑桩的施工工艺，对治理效果进行了评述，以及在类似工程中应注意的问题。

关键词：滑坡；抗滑桩；施工工艺

1 工程概况

工程位于宁波市鄞州区横街镇朱敏村。2012年8月8日受强台风"海葵"带来的强降雨影响，位于村文体活动中心北侧的坡体出现裂缝，前缘局部塌方，造成坡脚部分房屋倾斜、墙体开裂，公路受损。经浙江省工程勘察院勘查，本滑坡体规模约40万 m^3，预计威胁人口100人以上，财产3000万元以上，属于中型滑坡体。

本治理工程主要施工内容包括：削坡减载、抗滑桩、锚索格构梁、挡土墙、截排水系统、坡面绿化等。

本文重点介绍削坡减载后进行的第一级平台上抗滑桩施工工艺，对削坡后滑坡前缘布设一排抗滑桩，按照设计要求，共计22根桩，高程为230 m，桩中心间距为5 m，抗滑桩深入中等风化基岩面以下5 m，桩长16 m。桩截面均为长方形，长为2.0 m，宽为1.5 m。

2 地质地貌

施工区属浙东低山丘陵区，位于四明山脉的北西麓，地貌类型为侵蚀-剥蚀丘陵，滑坡发育于勘查区东部的山坡上，山体大致呈NE走向，高程一般为230～433 m(1985国家高程)，自然地形坡度为20°～35°，局部达40°以上；山体植被较为发育，多为松树、山树、竹林、灌木及杂草，其中滑坡区表部为毛竹林。滑坡前缘因人工建房、修建公路等形成多级人工边坡，地形起伏较大，高度一般为2～10 m，最高达16 m，坡度较陡，60°～80°，局部采用毛块石挡墙护坡，图1为施工区地形地貌图。

作者简介：赵云孟(1978—)，男，高级工程师。主要研究方向：边坡地质灾害治理。E-mail：zhao_ym@ecidi.com。

图 1　施工区地形地貌图

出露地层主要为上侏罗统高坞组(J_3g)：岩性为灰色、青灰色晶屑玻屑熔结凝灰岩，凝灰结构、块状构造，晶屑含量约35%，大小为0.5~2 mm，晶屑成分主要为斜长石，黑云母、石英次之，少量钾长石，新鲜岩石属坚硬岩，局部风化较强烈。

第四纪地层主要为残坡积含碎（砾）石粉质黏土、含黏性土碎（砾）石，灰黄色，可塑—硬塑或稍密—中密，碎（砾）石含量为10%~80%不等，粒径一般为1~10 cm，个别达30 cm以上，磨圆度较差，多呈次棱角—棱角状，分选性差，成分以全—强风化凝灰岩为主，局部为中风化，厚度一般为1~3 m，滑坡体中上部地段较厚，最厚达12.6 m。

3　抗滑桩作用原理及设计原则

3.1　抗滑桩的作用原理

抗滑桩（anti-slide pile）是穿过滑坡体深入于滑床的桩柱，用以支挡滑体的滑动力，起稳定边坡的作用，适用于浅层和中厚层的滑坡，是一种抗滑处理的主要措施，但对正在活动的滑坡打桩阻滑需要慎重，以免因震动而引起滑动。桩的抗滑稳定作用来自两个方面：一是桩的表面摩阻力，它将土体滑动面以上的部分土重传至滑动面以下，从而减少了滑动力。二是桩本身刚度提供的抗滑力，它直接阻止土体的滑动。抗滑桩一般属于挖孔（钻孔）就地灌注桩，水泥砂浆的渗透无疑提高了桩周边一定厚度地层的强度，加上孔壁粗糙，桩与地层的黏结咬合十分紧密，在滑动面以上推力作用下，桩可以把超过桩宽范围相当大的一部分土层抗力调动起来，同桩一起抗滑。这种桩-土共同作用的效能是其他许多被动承受荷载的支挡建筑物难以媲美的[2]。

3.2　抗滑桩设计原则

抗滑稳定安全系数满足设计要求，保证滑体不越过桩顶，不从桩间挤出。

桩身要有足够的强度和稳定性。桩的断面和配筋合理，能满足桩内应力和桩身变形的要求。

桩周的地基抗力和滑体的变形都在容许范围内。

抗滑桩的间距、尺寸、埋深等都比较适当，保证安全，方便施工，并使工程量最省。

另外，抗滑桩的平面位置和间距一般应根据滑坡的地层性质、推力大小、滑动面坡度、滑坡厚度、施工条件、桩截面大小以及锚固深度等因素综合考虑。滑体下部滑动面较缓。下滑力较小或系抗滑地段，经常是设桩的好位置。实践表明，对地质条件简单的中小型滑坡，宜在滑体前缘设1排抗滑桩，布置方向与滑体滑动方向垂直或接近垂直。抗滑桩的间距受许多因素的影响，它的合理与否直接关系到抗滑桩的成败。桩距过大，土体可能从桩间挤出，桩距过小则增加投资并影响工期。桩的合理间距应使桩间土体刚刚形成土拱的状态，保证滑坡土体的稳定，抗滑桩的间距一般为桩径的2~4倍[3]。

4 边坡治理设计方案

本治理工程尽量减少滑坡体前部削坡量，重点对滑坡体中上部进行分级削坡卸载，达到减少滑坡剩余下滑力并提高安全系数的目的。削坡后滑坡体前缘设置一排抗滑桩(第一级平台)，使滑坡体整体稳定。

本工程抗滑桩施工采用人工+机械挖孔方案，其施工流程：放线定桩位及高程→开孔→锁口→开挖第一节桩孔土石方→支护壁模板放附加钢筋→浇筑第一节护壁混凝土→逐层往下循环作业→开挖扩底部分→检查验收→吊放钢筋笼→浇筑桩身混凝土(随浇随振)→桩顶位置凿毛→连系梁、桩间挡板制作与浇灌砼。

5 抗滑桩施工方法

施工准备工作、场地平整、确定孔位→开孔→锁口→分节取土下挖→护壁砼浇灌→终孔(封底)→钢筋摆放与箍筋绑扎或钢筋笼吊装→分层浇灌砼→桩顶凿毛→连系梁或桩间挡板制作与浇灌砼，其施工流程如图2所示。

5.1 施工准备

施工准备包括工器具的进场与检修，施工技术、质量交底，安全防护措施，各类材料进场、场地平整、排水沟的修整等。

用经纬仪放出桩位轴线，用钢卷尺、细尼龙绳辅助放出孔位，测量孔位高程与中心，并用钢筋标定孔中心与边线，用石灰线画出桩孔四周。

5.2 成孔施工

根据设计要求采用间隔错开"跳挖"施工，结合实际情况与设计单位沟通。在保证安全的情况下交叉施工，挖土石由人工(结合机械)从上至下逐段用镐、锹进行，同一段内挖土次序先中间后两边至孔壁。挖孔时需保证桩径超挖不大于5%，一次挖深不超过支护模板长的20%，本次挖孔深度暂定为0.6~1.2 m。第二次挖孔必须待护壁砼强度达到60%以上后，方可进行下层挖方。遇到岩石，用风镐或其他设备将其破碎后吊运出孔口。第一层护壁完成后，将桩位轴线与中心线用油漆标志在护壁上，用于下层挖方的控制，挖孔过程中，需用测杆间隙对成孔进行测量，并用线锤测量成孔的垂直度。垂直提升设备或支架应牢固设置在孔口上方，尽可能保证提升吊桶吊绳能与桩中心一线。取土可用具活动底板的吊桶或吊栏，提吊至地面后，用手推车及时运出。遇到地下水时，用潜水泵排出。

同时，认真做好各项施工记录与地质编录。按照每孔每节护壁均需取样留存、并将拍照、视频音像等资料保存。

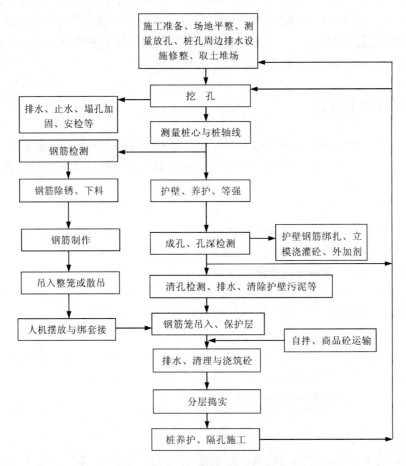

图2 抗滑桩施工流程图

5.3 终孔检查验收

挖孔至设计要求桩身长度后，施工单位应进行自检评定，挖孔桩终孔检查内容包括桩孔中心线位移偏差、桩径偏差、终孔深度、孔底沉渣以及桩底持力层等情况，各项偏差应在设计及规范允许范围内。报项目部后经项目部质监部检查合格后，报监理、设计及业主等有关部门核验并办理隐蔽验收签证手续。

5.4 钢筋笼制作、运输

边坡工程因地形与场地、工期限制，钢筋制安量与绑扎难度较大。桩心钢筋应据孔深与重量确定相关入孔方案。

护壁钢筋一般为孔内绑扎。上下层护壁钢筋搭接不小于设计与规范要求。

桩芯钢筋整笼孔外制作或在孔内绑扎成型，主筋搭接 10~15 d 后焊接。

钢筋搭接、笼径、吊筋、表面除锈等满足设计与规范要求。

钢筋运输、安放时，应防止变形，并确保桩垂直与保护层厚度。

5.5 钢筋笼吊放

钢筋笼在孔上制作成型后，为确保钢筋笼吊装安全，决定采用整体吊装或者采用扒杆吊装的方法进行桩身钢筋笼的安装。

在钢筋笼上部设加劲箍一道与主筋焊牢，作为吊桩的吊点，采用一次性整体吊装的方法进行桩身钢筋笼的安装。

钢筋笼隐蔽检查并安装好后，应对其标高、主筋直径、间距、箍筋间距、焊接质量、绑扎质量、保护层等进行自检，自检合格后书面报请监理工程师检查，检查合格及时办理好隐蔽工程签字手续。

5.6 浇筑砼

桩芯砼采用 C35 商品砼，由砼泵车送或人工送至每个可以浇筑的桩孔内，砼通过漏槽及串桶高出灌注面 1 m 以内下落，不得在孔口抛铲或倒车卸入，砼浇筑过程中，砼表面不得有超过 50 mm 的积水层，否则应设法将积水排除方能继续进行。砼边浇筑边振捣。砼泵车或人工无法达到的桩孔，可用吊车加料斗导管，提升浇筑。浇筑砼需连续进行，分层 1~1.2 m 浇筑、振捣，一次性浇完。若孔壁渗透水量较大，可能影响砼质量，采用封堵或引排水。

做好砼试块制作养护工作，做好各项施工记录。

5.7 混凝土挡土板及桩顶连系梁

桩与桩之间设置挡土板，采用板厚 0.25 m，板高 0.8 m，连接板采用 C35 混凝土现浇，抗滑桩桩顶采用连系横梁链接，连系横梁截面为高 1 m×宽 2 m 的矩形，混凝土采用 C35，钢筋笼主筋采用 II 级 $\phi25$ 的螺纹钢，间距 160 mm，箍筋采用 $\phi12@250$ mm 钢筋。

5.8 其他

(1)桩内挖土取土方法应重点考虑，根据桩口尺寸、地面承载力和取土量决定采用辘轳、三角架、卷扬机等提升设备，并在施工中经常性的检查吊装机具的完好率和安全性。

(2)做好地表和孔口的截排水设施。

(3)桩内取土后地面弃放要远离孔口。

(4)根据桩内地质具体情况动态调整每次下挖土石量。

(5)及时全面了解掌握施工区域地形、地貌、天气预报情况，做好应急预案。

(6)及时全面了解掌握桩内地质变化，经常测量桩径和垂直度变化，做好加固、堵漏、引排水措施预案。

(7)护壁钢筋原则上采用焊接，砼达到设计强度后，方可进行下一次下挖。

(8)桩孔大方量砼浇灌后，初凝前抹平桩顶砼面，以防开裂。在灌注桩身混凝土时，相邻 10 m 范围内的挖孔作业应停止，并不得在孔底留人。

(9)安全措施和预案应完整,具备可操作性,特别是人员逃生手段,过程的安全控制尤其重要。

6 施工监测

本项目属于中型滑坡地质灾害项目,施工期间委托第三方进行坡面监测任务,为顺利、安全施工提供指导性作业。

6.1 监测内容

监测内容包括人工巡视、地表变形监测、深部位移监测、工程支挡结构变形监测等。

6.2 监测方法

6.2.1 人工巡视

巡视检查是边坡监测工作的主要内容,它不仅可以及时发现险情,而且能系统地记录、描述边坡施工和周边环境变化过程,及时发现被揭露的不利地质状况。项目部将坚持每天安排专人进行巡视,巡视的主要内容包括:

(1)边坡地表有无新裂缝、坍塌发生,原有裂缝有无扩大、延伸;

(2)地表有无隆起或下陷,滑坡体后缘有无裂缝,前缘有无剪口出现,局部楔形体有无滑动现象;

(3)排水沟、截水沟是否畅通,排水孔是否正常;

(4)挡墙基础是否出现架空现象,原有空隙有无扩大;

(5)有无新的地下水露头,原有的渗水量和水质是否正常。

6.2.2 地表变形监测

治理施工完工前,为保证影响区人员财产安全以及施工人员设备安全,分别在滑坡体表层设置9个固定监测点,在监测点埋设1.5~2 m钢管,端口由混凝土现浇,规格为0.3 m×0.3 m。采用全站仪定期监测。

6.2.3 深部位移监测

为了解滑坡深层变形状态和趋势,在2号主剖面设置3个深部位移监测孔,监测孔采用潜孔钻机成孔,孔径100 mm,孔深穿过滑动面并到达稳定基岩3 m。埋设测斜管,每0.5 m设置一个测量点,通过测斜绳测量滑坡深部位移。

6.2.4 工程支挡结构变形监测

为检验支挡结构的实施效果及监测其安全性,在两端及中间抗滑桩桩身中分别布置3个变形监测点,监测抗滑桩是否有明显变形或位移。测斜管应与抗滑桩钢筋笼同步放置,监测方法与前面深部位移监测所述相同。

6.3 监测频率

测点埋设后即开始监测,监测过程持续到边坡工程完工后移交建设单位指定的第三方,监测频率按监测方案执行,变形量增大和变形速度加快时加大监测频率。

7 抗滑桩施工技术难点和质量保证措施

鉴于该工程的特殊性，抗滑桩施工工期紧，设计要求抗滑桩打入中等风化基岩以下 5 m，如果地质岩层属于一般构造，按照传统人工施工工艺就可满足要求。

由于本工程勘查地质报告中的地质构造与抗滑桩实际开挖中的地质构造有较大出入，在人工开挖桩孔平均进入到 7～8 m 后就进入中风化凝灰岩层，仅靠人工+风镐施工非常困难，很难满足施工工期要求。工程施工又不允许使用炸药进行爆破开挖，以免爆破产生的强烈震动及冲击波等影响滑坡稳定性及周边建筑物、构筑物的安全。

为保证工程工期和质量，在桩孔施工中除常规的人工+风镐开挖外，先后采用了 18 型钻机、新型 28 钻机、液压分裂机及水磨钻机。经过多种设备的现场调试试验，最终确定采用水磨钻钻芯施工，该技术是利用微型工程钻机沿抗滑桩孔四壁钻孔取芯，在桩壁形成一道环形凹槽，再使用凿岩机由四周往桩心逐渐破碎成孔。该技术可以在无爆破震动、无冲击波、无飞石等条件下破碎岩石，具有非常高的安全性和工作效率。

8 抗滑桩桩体检测

抗滑桩是滑坡治理中极为重要的结构形式，多采用灌注桩，桩型一般为长方形截面挖孔灌注桩，基本承担主要的抗滑力，对质量的要求尤其重要。因此结构完整性检测已成为质量验收中必不可少的一项工作。

抗滑桩的无损检测通常采用低应变法、高应变法及声波透射法。

本工程主要采用低应变法。低应变法一般是指瞬态激发方式的反射波法。反射波法的理论基础是建立在波动力学理论基础上的，将桩视为一维弹性杆件，通过力锤或力棒在桩顶上敲击，产生质点弹性振动，并沿桩身内传播。当遇到缺陷或桩底时，将产生反射波。

根据反射到桩顶的时间判断桩身内的缺陷位置和桩长；根据波在桩身传播速度，计算桩身平均混凝土强度；根据时域波形判断缺陷类型[5]。

特别注意低应变法检测时受检桩的桩头处理规定：

(1) 受检桩桩身混凝土强度不得低于设计强度等级的 70% 或预留立方体试块强度不得小于 15 MPa。

(2) 凿去桩顶浮浆、松散或破损部分，露出坚硬的混凝土表面，桩顶表面应平整、干净、无积水且与桩轴线基本垂直。对于预应力管桩，当端板与桩身混凝土之间结合不紧密时，应对桩头进行处理。

(3) 桩头的材质、强度、截面尺寸应与桩身基本等同。

(4) 妨碍正常测试操作的桩顶外露钢筋应割掉。

(5) 应通过现场对比测试，选择适当的锤型、锤重、锤垫材料、传感器安装方式。

9 抗滑桩开挖险情处理

抗滑桩施工开挖、支护过程中，特别是在雨季或者地下水丰富区，往往容易发生局部跨塌或发生大面积滑坡事故，造成人员、设备损失。为杜绝此类事故发生，首先开挖要按照施工作业指导书、安全技术措施进行，要保证支护及时和支护的质量，不能使开挖与支护脱节。遇到软弱地质、不良地质带施工，开挖要采取小梯段，支护完成后再进行下一阶段施工，不能盲目求快，其次安全观测和仪器监测要跟上，遇到隐患要及时采取措施。

一旦发现边坡出现裂缝、变形，条件允许支护的要及时支护，不能支护的要快速撤走人员设备，对工作面周围进行交通管制，禁止人员进入工作面内。随时安排专人进行边坡变形观测。

局部产生塌方掉块时，要暂停其他工作面的工作，观察边坡围岩动向，在确保安全下再行复工，首先对失稳部位进行支护。

如发生大的滑坡：在事故发生后，立即报告上级人员，启动应急预案，抢救人员、设备。要采取多种观测手段，监测围岩的稳定情况，确认不会再次产生塌方后再行施工，施工前要对边坡上极有可能脱落的岩块进行清除，避免脱落后砸伤人员设备。

在发生塌方时，要立即将事故情况，报告给安全事故应急处理指挥部。发生人员伤亡时，要立即和急救中心联系，对伤员伤处做简单处理后，和急救车辆接头转交急救中心。如发生人员被埋渣体下部，不能确定桩孔上部是否会再次产生塌方时，不要贸然进入渣体下部进行施救，防止事故扩大。在确认不会再次塌方后，要立即对被埋人员进行施救，同时通知急救中心赶工地，参与伤员急救。不能判明伤员位置时，不要使用大型机械扒渣，防止机械在作业过程中，对人员再次造成伤害，必须由抢险突击队人工清撬办法搜寻遇难者。在能判明遇难人员位置时，要以最快速度抢救伤员，伤员救出后要立即进行现场急救，待现场急救处理后，立即送往医院，作进一步彻底检查治疗。

10 结束语

本工程由于抗滑桩具有适应性强、质量要求高、技术难度大等特点，在滑坡地质灾害治理工程中得到应用，解决了边坡稳定问题，为边坡安全提供了保证。同时施工中也得到几点体会以供参考。

(1)抗滑桩挖孔时每开挖1~1.5 m浇注一段钢筋砼护壁，而且要分批错开施工，桩孔开挖完成后立即施工桩体钢筋砼，当第一批钢筋砼桩身施工完毕后立即开始开挖第二批抗滑桩孔。

(2)抗滑桩施工中要加强位移监测，并做好施工人员的安全保障工作(包括通风、氧气等安全防护)。

(3)抗滑桩施工时必须采用间隔"跳挖"施工，根据开挖试验情况，合理调整跳桩开挖方案。

(4)要严格执行试挖桩开挖，以便检验勘查地质报告，如有较大出入应及时和勘察、设计、监理及业主进行汇报，及时调整施工开挖工艺，以便减少不必要的机械设备的投入和浪费。

(5)施工中可采用信息施工法，及时反馈施工中出现的问题和信息，以便修改和完善设计。

(6)抗滑桩施工中要建立完整的安全应急预案体系。一旦险情发生立刻启动，力争将人员伤亡及财产损失降低到最低水平。

（7）抗滑桩施工中多种施工工艺的应用及新技术的研发。水磨钻钻孔取芯新技术无污染、快速安全，取得了较好的社会效益和经济效益，是以后抗滑桩工程岩石开挖施工的发展方向，也为类似工程提供了技术方法。

参考文献

[1] 徐邦栋.滑坡分析与防治[M].北京：中国铁道出版社，2001.
[2] 吴恒立.计算推力桩的综合刚度原理及双参数法（第二版）[M].北京：人民交通出版社，2000.
[3] 江苏宁沪高速公路股份有限公司，河海大学.交通土建软土地基工程手册[M].北京：人民交通出版社，2001.
[4] 杨云峰.深层滑坡体特长抗滑桩施工监测与数值模拟分析[D].兰州：兰州交通大学，2014.
[5] 李春.低应变法在抗滑桩完整性检测中的应用探讨[J].四川建材，2014(5)：69-70.
[6] 周德培，肖世国.边坡工程中抗滑桩合理间距的探讨[J].岩土工程学报，2004,(1)：132-135.

某水库电站厂房新近系砂岩固结灌浆机理浅析

孟大勇　惠寒斌

（黄河设计公司地质勘探院　陕西洛阳　471002）

摘要：本文首先介绍了某反调节水库电站厂房上第三系砂岩的形成环境和工程性质，然后针对砂岩的特点确定了固结灌浆方法和工艺，最后通过灌浆过程记录对固结灌浆机理进行了分析研究，为该工程地基处理方法的选择提供了较丰富的资料，对类似工程实践也具有较强的指导性。

关键词：电站厂房；第三系砂岩；固结灌浆灌浆机理

1　概述

某反调节水库是黄河中游某水利枢纽工程的配套工程，是以反调节为主，结合发电，兼顾供水、灌溉等综合利用的大型水利工程。设计正常高水位 134.00 m，坝顶总长度为 3122 m，总库容 1.62 亿 m³。其电站厂房坝段位于混凝土建筑物坝段的北侧，由 4 台发电机组及安装间组成，电站装机容量 140 MW。

电站厂房基础地基由一套上第三系极软岩（黏土岩、砂岩、砾岩）组成，其中砂岩胶结差，具有第四系砂层的特点，承载力较低，严重影响基础的稳定性。为了提高砂岩的变形模量，增强地基的整体性，减少厂房基础的沉降量和差异沉降，决定对该地基进行固结灌浆试验研究。

2　新近系岩石形成环境及砂岩工程特性

该地区新近系岩石为河湖相沉积，岩性由黏土岩、砂岩、砾岩组成，颜色较杂，以棕红色、紫红色、黄棕色为主，岩石岩性相变大，岩性分布无明显规律，黏土岩、砂岩、砾岩地层呈互层与交叉分布，说明在沉积过程中，由于沉积环境的局部变化造成了地层的互层和交叉。该岩石由于成岩时间短，大部分胶结较差，工程性质具有"非岩非土""似岩似土"的特点。

该反调节水库电站厂房基础地层主要为新近系黏土岩、粉细砂岩、钙质砂岩和第四系砂砾石层，其中持力层主要为新近系粉细砂岩，夹黏土岩及砾岩薄层，该岩石成岩作用差、泥质未胶结至微胶结，强度极低，具有密实状砂的性质，其主要工程性质指标见表1。

作者简介：孟大勇(1971—)，男，高级工程师，硕士，从事工程勘察、施工及监理工作。

3 固结灌浆方法及工艺

3.1 灌浆材料及浆液制备

表1 砂岩工程性质指标统计表

统计项目	质量密度 $\rho/(g \cdot cm^{-3})$	孔隙比 e	孔隙度 $n/\%$	饱和度 $Sr/\%$	透水率 /Lu	标贯击数 N/击	容许承载力 R/kPa
最大值	2.10	0.565	36.1	93.2	98.4	40	350
最小值	2.03	0.438	30.4	74.5	60.8	25	300
平均值	2.06	0.501	33.3	85.0	83.5	32	320

本次灌浆浆材为纯水泥浆液，水泥采用河南渑池水泥厂生产的42.5R普通硅酸盐水泥。该水泥性能指标见表2。

表2 水泥性能指标表

测试项目	粉煤灰 /%	比重 $/(g \cdot cm^{-3})$	比表面积 $/(m^2 \cdot kg^{-1})$	细度 /%	初凝（时:分）	终凝（时:分）
测试结果	12	3.1	350	1.0	2:10	3:05
测试项目	安定性（煮沸法）	$SO_3/\%$	$MgO/\%$	烧失量/%	3d抗折强度 /MPa	3d抗压强度 /MPa
测试结果	合格	2.46	3.82	1.18	5.3	25

采用高速搅拌机(2800 r/min)制备水灰比0.6:1的浆液，然后再将该浆液送至低速搅拌机中，根据需要加水调制成灌浆所需浆液(1:1、0.8:1)

3.2 灌浆方法及施工流程

本次灌浆试验采用孔口封闭自上而下纯压式灌浆方法。

灌浆单孔工艺流程为：钻孔→冲洗置换泥浆→简易压水试验→灌浆→待凝→钻灌下一段。

3.3 灌浆段长的选择

由于本次为固结灌浆试验，灌浆深度较浅，灌浆地层为新近系胶结不良的砂岩，考虑到固管的难度和孔口管埋设的深度，每段灌浆长度一般不超过2.5 m。

3.4 灌浆压力

根据相关经验公式,结合地层情况,本次灌浆试验选用设计压力见表3。

3.5 灌浆过程控制

为防止地层抬动破坏,灌浆过程中严格控制灌浆压力与灌浆注入率。注入率控制在20~30 L/min之间,若吸浆量较小(<10 L/min),可适当升高压力,压力每次提高幅度掌握在0.05~0.10 MPa,并注意观察地层的抬动。

表3 灌浆压力设计表

灌浆方式	自上而下	
深度/m	5.0~7.5	7.5~10
灌浆设计压力/MPa	0.40	0.60

灌浆过程采用GJY-Ⅲ型灌浆自动记录仪,该设备具有计量准确、操作简便、灌浆过程容易控制等优点。

3.6 浆液比级及变换

(1)浆液比级。

遵循浆液逐级变浓的原则,并结合地层的具体情况,水灰比采用1:1、0.8:1、0.6:1三个比级。开灌水灰比为1:1。浆液搅拌时间大于3 min,浆液自制备到用完宜少于4 h。

(2)浆液浓度的变换。

当灌浆压力不变,吸浆量均匀减少时,或当吸浆量不变,压力均匀升高时,灌浆工作应持续下去,不得改变水灰比。

当某一比级浆液的灌入量已达300 L或灌浆时间达1 h、灌浆压力和吸浆量无明显改变时,应换浓一级浆液继续灌注;

当吸浆量大于30 L/min时,可根据实际情况适当越级变浓灌注。

当改变浆液水灰比后,如灌浆压力突增或吸浆量突减,应立即查明原因,进行处理。

灌浆过程中,制备好的每桶浆液应测试比重、黏度并做记录。

3.7 灌浆结束标准

达到设计压力,注入率小于1 L/min,持续30 min,灌浆可结束。

3.8 特殊情况处理

灌浆过程中,如发现地面冒浆或吸浆量很大(>30 L/min),可采用降压限流法灌注,控制流量小于30 L/min,若效果不显著,可采用间歇法灌注,间歇时间初定为10~30 min。当以上两种方法效果不显著,可闭浆待凝,待凝时间为36~48 h。

3.9 灌浆过程曲线

本次固结灌浆试验共完成了两孔四段,根据灌浆成果记录。

(1)灌浆过程中,存在一个临界压力,当灌浆压力小于此压力时,吸浆量很小或不吸浆,但灌浆压力大于该压力时,吸浆量突增。根据灌浆过程监控,第一段临界压力为 0.3~0.4 MPa,第二段临界压力为 0.4~0.6 MPa。

(2)灌浆过程中,灌浆压力超过临界压力后,吸浆量突增,采取降压限流法灌注,效果不明显,说明,存在一条或若干条浆液渗流的通道。

(3)初灌时,地面冒浆严重,待凝 36~48 h 后复灌时,地面冒浆明显减少,复灌 1~2 次能达到结束标准。

4 灌浆机理分析

对于岩土体灌浆,灌浆机理可分为渗透灌浆(灌浆压力较小)和劈裂灌浆(灌浆压力较大),对本次砂岩灌浆机理分析如下。

4.1 渗透灌浆

渗透灌浆是指压力作用下使浆液充填岩土体孔(裂)隙,排挤出孔(裂)隙中存在的自由水和气体,通过物理化学反应,浆液在孔(裂)隙中形成具有一定强度和低透水性的结石体,堵塞或充填孔(裂)隙,起到加固和防渗作用。渗透灌浆基本不改变原状土的结构和体积,所用的灌浆压力相对较小。这类灌浆一般只适用于中砂以上的砂砾土和有裂隙的岩石。

根据灌浆多年来的经验,岩土地层渗透灌浆的可灌性由两个重要因素决定,一个为岩土孔(裂)隙的大小,一个为灌浆材料颗粒的粗细。利用下面的经验公式,求取可灌比值 N,可以定量确定地层的可灌性。

$$N = D_{15}/G_{85}$$

式中:D_{15} 为根据土的颗粒分析试验,求得粒径级配曲线中 15% 的颗粒直径;G_{85} 为根据浆液材料的颗粒分析试验,求得粒径级配曲线中 85% 的颗粒直径。

若 $N > 15$,表示地基土的可灌性好。

根据本次灌浆试验对象砂岩和灌浆材料水泥颗粒组成粒径累计曲线(图1),砂岩的 $D_{15} = 7~\mu m$,水泥的 $G_{85} = 35~\mu m$,将其带入上式中可得砂岩的可灌比值 $N = 0.20$,远远小于 15,表明砂岩的可灌性很差,不属于渗透灌浆。

4.2 劈裂灌浆

劈裂灌浆是在钻孔中施加浆液压力作用于弱透水地基中,当浆液压力超过地基岩土的抗拉强度时,岩土体在浆液压力劈裂下,形成压力渗漏通道,导致吸浆量突然增加。孔内压力成为劈裂口处的浆液压力。随着浆液向远方渗流,浆液压力也越来越小,直至为零时才停止渗流。如果这时浆液压力有所增加,在液压对岩土体的压缩变形范围内,浆液或继续向远方发展,或另辟第二条劈裂途径,或另辟更多条劈裂途径,继续向远方劈裂,直至液压与劈裂阻力达到平衡时为止,在钻孔附近形成网状浆脉。劈裂面发生在阻力最小主应力面。

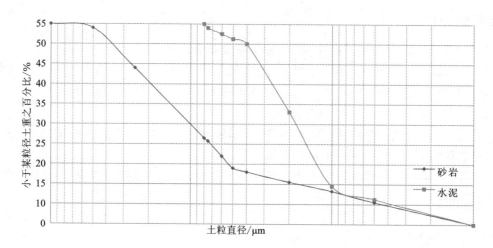

图1 砂岩和水泥颗粒组成粒径累计曲线图

本次砂岩固结灌浆灌浆压力和吃浆量随时间变化曲线如图2所示。通过图2可见,劈裂灌浆共经过三个阶段。

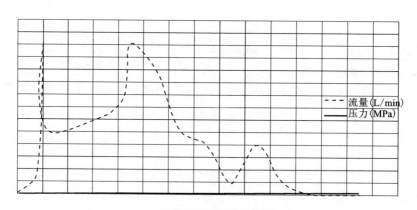

图2 灌浆过程曲线图

(1)压密阶段。

开始灌浆时,灌浆压力较小(小于岩土抗拉强度),不能劈裂地层,浆液聚集在注浆管孔附近,形成椭球形浆泡,在灌浆压力对岩土体挤压作用下,岩土体产生塑性变形。该阶段吸浆量小,压力增长快,时间短。

(2)垂直劈裂流动阶段。

当灌浆压力超过岩土体的抗拉强度(劈裂压力)时,浆液在地层中产生劈裂流动,吸浆量突然增大,在降低压力后,吸浆量变化不大,当吸浆量达到一定值时,为避免浆液流经太远造成浪费,待凝36 h后复灌,劈裂面发生在阻力最小的主应力面,根据岩体应力分布规律和特点,最大主应力为岩体垂直自重应力,由于泊松效应,最小主应力为水平应力,所以初始劈裂面是垂直的,这也是在劈裂后浆液沿劈裂面运动至地表,造成地面冒浆现象的原因。

(3)水平劈裂流动阶段。

在待凝 36 h 后进行复灌,由于初灌时水泥浆液初凝具有一定强度,地层中大小主应力方向发生变化,水平主应力为最大主应力,最小主应力面为水平方向,这时需要更大的灌浆压力才能使砂岩沿水平向薄弱地带(水平层面)劈裂,出现第二个压力峰值,地层浆液注入率增加,随着浆液向远处渗流距离的增加,灌浆压力的传递能量也越来越小,直至为零时停止渗流,也就是达到结束标准,期间还可以多次水平向劈裂,造成地层的再次吸浆,该阶段吸浆量明显增加,灌浆时间显著加长,地面冒浆也很少出现。

5 结语

该地区新近系砂岩成岩时间短,胶结作用差,是一种介于岩石与砂之间的过渡地层,对其进行固结灌浆处理,灌浆机理为劈裂灌浆,劈裂过程分为压密、垂直劈裂流动和水平劈裂流动三个阶段,考虑不同阶段的灌浆特点,垂直劈裂流动阶段由于劈裂造成地面冒浆,应注意控制浆液总量,避免造成浪费,水平劈裂流动阶段是影响灌浆质量的重要阶段,应注意控制灌浆压力和吸浆量,可能的话尽量灌注更多的水泥浆液,以取得更好的灌浆效果。

参考文献

[1] DL_T5148-2001 水工建筑物水泥灌浆施工技术规范[S].
[2] 地基处理手册编写委员会. 地基处理手册[M]. 北京:中国建筑工业出版社,1988.

旁海航电枢纽工程坝基 C_{IV} - C_V 类岩体固结灌浆试验研究

彭中柱　扬明驰　姜世龙

(湖南省水利水电勘测设计研究总院　湖南长沙　410000)

摘要：旁海航电枢纽工程坝基存在 C_{IV} - C_V 类岩体，力学强度低，遇水易软化，需要进行固结灌浆处理。针对目前常规灌浆工艺进行松软岩体灌浆存在成孔困难、难以分段、压力有限、劈裂跑浆、均一性差、效果一般等技术问题，该工程应用一种新的"小段强压挤劈"控制性灌浆工法进行现场生产性试验取得了较好的效果。本文主要对其新工艺技术、灌浆效果等方面，进行了详细的介绍与研究分析。

关键词：C_{IV} - C_V 类岩体；小段强压挤劈；试验研究

1　工程概况

旁海航电枢纽位于贵州黔东南凯里市境内清水江上，为清水江干流的第一个阶梯，是一座以航运为主，兼顾发电的航电枢纽工程。本枢纽工程由船闸、厂房、泄水闸、副坝等建筑物组成，正常蓄水位565 m，船闸布置位于河床左侧，设计为500 t级，闸室有效尺寸为120 m×12 m×3 m(长×宽×门槛水深)，上闸首底槛高程552.1 m，河床式电站厂房布置于右岸，总装机容量42MW，安装2台21MW灯泡贯流式机组，泄水闸共5孔，孔口净宽14 m。设计为折线型实用堰，堰顶高程546.5 m，闸坝顶高程568.5 m，最大坝高30 m。

厂坝基础根据不同的地质岩性、构造破碎程度、物理力学性状，自左岸至右岸主要可以分为Ⅰ、Ⅱ、Ⅲ三个区，其中Ⅱ区分布于河床中部至河床右侧的厂坝分界处，由顺河向断层 F_1 及分支断层 F_8、F_9 断层破碎带与断层影响带组成。断层破碎带呈散体或镶嵌碎裂结构如图1所示。散体结构由岩块夹泥、泥包石块组成；镶嵌碎裂结构其结构面很发育，充填碎屑和泥，岩块间嵌合力弱，按岩体工程地质分类属 C_{IV} - C_V 类岩体，地层结构上下软硬极不均一，明显存在2000 m/s以下低波速软弱岩体。岩体力学强度低，具遇水极易软化成泥的特征，不能满足闸坝基础要求，需进行专门固结灌浆处理。本试验研究是在前期采用常规灌浆工艺试验之后，补充开展的一种"强压冲挤灌浆"新技术应用试验。

作者简介：彭中柱(1967—)，男，工程师，主要从事水电勘探与岩土工程施工技术管理。E-mail: 853366574@qq.com。

图 1 厂坝开挖面照片

2 现场试验布置

现场试验区布置在 5# 闸墩基础部位，原计划按两组试验分区进行布置，试验过程中由于对试验工艺、灌浆水泥等进行调整，后分为 4 个试验小区，试验孔布置与分区如图 2 所示。A、C、D 区孔间距 2.0 m，B 区孔间距 1.5 m，试验孔深 15 m，上覆混凝土垫层厚 3.0 m。

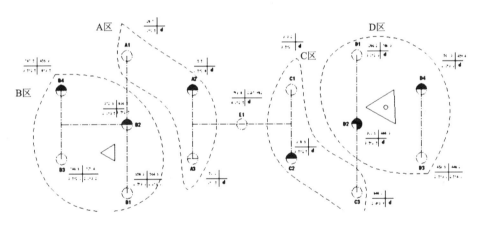

图 2 试验孔位布置图

为观测与控制固结灌浆试验过程中所产生的抬动变化值，试验区两侧分别布置有两组抬动观测装置（T1、T2），抬动装置相对固定锚固端深入孔深 10.0 m，进入基岩 7.0 m，固定管与地面之间通过千分表进行相对抬动变形观测。抬动变形观测装置安装结构如图 3 所示。

3 试验灌浆材料

现场固结灌浆试验分别采用了普通硅酸盐水泥与超细硅酸盐水泥。根据水泥出厂检测报告，普通水泥 $D90 \leqslant 80$ μm，比表面积 $\geqslant 300$ m^2/kg，28 d 抗压强度 $\geqslant 42.5$ MPa；超细水泥 $D50 \leqslant 10$ μm，比表面积 $\geqslant 700$ m^2/kg，28 d 抗压强度 $\geqslant 52.5$ MPa。

4 试验灌浆工艺

本次固结灌浆试验主要针对旁海航电枢纽工程坝基存在的 C_{IV} - C_V 类岩体松散或镶嵌碎裂结构特性,结合目前常规灌浆工艺进行松散岩(土)体灌浆普遍存在的成孔困难、难以分段、压力有限、劈裂跑浆、均一性差、效果一般等技术问题,应用一种新的"小段强压挤劈"控制性灌浆工法进行现场生产性试验,并辅以常规的灌浆工艺进行新工艺应用效果对比研究。

4.1 常规灌浆工艺

试验 A 小区 3 个固结试验孔按照常规灌浆工艺,采用"孔口封闭灌浆法"工艺技术进行固结灌浆试验。

(1)钻孔与灌浆分两序进行,钻孔第一段开孔直径 $\phi91$ mm,孔深进入基岩 1.0 m,孔口段下塞灌浆后镶铸孔口管待凝 3d;第二段及以下段长为 5.0 m,依次自上而下进行分段钻孔与灌浆。

(2)灌浆压力主要依据抬动变形≤200 μm 进行控制。实际灌浆过程中根据灌浆压力与灌浆抬动变形规律性试验(图4),确定灌浆压力≤1.5 MPa。

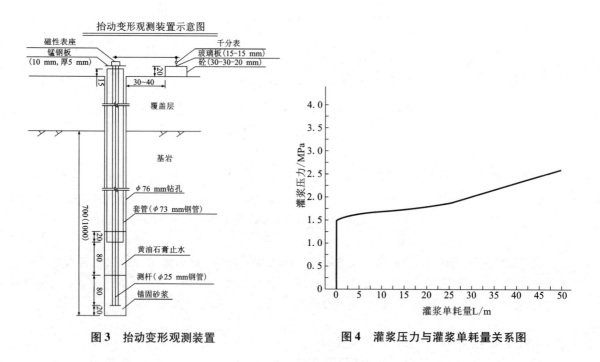

图 3　抬动变形观测装置　　　　图 4　灌浆压力与灌浆单耗量关系图

(3)浆液变换按照水灰比 2:1~0.6:1 依次由稀到浓进行。

(4)为控制灌浆劈裂产生瞬间破坏性灌浆抬动变形,试验灌浆注入率均控制在 10/min 内。

(5)每灌浆段结束标准按《水工建筑物水泥灌浆施工技术规范 SL62—2014》执行,一般情况下,在最大设计压力下,注入率不大于 1 L/min,继续灌浆 30 min,结束本段灌浆。

4.2 "小段强压挤劈"控制型灌浆工艺

B、C、D等固结灌浆试验区均应用"小段强压挤劈"控制性灌浆新技术进行固结灌浆试验。

所谓"小段强压挤劈"控制性灌浆新技术,就是先通过钻孔或灌浆固孔完成灌浆孔全孔成孔,而后孔内下入一种液压栓塞,按照小段长自下而上依次进行灌浆并分段封闭,灌浆采用一种脉冲高压灌浆泵对封闭段脉冲泵入要求的水泥稳定浆液或混合浆液,依次自下而上对灌浆孔进行小段长、小脉冲、强挤劈控制性强压挤劈渗灌注。

4.2.1 灌浆工艺参数

"小段强压挤劈"控制性灌浆工艺控制参数主要包括:分段段长、脉冲压力、脉冲量、单位灌入量等。根据常规灌浆升压劈裂试验成果,按照"小段强压挤劈"控制性灌浆挤密与劈渗灌浆机理及其弹性变形控制理论,现场"小段强压挤劈"控制性固结灌浆试验分段段长、脉冲压力与灌入量等控制参照表1进行。其中脉冲灌浆压力按进浆管路上最大脉冲灌浆压力值进行控制。

表1 "小段强压挤劈"灌浆工艺参数控制表

孔 序	Ⅰ序孔				Ⅱ序孔			
灌浆分段/m	0.5~1.0				0.5~1.0			
脉冲量/(L·冲次$^{-1}$)	<0.2							
控制参数	P_{min}	V_{max}	P_{max}	V_{min}	P_{min}	V_{max}	P_{max}	V_{min}
P/MPa、V/(L·m^{-1})	2.0	150	3.0	100	2.5	100	3.5	50

4.2.2 灌浆钻孔

灌浆钻孔分两序进行。根据地层结构特性,试验钻孔采用风动潜孔锤成孔,钻孔直径ϕ90 mm一径到底。

4.2.3 下塞分段封闭

按照"小段强压挤劈"控制性灌浆工艺要求,下塞分段采用一种高强水压栓塞,依次自下而上按照Ⅰ序孔1.0 m,Ⅱ序孔0.5 m小段长进行分段封闭。分段封闭胶囊压胀水压为1.5倍以上灌浆压力。

4.2.4 浆液配比变换

"小段强压挤劈"控制性灌浆试验浆液采用水灰比为0.6:1~0.8:1稳定浆液,为提高浆液的稳定性,浆液中加入适量高效减水剂,其浆液配比及其性能见表2。

表2 试验水泥稳定浆液性能表

分组	浆液配比(重量比)			浆液性能		
	水	水泥	减水剂	漏斗黏度/s	失水量/%	密度/(g·cm^{-3})
普通	0.8~0.9	1	0.008~0.01	<25	<5	1.55~1.60
超细	0.9~1.0	1	0.008~0.01	<25	<5	1.50~1.55

4.2.5 分段灌浆控制

"小段强压挤劈"控制性灌浆完全按照设定的脉冲泵量、脉冲频率、脉冲压力、灌入量，配合抬动变形允许值进行动态控制性灌注。分段灌浆结束标准控制如下。

(1)当单位灌入量达到设定最大单位灌入量，且灌浆压力大于设定最小灌浆压力时，或当灌入量达到设定最大灌入量的150%，但灌浆压力仍小于设定最小灌浆压力时，停止强压挤劈灌浆，并带压闭浆30 min，或闭浆压力消散归零后，结束本段灌浆。

(2)当灌浆压力达到设定最大灌浆压力，且灌入量大于设定最小灌入量时，或当灌浆压力超过设计最大灌浆压力的20%，但灌入量仍小于设定最小灌入量时，停止强压挤劈灌浆，并带压闭浆30 min，或闭浆压力消散归零后，结束本段灌浆。

4.2.6 抬动变形控制

"小段强压挤劈"控制性灌浆为一种无回浆调控强压挤密劈渗灌注，当达到一定的灌浆强度(压力与灌入浆量乘积)后，必然会出现挤劈应力向外扩散而产生弹性变形。为避免"小段强压挤劈"控制性灌浆出现破坏性变形，每小段试验灌浆设定弹性变形控制值为200 μm。试验全过程有专人进行抬动变形监测，一旦灌浆弹性变形抬动值接近或达到200 μm，即暂停强压挤劈灌注，待变形抬动值回落稳定后再实施间歇控制性强压挤劈灌浆。

5 试验成果分析

5.1 单位注入量分析

(1)固结灌浆试验A区，采用"孔口封闭灌浆法"常规工艺技术进行灌浆试验。对于类似于旁海航电枢纽工程坝基$C_{IV}-C_V$类较破碎岩体，采用孔口封闭全孔稳压灌注其有效灌入量极为有限，多为局部小应力面重复劈裂灌浆，会由此而产生较大的累计抬动。故此，受灌浆试验抬允许值的控制，固结灌浆试验A区共3孔36 m灌浆孔段，累计灌入水泥仅194.2 L(含管钻水泥消耗)，单位耗灰为4.8 kg/m。

(2)固结灌浆试验B、C、D三个区，全部应用"小段强压挤劈"控制性灌注工艺，由于灌浆采用自下而上小段长栓塞封闭，无回浆调控强制性脉冲挤劈灌浆，固结灌浆试验每小段灌入量基本按照设定的灌入量进行控制。现场固结灌浆试验过程中根据强压挤劈产生的弹性变形调控情况，各区灌浆孔段单位注入量为：(1)B区累计灌入水泥5089.8 L，单耗94.37 kg/m；(2)C区累计灌入水泥1279.8 L，单耗31.64 kg/m；(3)D区累计灌入水泥3783.9 L，单耗74.1 kg/m。

5.2 灌浆压力分析

(1)固结灌浆试验A区，灌浆压力完全按照设定的1.5 MPa作为最大灌浆压力进行控制。根据A区"孔口封闭灌浆法"常规灌浆工艺固结灌浆试验压力实施情况统计结果，灌浆试验压力为0.5~1.5 MPa。

(2)固结灌浆试验B、C、D区，采用"小段强压挤劈"控制性灌浆工艺，灌浆压力主要根据"小段强压挤劈"控制性灌浆充填、挤密、劈渗灌浆机理，随地层挤劈弹性反压平衡趋于稳定。"小段强压挤劈"控制性灌浆有效的灌浆压力主要通过每小段灌浆结束后闭浆停顿期间弹性余压延续归零时间来判断。旁海航电枢纽工程坝基 $C_{IV}-C_V$ 类岩体固结灌浆试验,采用 0.5~1.0 m 封闭段长、0.2 L/冲次脉冲量与 100 冲次/min 脉冲频率,可实现 2.0~3.5 MPa 的瞬间脉冲灌浆压力,且小段强压挤劈灌浆间隙期间具有较高的弹性余压与 30 min 以上的归零延续时间,基本满足对 $C_{IV}-C_V$ 类破碎岩体实施"小段强压挤劈"控制性灌浆设定的挤劈压力。

(3)根据旁海航电枢纽工程坝基 $C_{IV}-C_V$ 类岩体固结灌浆试验压力实施情况统计分析,脉冲压力变化与试验孔段地层结构性能密切相关。结合抬动孔取样情况及其灌浆前物探测试成果,试验孔全孔上下局部存在低强度软弱层。对应于低强度软弱层孔段实施"小段强压挤劈"控制性灌浆时,其脉冲挤劈弹性反压明显变低。

5.3 物探声波测试成果分析

物探声波波速(纵波)的提高率尤其是对地层低波速的消减标准,是评判旁海航电枢纽工程坝基 $C_{IV}-C_V$ 类破碎岩体固结灌浆试验效果的直观而重要的指标。现场固结灌浆试验阶段性工作完成后,对试验区共布置了 2 组物探声波检测孔,分别对 B 试验区(物探 A1 组)与 D 试验区(物探 B 组)进行了单孔声波检测与多孔对穿声波检测,其检测成果见表 3、图 5。根据现场固结灌浆试验试验前后物探声波检测成果对比分析表明:

表3 坝基 $C_{IV}-C_V$ 类岩体固结灌浆试验研究声波检测成果表

声测组号	位置	声测部面号	灌前 深度段/m	V_p前/(m·s⁻¹)	K_v前	V_{pamx}/(m·s⁻¹)	V_{pmin}/(m·s⁻¹)	灌后(20d) 深度段/m	V_p后/(m·s⁻¹)	K_v后	V_{pamx}/(m·s⁻¹)	V_{pmin}/(m·s⁻¹)	V_p差/(m·s⁻¹)	V_p提高率	K_v提高度	砼覆盖深度/m	备注
B组	5#闸墩	4-5	3.0~14.0	2699	0.36	3411	1890	3.0~14.0	2876	0.41	3606	1984	177	6.6%	13.5%	3	
		5-6	3.0~15.0	2329	0.27	3020	2012	3.0~15.0	2533	0.32	3625	2145	24	8.8%	18.3%	3	
		5-7	3.0~15.0	2388	0.28	3002	1841	3.0~15.0	2482	0.30	3040	1957	94	3.9%	8.0%	3	
		4(单孔)	2.8~14.0	2705	0.36	3497	1367	2.8~14.0	2828	0.39	3610	1486	123	4.5%	9.3%	2.8	
		5(单孔)	2.8~15.0	2641	0.34	3636	1367	2.8~15.0	2776	0.38	3714	1512	135	5.1%	10.5%	2.8	
		6(单孔)	3.0~15.0	2874	0.41	3868	1420	3.0~15.0	3052	0.46	3953	1653	178	6.2%	12.8%	3	
		7(单孔)	3.0~14.0	2591	0.33	3497	1347	3.0~14.0	2733	0.37	3636	1409	142	5.5%	11.3%	3	
A组	5#闸墩	8-9	3.2~13.8	2367	0.28	3653	1957	3.2~13.8	2661	0.35	3775	2004	294	12.4%	26.4%	3.2	
		8-10	3.2~13.8	2631	0.34	3167	2176	3.2~13.8	2834	0.40	3379	2366	203	7.7%	16.0%	3.2	
		9-10	3.2~13.8	2235	0.25	2841	1976	3.2~13.8	2440	0.29	3061	2187	205	9.2%	19.2%	3.0	
		8(单孔)	3.0~13.8	2481	0.30	2981	1855	3.0~13.8	2799	0.39	3711	2085	318	12.8%	27.3%	3	
		9(单孔)	3.2~13.8	2571	0.33	3636	1894	3.2~13.8	2803	0.39	3868	1998	232	9.0%	18.9%	3.2	
		10(单孔)	3.2~13.8	2466	0.30	3247	1515	3.2~13.8	2738	0.37	3431	1748	272	11.0%	23.3%	3.2	

（1）固结灌浆试验 B 区（物探 A1 组），跨孔声波检测 8-9、8-10、9-10 剖面，声波检测整体波速值较固结灌浆试验前分别提高了 12.4%、7.7%、9.2%；单孔声波检测 8、9、10 孔，声波检测整体波速值较固结灌浆试验前分别提高了 12.8%、9%、11%。其中 7 m 以下孔深固结灌浆试验地层基础声波检测值基本消除了低于 2500 m/s 的低波速区。

（2）固结灌浆试验 D 区（物探 B 组），跨孔声波检测 4-5、5-6、5-7 剖面，声波检测整体波速值较固结灌浆试验前分别提高了 6.6%、8.8%、3.9%。单孔声波检测 4、5、6、7 孔，声波检测整体波速值较固结灌浆试验前分别提高了 4.5%、5.1%、6.2%、5.5%。

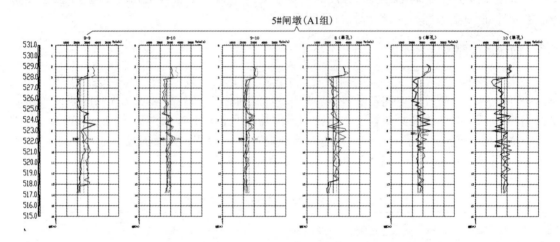

图 5　坝基 C_{IV} - C_V 类岩体固结灌浆试验研究声波检测成果图

5.4　抬动观测分析

（1）类似于旁海航电枢纽工程坝基 C_{IV} - C_V 类破碎岩体，采用"孔口封闭灌浆法"等常规的灌浆工艺，灌浆稳定升压过程中普遍存在局部小应力面重复劈裂的问题。由于常规灌浆工艺通常采用大段长、大注入率稳压灌注，所以一旦灌浆劈裂注入率失控，随着压力上升浆液瞬间扩散即可造成大的抬动破坏。

（2）"小段强压挤劈"灌浆为一种小泵量、小段长控制性与强制性脉冲劈楔式灌注。采用"小段强压挤劈"控制性灌浆工艺对 C_{IV} - C_V 类破碎岩体进行固结灌浆，其宏观灌浆机理就是对 C_{IV} - C_V 类破碎岩体近于原位的小脉冲高压挤密、劈楔、压渗灌注，灌浆过程中产生的应力基本为小范围弹性扩散。当然，随着灌浆挤劈强度的不断加大，也必然会造成灌浆孔周边岩体的一定弹性变形，尤其是对上部浅层 C_{IV} - C_V 类破碎岩体进行"小段强压挤劈"控制性灌浆过程中，由于上覆混凝土盖层对地层约束有限，地面产生可控的弹性变形也是必然的。总而言之，"小段强压挤劈"控制性灌浆工艺对 C_{IV} - C_V 类破碎岩体进行固结灌浆，其弹性抬动变形完全可通过设定的灌浆脉冲压力与单位灌入量进行有效的调控。

6　固结灌浆试验研究初步结论

（1）采用"小段强压挤劈"控制性灌浆工艺，较好的解决了破碎岩体常规灌浆普遍存在的压力有限、劈裂跑浆、均一性差、效果一般等技术问题,固结灌浆效果明显优于常规的灌浆工艺。

(2)采用"小段强压挤劈"控制性灌浆技术,对旁海航电枢纽工程坝基$C_{iv}-C_v$类破碎岩体进行控制性灌浆加固后,基本可消除≤2500 m/s低波速软弱岩层。

(3)采用"小段强压挤劈"控制性灌浆技术,旁海航电枢纽工程坝基$C_{iv}-C_v$类破碎岩体采用"小段强压挤劈"控制性灌浆技术,按照表4.2-1:"小段强压挤劈"灌浆工艺参数控制表设定的控制参数分段进行控制性灌浆,设定允许弹性抬动变形≤200 μm标准可行、可控。

(4)旁海航电枢纽工程坝基$C_{iv}-C_v$类破碎岩体采用"小段强压挤劈"控制性灌浆技术进行灌浆加固,固结灌浆孔按孔间距1.5 m三角形等距布置较为合理。

(5)旁海航电枢纽工程坝基$C_{iv}-C_v$类破碎岩体采用"小段强压挤劈"控制性灌浆技术进行灌浆加固,分别采用了普通水泥与超细水泥进行现场固结灌浆试验,同样控制参数条件下脉冲灌浆压力与单位单位灌入量组合挤劈强度无明显差异。

参考文献(略)

高速沥青路面唧浆病害快速治理新技术

舒王强　周运东　黄超群　陈安重

(中国电建集团中南勘测设计研究院有限公司　湖南长沙　410014)

摘要：针对某机场高速路面出现的唧浆病害，首次采用水下弹性环氧灌浆材料、水下环氧界面剂、柔性陶瓷树脂砂浆等组合新材料，及其微控渗润化学灌浆新工艺，对其进行了快速、安全有效治理。本文就选用的材料、工艺进行了系统介绍，旨在为类似工程运用这一种新材料和工艺技术提供参考。

关键词：沥青路面；半刚性层；路面唧浆；弹性环氧灌浆材料；柔性陶瓷树脂；微控渗润化学灌浆

1 前言

某机场高速公路翻修沥青路面投入运行以后，由于日车辆流量较大，加之春季多雨潮湿气候环境，受荷载多变的车轮冲击碾压，尤其是下雨时车轮高速行驶所产生的巨大动水压力，难免会造成翻新沥青路面局部再次出现唧浆病害，如不及时处理，将会进一步演变成为较大的坑槽缺陷，从而对道路结构和使用功能带来危害，影响行车安全及路面的使用寿命。

根据现场巡视初步统计，在桩号区间 K0+880－K0+920、K8+100－K8+140、K10+120－K10+160、K15+300－K15+340、K15+500－K15+540、K15+800－K15+840、K16+100－K16+340 等分别出现唧浆病害路面。现场表面

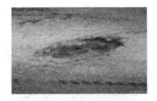

图1　高速路面唧浆病害

观测可见，唧浆病害主要特征为病害区路面挤裂，沥青及垫层(半刚性层)结构破坏，雨天车辆行驶车轮挤压泵吸唧浆效应明显(图1)，对此，有必要尽快进行有效治理。

2 治理方案

对于公路路面唧浆病害治理，传统的治理措施主要是从路面缺陷结构修补和防排水措施两个方面着手进行，不仅费时费工，且很难消除唧浆病害根源(图2)。

近几年来，也有诸多高速路面唧浆病害采用灌浆处理技术。常见的灌浆处理技术主要有

作者简介：舒王强(1977.04—)，男，苗族，毕业于中南大学勘察工程专业。

图 2　常规路面缺陷结构修补

水泥灌浆、水泥—水玻璃双液灌浆、高水速凝材料灌浆等。随着技术的进步与创新，新近又推出一种高聚物注浆封闭处理技术。然而，现有的灌浆材料与工艺技术，仍局限于对公路基础的刚性挤压、劈裂灌浆加固，或是对沥青路面半刚性垫层进行柔性高压胀塞封闭防水，并没有涉及到对高速路面防水体系的有效固结修补与抗渗补强。

某机场高速已运行多年，路面基础已自然压实，基础排水系统也已基本完善，之所以出现沥青路面唧浆病害，主要是雨水期间车轮高速行驶所产生的动水压力导致局部缺陷路面渗透破坏所致。故此，按照标本兼治、技术创新原则，本次机场高速沥青路面唧浆病害治理，首次采用水下弹性环氧灌浆材料、水下环氧界面剂、柔性陶瓷树脂砂浆等组合新材料，及微控渗润化学灌浆新工艺，对其进行快速、安全有效治理，主要关健技术如下。

（1）采用一组水下弹性环氧灌浆材料、水下环氧界面剂、柔性陶瓷树脂砂浆等组合新材料，有效地对沥青路面渗透破坏体系进行渗透固结与结构修补，并形成一种具有一定韧性的抗冲击、抗压渗路面结构体（图3）。

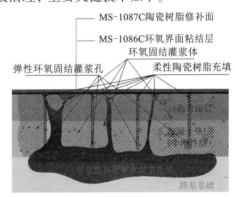

图 3　唧浆病害新材料、工艺处理结构示意图

（2）采用一种微控渗润化学灌浆新工艺，有效地控制化学浆液按球形或柱型渗润扩散，达到对化学浆液的精准控制性有效灌注。

（3）采用一套轻小型施工机械设备机具，有效地确保施工作业快速、安全、环保，最大限度地减少对高速公路的通行影响。

3　材料与工艺

3.1　材料组合

（1）MS-1086G 水下弹性环氧灌浆材料，是长沙普照生化科技有限公司专门针对特殊地质体与结构体灌浆加固或防渗而研究推出的一种环保型新型化学灌浆材料。MS-1086G 水下弹性环氧灌浆材料完全依据加固体或防渗体结构性能、施工环境等要求对环氧基液与固化剂进行了提质改性，灌浆施工固化时间长短可调；可在水下或潮湿环境条件下使用；超低黏度可满足"润湿""渗润""渗透"等高渗透性灌注机理要求；固结体力学性能与抗渗性能好，并具有一定的弹性与抗冲击韧性。

（2）MS-1086C 无溶剂水下环氧界面黏结剂主要作用是提高修补材料与潮湿基面的附着性及其黏结强度。该材料能在干燥、潮湿乃至水下条件下对各种结构表面进行界面处理，并具有优异的黏结力。

（3）MS-1087C 柔性陶瓷树脂材料为一种三维网架结构的无机/有机聚合物，其产品性能同时兼顾抗冲耐磨性、温变协调性、耐候永久性、带水施工性等优良的综合性能。

3.2 微控渗润工艺

微控渗润化学灌浆工艺，主要针对松软地质体或结构体采用化学浆液进行加固或防渗处理时，普遍存在灌浆劈裂跑浆、无效灌注浆液浪费、灌浆固结不均一等诸多技术问题而研究推出的一种小段长微小注入率恒稳微控渗润灌注新工艺。本新工艺主要特点为：（1）小段长分段封闭灌注。本新工艺灌注的浆液完全按照小段长定向、定位、定量进行原位灌注。（2）微小注入率恒稳控制。本新工艺推出的一种微控渗润化学灌浆新工艺，完全依据地质体或结构体性状及其渗流特性，采用一种微小的单位注入率进行恒稳控制性灌注，其工艺技术思路完全不同于常规的化学灌浆工艺。常规的化学灌浆工艺要求控制灌浆压力稳定，并通过调控灌浆注入率来实现，其单位注入率为变量；而微控渗润化学灌浆工艺确要求单位注入率稳定，并通过调控压力来实现，其灌浆压力为变量。（3）限定单位灌入量标准。基于本工法化学灌浆可控性与有效性，灌浆结束标准采用限定单位灌入量进行控制。单位灌入量大小依据地质体或结构体孔隙率、完整性、灌浆孔间距等进行估算确定。

4 施工技术

采用水下弹性环氧灌浆材料、水下环氧界面剂、柔性陶瓷树脂砂浆等组合新材料，及其微控渗润化学灌浆新工艺，进行高速路面唧浆病害快速治理主要工艺流程如下：

现场交通维护→巡视查找记录→唧浆性状探测→唧面找平封闭→布置钻孔埋管→空洞充填灌浆→微控渗润灌浆→唧面修正加强→质量确认验收。

（1）唧浆路面检测：①首先通过人工巡视观测，初步查明已出现明显破损、裂缝的唧浆路面，并记录具体部位桩号；②对已发现的唧浆路面，进一步采用探地雷达查明唧浆病害的性状及影响范围，并作为灌浆孔布置的依据（图4）。

（2）唧浆路面找平封闭：①先凿除路面压裂隆起沥青块，清理坑槽松动表层；采用水洗或风吹洗表面并搽干或吹干；采用 MS-1087C 柔性陶瓷树脂对裂缝、洞眼进行封口填实；②对已清洗面涂刷环氧界面剂，采用 MS-1087C 柔性陶瓷树脂砂浆或 MS-1087C 柔性陶瓷树脂地坪涂料对唧浆病害破坏的路面修正平整。

图4 唧浆路面检测

（3）布置钻孔埋管：①环氧灌浆钻孔布置初步可根据坑点、裂缝、龟裂等三种唧浆病害性状分别布置，布孔形式、间距图5、图6、图7所示；②钻孔孔径采用 $\phi15\ mm$；孔深60～

80 cm，原则上不穿过半刚性层或混凝土垫层；③环氧灌浆孔口安装与钻孔相匹配的 A15 金属灌浆咀；④部分基础掏空严重的唧浆病害部位，可适当增加水泥充填灌浆孔，孔深穿过半刚性垫层进入基础脱空区，孔径 $\phi 40$ mm。

（4）微控渗润灌浆：①对于基础脱空较大的唧浆病害部位，首先灌注水泥浓浆对唧浆脱空部位进行充填灌浆；②水下弹性环氧浆液灌浆处理工艺主要参数包括灌浆注入率、压力、灌入量等（按照表 1 进行控制）。

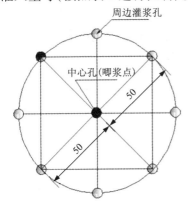
图 5 唧浆点灌浆孔布置图

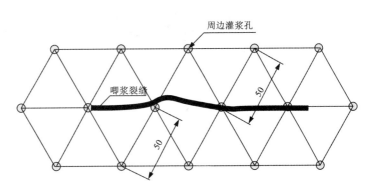
图 6 唧浆裂缝灌浆布置图

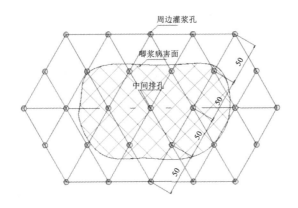
图 7 唧浆病害面灌浆孔布置图

表 1 高速路面唧浆病害环氧浆液灌浆处理主要工艺参数控制表

灌浆分段/m	单孔灌注（小于 1.0 m）	
单孔稳恒注入率/(L·min^{-1})	Ⅰ 序孔 ≤0.2 L/min	Ⅱ 序孔 ≤0.15 L/min
调控灌浆压力/MPa	P_{min} 按注入率调控，P_{max} < 1.0 MPa	
单位灌入量/(L·m^{-1})	Ⅰ	Ⅱ
	Q_{min} = 10 Q_{max} = 15	Q_{min} = 5 Q_{max} = 10

（5）唧浆面修正加强：灌浆结束后拔出灌浆咀，采用 MS-1087C 柔性陶瓷树脂将灌浆咀孔内填满、孔口整平，养护 48 h 后即可恢复路面通行。

5　结语

基于我国高速公路沥青路面基础排水结构特性，及其高速公路大流量、超荷载、高速度等车辆运行现状，路面唧浆已成为一种十分普遍的早期病害。现有的唧浆病害处理修补措施不仅费时费工，并对交通运行带来诸多不便。对此，针对某机场高速沥青路面出现的唧浆病害，首次突破传统的大开挖、深灌浆处理措施，采用水下弹性环氧灌浆材料、水下环氧界面剂、柔性陶瓷树脂砂浆等组合新材料，及其微控渗润化学灌浆新工艺，对其进行了原位、快捷、安全、环保有效治理，其技术思路创新先进，实施效果有效完整，可为类似工程提供一种新材料、新工艺技术借鉴。

参考文献(略)

钻孔灌注桩桩基施工工艺及常见事故处理措施

秦庆红[1]　张烨菲[2]

(1. 西北水利水电工程有限责任公司　陕西西安　710077)

(2. 西安交通大学　陕西西安　710049)

摘要：基于钻孔灌注桩的工艺，从泥浆制备、钻孔、清孔、钢筋笼制作吊装、水密性试验等施工过程进行总结分析，并针对施工中易出现的事故问题提出了相应处理方法，以供同行交流使用。

关键词：钻孔灌注桩；桩基施工；事故处理；措施

通过对汉中溪林桥桩基施工工艺及常见事故处理措施总结，指出钻孔灌注桩适应各种地质条件和不同规模建筑物等优点，应用广泛。随着社会经济发展的需要，钻孔灌注桩的桩长和桩径不断加大，单桩承载力也越来越高，其施工难度大，易发生质量事故。因此，有必要对钻孔灌注桩施工工艺和常见质量事故加以分析，找出质量事故发生的原因，研究相应对策，以供同行交流使用。

1　工程概况

溪林桥位于汉中市城北，北至城褒一级公路连接108国道为界，南到阳安铁路，桥梁全长140 m，桥梁宽度42 m，中跨跨中悬挑景观平台处桥面宽45 m，拱跨采用30 m + 50 m + 30 m现浇上承式钢筋混凝土空腹式拱桥。

桥梁下部结构桥台为钢筋混凝土U型台，单幅桥台10 m(顺桥向)×21.2 m(横桥向)，桥台拱座宽21.2 m，拱座下设承台，尺寸为13.75 m(顺桥向)×22.9 m(横桥向)，厚2 m。

桩基采用钻孔灌注桩，桩基总数168根，桩径1.5 m，桩长30 m，墩柱承台下桩间距纵向为4 m，横向为4 m，桥台承台下桩间距纵向为3.75 m，横向为4 m。桩基下穿地质土层依次为粉质黏土、粉土、砾石等。

2　施工工艺

根据溪林桥地质情况，桩基成孔采用冲击钻成孔。

作者简介：秦庆红(1980—)，男，高级工程师，主要从事项目管理、工程造价等工作。

2.1 施工前期准备

包括技术准备、机械设备准备、测量准备、试验准备、物资材料准备、施工便道、施工场地布置、测量放样等工作。

2.2 护筒制作及埋设

该项目采用钢护筒长 2 m，护筒内径比设计桩径大 0.2~0.4 m，1 cm 钢板卷制，上下口外围加焊加劲环。护筒安装时，利用扩孔器将桩孔扩大，之后通过大扭矩钻头将钢护筒压入设计标高。护筒顶高于原地面 50 cm，以便钻头定位及保护桩孔。

2.3 护壁泥浆制备

对黏结性好的土层，无需泥浆护壁。但对于松散易坍塌地层，或孔壁不稳定的，必须采用泥浆护壁。现场设泥浆池(包括回浆用沉淀池及泥浆储备池)，采用钻孔容积的 1.5~1.8 倍，泥浆池的底部和四周铺设塑料布，以防止泥浆外流。在储备池中可加入适量纯碱改善泥浆性能。造浆后应试验全部性能指标，钻孔过程中应随时检验泥浆比重和含砂率，并填写泥浆试验记录表，保证泥浆的各项指标符合规范要求。

2.4 钻机就位

冲击钻机就位时，通过测设的桩位准确确定钻机位置，底部垫平，保持稳定，并打入木楔防滑，不产生位移和沉陷。钻尖、钢丝绳在同一垂线上，与护筒中心偏差不得大于 5 cm，吊装钻机使钻机中心对准桩位中心十字线。

2.5 钻进成孔

开始钻孔时采用小冲程开孔。首先启动主电动机，在启动主电动机前必须使所有离合器处于松开状态调正主轴转动方向，司机面向钻机站在操作位置，同时用左手握住主轴的前卷和冲击离合器操作手把，向前推至前卷离合器转动，用右手推前卷扬分动转换操作手把，使其传动转换结合至升杆卷扬，右手离开，升杆卷扬转动缠卷钢绳，过滑轮组，牵动桅杆慢慢升起。桅杆升起后，将桅杆底部的螺杆旋出，并支撑到支座上；再将拉杆、架腿、绷绳安装好，并用螺旋调整器来调整拉杆、绷绳的张紧程度。应使初成孔的孔壁坚实、竖直、圆顺，待钻进深度超过钻头全高加正常冲程后，可进行正常冲击钻孔。钻进过程中，应始终保持孔内水位高于护筒底口 50 cm 以上，掏取钻渣和停钻时应及时向孔内补水，保持水头高度。在易坍塌或流砂地段采用小冲程，在通过松散砂、砾类土或卵石夹土层中时采用中冲程，在通过坚硬密实卵石层或基岩漂石之类的土层中采用大冲程，根据现场实际情况，可调节泥浆的黏度和相对密度。钻孔作业要分班连续进行，做好整个过程中的钻井记录。交班时要交代钻进情况及下一班应注意事项。

2.6 终孔

钻孔达到设计深度后，通过钻渣，与地质柱状图对照，以验证地质情况是否满足设计要求。如与勘测地质资料不符，及时通知监理和现场设计代表进行确认处理。如满足设计要求,立即对孔深、孔径、孔型进行检查。钻孔完成后,用检孔器进行孔径、孔深、孔型、成孔倾斜度的检测。倾斜度检测采用吊车吊放检孔器进行,用吊车下放检孔器到孔底,通过量测吊锤底部与钢丝绳的偏斜距离,并通过三角关系推算成桩的垂直度。

2.7 清孔及检测

采用换浆法清孔,分两次进行,第一次清孔在钻孔深度达到设计深度后进行,第一次清孔就应严格满足规范要求,否则不允许下放钢筋笼。钢筋笼安装到位后下放导管再进行第二次清孔,应满足:浇筑水下混凝土前孔底沉渣厚度不大于 300 mm,严禁采用加深钻孔深度方法代替清孔作业。

2.8 钢筋笼制作、运输及起吊安装

钢筋笼主钢筋直径 $\phi 28$ mm,加工采用长线法施工,分 2 节加工制作,节长 18 m 和 8 m。将每根桩的钢筋笼按设计长度分节并编号,保证相邻节段可在胎架上对应配对绑扎。加工丝头前应先调整好滚丝轮之间的尺寸,通过初调、精调、装夹钢筋、滚轧丝头等工序制作。连接形式,采用机械套管连接。钢筋笼采取在钢筋场分节同槽加工制作。用 25 t 吊车吊至平板式运输车上,分段运送至工地。钢筋笼安装前应清除黏附的泥土和油渍,保证钢筋与混凝土紧密黏结。

钢筋笼接高及下放利用 25 t 吊机进行,吊点设置在每节钢筋笼最上一层加筋箍处,四个对称布置,吊耳采用圆钢制作并与相应主筋焊接,随着钢筋笼的不断接长,钢筋笼重量在不断增加,为避免钢筋笼发生吊装变形,钢筋笼顶口设置专用吊架,吊架结构钢筋笼下放到位时待上口吊筋对中后,再松钩将吊筋挂于横在护筒顶口的扁担梁上,并将吊筋与扁担、扁担与护筒焊接固定。声测管规格为 57×3.5 钢管,与钢筋笼等长。

2.9 下放导管

导管采用专用的螺旋丝扣导管,内径 0.3 m,中间节长 3 m,最下节长 4 m,配备 0.5 m、1 m、1.5 m 非标准节。导管制作要坚固、顺直、内壁光滑、无局部凹凸感。导管在使用前,对其规格、质量和拼接构造进行认真检查,并进行试拼和试压,长度由孔深和工作平台高度决定。试压导管的长度要满足最长桩浇筑需要,导管自下而上按顺序编号,且严格保持导管的组合顺序,每组导管不能混用。导管下放时要记录下放的节数,下放到孔底后,经检查无误后,轻轻提起导管,控制底口距孔底 0.2～0.5 m,下放过程应竖直、轻放、以免碰撞钢筋笼。导管安装时应逐节量取导管实际长度并按序编号,做好记录以便砼灌注过程中控制埋管深度。

2.10 水密性试验

导管须经水密试验不漏水,其容许最大内压力不能小于 P_{max}。本工程导管可能承受的最大内压力计算式如下:

$$P_{max} = 1.3(r_c h_{xmax} - r_w H_w)$$

式中:P_{max} 为导管可能承受到的最大内压力(kPa);r_c 为砼容重(kN/m³),取 24.0 kN/m³;h_{xmax} 为导管内砼柱最大高度(m),取 42 m;r_w 为孔内泥浆的容重(kN/m³),本工程采用

11.0 kN/m^3；H_w 为孔内泥浆的深度(m)，41 m；本工程 $P_{max} = 1.3 \times (24 \times 42 - 11 \times 41) = 724$ kPa 经过论证，本项目取值 800 kPa。

试验方法为常规方法，先灌入 70% 的清水，两端进行封闭，一端焊接进水管接头，另一端焊接出水管接头，与压水泵出水管相接，然后启动压水泵给导管注入压力水，当压水泵的压力表压力达到导管须承受的计算压力时，稳压 10 min 后检查接头及接缝处不渗漏，即可以认为满足合格标准。

2.11 二次清孔

导管下放到位后，要立即进行孔底沉渣检测，孔底沉渣厚度不大于 300 mm，若沉渣厚度不满足设计要求时，反循环二次清孔，循环时应注意保持泥浆水头并补充优质泥浆防止塌空。检验合格后，拆除吸泥弯头，准备开始浇注混凝土。

2.12 桩身混凝土灌注

混凝土为 C30，为低细度、低 C3S 含量的中抗硫水泥。导管接头处设 2 道密封圈，采用无缝钢管制成，快速螺纹接头。根据首批封底混凝土方量的要求，和中材商混站混凝土生产能力，本项目选用 5 m^3 大集料斗和小料斗灌注，10 m^3 混凝土运输车运输。首批灌注混凝土的数量要能满足导管首次埋置深度不小于 1 m 和填充导管底部高度的需要，封底时导管埋入混凝土中的深度不得小于 1 m，车内砼方量约 8 m^3，统一指挥，双方都准备好后将隔水栓和阀门同时打开进行封底，隔离栓采用钢板，钢板用细钢丝绳牵引，由钻机起吊。控制灌注的桩顶标高比设计标高高出 1 m 左右，以保证混凝土强度，多余部分桩头必须凿除，确保桩头无松散层。灌注完混凝土后，应及时将导管、漏斗等进行清理和检查，以备下一孔使用。

2.13 超声波检测

桩基质量检测应按设计和规范规定进行，一般达到 7~30d 强固以后进行。每根桩均按设计要求进行超声波无损检测，桩基径检测应达到 I 类桩。

3 常见事故处理措施

3.1 卡埋钻具

卡埋钻具是钻进施工中最容易发生的也是危害较大的事故。

发生的原因：较疏松的砂卵层或流砂层，孔壁易发生大面积塌方；黏泥层一次进尺太深孔壁易缩径；钻头边齿、侧齿磨损严重因机械事故而使钻头在孔底停留时间过长，导致卡埋钻。

卡埋钻处理方法主要有：用吊车或液压顶升机直接向上施力起吊；用反循环或水下切割等，清理钻筒四周沉渣，然后再起吊；位置不深时，人工直接开挖清理沉渣。

3.2 主卷扬钢绳拉断

若操作不当，在钻进过程中，易造成主卷扬钢绳拉断，所以在钻进过程中，要注意提钻时卷扬机卷绳和出绳不可过猛或过松、不要互相压咬，提钻时要先释放地层对钻头的包裹力或先用液压系统起拔钻具。出现拉毛现象应及时更换。

3.3 断桩

断桩是指钻孔灌注桩在灌注混凝土的过程中，泥浆或砂砾进入水泥混凝土，把灌注的混凝土隔开并形成上下两段，造成混凝土变质或截面积受损，从而使桩不能满足受力要求。

处理方法：在混凝土浇筑首封时或首封结束不久后出现断桩情况，应立即停止灌注混凝土，并且将钢筋笼拔出，然后用钻机重新钻孔，清孔后下钢筋笼，再重新灌注混凝土。若灌注中途因严重堵管造成断桩，且已灌混凝土还未初凝，在提出并清理导管后可使用测锤测量出已灌混凝土顶面位置，并准确计算漏斗和导管容积，将导管下沉到已灌混凝土顶面以上大约 10 cm 处，加球胆。继续灌注时观察漏斗内混凝土顶面的位置，当漏斗内混凝土下落填满导管的瞬间将导管压入已灌混凝土顶面以下，即完成湿接桩。若断桩位置处于护筒内时，且混凝土已终凝，则可停止灌注，待混凝土灌注后将护筒内泥浆抽干，清除泥浆及掺杂泥浆的混凝土，露出良好的混凝土面并对其凿毛，清除钢筋上泥浆，然后以护筒为模板浇筑混凝土。

4 结束语

通过对汉中溪林桥桩基施工工艺及常见事故及措施的分析总结，提出在施工过程中，需要重点关注施工工艺中钻机钻进、吊装钢筋笼和浇筑混凝土等环节。对施工中遇见卡埋钻具、主卷扬钢绳拉断和断桩等事故、根据现场实际情况，针对不同的原因，提出具体的处理措施，以达到减少事故、节约成本、提高效益的目的。

参考文献

[1] 符辰宁.浅谈钻孔灌注桩桩基施工工艺和质量控制措施[J].西部交通科,2013(8):91-93.
[2] 牛水云,马丽萍.浅谈钻孔灌注桩基施工常见问题及处理措施[J].山西建筑,2008,34(25):140-142.
[3] 刘平.钻孔灌注桩桩基施工过程中常见问题与处理措施的探讨[J].城乡建设,2010(21):191-191.
[4] 陈营.浅谈冲钻孔灌注桩桩基事故的类型及相应的处理措施[J].中国西部科,2008,7(30):7-7.
[5] 吴建平.海上桥梁桩基施工工艺探讨[J].湖南交通科技,2008,34(2):111-113.
[6] 方加强.刘启勤.桩基施工工艺,桩型及桩身缺陷分布[J].地质与勘探,2000,36(4):78-80.
[7] 巫伟球.桥梁工程桩基施工工艺及相关事故的处理方法[J].城市建筑,2013(2):247-247.
[8] 程海.桥梁桩基施工用旋挖钻机常见故障及应对措施分析[J].商品与质量,2016(44).
[9] 戴丽珺.浅谈旋挖钻机在桥梁桩基施工中的优、劣势和常见问题处理措施[J].城市建筑,2015(12).
[10] 王显华.桩基施工工艺在建筑施工中的分析[J].江西建材,2015(18):86-86.
[11] 刘春阳,王开民.厦门杏林大桥桩基施工工艺及质量控制措施[J].铁道建筑,2008(1):42-45.
[12] 曹凤民.冻土区桥梁桩基施工工艺及方法[J].交通世界,2011(5):258-259.
[13] 陈同福.浅析桥梁桩基施工工艺[J].中国新技术新产品,2011(14):40-40.
[14] 宋锦玺.桥梁工程桩基施工工艺及常见问题的处理方法[J].四川水泥,2015(12).
[15] 兰方鑫等.旋挖钻机应用过程中常见问题及解决措施[J].西部探矿工程,2007,19(10):96-98.

工程勘察与测量

滇中引水工程龙泉倒虹吸地质勘探工作探索与实践

张正雄 杨寿福 王光明 杨 建 濮振波

(中国电建集团昆明勘测设计研究院有限公司地质工程勘察院 云南昆明 650000)

摘要：本文重点围绕滇中引水工程布置在昆明市城区干道的龙泉倒虹吸地质勘探工作进行探索与总结，从解决现场勘探工作实施条件、做好地下管网保护及环境保护、有效控制钻进作业、加强交通安全和质量管控、提高文明施工等方面入手，有效解决生产组织、管理及钻进中存在的技术问题，确保勘探工作顺利实施，并对勘探工作取得的效果进行了分析与总结，为我院类似项目的地质勘探工作积累了一定的经验。

关键词：滇中引水工程；龙泉倒虹吸；地质勘探；探索；实践

1 项目概况

滇中引水工程是从金沙江上游石鼓河段取水以解决滇中区域水资源短缺问题的特大型跨流域引(调)水工程，由石鼓水源工程、输水线路工程和受水区工程组成。输水总干渠跨滇西北、滇中、滇东南地区，总长661.07 km，顺地势由高至低，全线具备自流输水的条件。工程多年平均引水量34.03亿 m^3，其中，渠首流量135 m^3/s，末端流量20 m^3/s，受水区包括大理、丽江、楚雄、昆明、玉溪、红河六个州(市)的35个县(市、区)，国土面积3.69万 km^2。

龙泉倒虹吸进口位于昆明市盘龙区龙泉镇昆明重机厂附近、距龙泉路约83 m，布置盾构机始发井，线路过龙泉路后基本沿沣源路布置，出口接收井位于沣源路与昆曲高速西南角，倒虹吸全长5039.442 m。倒虹吸进口部位设置1座分水闸，向昆明四城区供水，分水流量 $Q=25$ m^3/s，另在盘龙江东岸、沣源路北侧田溪公园内设置盘龙江分水口(水位高程1901.438 m)，通过分水至盘龙江后自流向滇池补生态水，分水流量 $Q=30$ m^3/s。

2 勘探工作布置

为探明龙泉倒虹吸沿线地质情况，为后期盾构掘进提供详细的地质条件参数，从而对施工方案进行优化，确保在掘进施工中对周边已有建筑不造成影响，按照《城市轨道交通岩土工程勘察规范》(GB50307-2012)和《引调水线路工程地质勘察规范》(SL629-2014)要求，

作者简介：张正雄(1982—)，男，高级工程师，主要从事水利水电工程地质勘探、基础处理、岩土工程地质勘察及施工等工作。

沿昆明市城区干道沣源路布置钻孔 103 个，钻孔基本布置在机动车道、人行道、非机动车道或其附近的绿化带内。

3 存在的问题

（1）临时占道施工手续办理问题。

城区干道开展地质勘探工作需要协调解决的一个最为重要的问题就是办理临时占道（含绿化带）施工手续，该项工作涉及到多个部门的现场踏勘及审批。

（2）地下管网保护问题。

地质勘探区域布置有错综复杂的地下管网，共计涉及地下管网十余项，涉及地下管网单位十余家，协调界面多而杂，协调难度极大。而地下管网保护敏感而重要，地下管网探测、复核及保护工作成为本项目地质勘探工作的重中之重。

（3）城区交通干扰及文明施工问题。

由于勘探区域沿城区干道沣源路布置，交通流量较大、路口较多，地质勘探工作存在较大的交通干扰和问题，同时也对城市交通造成较大的影响，加之城区文明施工要求又高，因此，交通安全引导、分流及作业现场围挡、交通安全警示、安全巡查及现场文明施工工作量较大，给勘探工作现场生产组织及管理带来较大难度。

（4）施工供水问题。

由于地质勘探工作需要施工用水，但工程区沿线均无合适水源点供现场勘探工作使用，现场不具备就近取用施工用水的条件，因此，施工用水成为制约勘探工作的另一难题。

（5）环境保护问题。

在城区干道实施地质勘探工作，环保要求高、监管严，加之地质勘探工作本身就是一种固体和液体废弃物较多的一项工作，因此，环境保护也是本项目地质勘探工作的一个重要控制点。

（6）工期问题。

受本项目勘探工作复杂性、重要性和紧迫性的影响和制约，需要投入大量资源才能扭转前期协调工作总体滞后的局面，从而使管理难度加大、成本增加。

综上，如何确保地质勘探工作期间安全生产、文明施工、道路保通，不产生施工扰民，不出现重大环境污染事故，保证勘探工作对原有建筑、地下管线设施不造成破坏，并在尽可能短的时间内完成全部勘探作业，是本阶段地质勘探工作的重点和难点。

4 勘探工作探索与实践

鉴于实施本项目勘探工作存在的外部制约因素和本身实施的难度，对地质勘探工作的生产组织、管理及关键技术环节进行探索并实践，对于顺利实施本项目的勘探工作意义重大。

4.1 临时占道报批

根据《城市道路管理条例》要求，对因特殊情况需要临时占用城市道路的，须积极组织并上报相关审批材料至市政工程行政主管部门和公安交通管理部门进行占道审批，经批准后方可按照规定占用，这也是城区施工所具备的先决条件。

我单位严格按照相关规定和要求积极办理相关报批手续，在分别获得公安交通管理部门及市政工程行政主管部门的行政许可批复，具备了地质勘探工作现场实施的条件后，积极组织实施本项目的勘探工作。

4.2 地下管网保护

近年来，随着城市现代化的发展，地下管线的密集度越来越大，而在大量的城市地下施工过程中，导致地下管网损坏等现象也较为普遍，因此，如何在地质勘探工作中，避免破坏这些地下管线就变得越来越重要。

4.2.1 地下管网资料收集

地下管网资料收集是进行地下管网探测的必备条件，如果不进行相关资料的收集，探测工作只能是"盲目"地进行，可靠度不高。

资料收集主要与地下管网管理单位及权属单位进行对接收集，主要包括各类管线的分布图、管网设计和施工时的图表、相关人员对管线的记录资料及工区内的测量资料等。

4.2.2 地下管网专业探测

龙泉倒虹吸地下管网覆盖介质以杂填土、富含砾石的堆积物为主，磁性较弱，而管线材质、管线芯线材质与覆盖介质存在明显的介电性差异，适合采用地下管线探测仪在不破坏地面覆土的情况下，探测出地下管网的位置、走向及深度。

结合我单位地下管网资料收集的实际，同时考虑到地下管网错综复杂、种类较多等特殊情况，对钻孔孔位附近地下管网分两个阶段进行专业探测，即采取"双保险"技术措施进行地下管网综合探测。第一个阶段是本单位物探检测专业在掌握部分地下管网信息和资料的条件下，使用地下管网探测仪进行初步探测；第二个阶段是委托权威地下管网探测单位在充分掌握地下管网资料的基础上，采用地下管网探测仪进行更为详细、准确的探测。

4.2.3 地下管网现场复核与确认

在完成钻孔"一孔一探"探测复核的基础上，及时提供地质勘探钻孔坐标给地下管网相关单位，请相关单位根据勘探钻孔坐标，对勘探区域是否有地下管网穿过进行复核、确认，最后，邀请相关地下管网管理或使用单位到现场对钻孔作业区域是否有地下管网穿过进行现场复核、确认。

4.2.4 孔位优化及调整

由于涉及地下管网较多且密集交错，地下管网情况极为复杂，全面铺开开展地质勘探工作受到较大的局限性，因此，结合地下管网探测成果资料，对钻孔布置进行了优化和调整，将勘探区域尽量减少，以便对地下管网的破坏风险进一步降低。最终优化和调整的钻孔为59个，均位于人行道或非机动车道上。

另外，对于根据勘探钻孔坐标或现场复核不能确认勘探区域是否有地下管网穿过的勘探钻孔，亦或是存有异议或判断不清的钻孔，重新进行专业探测复核和调整，最终根据探测结果，结合地下管网相关单位的复核、确认情况，标出施工许可区域，保证勘探作业安全。

4.2.5 钻进过程中的地下管网探测

虽然经过严密的专业仪器探测手段完成地下管网探测，但任何仪器都不是完美的，因此，在勘探工作实施过程中采取勘探技术辅助探测手段对地下管网进行复核探测也是地下管网探测的重要辅助技术手段。

钻进过程中的地下管网探测，一方面，采用"设备声音、设备动力、钻进速度"等情况的经验判断手段进行地下管网探测，另一方面，在钻穿路基后，在孔内采用人工洛阳铲与钢钎相结合的探测手段进行地下管网探测。这种辅助探测技术手段，可以确保进一步消除和降低由于地下管线走向凌乱、外界因素对探测成果干扰，以及专业探测仪器和手段本身存在的差异性而导致探测成果偏差带来的风险。

4.3 城区道路交通安全及文明施工

根据相关规范的规定和要求，需对临时勘探作业点采用隔离板临时封闭施工，以做好现场道路交通安全管控和文明施工。本项目对临时勘探作业点采用蓝色彩钢瓦进行临时围挡，围挡范围为 4 m×11 m，围挡高度为 1.80 m，左、右方及后方均封闭，前方设置为活动式，并在封闭隔离板上黏贴反光贴。

在勘探工作实施期间，在施工区围护栏前后方均布设交通锥筒及施工警示标志、标牌，安排专人现场负责交通分流、疏导及现场交通安全管控工作，最大限度提高通行能力，确保地质勘探工作不影响到正常交通。

4.4 钻进

工程区沿线大多为淤泥质地层，局部揭露有基岩地层，因此，钻孔均采用常规钻探工艺，对于缩颈或孔壁不稳定的孔段，采用下套管护壁的手段进行处理，均能达到较好效果。

据了解，工程区地下管网均布置在地面以下 2 m 范围内，且路面以下约 0.8 m 的路面、路基内无地下管网，因此，控制 2 m 范围内的钻进工作成为本项目地质勘探工作的一个重要内容。具体钻进方法如下：

采用轻压、慢转、低回次进尺的方式进行钻进，以便发现异常情况及时停钻、及时处理。

非机动车道沥青路面、路基(约 0.8 m)或人行道路面以下约 0.8 m，采用 ϕ130 ~ ϕ150 mm 口径先钻穿，孔深 0.8 ~ 2.0 m 段本土层，采用人工洛阳铲与钢钎结合先二次探测 0.2 m，确保无地下管网后，再正常完成该 0.2 m 段的钻进工作，以此循环完成 0.8 ~ 2.0 m 段本土层的钻进工作。

钻进过程中，钻完一段后，及时对孔内情况进行检查，尽量避免意外、确保安全。

对于钻孔孔深超过 2 m 范围的孔段，按照常规正常钻进的手段完成勘探工作。

4.5 施工供水

现场勘探工作采用架接施工用水管路供水的方案受到现场交通、其他城市建设及线路工程勘探工作的制约，该方案不可行，只能采用拉水车拉水供现场勘探工作使用。由于一般货车白天不能随意进出城区干道，只有城市绿化供水或城市保洁洒水车辆可以进出，因此，本项目地质勘探工作委托城市绿化供水车辆实施施工供水。

4.6 现场环境保护

城区干道开展地质勘探工作禁止对作业周边环境造成污染，而工程区沿线均无集中垃圾处理站,因此,施工期间,在地层条件允许的条件下,尽量采用合金干钻以降低对现场的环境污染。同时,对施工间产生的固体废弃物进行装袋处理,由现场清运车辆统一收集运送至指定地点掩埋;对含有泥沙的施工污水分类处理,沉淀后排入污水管道,并定期对沉淀物进行清理;对生活废水,采用专用管道引送与市政管网连接进行处理。

4.7 进度控制

本项目地质勘探工作的工期为 30 d,要在城区主干道完成 59 个孔约 3000 m 的勘探工作任务,工期压力较大。进度控制具体措施如下:

及时协调解决设备物资进场及现场施工场地等问题,为勘探工作创造基本的作业条件。

投入钻探设备 16 台套,并确保设备物资按计划供应,为勘探工作的正常开展提供资源保证。

严格控制关键线路上的关键工序,随时检查、动态管理,做到有的放矢、松紧有序。

协调好各作业时间段的作业安排,尽量减少干扰,保证勘探工作的顺利实施。

4.8 封孔

现场地质勘探工作结束后,采用水泥砂浆封孔至离孔口 5~10 cm,再采用沥青或人行道路路面盖板进行路面处理,能满足封孔及道路恢复的要求。

5 勘探工作取得的效果

通过认真调查、分析影响和制约本项目地质勘探工作生产组织、管理和相关技术环节的各项因素,有效解决了城区干道实施勘探工作存在的交通、文明施工、环境保护及复杂地下管网保护的难题。

在工期十分紧张的条件下组织实施高强度、高投入的地质勘探工作,采用合理的组织和精心的管理,没有发生交通安全事故、文明施工及环境保护问题。

对于本项目地质勘探工作涉及到多家管理部门和企事业单位的外围工作协调,通过加强及时沟通、交流、复核和现场确认,对于及时处理和解决相关难题起到了提前预防和过程控制的良好效果。

顺利完成了 59 个钻孔共计 2705.48 m 的勘探工作,单天完成进尺约为 91 m,单机单天完成进尺约为 6 m,勘探工作按期完成。

各项勘探资料准确、真实、全面,为本项目的勘察设计报告提供了可靠的原始参数,满足了本阶段工程设计对工程地质条件查明深度的要求。

6 结语

对于滇中引水工程龙泉倒虹吸布置在城区干道区域的地质勘探工作,面临着交通、市政、绿化、城建等部门的协调及相关审批工作,因此,取得相关手续或行政许可是实施城区主干道地质勘探工作的先决条件。

由于城区干道地下管网错综复杂,需要采取综合探测技术手段才能从根本上消除对管网破坏的风险,这也是城区实施地质勘探工作需要重点关注和解决的难点,对地质勘探工作的顺利开展起着举足轻重的作用。

城区干道实施地质勘探工作还得提高全体作业人员的责任意识,谨慎作业,才能从源头上切实有效地完成地质勘探工作任务。

参考文献

[1] 王文卿,冷欢平. 主城区重要道路围挡施工交通组织研究[J]. 工业设计,2016(1):179-181.
[2] 李慧英. 市政道路工程中的绿色施工环境保护措施[J]. 安徽建筑,2011(3):79-80.
[3] 林百彰. 浅谈城市市政工程建设与管理[J]. 价值工程,2010(9).
[4] 叶忠文. 环境意识在市政工程的应用[J]. 改革与开放,2010(8).
[5] 李凯. 地质勘探过程中对环境的保护探讨[J]. 黑龙江科技信息,2016(22).

深厚砂砾石颗粒分布不均一性研究探讨

司富生　黄民奇　张晖

（中国电建集团西北勘测设计研究院有限公司　陕西西安　710065）

摘要：砂砾石"颗粒分布的不均一性"，目前工程上并无统一定义和标准评价，也未出现在相关规范术语中。本工程中，因拟采砂砾石料分布广、埋深大、厚度大，而且电站工程属超高坝，砂砾石用于填筑250～300 m级高坝尚无经验，故有关专家提出这一概念，或表达对料源级配特征、分散程度及某组粒径可能缺失的关注。本文概要介绍从问题的提出及对不均一性问题研究思路、方法探讨。希望对同类专题研究有一定的借鉴作用。

关键词：砂砾石料；不均一性；筛分

1 引言

拟建的茨哈峡水电站工程采用砂砾石填筑形成超高土石坝，因目前尚无砂砾石填筑250～300 m级高坝的经验，规模巨大的填筑量来自不同空间分布的料层。为做到施工方便，填筑质量易于控制，填筑料的物性差异对工程建设影响成败至关重要[1]。为了表达对料源级配特征、分散程度及某组粒径可能缺失的问题，有关专家提出砂砾石料"颗粒分布的不均一性"。对于砂砾石"颗粒分布的不均一性"问题，目前工程上却并无明确统一的定义和评价标准，也未出现在各类规程规范相关术语中。因而这一问题的研究，其对工程建设的意义不言而喻。具体而言，由于吉浪滩砂砾石料场料层分布广、埋深大、层厚大，虽提出了料源夹层条件、级配曲线的上下包线和统计值，但料源各处是否均在此包线范围内，不同空间部位取样筛分结果及其特征是否与总体特征基本一致等，即为本文所研究探讨的"颗粒分布的不均一性"问题。本文试图通过吉浪滩砂砾石料场料层的分析评价，希望为解决类似问题提供一套简单实用，易于推广应用的工作模式，能对同类专题研究有一定的借鉴作用。

2 思路和方案

宏观思路为：选用能够适用于吉浪滩砂砾石的颗粒分布"不均一性"的概念、内容及论证方法；建立"不均一性"的现场实施手段和评价方法；确定大区分层、料源相对"粗细"程度详细划分的原则和方法；形成明确的结论。

实施方案为：利用特殊深竖井，每进尺全断面筛分，进行料层总体级配曲线特征和粗细程度的划分，研究砂砾石填筑料天然状态的工程地质特性。从宏观地质成因、沉积环境条件分析入手，利用地表测绘、特殊深竖井取样及不间断颗分资料，进行料场详细分区、分层，分

作者简介：司富生（1975—），男，高级工程师，主要从事工程地质勘察工作。E - mail：1010810344@qq.com。

析上下游、岸远近、料深浅的工程地质特性差异。分析各种不良夹层的类型、分布特征(如砂层、土层、胶结层、大孤石等)和不良夹层率等主要影响因素等。评价不同层组的颗粒均一性异同,进而论证整体料层的均一性问题。明确的提出该问题相关的结论和建议。

3 颗粒均一性研究

3.1 取样

结合砂砾料前期勘察成果及实际地形地质条件,在推荐料场Ⅰ区中部,在顺河向纵3、纵5剖面,各布置3个深80 m的超深竖井,纵断面间距290 m,横向间距190~200 m。开挖贯穿整体可用料层,且进行全井无间断筛分,试验组数302组,筛分量近1000t,结合前期钻孔、普通竖井取样及试验成果,按料源形成及沉积特征分析,完全能反映料源在纵、横方向上的颗粒组成及分布变化规律,取样的代表性较好。对单井而言,具完全的代表性。

3.2 研究分析

以6个超深竖井和全井筛分资料为基础,从夹层分布、各粒组含量、相对粗细层划分、特征粒径、曲线形态、垂向分布、纵横向变化、及不同高程(厚度)比较等,从天然砾石颗粒大小及组合的诸多方面和不同视角,评价不均一性问题。

(1)大层划分。

根据钻孔、竖井揭露,岩性大层可分为3层,从上至下为:①地表无用层(土层),厚度岸边0.5 m至岸里25 m;②砂砾石层;③推荐开采层,厚度30~55 m,平均一般超过40 m。砂砾石层的颗粒组成与③层相近,但含较多胶结层,岸边见4~6层,每层厚度0.5~1.2 m,不推荐使用。

(2)夹层分布、最大粒径。

夹层为影响料层"不均一"的主要因素之一。通过勘探,其类型和特点为:①砂夹层,为透镜状薄层中细砂(一般厚度10~20 cm,延伸5~10 m),开采中可不考虑剔除;②黏土、泥类夹层,属有害夹层,区内未发现;③最大粒径,偶见直径400~500 mm的大孤石,含量很少,一般最大粒径为300 mm;④"风化花岗岩"砾石,为软弱颗粒,易压碎,破碎后形成砂粒,但总体含量少,对填筑影响小,可不考虑剔除;⑤"含泥砾石层",局部分布在无用土层以下,厚度小,开采中很容易剔除;含水层未见;胶结层在②层中呈透镜状分布,较少,厚度一般10~15 cm,胶结程度一般,个别钙质胶结较好,开采中可不考虑剔除。

(3)料源总体粒径组成分析。

6个超深竖井全井无间断取样,试验共分302组,所有组数颗粒分布级配曲线如图1所示。其特点为:总体级配曲线呈平滑下凹状、且形态相似度高。集中成束:编号56-5、56-6、56-7、56-8、56-11、56-15、58-1共7组,级配曲线明显偏下。编号55-11在80~200 mm粒径级配曲线偏下突出,与总体曲线差异明显,特别剔出试验点级配曲线如图2所示。除上述极端情况外,97%的试验点级配曲线如图3所示,可见集中度很高[2]。图3反映整体料源级配曲线平滑、上下包线清晰、小于某粒径(图4)含量的最大值与最小值二者平均值,与总平均值对比,除小于200 mm粒径绝对值差值略高外,其余差值均较小,曲线基本重合。反映料场颗粒含量分布整体呈"正态分布"。即5~200 mm砾石含量高,小于5 mm的砂粒和大于 200 mm 的粗砾均较少。图 5 为 302 组粒径统计直方图。

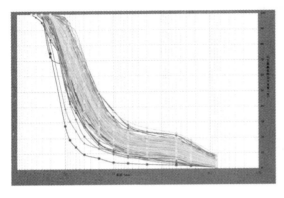

图 1　所有试验成果级配曲线

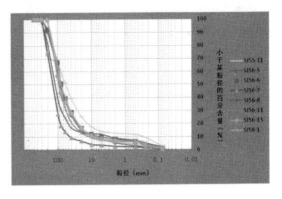

图 2　8 组相对"最粗"成果级配曲线

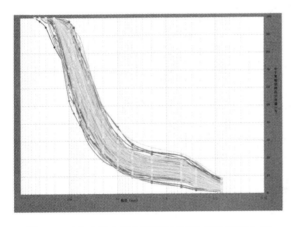

图 3　294 组（除 8 组"最粗"）试验成果级配曲线

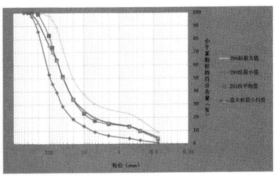

图 4　294 组统计值级配曲线比较

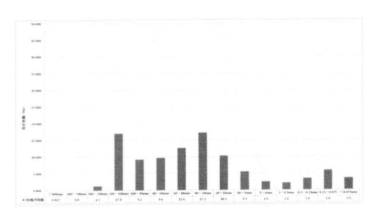

图 5　302 组粒径统计直方图

（4）各粒径组含量分析。

294 组粒径统计如图 6 所示，其特点为：粒径统计，各粒组平均含量主要分布于 10 ~ 200 mm 粒径段，其中：20 ~ 40 mm、100 ~ 200 mm，含量 ≈ 17%；10 ~ 20 mm、40 ~ 60 mm、

60～80 mm、80～100 mm,含量≈10%;0.075～0.25 mm、5～10 mm,含量5%～6%;其余粒径组,含量一般为1%～4%。200～300 mm粒径段及以上含量除相对偏粗的8组明显突出外(最高SJ55-11、SJ56-7达25%左右(图7)),整体含量小(1%～2%)(图6)。最大粒径为300 mm。各粒径段粒径(图8)组含量单值最大值与最小值二者平均值,与总平均值对比,除100～200 mm粒径组绝对值差值略高(6.5%),其余差值均较小(小于5%),与颗分曲线正态分布结论吻合。

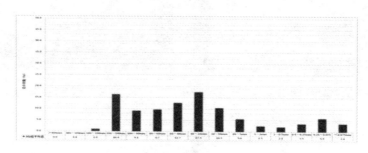

图6　294组(除8组最粗)粒径统计直方图

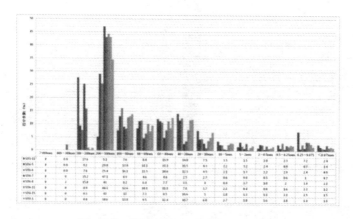

图7　相对"最粗"8组粒径统计直方图

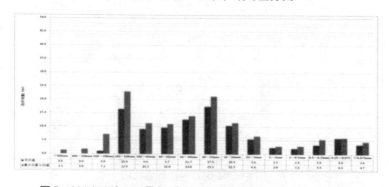

图8　294组(除8组最粗)粒径平均值与最大与最小均值统计

(5)相对粗细程度划分。

对294组试样进行颗粒相对粗细程度划分,具体做法为,所有级配曲线中,划出约3%相对"最粗"8组,再从图3中,小于某粒径含量按各约1/3比例控制:平均值附近为"中粗层",上包线以下为相对"细层",下包线以上为相对"粗层"。

①最粗层。

所有试验中,可分出8组相对最粗层,SJ56(56-5、56-6、56-7、56-8、56-11、56-15)中较集中分布6组,SJ55(55-11)、58(58-1)中各有1组零星分布。占试验总组数的3%。颗分成果如图2所示,直方图如图9所示。

由图9中可以看出:8组最粗层,最大粒径420 mm,颗分曲线较离散,规律性不大,但整体向下偏离,与前述294组各粒组平均含量对比(图8):本类主要是40 mm以下含量偏少,80 mm以上含量偏高,40~80 mm含量差值不大。本组最大粒径稍大,但所占比例极小,对整体料源均一性影响不大。

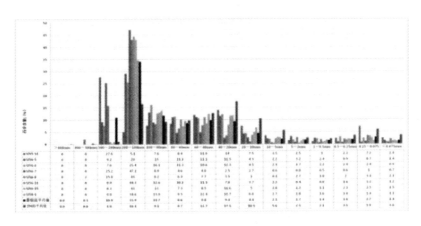

图9 8组最粗组各粒组直方图

②粗层。

按294组曲线包线范围,按前述划分原则,将下包线以上共78组划分为相对"粗层",占总试样的25.8%。其颗分成果表及级配曲线见表1及图10。

表1 粗层小于某粒径含量统计

编号	较粗层小于某粒径含量/%														
	粒径/mm														
	500	400	300	200	100	80	60	40	20	10	5	2	0.5	0.25	0.075
粗层平均值	100	100	100.0	97.9	75.2	64.2	53.8	41.4	26.3	17.7	13.3	11.2	9.5	6.8	2.5
粗层最大值	100	100	100.0	100	92.8	84.6	73.1	58.9	39.8	25.5	16.7	16.4	15.4	12.2	6.9
粗层最小值	100	98.1	94.6	83.5	56.8	50.4	40.8	28.6	17.2	10.4	7.7	5.9	3.8	2.0	0.7
最大和最小均值	100	99.1	97.3	91.8	74.8	67.5	57.0	43.8	28.5	18.0	12.2	11.2	9.6	7.1	3.8
294组平均值	100	100	100.0	99.1	82.8	73.6	63.9	51.2	33.7	23.2	17.6	15.1	13.0	9.5	3.6

由表1及图10中可以看出：级配曲线整体平滑、上下包线清晰，除 SJ55-2 中含少量（1.9%）400~500 mm 粒径（最大 490 mm）和 300~400 mm（3.5%）外，其余各组最大粒径为 300 mm，主要以 60~200 mm 卵石组为主（平均 44.09%）；其次为 20~60 mm 粗砾（平均 27.44%）。大于 200 mm 漂石组，平均含量为 2.13%，5~20 mm 中砾平均占 13.08%。2~5 mm 细砾平均占 2.01%。小于 2 mm 的砂粒及细粒平均占 11.25%。与 294 组各粒组平均含量对比如图11所示。

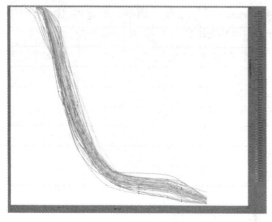

图10 78组相对粗层级配曲线

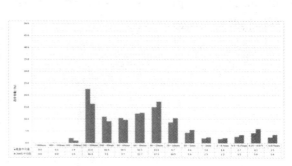

图11 78组相对粗层粒径组含量直方图

本组 60 mm 以下各粒径组颗粒含量相对均值偏低，60 mm 以上卵石含量相对均值偏高，但差值除 100~200 mm 略大（6.2%），其他各粒径组均较接近。差值多小于 2%。

78 组相对粗层小于某粒径含量统计值及级配曲线见表1及图12。

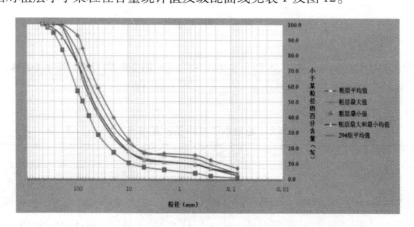

图12 粗层各级配曲线比较

本层料源各类级配曲线平滑，其中小于某粒径以下含量单值最大值与最小值二者平均值，与总平均值对比，除小于 200 mm 粒径绝对值差值略高外，其余差值均较小，曲线基本重合。反映颗粒含量在本层也整体呈"正态分布"。平均值级配曲线与 294 组平均级配曲线比较，以 60 mm 粒径含量差值最大（10.1%），向两侧呈近对称式趋近于 294 组平均级配曲线。这与各粒径组含量统计也相吻合。

③中粗层。

曲线包线范围,平均值附近的173组,定义为中粗层,约占总试样数的57.0%。其颗分成果表及级配曲线见表2及图13。

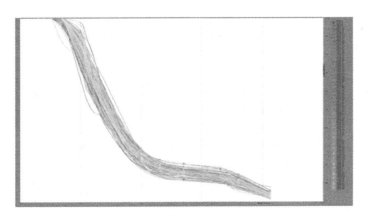

图13　173组中粗层级配曲线

表2　中粗层小于某粒径含量统计

编号	较粗层小于某粒径含量/%														
	粒径/mm														
	500	400	300	200	100	80	60	40	20	10	5	2	0.5	0.25	0.075
中粗层平均值	100	100	100.0	99.4	83.7	74.6	65.0	52.2	34.6	24.1	18.5	15.9	13.7	10.0	3.7
中粗层最大值	100	100	100	100	97.8	89.8	78.6	65.7	45.1	29.1	23.6	21.3	19.7	15	7.9
中粗层最小值	100	100	99.3	86.7	66.6	56	48.8	42.2	27.5	17.8	13	11.2	9.5	5.1	1.3
中粗层最大和最小均值	100	100	99.7	93.4	82.2	72.9	63.7	54.0	36.3	23.5	18.3	16.3	14.6	10.1	4.6
294组平均值	100	100	100.0	99.1	82.8	73.6	63.9	51.2	33.7	23.2	17.6	15.1	13.0	9.5	3.6

由表2及图14中可以看出:该层总体级配曲线平滑、上下包线清晰,除SJ59-5中含少量(0.7%)300~400 mm粒径(最大330 mm)外,其余各组最大粒径均小于300 mm,试样主要以60~200 mm卵石组为主,平均含量34.4%;其次为20~60 mm粗砾,平均含量约占30.37%。大于200 mm漂石组,平均含量0.63%,5~20 mm中砾平均含量占16.14%。2~5 mm细砾平均含量占2.59%。小于2 mm的砂粒及细粒占15.87%。与294组各粒组平均含量对比(图14):各粒径组均接近,差值最大0.8%。173组中粗层小于某粒径含量统计值及级配曲线图15,可见:本层料源各类级配曲线平滑,其中小于某粒径含量单值最大值与最小值二者平均值,与总平均值对比,除小于200 mm粒径绝对值差值略高外(大6%),其余均小于2%,曲线近完全重合。反映颗粒含量在本层呈"正态分布"。平均值级配曲线与294组平均级配曲线比较,差值极小(最大1.1%),近完全重合,与各粒径组含量统计一致。

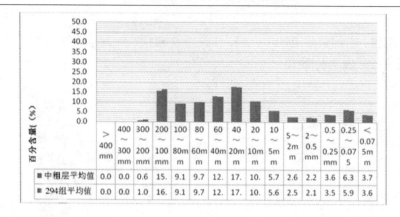

图14　173 组中粗层粒径组含量直方图比较

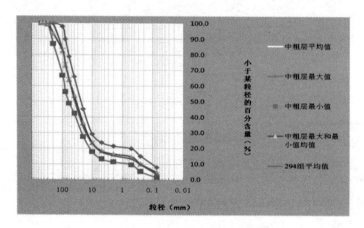

图15　中粗层各级配曲线比较

④细层。

曲线包线范围,上包线以下的 43 组,定义为相对细层,占总数的 14.3%。其颗分成果表及级配曲线见表 3 及图 16。可见:该层整体级配曲线平滑、上下包线清晰,最大粒径平均 290 mm,主要以 200~60 mm 卵石组为主(平均 22.86%);次为 20~60 mm 粗砾(平均 34.15%)。大于 200 mm 漂石组平均 0.59%,20~5 mm 中砾 20.88%。5 mm~2 mm 细砾平均 2.87%。小于 2 mm 的砂粒及细粒 18.65%。与 294 组各粒组平均含量对比(图17):本组 60 mm 以下各粒径组颗粒含量相对均值偏高,60 mm 以上卵石含量相对均值偏低,但差值除 100~200 mm 略大(8.3%),其他各粒径组均较接近。差值小于 4%。

43 组相对细层小于某粒径含量统计值及级配曲线如图 18 所示,可见:本层料源各类级配曲线平滑,其中小于某粒径以下含量单值最大值与最小值二者平均值,与总平均值对比,差值均较小,曲线基本重合。反映颗粒含量在细层也整体呈"正态分布"。平均值级配曲线与 294 组平均级配曲线比较,以 60 mm 粒径含量差值最大(12.7%),向两侧呈近对称趋于 294 组平均级配曲线,与各粒径组含量统计吻合。

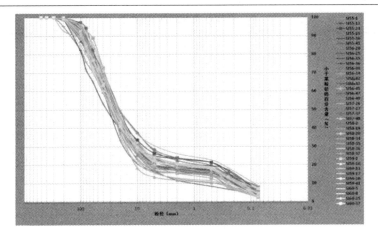

图 16　43 组相对细层级配曲线

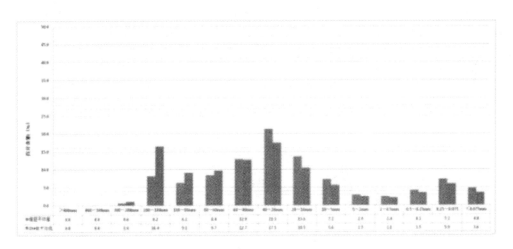

图 17　43 组相对细层粒径组含量直方图比较

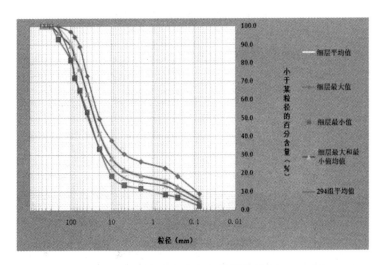

图 18　细层各级配曲线比较

表3 细层小于某粒径含量统计

编号	较粗层小于某粒径含量/%														
	粒径/mm														
	500	400	300	200	100	80	60	40	20	10	5	2	0.5	0.25	0.075
平均值	100	100	100	99.4	91.2	85.0	76.6	63.7	42.4	28.8	21.5	18.7	16.2	12.0	4.8
最大值	100	100	100	100	97.2	94.3	88.8	72.9	49.7	37.8	30.5	26.2	22.7	18.3	8.6
最小值	100	100	100	92.9	81.6	71.8	65.1	53.2	33.2	18.4	13.4	11.6	8.4	6.7	2.1
最大与最小均值	100	100	100.0	96.5	89.4	83.1	77.0	63.1	41.5	28.1	22.0	18.9	15.6	12.5	5.4
294组均值	100	100	100.0	99.1	82.8	73.6	63.9	51.2	33.7	23.2	17.6	15.1	13.0	9.5	3.6

对比上述划分最粗层、粗层、中粗层、细层各层颗配分成果（图19），除最粗层 40 mm 以下细颗粒含量明显偏少，80 mm 以上卵石含量明显偏高外，粗、中粗、细三层相比较各粒径含量差值相近（表4），小于某粒径以下含量粗层与细层均值级配曲线与中粗层均值级配曲线重合（图20），说明对粗中细各层划分是合理的，同时也说明料源均一性较好。

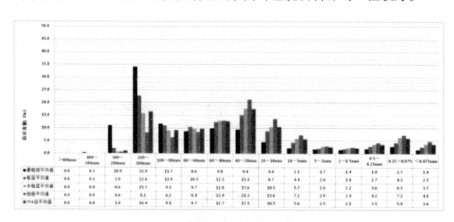

图19 各层粒径组含量直方图

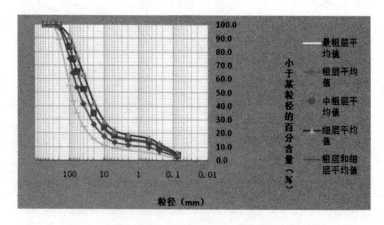

图20 最粗、粗、中粗、细层平均值级配曲线比较

表 4 最粗层－细层颗分成果平均含量比较表

编号	小于某粒径含量/%														
	粒径/mm														
	500	400	300	200	100	80	60	40	20	10	5	2	0.5	0.25	0.075
最粗层平均值	100	100	99.8	93.0	57.5	46.4	37.5	28.0	18.4	13.2	10.2	8.6	7.1	4.9	1.6
粗层平均值	100	100	99.9	97.7	76.1	65.2	54.7	42.2	26.7	17.8	13.5	11.4	9.6	6.9	2.5
细层平均值	100	100	100	99.4	91.2	85.0	76.6	63.7	42.4	28.8	21.5	18.7	16.2	12.0	4.8
中粗层平均值	100	100	100	99.4	83.7	74.6	65.0	52.2	34.6	24.1	18.5	15.9	13.7	10.0	3.7
粗层细层均值	100	100	100	98.6	83.7	75.1	65.7	53.0	34.6	23.3	17.5	15.1	12.9	9.5	3.7

(6) 级配曲线形态特征。

总体特征：所有级配曲线基本呈平滑下凹状（大致以 5 mm 或 5~10 mm 为界，以上较陡，以下较缓），形态相似度高，且向中心集束（正态分布）。不均匀系数均 >5（平均 190），曲率系数少量为 1~3（占 8%），多数 >3（平均为 18~19），主要是因为 d30（18 mm）与曲线拐点（5~10 mm）相差不大，但已接近"级配良好"，总体判定料层属"级配较好"砂砾石层。各单井总体级配曲线特征与总体曲线特征，仅个别差异稍大；各粗细层级配曲线特征，与总体曲线特征相同，仅"最粗"层差异稍大（且多为"级配良好"）。

(7) 特征粒径、细粒含量、含泥量。

各井及整体特征粒径 <5 mm、细粒含量（一般为 13.3%~21.5%）、含泥量（4%）等指标均相近。

综合以上情况说明，吉浪滩砂砾石料场各层组颗粒大小分布基本均一，颗粒均一性较好，适宜进行大范围开采和坝体填筑。

4 结语

(1) 砂砾石"颗粒分布的不均一性"，目前工程上并无统一定义和标准评价，也未出现在相关规范术语中。这一问题的研究对工程意义重大。

(2) 本次研究是以大范围深井探和筛分试验，层组划分对比为主的工作思路和实施方案。

(3) 综合本次 6 井无间断筛分和粒径分析、总体吉浪滩砂砾石料场颗粒大小分布基本均一，宜进行大范围开采和坝体填筑，对工程建设料源选择意义重大。

(4) 本文所采取工作方式简单实用，易于在工程中进行推广应用。

参考文献

[1] 华东水利学院. 水工设计手册第四卷 [M]. 北京：水利水电出版社，1984.
[2] 李智毅，杨裕云. 工程地质学概论 [M]. 北京：中国地质大学出版社，1994.

巴贡水电站工程地质特点

胡 华　司富生　王立志　杨 贤

（中国电建集团西北勘测设计研究院有限公司　陕西西安　710065）

摘要：巴贡水电站位于马来西亚沙捞越州中部的 Rajang 江支流 Balui 河上，工程区多年平均气温 25℃，多年平均降雨量约 4500 mm，是典型热带雨林气候，本文通过对该水电工程自然条件独特、岩体风化程度深、地下水位不稳定等一些工程地质特点的调查及研究，希望对在同类地区进行的工程有一定的借鉴作用。

关键词：巴贡水电站；工程地质特点；岩体风化；地下水位

1 工程概况

巴贡（Bakun）水电站位于马来西亚沙捞越州中部的 Rajang 江支流 Bului 河上，距下 Belaga 镇约 37 km，距港口城市 Bintulu 约 180 km。工程区多年平均气温 25℃，多年平均降雨量约 4500 mm，Bului 河多年平均流量约 1314 m³/s。电站总装机容量为 2400MW（8×300MW），水库总库容约 440×10⁸ m³。

巴贡水电站枢纽主要建筑物包括高 205 m 的混凝土面板堆石坝，开敞式泄槽溢洪道，8 条有压引水隧洞和厂房构成的发电系统。

2 基本地质条件

Bakun 工程位于沙捞越州中部东侧的多山地区，区域地质条件受西北婆罗地槽（形成于新近纪—早第四纪）中部的构造带与沉积盆地控制[1]。Bakun 坝址区地形受一高约 700 m、宽约 2 km、走向 NE-SW 的山脉影响。该山脉由众多与主山脉平行的陡峻山脊和呈"V"形的深切峡谷组成。坝址区地形与水系受岩石类型和地质构造控制，两岸呈沟、梁相间的不规则地形。

Bakun 坝址区基岩属厚达几公里的 Balaga 组地层，形成于晚白垩纪—古近纪，属西北婆罗地槽沉积。由于大面积植被覆盖，基岩露头稀少。岩层产状变化不大，岩层走向 NE50°~70°，倾向 SE，倾角 50°~70°，层序正常。其中近三分之二为杂砂岩，近三分之一为页岩（泥岩）和杂砂岩与页岩互层。

工程区地质构造简单，基本呈单斜构造，偶有小型褶皱分布。断层带延伸不长，未见贯

作者简介：胡华（1978—），男，高级工程师，主要从事工程地质勘察工作。E-mail：13171257@qq.com。

穿两岸坝肩的现象,破碎带最大宽度一般为 1~1.5 m。

受典型热带雨林气候的影响,工程区岩体风化强烈,其中化学风化作用显著(如岩石的分解),物理风化次之。

根据观测,坝址区地下水位变化幅度较大,最高值与最低值之差在 2~30 m 之间;岩体渗透性的变化亦较大。

总之,坝址区河谷深切,岩性较复杂,风化层厚,雨量充沛,植被茂盛。由于地处热带雨林气候环境,决定了 Bakun 水电站工程具有其独特的工程地质特点,同时工程地质工作也有其特别的方式。

3 工程地质特点

1. 自然条件

工程区为典型的热带雨林气候,地表为大面积茂密的植被所覆盖,基岩露头稀少。独特的自然条件给 Bakun 的地质勘测增加了很大的难度。

前期勘测阶段,对这种自然条件所带来的困难,应尽可能地充分利用所有的勘探资料。工程区岩性的划分及断层的识别,能利用的只有沿岸及右岸公路少量基岩露头,因此必须结合勘探平硐、钻孔岩芯通过岩性组成和地质构造等特征进行识别、划分。如无法对断层进行大范围的地面追索,只能根据各露头处的擦痕、构造角砾岩或糜棱岩化等特征判断。在施工初期,对工程区的植被大面积清除后,地质人员应及时对工程枢纽部位的地质条件进行观测,定期巡视,利用工程开挖的地质剖面及基岩露头点对前期地质资料进行复核及修正。

工程施工初期,植被大面积清除后,在溢洪道引渠段边坡开挖过程中,地质巡视发现揭露部位岩层产状紊乱,岩体相对较破碎。根据进一步的调查,认定该部位为一古岩体滑坡,前期勘测过程中由于地表植被的覆盖,未能予以揭露。地质人员进行了详细的补充地质勘测后,及时与设计人员沟通,对该段边坡开挖方案进行了调整。同样的事例还有厂房后边坡出露的断层 F_8,也是清除植被后地质巡视时发现的。

以上两个事例均是在施工初期,植被大面积清除后才揭露的。因此,在这种热带雨林,植被茂密的工程区进行地质勘察,前期勘测应将重点放在充分利用有限的基岩露头和勘测资料,运用地质知识进行系统分析判断(由于勘测时间比较紧,业主往往不愿投入大量前期勘探费)。而施工初期,植被大面积清除后,重点工作应为及时、全面的地质巡视,通过对工程区地质条件复核,与前期成果对比分析,补缺查漏。实践证明,这也是其中切实可行的工作方法。

2. 岩体风化

工程区主要岩性均为易软化岩石,按厚度分为以下类型:①巨厚层(单层厚度 >2 m) - 中厚层(单层厚度 0.2~0.6 m),多为杂砂岩(砂岩、砾岩);②中厚层状 - 薄层状,以页岩(泥岩)为主(含大量粉砂);③薄层(单层厚度 0.06~0.2 m),为页岩(粉砂岩)及杂砂岩与页岩互层等。由于所处位置为典型的热带雨林气候,气温高,降雨量大,化学反应和各种新陈代谢速度快,化学风化作用快而充分,形成深厚的风化壳[2],相比物理风化则居次。由于风化作用强烈,工程区钻孔和平硐内均可见不同风化程度的岩体,可分为全风化、强风化、中风化、轻风化、微风化、新鲜 6 级。

通过对工程区不同高程钻孔风化深度综合统计,工程部位岩体风化深度特征为:全-强风化带下限深度为5~22 m。河床仅局部有小于2 m厚的全-强风化岩体;中风化带下限深度为10~30 m,河床为3~7 m;轻风化带下限深度为15~30 m,河床为10~13 m。工程区的深厚风化壳,除受气候影响外,地形、岩性和构造等也是主要的影响因素,如风化岩体多位于软弱岩层,密集节理带和断层区域,形成典型的差异风化;而山脊部位风化深度较谷底深主要受地形影响;节理密集带或薄层岩体的风化程度高于块状或厚层岩体则主要受构造影响。

由于页岩的崩解性,页岩(泥岩)暴露地表以后,常解体为小碎片或碎块。而块状杂砂岩则风化成磨圆度较好的大块岩体(球状风化),发育深度达到50~60 m。由于风化主要始于结构面处,故节理发育带及薄层状岩体比结构面间距在1 m以上的块状岩体更易于风化,中风化岩体深度达20~35 m。页岩(泥岩)全-强风化带最大深度在3~5 m,并随坡度不同而变化。微风化带在块状页岩(泥岩)中较浅,而在杂砂岩中深度一般为50~60 m,最深可达150 m,与结构面发育程度相一致。中-轻风化深度一般为10~35 m,左岸个别孔(27DD)可达48.3 m。杂砂岩→粉砂岩→页岩层序中的薄层岩体,中风化深度一般为20~30 m,最深可达30~40 m。块状杂砂岩的微风化与结构面铁锈浸染亦可达此深度。

工程区岩石均属易软化岩石,风化程度深,风化带变化大,把握风化的控制因素是分析岩体风化特征的关键所在。本工程区以化学风化为主,气候、岩性、地形、构造是主要的控制因素。

3. 地下水位

在1985~1986年历时一年半以上的时间内,对工程区钻孔地下水位进行了每周一次的观测,观测结果表明:

(1)由于位置不同及不同部位岩体透水性存在一定的差异,故地下水位变幅较大,最高值与最低值之差为2~30 m。

(2)在河谷底部与岸坡下部,地下水位埋深一般为0~30 m,山顶部位为20~100 m,在铁锈浸染的节理中,甚至可以在地下150 m深度处观察到水流。

(3)两岸地下水位具有相对对称的形状,在坝顶处地下水位埋深为50~60 m。

(4)左岸(EL.250 m)地下水位变幅为60~150 m。在混凝土面板堆石坝坝基范围内,地下水位变幅为25~45 m,两岸坝肩低处(高程80~200 m)地下水位变幅为25~45 m。右岸220~250 m高程处地下水位很浅,变幅小于25 m,而左岸200~250 m高程处地下水位变幅为30~60 m。

工程区的地下水水量丰富,埋深变化大,水位变幅大,渗透性不均一。分析认为,工程区地下水的以上特征与所在地区降水丰富,岩性软硬差异,以及各部位风化程度和地质构造的不均一相关。因此,工程区的地下水分析应从多方面、多角度综合考虑,而不仅仅是岩体的透水性。

4　结论

工程区地处热带雨林气候,炎热多雨,其工程地质条件和工作方式有其特点,总结其特点对同类地区进行的工程有一定的参考作用。

(1) 植被茂密，基岩露头稀少的工程区在勘测阶段应在充分利用基岩露头和勘探资料基础上以地质知识综合判断为主。在施工初期，当工程区的植被大面积清除后，及时进行地质巡视观测，利用工程开挖的地质剖面及基岩露头对前期地质资料进行复核及修正。

(2) 在热带雨林区，由于雨水充沛，岩体风化主要以化学风化作用为主，气候、岩性、地形、构造等控制因素是分析岩体风化特征的关键所在。

(3) 降水量大，风化强烈的地区地下水分析应从多方面、多角度综合考虑，而不仅仅是岩体的透水性。

参考文献

[1] 沈启香等. 巴贡水力水电工程工程地质评估报告[R]. 西安：西北勘测设计研究院，2004.
[2] 夏邦栋. 普通地质学(第二版)[M]. 北京：地质出版社，1995.

地质遥感解译在玛尔挡电站水库工程地质勘察中的应用

胡 华 司富生 王立志

(中国电建集团西北勘测设计研究院有限公司 陕西西安 710065)

摘要：玛尔挡水电站工程水库区位于青藏高原腹地，为高山峡谷地貌。水库区地质条件复杂，滑坡、崩塌、松动体等不良地质现象较发育，工作环境很差，交通条件极其不便，常规地质调查无法完成水库工程地质勘察。本文简要介绍地质遥感解译在玛尔挡水电站水库区工程地质勘察中的应用，为同条件水库区勘察工作提供参考。

关键词：玛尔挡水电站；水库；地质遥感解译；工程地质勘察

1 基本概况

玛尔挡水电站正常蓄水位 3275.0 m 时，坝前最大水深接近 200 m，水库回水长度约 80 km，库水面积约 25.05 km^2，总库容 13.74 亿 m^3，属大型水库。水库区处于青藏高原腹地，为典型高原深切峡谷地貌。水库区人迹罕至，工作环境和交通条件都很差，因此常规地质勘察方法很难在水库区展开工作。为了系统掌握整个库区范围断裂构造发育特征，滑坡、崩塌、松动体、沟谷泥石流等不良地质现象，为下一步的勘探、评价提供切实可行的依据，借助遥感技术对玛尔挡水电站库区进行地质勘察势在必行。

2 地质遥感解译过程

2.1 资料收集

(1) 遥感信息资料的收集。

根据遥感解译工作的范围，订购电站库区 2007 年 04 月 22 日、2007 年 08 月 22 日、2007 年 09 月 22 日的美国 QuickBird 高分辨率卫星数据 3 块，共 238.35 km^2，同时还收集了该区 2000 年 08 月 19 日的美国陆地卫星 Landsat - 7 ETM 卫星图像数据 1 景 (轨道号 132 - 36)，遥感数据特征见表 1。

作者简介：胡华(1978—)，男，高级工程师，主要从事工程地质勘察工作。E - mail：13171257@qq.com。

表1 卫星遥感数据特征表

卫星数据类型	成像时间	光谱特征	空间分辨率	校正参数和模型	卫星介绍
ETM	2000.08.19	可见光至中红外7个波段，全色1个波段	多光谱30 m，中红外120 m，全色15 m	有参数，有物理模型	美国陆地卫星Landsat-7卫星数据
QuickBird	2007.04.22 2007.08.22 2007.09.22	蓝色、绿色、红色和近红外4个波段，全色1个波段	多光谱2.44 m，全色0.61 m	有参数，有物理模型	美国Digital Globe公司高分辨率卫星数据

(2)地形图的收集。

收集库区内1∶50000比例尺的纸质扫描地形图6幅，供1∶50000区域遥感数字图像处理使用；收集了库区1∶10000地形图(电子版)，供工作区1∶10000遥感数字图像处理和制作地理底图使用。

(3)其他资料的收集。

①收集研究区有关的气象、水文、交通、地形地貌等自然地理资料，以及人文、社会、经济发展规划等资料。

②收集已有的1∶200000及1∶50000区域地质、工程地质勘察、区域地震构造环境和场地地震安全性评价等相关成果资料。

2.2 遥感数字图像处理及制作

根据遥感解译内容和精度的要求，选择了2007年04月22日、2007年08月22日、2007年09月22日3个条带的QuickBird高分辨率卫星数据和2000年08月19日的美国陆地卫星Landsat-7 ETM卫星数据资料作为本次研究工作的主要遥感信息源。其中以QuickBird高分辨率卫星数据资料为主，对水库区的不良地质体进行1∶10000遥感解译；以ETM卫星数据资料为辅，采用1∶50000比例尺对区域地质进行遥感解译。两种不同类型的遥感数据相互补充，相互印证，提高了本次遥感解译的质量和精度。对图像采用了多方法、多手段、多功能进行处理，采取密度信息和结构信息处理相配合。处理后的图像与原图像相比，明显地增强了图像的密度、纹形和色调信息，提高了遥感图像的可解译精度和质量。遥感数字图像处理主要包括波段组合、几何校正、色调匹配、数据融合、图像镶嵌和各种增强处理等功能。遥感数字图像处理及制作流程如图1所示。

2.3 库区不良地质现象遥感解译与分析

库坝区不良地质现象遥感解译首先是采用了QuickBird高分辨率卫星图像对区内发育的滑坡、崩塌、不稳定斜坡、泥石流等不良地质现象进行了详细的判释。根据现场调查以及遥感解译结果表明，研究区内主要不良地质现象包括：滑坡、崩塌、松动体。

(1)滑坡。

滑坡的判释是各类不良地质现象判释中最复杂的一种。因此在滑坡判释之前，首先应对

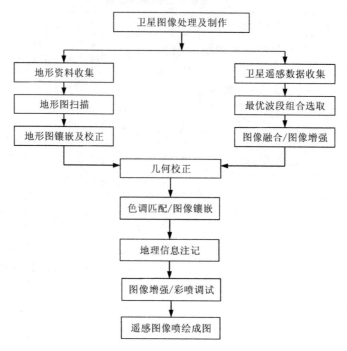

图1 遥感数字图像处理及制作工作流程图

滑坡形成的典型标志进行研究,以避免判释的盲目性,使判释工作更容易开展。滑坡判释应具备以下标志之一。

①滑坡具有簸箕形、舌形、半圆形、矩形、不规则形等平面形态。

②滑坡壁、滑坡台阶、滑坡舌、滑坡裂缝、滑坡鼓丘、封闭洼地等是滑坡判释的重要标志(其影像特征在高分辨率遥感图像中有较好反映)。

③滑坡多发育分布在峡谷中的缓坡、分水岭地段的阴坡、侵蚀基准面急剧变化的主、支沟交汇地段及其源头等处;河谷中形成的许多重力堆积的缓坡地貌,大部分系多期滑坡堆积地貌。

④在峡谷中垄丘、坑洼,阶地错断或不衔接、阶地级数变化、或被掩埋成平缓山坡、或成起伏丘体,谷坡显著不对称、山坡沟谷出现沟槽改道、沟谷断头,横断面显著变窄变浅、沟底纵坡陡缓显著变化或沟底整个上升等,这些现象都可能是滑坡存在的标志。

⑤滑坡发育处,河流呈弧形突出或变异,河流冲刷滑坡或斜坡坡脚等。

⑥遥感图像色调、阴影、纹理异常处,往往是滑坡发育处。

玛尔挡水电站库坝区内的滑坡主要为基岩滑坡和第四系松散堆积层滑坡,滑坡的主要遥感影像特征为:地形上表现为圈椅状、半圆形、舌形、矩形、长三角形、不规则形等形态;滑坡边界较明显,滑坡壁、滑坡舌、滑坡鼓丘等滑坡特征明显;滑坡体颜色以浅棕色、灰白色为主;滑坡体表部植被较少,主要以灌草为主,有少量灌木分布;滑坡活动方式主要为在滑坡体前缘或侧缘沿冲沟及临空条件较好的部位滑坡体局部失稳,滑坡体中上部不同程度地出现拉裂破坏。

以下为库区具有代表性H18滑坡的遥感解译特征。

H18 滑坡位于玛尔挡水电站上坝址上游 10.6 km 的黄河右岸(图 2～图 3),滑坡中心点坐标位于东经 100°48′39.1″,北纬 34°41′45.5″。

滑坡体长约 280 m,宽约 410 m,主滑方向为 SE168°,分布高程为 3140～3395 m。滑坡影像特征主要表现为:平面形态呈扇形;滑坡体影像色调呈红褐色、绿色斑点;滑坡体表部植被类型为草地、少量裸岩;该滑坡前缘、中部局部发生崩塌破坏,呈灰白色、红褐色,条带状;滑坡体未见明显拉裂变形;该滑坡整体处于稳定状态,水库蓄水后前缘的局部塌滑增加了库区固体径流物质。

 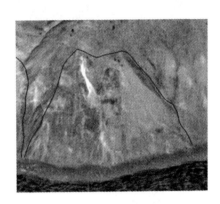

图 2　H18 滑坡遥感影像图(俯视图)　　　　图 3　H18 滑坡遥感影像图(正面)

(2)崩塌.

崩塌一般发生在节理裂隙发育的坚硬岩石组成的陡峻山坡与峡谷陡岸上,在遥感图像上主要的判释标志如下。

①位于陡峻的山坡地段,一般在 55°～75°的陡坡前易发生,上陡下缓,崩塌体堆积在谷底或斜坡平缓地段,有时可出现巨大块石影像。

②崩塌轮廓线明显,崩塌壁颜色与岩性有关,但影像多呈浅色调或接近灰白,不长植物。

③崩塌体上部外围有时可见到张节理形成的裂缝影像。

④有时巨大的崩塌堵塞了河谷,在崩塌处上游形成小湖,而崩塌处的河流则在崩塌处形成一个带有瀑布状的峡谷。

玛尔挡水电站库坝区内的崩塌遥感影像特征主要为:在形态上表现为半圆形、舌形、矩形及扇形、不规则等形态;崩塌边界较清晰,危岩体结构、堆积体特征较显著;上部危岩体影像颜色呈浅灰白色、浅棕灰色,呈条带状,下部堆积体呈浅棕灰色、浅灰绿色、间绿色、灰白色斑点,呈扇形。崩塌体基本无植被,堆积体及危岩体局部零星分布有少量灌木。

以下为库区具有代表性 B02 崩塌的遥感解译特征。

B02 崩塌位于电站下坝址黄河下游 100 m 的黄河右岸(图 4～图 5),其中心点的经纬度为:东经 100°41′32.2″,北纬 34°40′22.8″。该崩塌体长约 110 m,宽约 200 m,主崩塌方向 SE160°,崩塌分布高程为 3090～3300 m。该崩塌影像特征主要表现为:平面形态呈条带状,边界明显;崩塌堆积体色调呈灰褐色、灰白色;堆积体呈扇形堆积于坡脚;崩塌体上植被不发育。该崩塌仅存在局部小规模的塌滑,总体稳定,对坝址基本无大的影响。

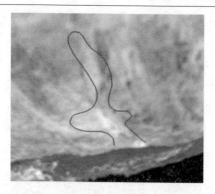
图4　B02崩塌遥感影像图(俯视图)

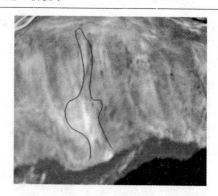
图5　B02崩塌遥感影像图(正面)

(3)松动体。

松动体的判释比较复杂,通过遥感影像图,可以确定其位置、边界、规模、活动方式、稳定状态等,并可预测其对水电工程的影响程度,同时还可分析斜坡发育的岩性、构造、植被、水系等环境因素。

松动体区坡度较陡,坡体多数受冲沟切割,斜坡影像颜色呈浅绿色、浅棕灰色、灰白色条带;斜坡植被以有林地、疏林地、灌木、草丛为主;斜坡沿冲沟或陡坡部位局部失稳。

以下为库区具有代表性SD05松动体的遥感解译特征。

SD05松动体位于玛尔挡水电站上坝址黄河上游5.6 km处的黄河右岸(图6~图7),不稳定斜坡中心点经纬度为:东经100°46′22.8″,北纬34°40′20.2″。不稳定斜坡长约160 m,宽约300 m,坡向SE129°,分布高程为3125~3290 m。其遥感影像特征为:平面形态呈矩形,边界明显。影像色调呈灰褐色、褐色。松动体区植被不发育,坡体中前部有局部塌滑破坏现象,中后部发育线状拉裂台坎。该松动体稳定性较好。

图6　SD05松动体遥感影像图(俯视图)

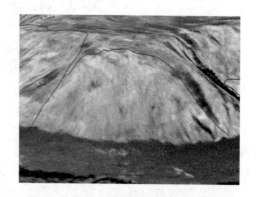
图7　SD05松动体遥感影像图(正面)

3　主要地质解译成果

经地质遥感解译,玛尔挡水电站库区不良地质体共有91处(表2)。根据解译成果组织人员进行现场地质调查，调查结果表明，遥感解译成果判断较为准确，各不良地质体发育位置和规模与现场调查情况基本一致，仅少量边界与解译成果略有差别，可能与现场的地形、植被发育有关。

表2 库区不良地质体统计结果

类型	规模分级	不良地质体	数量		百分数/%
滑坡	大型	H13、H14、H17、H18、H31、H34、H37、H42	8	45	43
	中型	H01、H04、H05、H06、H07、H08、H09、H11、H12、H15、H16、H19、H20、H21、H22、H23、H24、H25、H26、H27、H29、H30、H32、H33、H35、H36、H38、H39、H40、H41、H43、H44	32		
	小型	H02、H03、H10、H28、H45	5		
崩塌	大型	B11、B13	2	40	39
	中型	B03、B07、B08、B09、B10、B12、B14、B15、B17、B18、B20、B21、B22、B23、B25、B26、B28、B30、B31、B32、B33、B36、B38、B40	24		
	小型	B01、B02、B04、B05、B06、B16、B19、B24、B27、B29、B34、B35、B37、B39	14		
松动体	大型	SD04、SD05	2	6	6
	中型	SD01、SD02、SD03、SD06	4		

4 结论

（1）由于玛尔挡水电站库区深处青藏高原腹地，工作环境差，传统的工程地质勘察手段困难重重，费效比差，因此选用地质遥感解译手段势在必行。

（2）为提高精度，采用QuickBird和ETM 2种遥感卫星资料互相补充对比解译，地质遥感解译结果表明，库区发育共发育不良地质体91处，其中滑坡45处，崩塌40处，松动岩体6处，根据现场实地查证，遥感解译成果判断较为准确。

（3）将遥感解译应用于水电站库区的工程地质勘察中，不仅能弥补传统大范围地面调查方法的不足，也是一种高效、快速、经济的办法。遥感解译完成后因有的放矢，再进行补充野外地质调查和其他地质分析手段，就能更全面、更高效地完成工程区的工程地质勘察。

参考文献

[1] 王军等.黄河玛尔挡水电站库坝区环境地质遥感解译研究报告[R].成都：成都理工大学，2010.
[2] 朱亮璞.遥感地质学[M].北京：地质出版社，2004.

TRT超前预报系统在隧洞掘进中的应用

辜杰为 沙 玉

(中国电建集团成都勘测设计研究院有限公司 四川成都 610072)

摘要：本文介绍了TRT地质超前预报系统的工作原理、方法以及在某水电站引水隧洞掘进过程中的应用，展示了利用该方法在查明隧洞掌子面前方围岩情况方面取得的良好应用效果。

关键词：TRT地质超前预报；引水隧洞

1 前言

在隧洞掘进的过程中常因不明隧洞掌子面前方地质情况，施工时导致不良地质地段经常出现涌水、塌方等现象，严重时甚至会发生人员伤亡和设备损坏等重大事故，从而给国家带来巨大的经济损失。因此，为确保施工安全、掘进速度、掘进方案的合理安排以及合适的支护措施，及时了解隧洞掘进过程中掌子面前方的地质情况，尤其是破碎带、富水带、裂隙密集带等不良地质构造的特征及规模就特别重要。

TRT6000隧道地质超前预报系统是目前世界上较为先进的预报方法之一，该方法通过震源和检波器采集空间波场信息，对隧洞工作面前方及低于或高于隧洞走向的不同地质情况(如岩性变化带、软弱破碎带、地下水、断层等)进行三维结构图的构建，能够准确地对隧洞前方垂直面、横向面的不同地质情况进行描述，用于发现岩性变化带、节理裂隙、软弱破碎带、含水带和断层带等的空间信息。

本文着重介绍TRT地质超前预报系统的工作原理、方法以及在某水电站引水隧洞掘进过程中的应用及取得的效果。

2 TRT法

2.1 工作原理

TRT是隧道地震波反射层析成像技术的简称，该技术的基本原理在于当地震波遇到声学阻抗差异(密度和波速的乘积)界面时，一部分信号被反射回来，一部分信号透射进入前方介质。声学阻抗的变化通常发生在地质岩层界面或岩体内不连续界面。反射的地震信号被高灵敏地震信号传感器接收，通过分析，被用来了解隧道工作面前方地质体的性质(软弱带、破碎

作者简介：辜杰为(1984—)，男，硕士，现从事勘探管理方面的工作。

带、断层、含水带等),位置及规模。正常入射到边界的反射系数计算公式如下:

$$R = \frac{\rho_2 V_2 - \rho_1 V_1}{\rho_2 V_2 + \rho_1 V_1}$$

式中:R 为反射系数;ρ_1、ρ_2 为岩层的密度;V 等于地震波在岩层中的传播速度。地震波从一种低阻抗物质传播到一个高阻抗物质时,反射系数是正的;反之,反射系数是负的。因此,当地震波从软岩传播到硬的围岩时,回波的偏转极性和波源是一致的。当岩体内部有破裂带时,回波的极性会反转。反射体的尺寸越大,声学阻抗差别越大,回波就越明显,越容易探测到。通过分析,被用来了解隧道工作面前方地质体的性质(软弱带、破碎带、断层、含水带等)、位置、形状、大小[1]。

本次测试采用 TRT6000 地质超前预报系统,该系统主要包括 10 个检波器,11 个无线模块,1 个无线通讯基站,1 个触发器,1 个主机。

2.2 TRT 测试方法和技术

检波器及震源采用分布式的立体布置方式,具体布置方法如图 1 所示。

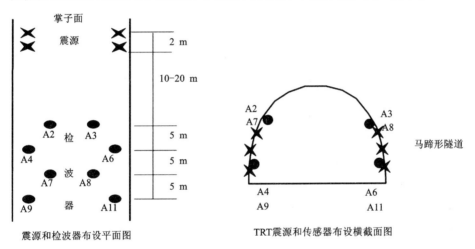

图 1 TRT 震源和检波器的布置方法

仪器的具体工作过程:首先通过锤击震源点上的岩体产生地震波,同时,基站接收到触发器产生的触发信号,然后下达采集地震波数据的指令给基站,并把远程模块传回的地震波数据传输到笔记本电脑,完成地震波数据采集。仪器连接详如图 2 所示。

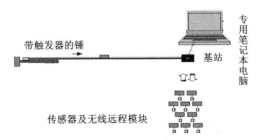

图 2 TRT6000 地震波采集系统模型

2.3 资料处理及解释

在做 TRT 数据处理时，首先需正确输入震源点和检波器等点的坐标参数，然后基本处理流程主要包括以下几个步骤，即建立隧道勘测布置图→初至拾取→评估波速→建立隧道模型→建立波速模型→设置滤波器→设定显示背景→三维成像。

TRT 成像图采用的是相对解释原理，即确定一个背景场，所有解释相对背景值进行，异常区域会偏离背景区域值，根据偏离与分布多少解释隧道前方的地质情况。

判断围岩地质情况原则：

通常来说，软件设定围岩相对背景值硬质岩石呈黄色显示；破碎、含水区、裂隙、岩溶、采空区域呈蓝色显示。

要求不能单独参照一个断面的图像进行解释，需从整体上对成像图像解释。

3 测试区工程地质概况及地球物理特征

3.1 工程地质概况

隧洞区大多基岩裸露，出露基岩地层为二叠系下统黑河组上段（$P_1h_{21} \sim P_1h_{25}$）浅变质岩系，岩性为一套滨、浅海交互相沉积的碎屑岩和碳酸盐岩。以灰色薄板状灰岩、条纹状灰岩为主，夹中-厚层长石石英砂岩、板岩及少量千枚岩。

构造上位于大录—陵江背斜北东冀，地层挤压褶皱强烈，次级褶曲发育，但总体表现为单斜构造，岩层总体产状 NE140°~150°∠60°~70°。隧洞沿线未见区域性大断裂通过，次级小断层和顺层挤压破碎带随机出露，宽度一般为数十厘米到数米，由碎块岩、片状岩和角砾岩组成。区内结构面以层面和节理裂隙为主。现场地质调查表明：一般集中发育 2~3 组裂隙，延伸一般为 3~5 m，间距 20~60 cm，此外，零星发育 1~2 组随机裂隙，大多短小、闭合。

3.2 地球物理特征

岩体中地震波的传播特征主要取决于介质间的波阻抗差异（密度和波速的乘积），而影响波阻抗的主要是地震波在介质中的传播速度，它由岩体性质和岩体破碎程度决定。此次测试位置的岩体主要为灰岩、石英砂岩、千枚岩、板岩以及它们的混合岩层。

在该水电站引水隧洞所穿越的完整岩体与相对破碎岩体之间、含水量不等的岩体之间以及不同岩性岩体之间存在较大的电性差异和波阻抗差异，这些差异为在掘进过程中采用 TRT 预测掌子面前方围岩中节理裂隙带、断层破碎带、挤压破碎带、富水带等不良地质体提供了有利的地球物理条件。

4 测试成果

测试实例 1：1#支洞控制的引水隧洞桩号 K0+945~K1+056 段，根据对 TRT6000 预报资料分析处理，得到的成果图如图 3 至图 6 所示。

工程勘察与测量　　　　　　　　　　　　　　　　　　　　　　279

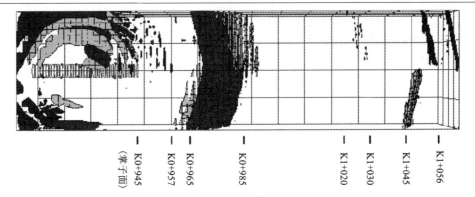

图 3　K0+945～K1+056 段三维成像 – 俯视图

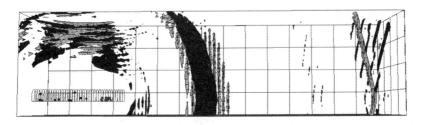

图 4　K0+945～K1+056 段三维成像 – 侧视图

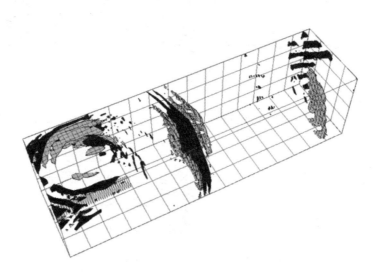

图 5　K0+945～K1+056 段三维成像 – 立体图

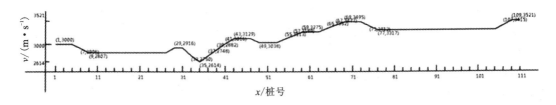

图 6　K0+945～K1+056 段地震波速度图（X 轴 – 桩号、Y 轴 – 速度 m/s）

综合以上预报成果并结合隧洞地质资料进行综合分析,预报成果如下:

(1)预报段地震波速度在 2600～3520 m/s 之间变化,平均速度约为 3130 m/s。

(2)K0+945～K0+957 段围岩左侧存在富水破碎带,开挖容易产生塌方,需注意及时支护。

(3)K0+957～K0+965 段地震波反射无异常,岩体均一性较好。

(4)K0+965～K0+985 段围岩裂隙发育。

(5)K0+985～K1+020 段地震波反射无异常,岩体均一性较好。

(6)K1+020～K1+030 段左侧存在一富水破碎带,需及时支护和做好防排水。

(7)K1+030～K1+045 段地震波反射无异常,岩体均一性较好。

(8)K1+045～K1+056 段地震波反射强烈,反射层错断,推测断层发育,左侧存在富水区。

测试实例2:4#支洞控制的引水隧洞桩号 K9+282～K9+385 段,根据对 TRT6000 预报资料分析处理,得到成果图如图7至图10所示。

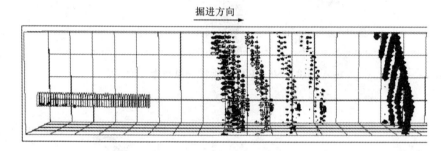

图7　K9+282～K9+385 段三维成像－侧视图

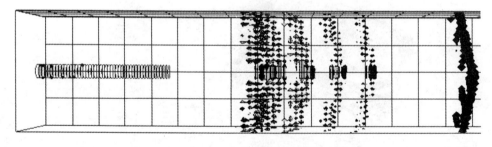

图8　K9+282～K9+385 段三维成像－俯视图

综合以上预报成果并结合隧洞地质资料进行综合分析,预报成果如下:

(1)预报段地震波速度在 2200～2609 m/s 之间变化,平均速度约为 2350 m/s。

(2)K9+282～K9+300 段地震波反射不明显,开挖面内未见低阻异常,岩体情况与掌子面类似。

(3)K9+300～K9+350 段地震波反射明显,推测该段内岩体均一性变差,岩体节理裂隙发育,稳定性变差。

(4)K9+350～K9+375 段地震波反射无异常,推测该段岩体均一性变好。

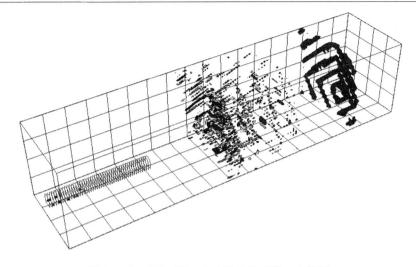

图9　K9+282~K9+385 段三维成像－立体图

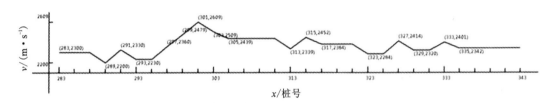

图10　K9+282~K9+385 段地震波速度图(X 轴－桩号、Y 轴－速度 m/s)

(5)K9+375~K9+385 段存在一明显低阻异常,推测存在一破碎带或软弱带。

5　结束语

(1)本文介绍了 TRT 地质超前预报系统的基本工作原理、工作方法及资料处理方法,展示了某水电站引水隧洞掘进工程中应用 TRT 地质超前预报系统取得的良好效果。

(2)通过工程实例的展示,我们可以得出:在具备良好的地球物理测试基础的条件下,隧洞掘进过程中应用 TRT 地质超前预报系统进行中长距离地质超前预报,可以较精确地获取掌子面前方的地质信息,对隧洞掘进方案的调整、施工安全防护、施工进度安排等方面具有重要的指导意义。

参考文献

[1]刘兆勇,杨威,王羿磊. TRT 三维成像技术在隧道施工地质超前预报中的应用[J]. 城市勘测,2016,5:167-170.
[2]沙椿. 工程物探手册[M]. 北京:中国水利水电出版社,2011,3.

运用COORD4.2坐标系转换方法浅析

张 盼

(中国电建集团西北勘测设计研究院有限公司 陕西西安 710065)

摘要：随着国民经济的快速发展，部门行业间的合作交流，资源共享越来越受到重视。不同来源的测绘成果充分利用的前提就是要实现坐标框架的统一，即我们常说的坐标转换。通过结合实例，分析运用"COORD坐标转换4.2"软件研究不同坐标系统之间的转换关系，分析其中的原因，从而实现各类坐标系之间的高精度转换，保证测绘成果能够精确地转入目标坐标系下使用，并能够最大程度上地利用测绘成果和资料。

关键词：坐标系；COORD4.2；转换参数；精度

1 引言

目前，我们常用的坐标系有1954年北京坐标系、1980西安坐标系，WGS84和2000国家大地坐标系以及由于历史原因或不同领域、不同行业对测绘成果的要求不同而产生的地方坐标系。测量坐标转换一般包括两方面的内容：坐标系转换和坐标基准转换。同一坐标基准下，空间点不同表现形式的转换叫做坐标系转换。如在WGS84坐标系下，某点的大地坐标(B, L, H)，与空间直角坐标(X, Y, Z)之间的转换。坐标基准转换则为在不同坐标基准下的同一坐标表现形式的转换，必须求定两个不同坐标基准的转换参数才能进行转换。如1980西安坐标系与2000国家大地坐标系下空间直角坐标的转换。因此，从理论上讲，结合坐标系转换和坐标基准转换，便能在数据量足够多并精确的条件下，实现任意两个坐标基准之间不同坐标形式的转换。主要针对用两种方法比较不同坐标基准下的不同坐标表现形式的转换。

2 同一基准下坐标系转换

2.1 大地坐标与平面坐标之间的转换

常规的转换应先确定转换参数，即椭球参数、分带标准(3度，6度)和中央子午线的经度。椭球参数就是指平面直角坐标系采用什么样的椭球基准，对应有不同的长短轴及扁率。一般的工程中3度带应用较为广泛。对于中央子午线的确定有两种方法，一是取平面直角坐标系中Y坐标的前两位×3，即可得到对应的中央子午线的经度。如$x = 3250212$ m，$y = 395121123$ m，则中央子午线的经度 = $39 × 3 = 117$度。另一种方法是根据大地坐标经度，如

作者简介：张盼(1992—)，女，汉族，助理工程师，主要从事测绘地理信息工作。

果经度是在155.5~185.5度之间,那么对应的中央子午线的经度=(155.5+185.5)/2=117度,其他情况可以据此3度带类推。然后在COORD4.2软件中直接进行转换。

2.2 坐标换带计算

我国的地形图采用高斯-克吕格平面直角坐标系。在该坐标系中,横轴为赤道,用Y表示;纵轴为中央经线,用X表示;坐标原点为中央经线与赤道的交点,用O表示。赤道以南为负,以北为正;中央经线以东为正,以西为负。我国位于北半球,故纵坐标均为正值,但为避免中央经度线以西为负值的情况,将坐标纵轴西移500 km。我国采用6度分带和3度分带。六度带中央经线的经度计算:当地中央经线经度=6°×当地带号-3°,例如地形图上的横坐标为20345,其所处的六度带的中央经线经度为:6°×20-3°=117°(适用于1:2.50000和1:50000地形图)。三度带中央经线经度的计算:中央经线经度=3°×当地带号(适用于1:10000地形图)。分别确定换带前后的投影参数,然后进行计算。

3 坐标基准转换

不同参心坐标系,不同的地心坐标系和参心与地心坐标系之间的坐标转换,均属于测量坐标基准转换。由于应用不同的参考椭球体及定位定向技术建立起来的坐标系,都可以转换成空间直角坐标系,因此这三种坐标系之间的转换的实质是不同空间直角坐标系间的转换,而在转换中最关键的便是确定转换参数和数学模型。若已知两个不同空间直角坐标系对应的转换参数,仅需按转换模型计算便能完成空间直角坐标的转换。如果不知晓坐标系间的转换参数,仅已知两坐标系间部分公共点的坐标,可依据已知公共点坐标,利用数学模型求出两个坐标系之间的转换参数,再用求出的转换参数进行换算(若需其他坐标表现形式下的坐标,如大地坐标,则可根据同一基准下坐标系转换公式进行换算便可)。

3.1 平面坐标转换

3.1.1 获取公共点地方坐标

(1)从测绘资料管理部门获取。当测绘资料管理部门已经有地方坐标系及2000国家大地坐标系控制点成果时,可直接通过相关程序到资料管理部门获取。

(2)收集城市附近所需坐标控制点成果,选择适量地方坐标系控制点,与2000国家大地坐标控制点进行静态联测,求取地方坐标系控制点的2000国家大地坐标成果。最终获取地方坐标系控制点的两套坐标。

3.1.2 利用公共控制点两套坐标,计算转换参数

按照国家测绘局发布的"现有测绘成果转换到2000国家大地坐标系技术指南",建立相对独立的平面坐标系与2000国家大地坐标系联系时,坐标转换模型要同时适用于地方控制点转换和城市数字地图的转换。两个不同的二维平面直角坐标系之间转换时,通常使用四参数模型。在该模型中有四个未知参数,即(1)两个坐标平移量(ΔX, ΔY),即两个平面坐标系的坐标原点之间的坐标差值;(2)平面坐标轴的旋转角度A,通过旋转一个角度,可以使两个坐标系的X和Y轴重合在一起;(3)尺度因子K,即两个坐标系内的同一段直线的长度比值,

实现尺度的比例转换,通常 K 值几乎等于 1。

通常至少需要两个公共已知点,在两个不同平面直角坐标系中的四对 XY 坐标值,才能推算出这四个未知参数。

3.1.3 测绘成果数据坐标系转换

在获取足够公共点或转换参数的基础上,在 COORD4.2 中进行坐标转换。

3.2 不同大地坐标系之间的转换

不同大地坐标系之间的转换和平面坐标转换的过程相同,需要获取公共点即控制点坐标,并利用公共控制点计算转换参数。对于不同的大地坐标系间的坐标转换问题一般设计到七个参数,即(1)三个坐标平移量(ΔX, ΔY, ΔZ),即两个空间坐标系的坐标原点之间坐标差值;(2)三个坐标轴的旋转角度($\Delta \alpha$, $\Delta \beta$, $\Delta \gamma$)),通过按顺序旋转三个坐标轴指定角度,可以使两个空间直角坐标系的 XYZ 轴重合在一起,(3)尺度因子 K,即两个空间坐标系内的同一段直线的长度比值,实现尺度的比例转换,通常 K 值几乎等于 1。以上七个参数通常称为七参数。

通常至少需要三个公共已知点,在两个不同空间直角坐标系中的六对 XYZ 坐标值,才能推算出这七个未知参数。然后进行测绘成果数据转换。

4 不同坐标基准下不同坐标系转换

我们选取已知业主在某地区内使用 RTK GPS 接收机接收的一些点的 1980 西安坐标下的平面坐标,现在希望将其转换为 WGS-84 坐标系下的大地坐标。业主有测区的一些控制点,这些控制点有 WGS-84 大地坐标,也有 1980 西安坐标。

4.1 分析

WGS-84 坐标和 1980 西安坐标转换是不同的两个椭球的坐标转换,所以要求参数进行转化,但是,已知的控制点是 WGS-84 大地坐标和 1980 西安平面坐标,所以要先将控制点转换为统一表现形式,然后求参数。

控制点分布的选择:计算四参数一般选用 2 个控制点,七参数一般选用 3 个控制点,用其他控制点检验求得参数后转换成果的准确性。但是在均匀分布的点位情况下增加公共点个数,能有效提高坐标转换精度。在选取求参数的控制点时,转换点与公共点间的距离越小,坐标转换精度越高;公共点分布范围越广越均匀,所得转换坐标精度越稳定。通过在 CAD 中展点(图 1),选取有代表性的特征控制点,求取参数。

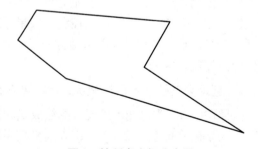

图 1 控制点坐标分布图

4.2 控制点坐标转换及求参数

方法一：

(1)将控制点中 WGS-84 大地坐标转换为平面坐标，再通过和 1980 西安平面坐标控制点对应求四参数，控制点四参数计算结果如图 2 所示。

```
计算结果
DX(米)=-11.159439
DY(米)=117.772656
T(秒)=-0.06352487
K=1.000003780974
```

点号	参与计算	源坐标(x) X误差(m)	源坐标(y) Y误差(m)	中误差(m)	目标坐标(x) X误差(m)	目标坐标(y) Y误差(m)	中误差(m)
1	采用	3952384.6840 0.001	593279.0400 0.000	0.001	3952388.6520 -0.001	593397.8390 -0.000	0.001
2	采用	3978490.2690 -0.000	582171.4500 0.001	0.001	3978494.3300 0.000	582290.1991 0.000	0.001
3	采用	3965089.9480 -0.001	566703.7600 -0.002	0.002	3965093.9540 0.001	566822.4521 0.002	0.002
4	采用	3974009.4720 0.001	559285.6400 0.001	0.001	3974013.5110 -0.001	559404.3045 -0.001	0.001

图 2 控制点四参数计算结果

通过其他控制点检验求得参数的正确性。

(2)将 1980 西安平面坐标通过四参数转换为 WGS-84 平面坐标，再由 WGS-84 平面坐标直接转换成 WGS-84 大地坐标。

方法二：

(1)将 1980 西安平面坐标转换成 1980 西安大地坐标。

(2)再通过七参数将 980 西安大地坐标转换成 WGS-84 大地坐标(图 3、图 4)。

```
计算结果
DX(米)=8.465704
DY(米)=-18.809960
DZ(米)=-15.215628
WX(秒)=-1.07278326
WY(秒)=1.92077913
WZ(秒)=-3.15118995
K(ppm)=0.65007600
```

点号	参与计算	源坐标(B/x) X误差(m)	源坐标(L/y) Y误差(m)	源坐标(H/h) Z误差(m)	中误差(m)	目标坐标(B/x) X误差(m)	目标坐标(L/y) Y误差(m)	目标坐标(H/h) Z误差(m)	中误差(m)
1	采用	035:41:48.238296 -0.001	115:01:50.168494 0.001	54.914 0.002	0.002	035:41:48.38629 0.000	115:01:54.89717 0.000	36.435 -0.000	0.001
2	采用	035:55:58.694763 -0.001	114:54:38.074247 0.002	52.792 0.000	0.003	035:55:58.85074 0.000	114:54:42.81465 -0.001	34.312 0.001	0.001
3	采用	035:48:48.196278 -0.001	114:44:17.036061 0.003	55.172 0.001	0.003	035:48:48.35716 0.000	114:44:21.76667 -0.001	36.693 0.001	0.001
4	采用	035:53:39.286193 -0.001	114:39:23.950872 0.001	55.414 0.002	0.002	035:53:39.45143 -0.001	114:39:28.68483 0.001	36.934 -0.000	0.001

图 3 控制点七参数计算

图 4　七参数计算结果

4.3　小结

通过试验及在坐标转换过程中的相关分析可知：不同坐标系统下平面坐标与大地坐标不能直接转换，必须转换成相同的大地坐标或者平面坐标才能通过七参数或者四参数进行转换。如果经纬度提供的保留位比较多，第一种方法更优于第二种方法。

5　结语

测量工作中一项最基本但也是最重要的任务便是确定点的位置，而选择不同的坐标系统，其坐标值也必然不同，要使两者联系起来以综合处理数据，一定需用到坐标转换。在参阅大量文献的前提下，学习了地球椭球及测量坐标转换的基本理论，重点研究了同一坐标基准下不同坐标系之间的转换以及坐标基准之间的转换，并以实例说明主要针对不同坐标基准下的不同坐标表现形式的转换可用两种方法比较。

在通过做上述各种坐标转换的基础上，分析得出一些有用的结论。

（1）要实现高精度的坐标转换，必须保证求出的坐标转换参数适用于整个测区，这不仅需要高精度的公共点坐标，也需要适当增加公共点的个数，选择均匀分布在整个测区的公共点作为转换基准点，并将剩余的公共点用于计算外部检核精度，以检核模型的精度。如果公共点偏向某一侧，则离公共点较远的点在转换后精度相对较低。

（2）四参数法能够较好地适用于小范围内的平面坐标转换，当测区范围较大时应采用七参数法，转换精度也相对更高，但对于公共点精度的要求也更高。

参考文献

[1] 姜楠. 坐标转换算法研究与软件实现 [D]. 安徽：安徽理工大学，2013.

[2] 王晶. 西安 80 坐标系与 2000 国家大地坐标系转换浅析 [J]. 甘肃科技风，2016.

[3] 乔连军，韩雪培.1954 北京坐标与 1980 西安坐标转换方法研究建筑 [R]. 黑龙江：黑龙江省测绘地理信

息学会,2006.
- [4] 王解先,王军,陆彩萍.WGS-84与1954北京坐标的转换问题[J].大地测量与地球动力学,2003,23(3):70-73.
- [5] 孔祥元,郭际明,刘宗泉.大地测量基础[M].武汉:武汉大学出版社,2001.
- [6] 王玉成,胡伍生.坐标转换中公共点选取对于转换精度的影响[J].现代测绘,2008,31(9):13-15.
- [7] 吕志平等.我国的应用建设问题军事测绘[J].军事测绘,2008(3):22-23.
- [8] 施一民.现代大地控制测量[M].北京:测绘出版社,2003.
- [9] 范志坚,杜仕龙,付容.过渡期内现行四种常用大地坐标系的分析比较[J].测绘科学,2010(S1):25-27.
- [10] 杨元喜,徐天河.不同坐标系综合变换法[J].武汉大学学报(信息科学版),2001(6):509-513.
- [11] 赵宝锋,张雪,蒋廷臣.坐标转换模型及公共点选取对转换成果精度的影响[J].淮海工学院学报(自然科学版)2009(4):54-56.
- [12] 李岳.坐标转换系统的设计与实现[D].北京:中国地质大学(北京),2001.
- [13] 林立贵.坐标转换计算程序[J].测绘与空间地理信息,2006(6):64-65.
- [13] 李东,毛之琳.地方坐标系向2000国家大地坐标系转换方法的研究[J].测绘与空间地理信息,2010(6):193-196.
- [14] 韩雪培,廖邦固.地方坐标系与国家坐标系转换方法探讨[J].测绘通报,2004(10):20-22.
- [15] 杨凡,李广云,王力.三维坐标转换方法研究[J].测绘通报,2010(6):5-7.

材料、机具与设备

复合型重防腐涂层在引水压力钢管防护处理中的试验应用

张　驰[1]　熊　智[1]　范　明[2]　廖婉蓉[2]

（1　中国电网湖南省电力公司　湖南长沙　410014）
（2　长沙普照生化科技有限公司　湖南长沙　410014）

摘要：水电站引水压力钢管承压、抗冲、耐腐性能直接关系到电站的安全运行。本文简述了一种复合型重防腐涂层结构及其性能，并对某水电站引水压力钢管防护处理试验应用效果进行了全面介绍。

关键词：冲蚀、汽蚀、剥蚀；重防腐涂层；纳米钛陶瓷树脂

1　前言

水电站引水压力钢管承压、抗冲、耐腐性能直接关系到电站的安全运行。受长期高压水流运行的影响，输水压力钢管存在冲蚀、汽蚀、剥蚀等现象。不仅如此，引水压力钢管一定程度上还存在电化学腐蚀。有研究表明，俄罗斯明格查乌尔水利枢纽压力钢管的平均腐蚀速度达到了 0.26 mm/a，日本水电站压力钢管的平均腐蚀速度为 0.1 mm/a，而我国水电枢纽压力钢管平均腐蚀速度初步统计大约为 0.2 mm/a。另外，引水压力钢管检修期间，钢管内壁在潮湿环境下暴露后很快也会严重锈蚀。传统的钢管水下防腐技术，多采用阴极防护、涂料保护及缓蚀剂防腐，其防腐效果难以从根本上解决引水压力钢管长期的有效防护问题。对此，为确保对引水压力钢管得到长期有效的抗冲、耐腐防护处理，遵照国家所倡导的技术先进与科技创新要求，对引水压力钢管采用当前国内外新型的重防腐涂层进行防护处理是十分必要的。本文对某水电站引水压力钢管防护处理所采用的一种环氧纳米钛与陶瓷树脂复合型重防腐涂层试验研究成果进行简要的介绍，仅供同行参考。

2　新型重防腐涂层简述

2.1　涂层结构

根据引水压力钢管承压、抗冲、耐腐性能要求，一种新型重防腐涂层结构如图1所示，所采用的材料包括 MS-1087A 无溶剂环氧纳米钛底涂与 MS-1087C1 陶瓷树脂抗冲磨防腐

作者简介：张弛(1978—)，男，高级工程师，主要从事水电厂水工技术管理工作。

面涂。

(1) MS-1087A 水下无溶剂环氧纳米钛底涂由双组分构成，A 组分采用改性水下环氧树脂与纳米钛复合而成，B 组分由 1085A 改性水下环氧固化剂及助剂构成，其技术特点是在干燥、潮湿以及水下均能进行涂装，并且能保持优异的基面附着力，涂层致密，能有效防止腐蚀性物质对涂层的渗透，具有优异的水下抗电化学腐蚀性能。

(2) MS-1087C1 陶瓷树脂抗冲磨防腐面涂也由双组分构成，A 组分采用水下无机物复合多官能团有机树指构成，B 组分由 1085A 改性水下环氧固化剂及助剂构成，其技术性能兼有高强抗冲、耐蚀耐候、涂层光滑，具有极强的抗冲磨抗气蚀性能，经相关科研院校检测，其综合性能领先国内外同类产品。

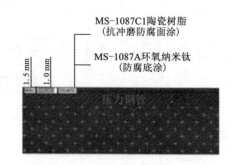

图 1　新型重防腐涂层结构示意图

2.2　结构主要性能

(1) 抗冲耐磨性能

按照《水工混凝土试验规程》进行抗冲耐磨室内试验，测试结果显示（见表 1），MS-1087A、MS-1087C 复合型重防腐涂层结构具有良好的抗冲耐磨性能。

表 1　MS-1087A、MS-1087C 复合型重防腐涂层抗冲磨性能试验数据

编号	试验前质量/kg	试验后质量/kg	抗冲磨强度/(kg·m^{-2}·h^{-1})	磨损率/%
1	13.540	13.538	2543.40	0.015
2	13.827	13.824	1695.60	0.022
3	13.619	13.615	1271.70	0.029
平均	13.662	13.659	1695.60	0.022

2.2　抗汽蚀性能

汽蚀性能检测采用高压离心风机装置进行。试验前，风机叶轮及风机外壳采用 MS-1087A、MS-1087C 复合型重防腐涂层进行喷涂处理，测得喷涂后风机叶轮表面涂层厚度为 0.324～0.614 mm。试验检测时风机转速 4833 r/min，风机叶轮外线速度为 157 m/s，保持在最高速度下运行 110 h。试验后，再次测得风机叶轮表面涂层厚度为 0.322～0.613 mm。试验前后对比风机表面各部位复合型重防腐涂层无明显变化。表明 MS-1087A、MS-1087C 复合型重防腐涂层结构具有良好的抗气蚀性能。

2.3　黏结强度

室内对 MS-1087C、MS-1087A 复合重防腐涂层附着力黏结强度，分别按照底涂与钢管

基面以及底涂与面涂进行了层间黏结强度试验检测，检测结果表明，附着力黏结强度均大于 3 MPa。

3 试验应用

某水电站 4 号机停机检修期间，观测发现压力钢管内壁表面出现多处腐蚀麻面坑点，以及检修外露期间出现大面积氧化锈蚀。经现场察看，钢管表面锈层厚度多在 1.5 ~ 2 mm，局部气蚀造成的麻面坑点为 3 ~ 3.5 mm（见图 2）。对此，研究决定结合 4 号机停机检修期间，于 4 号机压力钢管高压水平段采用复合型重防腐涂层进行重防护处理生产性试验。

图 2　某引水压力钢管内壁腐蚀图

试验应用共布置 2 个重防腐试验面约 10 m²。试验涂层施工主要工艺流程为：表面打磨除锈→MS－1087A 无溶剂环氧纳米钛底涂 1 道→MS－1087C1 陶瓷树脂面涂 2 道。

（1）表面打磨除锈：表面除锈打磨采用小型打磨机人工手动除锈。除锈方法分粗处理、精细处理两步进行。首先在确立的试验区域内全面进行打磨粗处理，清除大部分锈层，然后再用电动钢丝轮刷分小区域进行精细除锈处理。底涂涂装前对表面出现的闪锈再次采用电动钢丝轮刷进行轻微打磨清除，并对打磨后的表面用丙酮清洗干净。表面除锈质量按照《涂装前钢材表面锈蚀等级和除锈等级》规定，达到 Sa2.0 等级，并要求钢管表面呈现均匀的灰白色金属光泽，无锈迹、无污垢、无氧化皮、无油垢、无灰尘及其他污染（见图 3）。

（2）MS－1087A 无溶剂环氧纳米钛底涂 1 道：引水压力钢管内壁除锈及坑洞修补完后，尽快涂装 MS－1087A 无溶剂环氧纳米钛底涂 1 道。涂装前严格按照产品配方进行计量，一次配料不超过 2 kg，配料后用搅拌棒充分搅拌均匀，搅拌时间 5 min。底涂涂装先进行手工预涂，涂刷所有焊缝、边角、死角。然后再采用手工滚涂，涂膜厚 500 μm。两块试验区面底涂平均单位用料约 0.75 kg/m²（见图 4）。

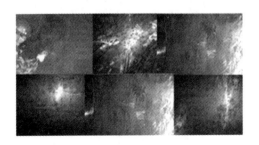

图 3　压力钢管内壁除锈打磨后

图 4　MS－1087A 底涂施工

（3）1087C1 陶瓷树脂面漆 2 道：底涂涂装完以后约 6 h，检查底涂实干、无漏涂、无流挂、无鼓泡、无杂质污染，再进行面涂涂装。面涂涂装方式采用滚涂结合涂刷进行，涂装分 2 次完成，分次涂装厚度约 500 μm。第 2 次面涂与第 1 次面涂间隔约 12 h（见图 5）。

图 5　MS-1087C1 底涂施工　　　　　　　图 6　防腐涂层运行 2 年后表面完整

4　试验应用效果

根据某水电站引水压力钢管重防护试验研究计划要求，引水压力钢管发电运行近 2 年后对重防腐试验机组 4 号机进行了停机检查，现场对试验应用涂层全面检查情况表明，左右两块重防腐试验涂层面结构完整，未见明显腐蚀、冲蚀、汽蚀痕迹（图 6）。

5　结语

MS-1087A、MS-1087C1 复合型涂层为一种新型承压、抗冲、耐腐重防腐涂层，室内试验研究成果表明，MS-1087A 水下无溶剂环氧纳米钛底涂具有黏结强度高、涂层致密，能有效防止腐蚀性物质对涂层的渗透，且水下涂装同样具有优异的基材附着力与黏结强度；MS-1087C1 水下陶瓷树脂兼有高强抗冲、耐蚀耐候、涂层光滑，具有极强的抗冲磨与抗气蚀性能。

采用 MS-1087A、MS-1087C1 复合型涂层对某水电站 4 号机引水压力钢高压水平段进行重防护试验应用，经过近 2 年的高压引水发电运行后，现场检查可见，重防护试验面结构完整，表面光滑，完全满足水电站引水压力钢管的重防护技术要求。其试验材料、工艺成果拟在某水电站引水压力钢管重防护处理工程推广应用，也可为类似工程提供技术借鉴。

参考文献（略）

两类常规环氧树脂老化研究

韦胜利　张克燮　陈　刚

(浙江华东建设工程有限公司　浙江杭州　310010)

摘要：环氧树脂因其具有良好的综合性能和工艺性能在复合材料、胶黏剂和涂料生产中有着不可替代的作用。随着高新技术的不断发展，对环氧树脂提出了越来越高的要求，因而也就不断推动着高性能环氧树脂的研究开发。本试验通过对水性环氧树脂和油性环氧树脂在老化过程中的质量、色差变化，老化前后的色差变化、红外光谱图、热重对比及表面观察，寻找老化对环氧树脂质量及功能的影响。

关键词：环氧树脂；老化；水性；油性

1　引言

环氧树脂具有良好的物理、化学性能，它对金属和非金属材料的表面具有优异的黏接强度，介电性能良好，变形收缩率小，制品尺寸稳定性好，硬度高，柔韧性较好，对碱及大部分溶剂稳定，因而广泛应用于国防、国民经济各部门，进行浇注、浸渍，作层压料、黏接剂、涂料等。

环氧树脂在20世纪即应用于工程加固，如大坝灌浆、混凝土裂缝黏结等。随着时间的推移，越来越多的人们发现环氧树脂的黏结性能逐渐变差，甚至出现脱落现象。国内对于环氧树脂的性能应用研究较多，而对于其在各种环境下的老化研究不多。

本试验通过两种常用环氧树脂在使用不同的固化剂及稀释剂情况下的变化，研究环氧树脂老化情况。

2　设备与试剂

试验所用仪器设备包括：恒温鼓风干燥箱，UV光固化机，恒温水浴锅，万分天平，测色色差计，红外(FT-IR)分析仪。试验所用试剂如表1所示。

作者简介：韦胜利(1981—)，男，本科，工程师，长期从事边坡加固及文物保护修复工程，E-mail：wei_sl@ecidi.com。

表 1 试验所用试剂

试剂/材料的作用	试剂名称	纯度
主剂	水性环氧树脂	工业纯
主剂	油性环氧树脂	工业纯
稀释剂	D-691	工业纯
稀释剂	糠醛	分析纯
稀释剂	丙酮	分析纯
固化剂	2101-CN 咪唑	工业纯
固化剂	650 聚酰胺	工业纯
偶联剂	550	工业纯
填料	石英粉	
黏结载体	大理石	

3 试验装置与试验步骤

3.1 本体老化试验

(1) 样品制作方法：

①先将 32 mm×24 mm 的盖玻片用 NaOH 溶液浸泡 1 h，取出后置于浓硫酸中浸泡 1 h，浸泡结束后用去离子水反复清洗，清洗干净后置于烘箱中烘干备用。

②经过反复调配试剂的试验后，最终确定按如下配方（质量比）配制五种环氧树脂胶黏剂：

水性环氧：A 组分:B 组分:填料 = 6:2:9

油性环氧：

主剂（环氧）:填料:偶联剂:稀释剂（D691）:固化剂（咪唑） = 1:1:0.03:0.15:0.1
主剂（环氧）:填料:偶联剂:稀释剂（D691）:固化剂（聚酰胺） = 1:1:0.03:0.15:0.1
主剂（环氧）:填料:偶联剂:稀释剂（丙酮、糠醛）:固化剂（咪唑） = 1:1:0.03:0.15:0.1
主剂（环氧）:填料:偶联剂:稀释剂（丙酮、糠醛）:固化剂（聚酰胺） = 1:1:0.03:0.15:0.1

③将配置好的环氧树脂浆液倒在清洗干净的盖玻片上，将盖玻片置于避光、避尘、通风处固化一个星期后备用。

④待样品固化一星期后进行拍照和编号。由于本试验为多因素循环老化试验，为了比较各因素对样品老化能力的大小，按照如表 2 所示对试验进行安排：

由表格得到，本试验共有五种不同的循环老化条件，并且每组条件对应五种不同配方的环氧树脂，再加上用于对照的空白样品，试验共需样品 30 块；将表 2 中第一种循环老化条件下对应的样品命名为 (1, A)、(1, B)、(1, C)、(1, D)、(1, E)，以此类推命名剩余全部样品，样品照片如图 1 所示。

(2)试验方法

老化按照试验计划进行,具体顺序如下。光老化:将 1、3、4、5 组样品置于 UV 光固化机中进行紫外线老化 1 h,控制温度低于 50℃;湿热老化:将 1、2、3、5 组样品置于 40℃水浴锅中 1 h;低温老化:将 1、2、4、5 组样品置于 -20℃冰箱中冷冻 1 h;干热老化:将 1、2、3、4 组样品置于 60℃烘箱中烘 1 h。

表 2　试验样品老化条件安排表

编组	光热<50℃,1 h	湿热40℃,1 h	低温-20℃,1 h	干热,1 h
1	√	√	√	√
2		√	√	√
3	√	√		√
4	√		√	√
5	√	√	√	

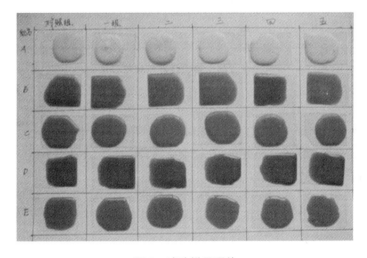

图 1　试验样品照片

3.2　寿命预测试验

(1)样品制作方法:

①将大理石切割成 1.5 cm × 1 cm × 0.5 cm 的小长方体若干,将配制好的环氧浆液均匀涂抹在长方体 1 cm × 0.5 cm 的侧面上,将每两块小长方体对接在一起成为一个样品,稍用力挤压胶结面,除去多余胶体,置于避光通风处固化一星期后进行老化循环试验。

(2)试验方法

样品老化的方法、顺序与本体老化试验相同。寿命预测方法为:每两轮老化结束后,给样品的黏结界面施加一定外力,待样品从黏结面处断开即可判定此时环氧树脂失效,记录每种配方样品的断裂时间,求出的平均值为每种环氧树脂在本试验老化条件下的寿命。

3.3 样品性能和机理分析

样品的性能和机理分析主要包括表观性能测试和样品成分及微观结构分析。前者主要采用质量变化率和色差变化表示，后者采用红外光谱、超景深显微镜和差示扫描量热法表征。

4 试验过程

4.1 样品在老化过程中的质量变化

本试验在每两轮老化结束后对样品进行称重，计算样品质量变化率并绘制折线统计图。如图2所示。

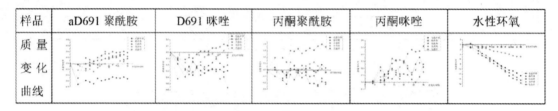

图2 样品质量变化率折线统计图

以D691为稀释剂，以咪唑为固化剂的样品。这一组对应不同老化条件的五个样品中，除了未经过紫外线老化的样品以外，其余四个样品的质量变化率几乎始终为负值，并处于波动状态。未经过紫外线老化的样品在第16轮老化后质量变化率由负值变为正值，直至第30轮老化结束，变化的总体趋势增大。

以丙酮/糠醛为稀释剂，以聚酰胺650为固化剂的样品，除未经过紫外线老化的样品外，其余四个样品的质量变化率在0附近波动。未经过紫外线老化的样品质量变化率始终为正值，变化的总体趋势增大。

以丙酮/糠醛为稀释剂，以咪唑为固化剂的样品。本组样品质量变化率几乎始终为正，波动较大。其中，老化条件为光、湿、冷、热的样品在第16轮老化后由于形变较大，部分样品从盖玻片上脱落，因此无法继续记录质量变化，该样品对应折线到第16轮结束。未经过紫外线老化的样品在第24轮老化后增重率达到五个样品的最大值，并呈增大趋势。

水性环氧树脂，图中五个样品在第8轮老化后质量变化率均为负值。其中，未经过紫外光老化的样品质量变化率稳定保持在0.7%~0.9%，其余四个样品的质量变化率均不同程度的呈下降趋势。

综上所述，可以发现较为确定的规律是：由不同固化剂、稀释剂配制的油性环氧树脂经过老化之后质量变化情况比较无序，而水性环氧树脂质量变化明显受到紫外线辐照的影响。因此，不适合在强光照射环境下使用。

4.2 样品在老化过程中的色差变化

由图3样品在老化中的色差变化信息可知未经过紫外线辐照的环氧树脂样品的色差远远

小于经过辐照的样品。第30轮老化结束后，未经过紫外线辐照的样品色差值为1.5～3.8，而经过紫外线辐照的样品色差值为3.3～7.0。此外，通过观察折线图还可以得知以咪唑为固化剂的样品的老化前后的色差值大于以聚酰胺650为固化剂的样品；四种老化条件全部经历的样品的色差值并不是最大值。

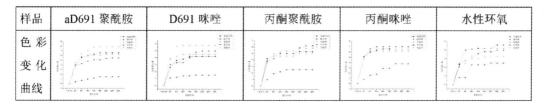

图3　色差变化折线统计图

4.3　样品老化前后的红外光谱图

为确定引起以上变化的本质原因，采用红外线分析红外光谱吸收程度。

各样品红外光谱吸收峰位置如表3所示：

表3　各样品红外光谱吸收峰位置

样品	波数/cm^{-1}
D691 650组	2924 2851 1608 1509 826 851 798 778 693 512 459
D691 咪唑组	2926 2869 1608 1510 1382 852 793 775 694 459
丙酮650组	2925 2852 1607 1508 1383 854 777 694
丙酮咪唑组	2927 1608 1508 1383 851 826 796 774 692
水性环氧	2934 2858 1732 1381 795 774 693

对比老化前后样品的红外光谱图可以发现，并没有发生根本性的变化。因此，经过老化试验后环氧树脂的结构并没有发生改变，也没有新的产物生成，所以引起本试验样品质量增加或损失的原因可能不同于其他学者试验中出现的新产物（羧酸一类物质）的生成；由于样品结构并没有发生变化，因此不能从红外光谱探究造成样品颜色变化的原因，推测这种情况的出现可能是由于某些发色基团的生成，但这些新生成的基团的量极少，被其他强度较大的特征峰掩盖或受到干扰，因此在红外光谱图中无法体现（图4）。

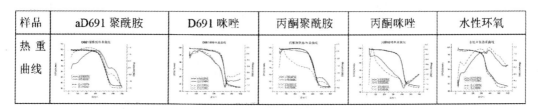

图4　热重测试结果

4.4 样品树脂老化前后的热重结果

对每四种配方的油性环氧树脂老化前后的 DTG 曲线分别进行对比后发现,每种配方的油性环氧树脂在 0～600℃ 的质量损失率均在 45% 左右,没有明显变化;分别对比相同稀释剂,不同固化剂之间的 DSC 曲线,发现以咪唑为固化剂的样品的分解温度接近 420℃,而以聚酰胺为固化剂的样品分解温度接近 450℃,这表明不同固化剂配置成的样品在固化后生成的物质不同,可能因此导致由咪唑配制的环氧树脂老化前后色差变化大于由聚酰胺配置的样品。

对水性环氧树脂老化前后的 DTG 曲线进行对比可知,水性环氧在 0～600℃ 的质量损失率均为 85% 左右,无较大差异,表明水性环氧样品中有机物含量较低;老化后失重曲线在 350～400℃,400～450℃ 相比于未老化样品分别出现两次明显下降,表明 300～500℃ 老化过程中有新物质生成。

4.5 样品老化前后的表面形貌的观察

将样品置于超景深显微镜下,观察样品表面形态,得到图像如 5 图所示(图像放大倍数为 200 倍)。

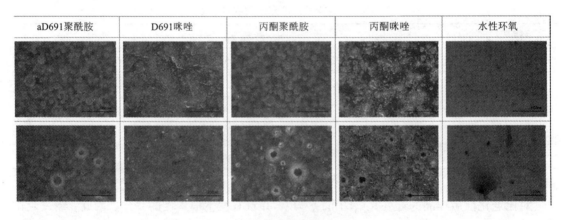

图 5 显微图像

由图 5 显示的样品表面形貌可知,环氧树脂固化过程中表面形成的气泡出现不同程度的破碎。aD691 聚酰胺组样品表面出现少量孔洞,丙酮聚酰胺组样品、丙酮咪唑组样品表面出现较多数量的孔洞;D691 咪唑组样品表面的光泽度下降,没有出现孔洞;水性环氧树脂样品表面仅出现一个孔洞,而且有小晶体状固体裸露在样品表面。由此推测,引起不同配方环氧树脂变化的很可能是材料物理结构发生了变化。

5 环氧树脂寿命预测试验结果

将编号后的大理石样品进行 30 轮循环老化试验,在每 2 轮结束后将 1 kg 的秤砣悬挂在距离黏接界面 1 cm 处的位置 5 秒,若样品在黏接界面处断开,则视为环氧树脂失效。结果是在经历第 2 轮老化后,用水性环氧树脂黏接的大理石样品全部在界面处断开;而油性环氧树脂黏接的大理石样品直至 30 轮老化结束后,除少数样品外,大多数仍未在黏接界面处断裂。

6 总结

对于环氧树脂,其老化主要来自光照辐照,因此在较暗的环境中使用时其耐久性并不差。而且,从试验结果发现,经过老化循环,其物质本身性质并没有发生变化,主要是物理上的损伤。此外,在选择环氧树脂时需要考虑固化剂和稀释剂的种类,其会对材料性能有影响。水性环氧树脂需要解决的问题是其中有效成分的含量,如果太低,其性能较差。

参考文献

[1] 叶春生. 环氧树脂生产和应用开发近况[J]. 广东化工, 1989(4): 1-5.
[2] 王俊, 揭敢新. 高聚物的老化试验[J]. 装备环境工程. 2005, 2(3): 47-53.
[3] 郭永基, 颜寒, 肖飞. 环氧树脂热氧老化试验研究[J]. 清华大学学报, 2000, 40(7): 1-4.
[4] 高念, 潘恒, 管蓉. 水性环氧树脂固化剂的研究进展[J]. 黏接, 2016(9): 62-65.
[5] 谭世语, 滕柳, 梅唐英. 改性环氧树脂及其在石质文物保护中的研究进展[J]. 涂料工业, 2012(6): 71-75.
[6] 郭永基, 颜寒, 肖飞. 环氧树脂热氧老化试验研究[J]. 清华大学学报, 2000, 40(7): 1-3.
[7] 李文, 王于敏, 王月. 水性环氧树脂流变性[J]. 涂料工业, 2013, 2: 52-5.
[8] 马全胜, 李敏, 孙志杰. 固化阶段环氧树脂表面能及其极性变化的表征[J]. 复合材料学报, 2009, 5: 74-79.
[9] 詹茂盛, 张继华. 环氧树脂和双马树脂的热水老化及弯曲性能研究[J]. 航空材料学报, 2005, 3: 37-44.

浅析混凝土碱－骨料反应预防措施

卓景波　李飞涛

（西北水利水电工程有限责任公司　陕西西安　710077）

摘要：通过对混凝土碱－骨料反应的类型、作用机理以及主要影响因素的分析，提出了一些预防混凝土碱－骨料反应的技术措施，对有效预防混凝土碱－骨料反应具有一定参考意义。

关键词：碱－骨料反应；膨胀；预防措施

碱－骨料反应的结果不是提高和改善混凝土的结构，而是在混凝土中产生膨胀应力，至一定程度后引起混凝土开裂或混凝土结构破坏[1]。碱－骨料反应是混凝土的重要耐久性指标之一，由于具有反应过程缓慢、影响因素十分复杂、引起混凝土开裂的时间难以预测且一旦发生破坏几乎无法修补等特点，素有混凝土"癌症"之称[2]。

1 混凝土碱－骨料反应的作用机理

碱－骨料反应是指砼骨料中的某些矿物成分与砼中的碱溶液发生化学反应，这种反应的生成物吸收砼内部或外部的水分，产生体积膨胀，破坏已经凝结硬化的砼构筑物，这种现象称为碱－骨料反应[3]。碱－骨料反应给混凝土工程带来的危害是相当严重的。因碱－骨料反应时间较为缓慢，短则几年，长则几十年才能被发现，根据碱－骨料反应的机理，将混凝土碱－骨料反应分为下面三种类型。

①碱－硅酸反应（Alkali－Silica Reaction，简称ASR）

②碱－硅酸盐反应（Alkali－Silicate Reaction，简称ASR）

③碱－碳酸盐反应（Alkali－Carbonate Reaction，简称ACR）[4]

（1）碱－硅酸反应造成混凝土开裂的机理

$$2Na(K)OH + SiO_2 + nH_2O \longrightarrow Na(K)_2 \cdot SiO_2 \cdot nH_2O$$

碱－硅酸反应是分布最广，研究最多的碱－骨料反应，该反应是指混凝土中的碱组分与骨料中的活性SiO_2之间发生的化学反应，其结果是骨料被侵蚀，生成碱－硅酸凝胶，并从周围介质中吸收水分而膨胀，导致混凝土开裂。

硅酸碱类呈胶体状，并从周围介质中吸水膨胀，体积可增大3倍，碱硅凝胶固体体积大于反应前的体积，而且有强烈的吸水性，吸水后膨胀使混凝土内部产生膨胀应力，而且碱硅

作者简介：卓景波（1992—），男，助理工程师，从事市政园林工程工作。

凝胶吸水后进一步促进碱-骨料反应的发展、使混凝土内部膨胀应力增大,导致混凝土开裂。发展严重的会使混凝土结构崩溃[1]。

许多研究表明,碱-硅酸盐反应,本质上仍是碱-硅酸反应。故许多学者将碱-硅酸,碱-硅酸盐归为同一类,均称 ASR。

(2)碱-碳酸盐反应造成混凝土开裂的机理

(1) $CaMg(CO_3)_2 + 2ROH = Mg(OH)_2 + CaCO_3 + R_2CO_3$

(2) $R_2CO_3 + Ca(OH)_2 = 2ROH + CaCO_3$

式中:R 代表钾和钠,是水泥中的碱分。

碱-碳酸盐反应是岩石中的白云石与碱溶液间的化学反应,反应产物是方解石、水镁石和碳酸碱。在混凝土中,生成的碳酸碱会与水泥水化产生的氢氧化钙反应,生成碳酸钙并使碱再生,使反应持续进行。该反应膨胀的驱动力为反应生成的方解石和水镁石晶体在受限空间生长产生的结晶压力。碱-碳酸盐反应特点是反应速度较快,并且该反应不是发生在水泥石与骨料颗粒间的界面上,而是发生在骨料颗粒的内部。

2 发生碱-骨料反应需要的条件

发生碱-骨料反应需要三个条件:第一是混凝土的原材料水泥、混合材、外加剂和水中含碱量高;第二是骨料中有相当数量的活性成分;第三是潮湿环境,有充分的水分或湿空气供应[5]。

3 混凝土碱-骨料反应的预防措施

碱-骨料反应条件是在混凝土配制时形成的,即配制的混凝土中只要有足够的碱和反应性骨料,在混凝土浇筑后就会逐渐反应,在反应产物吸水膨胀和内应力足以使混凝土开裂的时候,工程便开始出现裂缝。混凝土碱-骨料反应破坏一旦发生,往往没有很好的方法进行治理,直接危害混凝土工程耐久性和安全性。解决混凝土碱-骨料反应问题的最好方法就是采取预防措施[5]。目前主要有以下几种措施。

3.1 碱性离子的控制

碱性离子主要来自水泥、外加剂、掺和料、骨料、拌和水等组分及周围环境。

3.1.1 采用低碱水泥

使用低碱水泥,从而将混凝土的总碱量控制在足够低的水平,可以有效防止碱-骨料活性反应破坏的发生。通常所说的低碱水泥是指钠、钾含量小于0.6%的水泥,我国《通用硅酸盐水泥》(GB175—2007)规定:若使用活性骨料,用户要求提供低碱水泥时,水泥中碱含量不得大于0.6%或由供需双方商定[6]。

3.1.2 减少水泥用量

可掺粉煤灰或矿粉等材料,取代一部分水泥,降低混凝土碱含量,增加混凝土强度,降低成本。

3.1.3 限制混凝土碱含量

混凝土中的碱来源于两个方面：一方面是配制混凝土时形成的碱，包括水泥、掺和料、外加剂和混凝土拌和用水中的碱；另一方面是混凝土结构物在使用过程中从周围环境中侵入的碱，如海水、融雪剂等中的碱。因此在降低混凝土内部碱含量时，不仅要限制水泥的碱含量，还要控制混凝土的总含碱量。《混凝土碱含量限值标准》(CECS53—93)中对混凝土碱含量的规定如表1所示。

表1 防止碱－硅酸反应破坏混凝土的碱含量的限制或措施

环境条件	混凝土最大含碱量/(kg·m^{-3})		
	一般工程结构	重要工程结构	特殊工程结构
干燥环境	不限制	不限制	3.0
潮湿环境	3.5	3.0	2.1
含碱环境	3.0	用非活性材料	

注：处于含碱环境中的一般工程结构在限制混凝土碱含量的同时，应对混凝土表面做防碱涂层，否则应换用非活性材料。

3.2 大体积混凝土结构（如大坝等）的水泥碱含量应符合有关行业标准规范[7]

水泥碱含量使用非活性骨料，可对骨料专门进行碱活性测试，或根据以往的调查结果选用骨料。骨料中活性骨料的百分比越大发生碱－骨料反应的破坏也越大。当使用活性骨料时碱含量与碱－骨料反应的速度大致呈线性关系，比如碱含量越高越易发生碱－骨料反应。

3.3 环境控制

只有在空气相对湿度大于80%，或直接接触水的环境中，AAR破坏才会发生。
有效隔绝水的来源是防治AAR破坏的一个有效措施。
(1)高温、高湿环境对碱－骨料反应有明显加速作用，可隔绝水和湿空气的来源。
(2)如果在混凝土工程易发生碱－骨料反应的部位能有效地隔绝水和空气的来源，就可以有效抑制混凝土碱－骨料反应。

3.5 其他措施

掺加大量粉煤灰会影响混凝土的抗冻和抗碳化性能，掺入引气剂，提高混凝土密实度，可在一定程度上减小碱－骨料反应膨胀。

适当降低水灰比：水灰比越大混凝土内部孔隙率也越大。碱在水溶液中的迁移速度也增大，从而加速碱－骨料反应。减小水灰比可以大幅度降低混凝土渗透性，因而发生碱－骨料反应的可能性也必然会减小。但由于降低水灰比会让混凝土更易产生干缩裂缝，固我还得掌握一个平衡度。

4 结语

混凝土碱-骨料反应是影响混凝土结构安全性、耐久性的重要因素之一。但碱-骨料反应是可以预防的。对于重要、重大工程，如大坝、大桥等，往往还需同时采用多种措施，确保万无一失[2]。控制碱性离子的含量与活性、隔绝水和湿空气等方法可以抑制碱-骨料反应的发生。我们还应该继续探索出更科学更可控的方法来彻底解决这一混凝土"癌症"。

参考文献

[1] 理查德·W·伯罗斯. 混凝土的可见与不可见裂缝[M]. 北京：中国水利水电出版社，2013.
[2] 中国工程院土木水利与建筑学部. 混凝土结构耐久性设计与施工指南[M]. 北京：中国建筑工业出版社，2004.
[3] 伊丽丽，田亚矛，谢晓卫，王晓荣. 谈碱骨料反应及其对砼构筑物的危害性[J]. 森林工程，2000，JUL16（4）.
[4] 冯乃谦. 混凝土结构的裂缝与对策[M]. 北京：机械工业出版社，2006.
[5] GB/T 50733—2011 预防混凝土碱骨料反应技术规范[M]. 北京：中国建筑工业出版社，2011
[6] GB175—2007 通用硅酸盐水泥[S].
[7] CECS53—93 混凝土碱含量限值标准[S].

YKS－A型高压深孔水压式灌浆(压水)栓塞的研制和应用

田 伟 田 野

(中水东北勘测设计研究有限责任公司 吉林长春 130061)

摘要：灌浆和压水试验中水压式栓塞较其他类型栓塞安全、可靠、经济，且适合高压灌浆和压水试验，但栓塞胶囊对孔内彻底排水卸压的问题未能很好解决，是制约水压式栓塞进一步推广应用的瓶颈。我公司新近发明的YKS－A型高压深孔水压式灌浆(压水)栓塞巧妙地利用压差平衡原理，方便可靠地实现了栓塞胶囊在孔内重复充塞和彻底排水卸压功能，成功地突破了阻止水压式栓塞进一步发展这一技术难题。

关键词：水压式；高压深孔灌浆(压水)栓塞；压差平衡原理；重复充塞；排水卸压

1 研究背景

1.1 我国灌浆(压水)行业现状

灌浆可分为孔口灌浆和分段灌浆，我国灌浆行业多采用孔口封闭法进行孔口灌浆，该工艺由于自身的局限性一般只适用于15 m以内的浅孔进行低压灌浆，且效率较低。

分段灌浆和压水试验离不开栓塞，栓塞是进行钻孔分段隔离的关键器具。国内常见的灌浆(压水试验)栓塞有机械顶压式、气压式和普通水压式。机械顶压式栓塞的胶塞膨胀性有限，适应于完整硬岩地层，不适合在软岩和较破碎岩体进行灌浆或压水试验(故压水试验规程建议优先选用气压式栓塞或水压式栓塞)，且难以满足高压灌浆和自下而上分段灌浆的要求，效率低，易发生卡塞事故；气压式栓塞使用高压气泵，造价极高，采用高压充气瓶，使用起来十分麻烦，同时存在安全隐患，且由于气体具有可压缩性，栓塞受高压会收缩变形而发生泄漏甚至滑塞事故，故不适合进行高压灌浆或压水试验；水压式栓塞安全、可靠、经济，由于水具有相对不可压缩性，故水压式栓塞是进行高压灌浆和压水试验的一种理想栓塞。目前国内常用的水压栓塞只能实现孔口放水，栓塞胶囊在水柱压力作用下，收缩困难，常出现卡塞和断塞的故障，故一般只适合20 m以内的浅孔进行灌浆或压水试验。

1.2 水压栓塞的研究

水压式栓塞由于安全、可靠、经济且水具有相对不可压缩性，故在灌浆和压水试验等领

作者简介：田伟(1974—)，男，中水东北勘测设计研究有限责任公司高级工程师，主要从事岩土工程和探矿工程技术与管理工作。

域有着不可替代的优势,但由于受栓塞胶囊孔内彻底排水卸压这一技术难题的限制,使得水压式栓塞无法进一步推广应用。多年来,行业内不少专家和学者为解决水压式栓塞孔内彻底排水卸压的技术难题作了大量研究工作,也取得了许多研究成果,这些成果总结其基本原理为利用钻杆的旋转、上提或下压带动栓塞放水阀打开放水通道进行孔内彻底排水。它们最大的缺点是不具有重复性即栓塞完成一次充塞和放水后,栓塞放水阀无法自动复位,需将栓塞全部提出在孔外将放水阀重新安装复位,故无法实现孔内连续作业,现场操作也十分繁琐。当塞位不合理需要孔内串动寻找合理塞位时,或孔内进行连续分段灌浆或压水试验时,此类栓塞就显得捉襟见肘,无能为力。

我公司经过多年研究,通过大量试验,成功发明的 YKS – A 型高压深孔水压式灌浆(压水)栓塞,巧妙地利用压差平衡原理,解决了以上诸多问题,方便可靠地实现栓塞胶囊在孔内重复充塞和彻底排水卸压动作,成功地突破了阻止水压式栓塞进一步发展这一技术难题,并在工程实践中得到充分的验证。

2 基本结构和工作原理

2.1 基本结构

YKS – A 型高压深孔水压式灌浆(压水)栓塞的基本结构如图 1 所示,主要由钻杆变径接手 1、高压注浆管 2、高压充塞管 3、排水卸压机构 4、栓塞胶囊 5 共五部分组成(见图 1)。

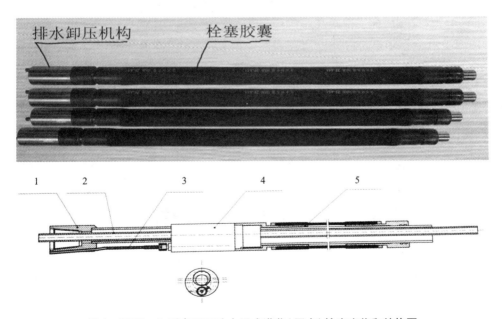

图 1 YKS – A 型高压深孔水压式灌浆(压水)栓塞实物和结构图

2.2 工作原理

本文以灌浆施工为例(压水试验相对较简单,可参照灌浆施工实施)介绍 YKS-A 型高压深孔水压式灌浆(压水)栓塞的工作原理,如图2所示。

(1)利用充塞水泵通过充塞管给栓塞胶囊进行充水加压,调节调压阀,当排水卸压机构处水压力为5~10 MPa(具体压力值可根据需要进行设定)时,排水卸压机构中的阀杆在压力差作用下,打开胶囊进水通道,并关闭胶囊的排水通道,对胶囊进行充水胀塞,当达到栓塞胶囊胀塞设计压力后,关闭充塞水泵,整个栓塞胶囊便稳定可靠地挤压在止浆段上。

(2)利用灌浆泵通过灌浆管、栓塞和射浆管对注浆段进行注浆,回浆通过栓塞和钻杆返回储浆桶。

(3)当灌浆结束后,利用地面调压阀对胶囊中的高压水进行卸压,当排水卸压机构处的水压力卸压至1~10 MPa(具体压力值可根据需要进行设定)时,排水卸压机构中的阀杆在压力差作用下,打开栓塞胶囊的排水通道,将胶囊中的高压水直接排放到栓塞上部的孔壁与钻杆环状空间,栓塞胶囊实现孔底彻底卸压而收缩。

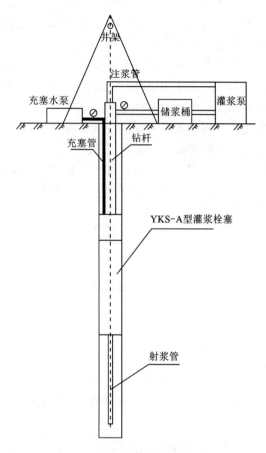

图2 YKS-A 型高压深孔水压式灌浆(压水)栓塞灌浆原理示意图

(4)在孔内串动栓塞至下一塞位,重复以上步骤,便可实现下一灌浆段的灌浆工作。

3 主要技术参数

YKS-A 型高压深孔水压式灌浆(压水)栓塞主要技术参数
封孔直径:75-110 mm;
最大封孔深度:1000 m;
充塞工作压力:5~15 MPa;
栓塞外径:70 mm;
栓塞长度:1.4 m;
栓塞质量:20 kg。

4 优缺点

YKS-A型高压深孔水压式灌浆(压水)栓塞的优缺点

(1)栓塞胶囊在孔内充塞或排水卸压过程,完全由调节地面调压阀增压或减压来实现,操作方便安全,轻松快捷地实现孔内重复充塞和排水卸压动作。

(2)排水卸压机构处的排水卸压压力值设定范围为1~10 MPa,说明在1000 m水柱压力下栓塞胶囊仍可实现孔底彻底排水卸压,故栓塞可在孔深1000 m以内裸孔中正常工作,为了减轻设备的工作负荷,对于较浅孔可将排水卸压压力值设定为较低值。

(3)胶囊中的压力水直接排泄到栓塞上部孔壁与钻杆的环状空间内,实现了栓塞胶囊彻底卸压。

(4)通过大量试验和工程实践证明排水卸压机构巧妙且结构灵活可靠,不会发生栓塞无法排水卸压等故障。

(5)整个栓塞和钻杆连接成一体,一旦发生卡塞事故,只要正转钻杆数圈,栓塞芯体便与栓塞胶囊脱离并抽出,彻底杜绝卡塞废孔事故。

(6)胀塞压力可通过地面压力表直观反映,便于对胀塞压力进行监测。

(7)缺点:与其他栓塞相比由于增加了一道充塞管,下塞过程中增加了一定的劳动强度。

5 工程实例

2015年10月中水东北勘测设计研究有限责任公司在荒沟抽水蓄能电站为了查明高压岔管段工程地质条件和高压渗透稳定性,设计了孔深为433 m的勘察钻孔,需在岔管部位做高压压水试验,压水最大压力为8.4 MPa,采用了YKS-A型高压深孔水压式灌浆(压水)双栓塞进行压水试验,获得圆满成功,顺利的完成了5段单循环,2段四循环的压水任务,栓塞和整个压水系统最长连续工作了18小时,获得了准确可靠的试验数据。

2016年3月本公司在黄河刘家峡兰州水源地取水口岩塞爆破勘察工程中,全部压水试验段均采用YKS-A型高压深孔水压式灌浆(压水)栓塞进行压水试验(图3),最大孔深68 m,圆满完成压水试验共计56段,除了充塞管在起塞过程中因操作失误被挂断一次外,未发生一例孔内事故。

图3 YKS-A型高压深孔水压式灌浆(压水)栓塞的现场试验

工程实践证明 YKS－A 型高压深孔水压式灌浆（压水）栓塞设计合理、结构科学、性能可靠、安全耐用。

6　结语

YKS－A 型高压深孔水压式灌浆（压水）栓塞的发明研制成功，突破了制约水压式栓塞进一步推广应用的"瓶颈"，具有良好的推广应用前景，不仅在灌浆和压水领域，在劈裂试验和矿场瓦斯抽放等领域都有很好的推广应用前景。

参考文献

[1] SL 31—2003 水利水电工程钻孔压水试验规程[S].
[2] DL/T 5148—2001 水工建筑物水泥灌浆施工技术规范[S].
[3] 孙钊. 大坝基岩灌浆[M]. 北京：中国水利水电出版社，2004.
[4] 裴熊伟. 钻孔压水试验水压式栓塞排水泄压问题研究[J]. 探矿工程（岩土钻掘工程），2016，43(3)：56-59.
[5] 李炳平，李小杰，叶成明，等. 止水栓塞封隔－阀式压水器组合检测技术的应用[J]. 探矿工程（岩土钻掘工程），2009，36(3)：69-71.
[6] 夏永祥，胡仁岳. 钻孔压水试验的一种新型设备——液压栓塞[J]. 水利水电技术，1979，(2)：31-35.
[7] 张双. 气压式压水试验器[J]. 水利水电技术，1983，(2)：35-41.
[8] 吴中浩. GPS3 型双塞压水试验设备及其初步应用[J]. 水利水电技术，1989，(10)：21-25.

潜孔锤钻机跟管钻进在隧洞管棚施工中的应用

谢 灿

(湖南宏禹工程集团有限公司 湖南长沙 410117)

摘要：某引水隧洞出口段向上游方向开挖至790 m时，发现掌子面、右侧边墙及洞顶出现塌方现象，掌子面顶部可见溶蚀带，隧洞开挖顶部，溶洞洞口有风。溶蚀带充填物以块石为主，夹黄泥，初期渗漏浑水，一段时间后转变为清水。掌子面岩体受岩溶影响，岩体破碎，经判断，属稳定性差的V类围岩。隧洞掘进时一旦打破平衡状态，就将引起洞顶塌方，严重危及工程施工安全，应尽快采取有效的支护措施，确保施工安全。

关键词：隧洞洞顶塌方潜孔锤；跟管钻进；管棚支护

1 工程概况

该引水隧洞塌方位置掌子面为浅灰色-灰白色灰岩，强风化，受岩溶溶蚀影响，岩体破碎。层面间局部夹泥。主要发育两组节理，节理间距一般为30～50 cm，闭合，面平直、光滑，与洞轴线近直交；缓倾角层面受构造挤压影响呈揉皱状；起伏差30～50 cm；洞壁潮湿，溶蚀现象强烈。洞内岩溶调查及地表岩溶调查情况表明：该部位岩溶发育，地表主要表现为落水洞形式，与隧洞以构造溶蚀带形式串接，规模范围难以准确确定。

为了确保施工进度及施工效果，本次支护工程采用潜孔锤跟管钻进、管棚支护方式进行施工。

2 施工准备

(1)将隧洞掌子面两侧扩大60 cm，隧洞开挖时已实现了"三通一平"，即水通、电通、风通、场地平整。

(2)根据设计布孔位置，搭设脚手架施工作业平台。

3 管棚施工参数

(1)套管规格：无缝钢管 $\phi 75$ mm，壁厚4.5 mm。
(2)管距：环向间距20 cm。
(3)倾角：仰角15°，方向：与隧洞轴线平行。

作者简介：谢灿(1988—)，男，工程师，任职于湖南宏禹工程集团有限公司，职务：项目经理，主要从事水利水电工程项目施工管理工作。

（4）钢管施工误差：径向不大于 20 cm，隧道纵向同一横断面内的接头数不大于 50%，相邻钢管的接头至少需错开 1 m。

（5）钢拱架：间距 1 m。

4 施工工艺

4.1 跟管钻进管棚工艺流程

跟管钻进管棚工艺见图 1。

4.2 测放孔位

拱部管棚施工钻孔时应注意对钻孔方向的控制，拱顶范围钢花管以隧洞中心线为基础上仰 15°，用全站仪测定中线，水准仪配合垂球吊线的方法测定仰角，准确定位。

4.3 造孔

根据地质条件和施工条件，采用一台 J100B 型潜孔钻进行施工，施工顺序从拱顶开始，两侧对称进行施工，钻孔时钻机与工作面距离一般情况下不少于 2 m。

跟管钻进的设备及配套机具：

（1）钻机：考虑隧洞施工条件及管棚长度，本次采用 J100B 型潜孔锤钻机施工。

（2）跟管钻头：采用 176 mm 单偏心跟管钻头和 176 mm 同心式环状钻头，并佩带 191 mm 潜孔锤单偏心扩底钻头。

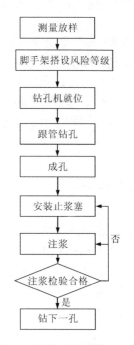

图 1 跟管钻进管棚施工工艺

（3）跟管套管：采用无缝钢管，壁厚 4.5mm，管径 φ75 mm，灌浆孔通过加工套管成钢花管。

4.4 灌浆

管棚按设计位置施工，根据实际施工地质条件，采用跟管钻进和一次全钻孔注浆以及后退式注浆工艺，即一次钻到注浆孔终孔深度，再从孔底利用止浆塞分段压浆后退至孔口，管棚支护，浆液扩散半径不小于 0.5 m，注浆后再打无孔钢花管。

5 钢拱架支撑及开挖

待管棚施工结束后进行钢拱架支撑，边挖洞边支撑直到通过溶蚀带。

6 与传统管棚对比

与传统管棚施工对比，跟管钻进管棚是利用潜孔锤锤击连接在套管上的管脚，同步跟进,在钻进过程中不会发现垮孔、漏风、埋钻现象,钻孔、顶管一次完成,不需要退出钻具后再进行顶管,节约工期。

在进行钻孔过程中,跟管钻进会增加钻孔的导向作用,有效地减少了因钻头钻进中出现的孔位偏差。

7 结论

在隧洞开挖过程中,由于遇到溶蚀带导致洞顶垮塌、且结构松散、夹黄泥、渗水,利用潜孔锤跟管钻进技术是快速完成管棚最有效的方法,其钻进效率快,成孔率高,不会发生孔内事故,同时减少孔位偏差,提高施工效率,节约施工成本。

参考文献

[1] DL/T 5195—2004 水工隧洞设计规范[M].北京:中国电力出版社,2010.
[2] SL291—2003 水利水电工程钻探规程[M].北京:中国水利水电出版社,2003.

浅谈液压凿岩技术在水电坑探工程的应用

干大明

(中国电建集团成都勘测设计研究院有限公司 四川成都 610072)

摘要：简述了在交通不便地区进行水电工程坑探作业时，采用小型风动凿岩方式存在的问题和局限性，以及液压凿岩的适宜性、工作原理、使用特点和使用要求等。列举了液压凿岩在某水电工程勘探的使用简况。

关键词：水电坑探工程；液压凿岩技术

1 前言

坑探工程是通过挖掘不同型式的坑道，以查明工程地质条件的一种技术手段。坑探工程能直观地揭露工程地质条件，更细致地描述岩土性质，对工程地质条件做出准确评价，是水电勘探的主要方法之一。

钻爆法是通过凿岩钻孔进行爆破开挖作业的方法。风动凿岩是钻爆法开挖最主要的凿岩方式，原理是以空气压缩机提供的高压空气作动力，通过高压风管输送至作业面，驱动风动凿岩机冲击回转进行钻孔作业。这种凿岩方式因其配套设备简单、灵活性强、维修方便等而被广泛采用。

水电工程的开发总是遵循先近后远和先易后难的规律的。随着水电站勘探工作逐步推进，作业区域条件越来越差，坑探工作所面临的挑战也越来越多，而首当其冲的就是设备的配置。受交通条件所限，不仅整件大中型坑探设备无法搬运，即便对其进行最大限度的拆解，也难以满足长途人工搬迁对最大重量的限制，应对之策是配用小型风动设备。长期的使用情况证明，作为权宜之计来应对一些零星项目尚可，而要作为重要水电工程勘探的主流设备，显然是无法胜任的。这也是目前坑探工作进度大幅下降的重要原因。

坑探设备的小型化、适宜性就成了水电工程坑探作业的重要课题之一。

2 小型风动凿岩存在的问题

通常的小型风动设备组合，是用 4 m³ 柴油空压机供气 YT-24 风动凿岩机钻孔。4 m³ 空气压缩机的主要工作参数：供风量 4 m³/min、供风压力 0.5 MPa；YT-24 风动凿岩机的主要工作参数：耗风量约 3.0 m³/min、工作风压约 0.6 MPa。从理论数据来说，空压机供风量与凿岩机耗风量基本匹配，工作风压约低 0.1 MPa，而实际情况远非如此，主要原因如下。

作者简介：干大明(1963—)，男，工程师，长期从事水电水利工程勘察、施工、管理和工程爆破设计等工作。

1) 工艺性能缺陷

小型空压机不属于主流机型,生产企业在选材、制作工艺上都不会倾注太多精力,致使这类产品大多数性能上先天不足,质量可靠性很难保证,使用时故障频发;此外,其传动方式基本上都采用皮带传动方式,与轴联动相比,功率的有效传递大打折扣,影响空压机的产气能力,实际结果都低于技术参数值。

2) 作业条件制约

目前开展水电勘探工作区域多在海拔 3000 m 左右的地区,大气压力和空气含氧量都低于正常水平,导致燃油不能完全燃烧,影响内燃机功率输出,从而影响空压机效率。

3) 输送管路影响

送风管路蜿蜒甚至曲折导致送风压力损失,接头也难免松动漏风造成风量流失,送风管路越长,风压、风量损失越大。因此,在凿岩工作面的风量和风压远低于凿岩机正常工作的需要,导致凿岩机的冲击能量、冲击频率和扭矩等都远低于正常水平,造成钻孔速度缓慢,凿岩效率低下等。

不难看出,小型风动凿岩方式所存在问题是系统性问题,这不仅增加坑探作业成本,也对作业进度、有效工作面深度等都产生很大的影响。从以往的工程实际情况看,小型风动凿岩方式,其有效工作面深度一般不超过 200 m,超出 200 m 后功效极为低下,平均单个工作面月进度通常都不超过 50 m。

除此之外,风动凿岩的噪声危害也是长期未解决的问题。

风动凿岩机工作时,伴随着高压气体的排放产生很大的噪声,不仅声强高而且频带宽,是坑探工程作业的主要噪声。据相关资料显示,风动凿岩机已被列为仅次于喷气式飞机的第二种噪声机器,虽经过多年的不断改进,但到目前为止,噪声强度还仍然远远高于允许的范围。在水电工程的坑探作业中,由于工作面狭窄,强烈的反射叠加效应使其危害作用被进一步放大,作业环境噪声强度超过 120 dB,长期暴露在这种环境下作业,不仅影响作业人员间的协同配合,对作业人员造成的伤害是永久的、不可逆转的。

3 液压凿岩的特点

液压凿岩机械是一种以高压液体为动力的新型凿岩设备,它是在风动凿岩机及液压传动机械的基础上发展起来的。国外在 20 世纪 60—70 年代开始研发,国内在 70—80 年代开始研究,经过长期不懈的努力,近年来已取得重大进展,已逐步在水电水利工程、矿山开采、交通工程等多个行业使用,是钻爆法凿岩技术的发展方向。

液压凿岩的基本原理是以液压泵站提供高压油为动力,采用高压油管与凿岩机连接,通过配液机构的控制,利用高压油交替作用于活塞两端,达到往复冲击钎子和操纵液压支腿伸缩进行凿岩。

液压凿岩机械基本分为两种类型,一种是大型机载式,另一种是小型支腿式。支腿式适宜于水电工程勘探等凿岩作业,由液压站、液压凿岩机和支腿组成,按液压站配置凿岩机数量的不同,分为一站一机式和一站多机式,可根据不同开挖断面需要灵活配置。目前国内有多家液压凿岩机及配套系统生产企业,其中,乐清采矿机械厂生产的"荡山"牌支腿式液压凿岩机及配套系统,是目前最成熟的产品,获得国家重点新产品及科技部创新基金项目肯定,处于国内同行业领先水平。水电工程勘探可采用 YYTZ-28 液压凿岩机、液压支腿与 Z-1 或 Z-2 液压站进行配套，其主要技术参数见表1~表3。

表1 YYTZ-28 液压凿岩机性能参数

外形尺寸	600 mm×170 mm×180 mm	冲击能量	55~60 J
质量	28 kg	转矩	55~60 N·m
工作油压	17~18 MPa	转速	250~300 r/min
流量	32~35 L	水压	0.2~0.4 MPa
冲击频率	55~60 Hz	水量	0.03 m³/min

表2 YYTZ-28 液压支腿性能参数

质量	长度	行程	内径	外径
12.5 kg	1400 mm	1200 mm	F40	F46

表3 Z-1 液压站性能参数

型号	外型尺寸/mm×mm×mm	质量/kg	功率/kW
Z-1	1100×600×800	250	11
Z-2	1300×700×1000	430	18

相关研究表明，对于同一岩石，在冲击能量一定时，每冲击一次所凿碎岩石的体积是相同的。在冲击频率达到某一临界频率（对应于最高凿岩速度的冲击频率 $6×10^5$ ~ $8×10^5$ Hz）之前，凿岩速度与冲击频率成正比。从凿岩机的技术参数来看，液压凿岩机的冲击能量与风动凿岩机相当，冲击频率接近风动凿岩机的2倍。也可以认为，单位时间内在相同冲击能量下，液压凿岩比风动凿岩的冲击次数提高近2倍，理论上液压凿岩比风动凿岩速度更快。从国内使用液压凿岩机的相关工程资料显示，与冲击能量相近的风动凿岩机比，液压凿岩更节能、高效和环保。

液压凿岩机脱胎于风动凿岩机，二者的外形、几何尺寸、整机质量很接近，操作开关位置和操作方式等也基本相同，凡有风动凿岩机操作基础的凿岩工稍加培训便可较熟练使用，YYTZ-28 液压凿岩机工作示意如图1所示。

通过西藏某水电勘探现场对两种凿岩方式进行比较发现，液压凿岩方式具有以下显著特点。

1）凿岩机质量和外形尺寸与风动凿岩基本相同，操作方式相近，具备风动凿岩基本技能的凿岩工易于上手。

2）柔性液压支腿配以浮动装置，使凿岩机工作平稳，钻速高于风动凿岩，且断钎时凿岩机无前冲安全隐患。

3）液压和气动机械的能效转换比不同，液压凿岩方式的总能耗约为风动凿岩方式的60%。

4)液压站比空压机搬迁更为便利。单机作业的 Z-1 液压站与 4 m³ 空压机相比,液压站总质量约 300 kg,单件最大质量约 150 kg,4 m³ 空压机整机质量约 700 kg,单件最大质量约 300 kg,双机作业的 Z-2 液压站与 10 m³ 空压机相比,液压站总重约 450 kg,10 m³ 空压机整机重约 1900 kg,因此液压站比空压机搬迁更为便利。

5)内部结构相对简单、性能稳定,故障率低于风动凿岩机,维护和检修工作量小且更为方便。

6)液压凿岩机采用闭式回流,工作噪音约 90 dB,明显低于风动凿岩机。采用液压凿岩时,作业人员可在不停机的情况下进行语言沟通,既有利于人员间的相互协调配合,又大幅降低噪音对作业人员的伤害。

7)作业环境好。作业区域无油烟尘雾,空气质量改善、工作时视线良好。作业环境的改善不仅有利于凿岩作业,对凿岩工的劳动保护和职业健康也更为有利。

8)液压站紧随工作面跟进,凿岩机功效几乎不受工作面深度影响。

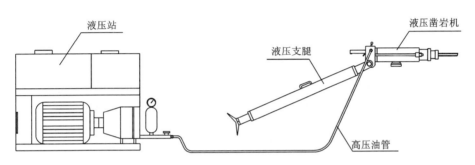

图 1 液压凿岩机工作示意图

4 液压凿岩机的使用要领

(1)人员培训

液压凿岩方式与风动凿岩方式虽然有很多相似之处,但液压凿岩设备属高压、高频、高负载机器,相关零部件的精密程度、装配精度及技术要求均高于风动凿岩设备,必须对凿岩工、运转工和维修工等相关人员进行系统规范的培训,使工作人员对液压凿岩机、液压支腿、液压站等的结构和工作原理有相应的了解和认识,能正确和熟练地使用、修理和维护。

(2)使用注意事项

1)确保供电电源功率和电压、工作油位和油质、供水水压符合设备要求。

2)渗水严重地段,液压站上的电器应进行有效遮盖,防止发生电器故障和漏电事故。

3)压力油管的连接要分清高、低压,连接时要排空油管内空气确认接头牢固到位,拆下油管后要对各接头部位进行有效防护,严防带入赃物;压力油管不允许缠绕、急弯,作业过程中防止砸扎、刺、磨等造成的油管损坏。

4)使用前先点动电机,确认电机转向正确。

5)开、停机前要先松开溢流阀开关释放压力。

5　工程实践

在西藏地区某水电工程勘探项目现场,过去一直使用 4 m^3 空压机配套 YT - 24 风动凿岩机进行平洞掘进凿岩作业,后来改用了 YYTZ - 28 液压凿岩机和配套的 Z - 1 液压站,操作人员是经过 2 天现场操作培训的凿岩工,在工作条件相同的情况下,使用小型风动凿岩,循环准备时间和凿岩时间 5~6 h,采用液压凿岩机后,循环平均准备工作时间和凿岩时间 3.5~4.5 h,比风动方式缩短约 25%。此外,工作面噪声明显低于风动凿岩,工作面无水雾,凿岩工作强度也有所降低。

在设备投入上,液压凿岩机组与风动机组价格相当,在能耗上,液压凿岩机组的总能耗明显低于风动凿岩机组,在配套设施上,液压凿岩方式从洞外接入电源,液压站紧随工作面跟进,节省大量的管路购置、转运、架设、维护及后期拆除成本。总之液压凿岩比风动凿岩有更好的经济性。

6　结语

通过对液压和小型风动凿岩方式特点的分析,并结合水电工程勘探现场使用情况进行综合比较,得出的基本结论是,在交通极为不便的野外勘探作业中,采用液压凿岩可有效克服小型风动凿岩所受到的种种制约,节能、高效和环保。此项应用经验可为在类似条件下进行凿岩作业的设备配置提供参考和借鉴。

参考文献

[1] 张天锡,魏伴云,陈庆寿. 勘探掘进学(第一分册)[M]. 北京:地质出版社,1981.
[2] 周志鸿,闫建辉,刘连华. 支腿式液压凿岩机新进展[J]. 凿岩机械气动工具,2002. 2:16 - 18.
[3] 姜达. 现代矿山爆破新技术与现场安全操作务实全书[M]. 北京:中国矿业大学出版社,2005.

振孔高喷结合牙轮钻在卵砾石地层中的应用

杜金良　张宝军　刘佳禹

(中水东北勘测设计研究有限责任公司　吉林四平　136000)

摘要：随着我国经济建设的快速发展，我国各类基础建设也是如火如荼，振孔高喷技术也不限于原来的临时围堰及堤防工程防渗，而是服务于各种各样的基础防渗及基础处理，应用于电站、堤防、围堰、公路、铁路、桥梁、地下管廊及各类基坑的支护当中。随着我国水电站及城市基础建设的全面开展和公路、铁路、城市快速路及高速铁路等建设规模的不断扩大，振孔高喷技术在各类基础施工中被广泛应用。在实际施工过程中，在地下不同深度范围内经常会遇到砾石层、卵砾石及碎块石等地层，振孔高喷在上述地层中振动成孔及提升旋摆都较困难，经常会出现夹、卡、埋钻等现象，严重时还会导致施工质量及安全事故的发生，施工过程中会存在各种隐患，不利于施工正常进行。为了解决振孔高喷在砾石、卵石及碎块石地层中的成孔及提升的问题，扩大振孔高喷施工工艺的适用范围，同时也为施工企业创造更好的经济效益和社会效益，振孔高喷施工工艺就得采取必要的解决措施——应用振孔高喷与牙轮钻相结合的施工工艺组合，即本论文的主要议题。

关键词：振孔高喷；牙轮钻；施工措施

引言

21世纪社会发展的突飞猛进，国内外的基础建设也是日新月异，从城市的高楼大厦平地拔起到各等级公路的交错盘绕，从地上的快速路全线无红灯到地下的地铁全程无平面交叉，从跨海大桥到海底隧洞，从长江黄河上的各式各样的拦河坝到不同库容的各种水库等，都离不开基础处理。振孔高喷技术在各类工程建设中均发挥着重要的作用，也为工程建设不同程度地解决了软基承载力低下及砂砾石的渗漏等施工难题，从20世纪90年代以来先后被国内堤防、水库等工程建设所采用，在不断完善设备、工艺的条件下沿用至各个基础建设领域。

振孔高喷技术是对20世纪80年代从日本引进的常规钻孔高喷技术的一次重大革新。该工艺发展虽只有短短30年，却能被多项基础建设所采用。每个施工工艺的成长和成熟都是一个逐渐的发展和完善过程，随着科技生产力的提高及机械设备的更新，在此过程中总会有新的缺点被发现，为了使该工艺能在各个领域中发挥重要的作用，我们要进行不断地总结、探索和研究。

作者简介：杜金良(1974—)，男，职称：高级工程师。

1 振孔高喷技术在国内的研究现状

我国最早使用振孔高喷技术是在 20 世纪 90 年代中期,这项技术自开始使用以来,在不断地改良及完善的状态下被各类工程基础处理所青睐。

振孔高喷技术在 2004 年被列入了统一的国家技术规范。通过近 30 年的发展及更新,该施工工艺日趋成熟和完善,目前振孔高喷技术仍然存在着需进一步完善的工艺弊端及工序节点控制。

工艺弊端主要体现在该工艺适应地层能力差,如遇大粒径卵石或孤石时,振孔高喷成孔较困难并且还会存在夹、卡钻现象。另一方面振孔高喷技术入岩能力较差,一般只能进入软岩或硬岩的全风化层一定的深度。一旦遇上卵石地层进行振孔高喷时,目前还得借助引孔设备辅助完成,最常见的引孔技术主要为长螺旋、冲击器及牙轮钻等。

施工工序节点控制的好坏直接影响成桩后的桩体质量,1996 年我国全面推行施工监理的管理体制,这样就多了一道必不可少的控制程序。为了更好地适应国家及业主的质量管理体制,生产出优质产品,施工工序节点控制至关重要。振孔高喷施工工序节点主要为:高喷机就位→调整垂直度→地面试喷→振孔→调整施工参数到设计值→上提高喷→提升至设计高程→高喷机移位→进入下一流程。在上述的工序中,每一道工序都要进行严格控制,每道工序都会影响工程质量及施工进度,严重时可造成施工事故,不得有半点松懈。如高喷机垂直度调整不好,将影响振孔高喷的孔斜率,进而影响墙体搭接的连续性,一旦高喷机倾斜到一定程度时,还有可能出现振断振管或桩机倾倒的施工事故。地面试喷也不能省略,经常在振孔前的试喷中能发现浆嘴和风嘴的堵塞情况,一旦发生堵嘴现象能及时进行处理,如果到孔底时才发现,即使能发现有堵嘴现象还需提出孔口后再进行处理。调整施工参数到设计值是所有工序的关键,无论风压、浆压还是进浆量,必须要按项目施工组织设计严格控制,该工序控制的好坏直接决定施工产品的质量,所以必须严格控制。

为了使振孔高喷技术在工程建设中发挥更好的作用,还需不断完善和发展该施工工艺。

2 振孔高喷结合牙轮钻的工艺原理

2.1 振孔高喷工艺原理

振孔高喷工艺是一种利用大功率、高频振动锤,将设有喷嘴钻头的一整根高喷管(称振管——即钻杆与高喷管复合体)直接振入地层,至设计深度,形成钻孔(使造孔和下放高喷管一次完成),在振管上提过程中将高喷介质调整到设计参数,进行高压喷射灌浆作业的高喷灌浆新工艺。

振孔高喷工艺充分利用振动力造孔,在成孔效率极高的优势下实现小孔距(如 0.6～1.0 m)高喷施工;由于孔距较小,可以有效地利用高压喷射流近喷嘴处的高能区强力切割、重复扰动地层,既可保证墙体连续又能实现快速提升;由于单孔施工速度快,可实现高喷孔不分序,依次施工连续成墙;由于整根管振入地层不需要泥浆护壁,根治了坍孔和"假灌"弊病,确保墙体质量。

2.2 牙轮钻工艺原理

通过大功率电机带动蜗杆减速箱将动力传递给方形钻杆，通过方形钻杆传递回转动力，再通过双排链条向主轴输入竖向动力，带动立架中的套筒滚子链条及水龙头，将主轴上拔或下压，再通过牙轮钻头破碎钻入地层，利用循环泥浆将破碎的岩渣冲出孔外，成孔后采用泥浆护壁的回转方式来实现钻进成孔。

3 振孔高喷结合牙轮钻在卵砾石地层中的应用实例

3.1 项目简介

本文的应用项目为洛阳伊河东湖橡胶坝上游防渗工程，该项目施工工艺为振孔高喷（牙轮钻辅助引孔）。

洛阳市伊河东湖水面工程坝址位于洛阳市水生态文明城示范区伊滨区草店村，是"两湖一河"的重要组成部分，该工程坝长 1.4 km，回水长度 7.35 km，可形成水面面积 4050 亩，蓄水量 607 万 m^3。

伊河东湖水面工程拦河坝总长 1400 m，其中橡胶坝段长 660 m，宽顶堰段长 740 m。橡胶坝共布置 8 跨，其中主槽 6 跨，坝高 4.5 m，每跨长 75 m。两侧低跨坝 2 跨，坝高 2.5 m，每跨长 99 m。

本次加固在坝底板上游 20 m 处新建高喷灌浆防渗墙一道，1#、8# 坝前防渗墙深度为 15 m，底高程为 100.0 m，2# ~ 7# 坝前防渗墙深度为 20 m，底高程为 92.5 m，高喷灌浆防渗墙采用旋喷套接方式成墙，最小成墙厚度为 50 cm；灌浆轴线平行坝轴线，单排孔，孔距 0.6 m。

本工程累计完成工作量：牙轮钻引孔 10500 m，振孔高喷 22460 m。

3.2 项目施工条件

3.2.1 水文气象条件

伊河地表径流主要由大气降水补给，因大气降水不均，伊河地面径流丰、枯悬殊，一般汛期在每年的 7 ~ 9 月份，地面径流占全年的 50% ~ 60%，常以洪水出现。除汛期河水携带大量泥砂，水体为浑浊的黄色外，在枯水期河水一般较清澈，无色、无味。

河水在非汛期主要分布在河槽内，勘察期间，坝址处河水位为 112.30 m，流量大小主要受陆浑水库下泄流量及陆浑水库以下区间支流流量控制。考虑到伊河长年有地表径流，且汛期洪水水势猛、流量大，施工应重视做好地表水导流工作。

3.2.2 地质条件

整个施工范围内地层如下：

0 ~ 0.5 m 为砂砾石，灰黄色，湿，中密，砂主要矿物成分为长石、石英及云母等，砾石粒径一般在 5 ~ 20 mm，呈中等风化状态，蚀圆度较好。

0.5 ~ 9.5 m 为卵砾石，灰黄色，饱水，密实，卵石粒径一般为 30 ~ 120 mm，最大可达 320 mm，呈中风化状态，含量约占 60%；少部分砾石粒径为 5 ~ 20 mm，呈中风化状态，含量约占30%，充填物为中细砂。

9.5~21.20 m为卵石，灰-灰黄色，饱水，密实-极密实状态，卵石粒径一般为60~120 mm，最大可达420 mm，含量约占90%，有少量20~40 mm砾石充填。

3.3 工艺组合及施工技术参数

3.3.1 工艺组合

本工程采用振孔高喷灌浆施工工艺，在二序孔施工时采用牙轮钻引孔后再进行振孔高喷灌浆施工的工艺组合。

该工程地层上部为卵砾石层，下部为卵石层。单孔施工时可以正常进行，但由于在振孔施工时长时间的高频振孔致使邻孔地层二次密实，施工下一邻孔时振孔时间加长，还经常出现卡钻及夹钻现象。并且上提过程中要长时间振动上提，不然旋转系统无法正常工作。

为了避免振孔难度大及卡钻、夹钻现象，故将振孔高喷分两序施工，一序孔由振孔高喷机独立完成，二序孔造孔采用牙轮钻引孔后再利用高喷机进行高压喷射灌浆(详见图1组合工艺流程图)。

3.3.2 施工技术参数

1）振孔高喷施工技术参数

孔　距：0.6 m

孔斜率：≤0.5%

孔位偏差：±3 cm

孔深：按设计图纸

提升速度：下部10 m提升速度为10~12 cm/min；上部提升速度为12~15 cm/min

浆压：≥32 MPa

浆量：70 L/min

风压：≥0.7 MPa

风量：1.0 m³/min

浆液相对密度：1.42~1.45

转速：15 r/min。

2）牙轮钻施工技术参数

孔　距：1.20 m

钻机转速：82.5 r/min

下钻速度：0.25 m/min；

上提速度：0.65 m/min

钻头直径：219 mm

泥浆相对密度：1.13

进泥浆量：25 L/min

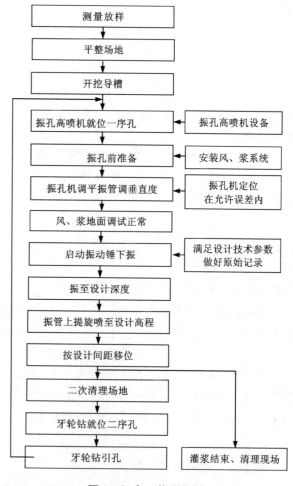

图1　组合工艺流程图

泥浆压力：0.25 MPa

4 施工质量管理保证措施

遵循全面质量管理的基本观点和方法，按照 ISO9001 国际管理体系标准，根据本单位制定的《质量手册》和管理体系文件，建立健全质量保证体系，开展全员、全过程的质量管理活动。

工程项目部成立质检部，施工队设专职质检工程师，班组设兼职质检员，协助班组长做好质量管理工作。作好各种记录，保证工程质量责任到人。实行全过程控制，使工程质量始终处于良好的受控状态。施工过程中开展 QC 小组活动，进行技术攻关，解决工程技术难题，确保工程质量。

1）施工前准备

① 熟悉施工目的，研究施工任务，掌握施工技术要求，做好技术交底工作。

② 确定施工工艺，制定施工方案，编制好切实可行的施工组织设计。

③ 按施工任务要求，对施工设备工具及人员进行合理的配置。

④ 认真组织施工所需设备的进场管理，加强对机械设备正常检修与保养，保证施工过程中机械完好。

2）组织保证措施

成立以项目经理为组长的工程质量管理领导小组，对工程质量负全面领导责任。项目部设质量安全部、专职质检工程师，施工机组设质检员，对工程全过程实施质量控制。

3）制度保证措施

实施项目工程质量终身责任制，建立工程质量卡。公司与项目经理部，项目经理部与各工程队分别签订质量终身责任书。分工明确，层层落实责任，确保工程质量。

4）实行工程质量"三检制"

项目部设专职质检工程师，严格执行工程质量"三检制"。在施工全过程中，对各道生产工序及工序产品由班组初检，初检合格由现场质检员复检，复检合格后由质检部会同监理工程师进行终检。层层把关，做到每一工序质量不达标不验收。

项目部将以制度化管理确保现场质检工程师对工程质量检查监督的有效性。同时以行政手段赋予质检工程师对工程质量奖惩权。项目部对各工程队的验工计价，必须经监理、质检工程师签字，计划合同部方可计量，经项目经理审批后，财务部才能结算。

5）建立健全质量检查评审制度

根据工程特点和有效控制工程质量的需要，依据公司管理体系程序文件规定，建立健全现场工程质量的检查与评审制度。项目部每月组织一次质量抽查，每季度组织一次质量检查，根据质量抽查和检查情况，召开工程质量评审会议，分析质量问题，消除质量隐患，提出整改措施，确保质量管理工作及时有效。

6）开展 QC 小组攻关活动

施工过程中，针对工程的重点、难点，提出课题，项目部成立 QC 小组，并随工程进展开展 QC 小组活动，进行技术攻关，解决工程技术难题。项目部 QC 小组活动情况及 QC 成果上报公司总部。公司总部每年组织一次 QC 成果发布会，对优秀成果予以奖励。通过 QC 小组活动,进一步强化全员参与质量工作的意识,积累施工经验,保障施工的顺利进行,确保工程质量。

7)教育培训

结合工程具体情况,分期实施新技术培训。首先对工程技术人员和管理人员进行培训,然后由工程技术人员利用工程间歇、节假日、雨休等时间进行教育培训,以提高职工素质,做好宣传教育工作,提高参建职工对质量工作的重视,强化质量意识,提高技术水平。

5 结束语

本文主要包含三个方面内容:(一)主要是介绍振孔高喷技术在国内的研究现状,阐述振孔高喷技术在国内外工程中的应用与弊端及其造成原因的分析。(二)主要是阐述振孔高喷结合牙轮钻的工艺原理及技术参数。(三)主要是阐述振孔高喷结合牙轮钻在具体施工中的应用及施工过程质量控制,总结了有利于工程及工艺的各种过程控制程序,同时也对质量控制进行了细化、量化。

参考文献(略)

大直径钻孔压水试验栓塞的应用

许启云　周光辉　钟家峻

（浙江华东建设工程有限公司　浙江杭州　310014）

摘要：按压水规程常规压水试验孔径范围为59～150 mm，而某水电站为检查坝体碾压混凝土质量，要求对直径220 mm钻孔进行压水试验。为了提高压水试验的质量，先通过对顶压式、水压式、机械式三种栓塞进行优缺点及性能比较，最后选择水压式作为本次压水的试验栓塞，由于其所选栓塞恰当，使栓塞在孔段中隔离止水效果达到100%，从而降低了人工和时间成本，保障了项目按合同工期完成。

关键词：水电工程；大直径钻孔压水试验；栓塞选择；应用

1　前言

某水电站为碾压混凝土重力坝，大坝坝顶高程为1334.00 m，建基面高程为1166 m，坝高168.0 m，大坝最大底宽153.2 m，坝顶轴线长516 m；整个坝体共24个坝段。该大坝自2012年3月首台机组发电至今，已安全运行3年多。但是大坝建成不久后，发现坝基漏水和坝体混凝土质量存在缺陷的问题，为进一步评价1240.0 m高程以上坝体混凝土的质量，全面复核坝体安全性，根据2015年初设计通知，需要对大坝坝体高程1205.0 m以上的混凝土进行取芯检测。为使本次钻取的用于检查的岩芯具有代表性，并能够真实反映所检查部位的混凝土质量，以及普查碾压混凝土各个浇筑层面的密实度情况，除设计要求钻孔取芯外，还要进行压水试验。各钻孔要求每钻进5.0 m做一次压水试验，其中第一段压水压力为0.3 MPa，第二段以下为0.6 MPa。

依据设计要求，钻孔布置在坝后桥1259.0 m高程上，具体分布在6、8、9、10、17、18、19、21等坝段中，终孔直径为220 mm，孔深为30～90 m不等，共计8只取芯钻孔。根据《水电水利工程钻探压水试验规程》（DL/T5331—2005），压水试验钻孔的孔径为59～150 mm。由于压水试验所采用的孔径为非常规口径，并且不同的栓塞其止水效果和耗用时间各不相同，考虑到混凝土质量不均匀，一旦栓塞封隔试验段失败，整个压水试验就需要重做，从而耽误时间。为确保在合同工期内完成任务，必须选择一种止水效果好、能够满足压水试验要求的试验栓塞。

作者简介：许启云（1964—），男，教授级高级工程师，毕业于钻探工程专业，长期从事水电工程钻探、海上风电钻探、大坝防渗灌浆以及钻探机具改进工作。

2 不同栓塞的优缺点分析

众所周知，常规的钻孔压水试验止水栓塞分为顶压式、循环式、水压式三种。为使所选栓塞能够满足工程要求，以提高栓塞在孔段中隔离止水效果和成功率，对三种类型的栓塞进行了综合分析，其优缺点如下：

顶压式栓塞：压水试验封隔装置利用原造孔钻杆，在试验段上部串联一组橡胶塞起到封隔水的作用，橡胶塞膨胀依靠钻杆自重加钻机加压的压力之和 P，使一组橡胶塞同时受到挤压而压缩膨胀，试验结束，解除对橡胶塞的压力，再提吊松动橡胶塞，使橡胶塞恢复到原来的形状。优点是操作简单，缺点是栓塞直径较大，依靠钻机油压加压使栓塞膨胀，当孔壁麻面较多、混凝土密实度较差、孔径偏大时均存在止水效果较差的问题。

循环式栓塞：栓塞由等长的内外管组成，当试验段顶部的栓塞需要压缩膨胀时，通过绞盘旋转丝杆，使内管处于受拉状态，而外管处于受压状态，随着绞盘旋转，绞盘上面的丝杆长度不断增加，串联在内管上一组橡胶塞也会不断受到挤压，当一组橡胶塞膨胀直径均大于钻孔直径时，其一组橡胶塞就紧贴于孔壁上。当试验结束，需要上提灌浆栓塞时，反向旋转丝杆中绞盘，解除施加于橡胶塞上的力，并通过橡胶塞自身的弹力恢复到原来的尺寸大小；优点是止水效果较好，缺点是由于试验工作管由内外管组成，在安装以及拆卸试验工作管时，需要同时拆除，在上下管时间上增加了一倍，耗时较多。

水压式栓塞：栓塞与钻杆连接后，悬空把栓塞安装在试验段顶部，通过手动泵给栓塞充水后向外膨胀，试验结束，先打开手压泵阀门，使压入栓塞中水返回桶内，就可以起钻。优点是胶囊易与孔壁紧贴，即使孔壁不光滑或不平整，通过充水膨胀栓塞，比较容易与孔壁紧贴一起，止水效果较好。

综合以上分析，结合本工程取芯混凝土局部存在缺陷等实际情况，决定选用水压式栓塞对钻孔进行压水试验。其栓塞外径为 200 mm，栓塞有效工作长度不应小于 100 cm，最大工作压力可达到 1.5 MPa。

3 水压栓塞的试验应用

3.1 试验栓塞的安装

由于栓塞安装是悬空定位在试验段的顶部，在安装试验栓塞时，应事先计算好试验段的上位，栓塞安装就位后，应校对试验段上位，以确保试验段安装位置的准确性。具体如图1、图2所示。

3.2 试验栓塞的应用

依据设计要求，碾压混凝土除第一段试验压力为 0.3 MPa 外，其余各段均采用 0.6 MPa。为了确保栓塞膨胀量达到试验的要求，可用手动泵控制的栓塞充水压力应比试验压力大 0.30~0.5 MPa。即实际栓塞膨胀的压力控制范围为 0.60~1.1 MPa。栓塞充水压力达到预定值后，就可以开始压水试验。但在正式压水试验之前，至少应观测 5 min，以检查栓塞止水效果是否良好。而压水试验结束后,应先停止供水,再打开手动泵的卸压阀门,释放压力,然后再进行下一步起拔止水栓塞的操作。

图 1　在孔口安装栓塞

图 2　测量转盘高度

3.3　试验记录成果控制

在各孔段压水试验过程中,为了确保压水试验效果,必须由项目部对所参与的施工人员进行详细的技术交底和安全教育;对参与现场压水自动记录仪的操作人员,先通过项目部举办的记录仪操作培训班学习,才允许上岗作业;所有原始记录,做到班组自检,工程技术人员复检,并及时通知监理旁站监督,最后由监理工程师签字。

3.4　栓塞应用效果

本项目共完成 8 个孔径为 220 mm 的取芯钻孔,累计进尺为 529.42 m,共完成 92 段压水试验,由于栓塞使用得当,以及外径尺寸合理,压水试验的成功率达到了 100%。

4　混凝土质量检查与评价

4.1　混凝土质量检查情况

本项目共计 8 个取芯钻孔,除第一、二段试验段长为 2~3 m 之外,其余孔段均为 5 m,共分 92 段压水试验,其中透水率小于 0.5 Lu 的 25 次,占 27.17%;大于等于 0.5 Lu 小于 1 Lu 的 23 次,占 25.00%;大于等于 1 Lu 小于 3 Lu 的 20 次,占 21.74%;大于等于 3 Lu 小于 10 Lu 的 15 次,占 16.30%;大于等于 10 Lu 的 9 次,占 9.78%。各钻孔压水试验检查透水率成果详见表 1。

表 1 混凝土钻孔压水试验检查透水率成果统计表

序号	孔号	孔径/mm	平均透水率/Lu	总段数	透水率区间频率分布									
					<0.5		0.5~1		1~3		3~10		>10	
					段数	占比	段数	占比	段数	占比	段数	占比	段数	占比
1	K1	220	12.00	7	0	0.00	0	0.00	1	14.28	4	57.14	2	28.57
2	K2	220	3.50	13	4	30.77	1	7.69	4	30.77	2	15.38	2	15.38
3	K3	220	3.03	14	1	7.14	5	35.71	5	35.71	2	14.29	1	7.14
4	K4	220	2.66	17	1	5.88	7	41.17	3	17.65	5	29.41	1	5.88
5	K5	220	0.49	16	8	50.00	7	43.75	1	6.25	0	0.00	0	0.00
6	K6	220	0.90	11	7	63.64	1	9.09	2	18.18	1	9.09	0	0.00
7	K8	220	2.93	9	4	44.44	1	11.11	2	22.22	0	0.00	2	22.22
8	K9	220	4.10	5	0	0.00	1	20.00	2	40.00	1	20.00	1	20.00
合计				92	25	27.17	23	25.00	20	21.74	15	16.30	9	9.78

4.2 混凝土质量评价

通过上述压水试验发现：有50%孔段的混凝土透水率≥1 Lu。然而如果是在密实的混凝土中进行压水试验，理论上应该不透水。因此，为了进一步查找原因，经对混凝土岩芯检测分析，发现多个芯样中有冷却水管。为此，又在钻孔中进行了孔壁三维摄像和抽水试验，并对其孔内水位进行观测，最终对混凝土质量取得一致意见，定性为局部有缺陷的混凝土中存在渗水，但总体呈零星分布，其关联性不大，混凝土缺陷表现在密实度差、呈碎块或蜂窝状；局部有缺陷的混凝土中可见化学灌浆材料填充，总体混凝土质量良好可控。

5 结语

依据水电水利工程钻探压水试验规程，本次压水试验采用的直径为220 mm的钻孔为非常规钻孔，栓塞需要自行想办法解决。为了确保大直径钻孔压水试验质量，在对顶压式、水压式、机械式三种栓塞优选后，选用了水压式栓塞压水。结果压水试验成功率达到100%，确保了压水试验的质量，降低了人工时间和成本，确保了合同工期，客观、真实地反映了大坝混凝土的质量，得到了监理及业主的一致好评。

参考文献

[1] DL/T5331—2005 水电水利工程钻孔压水试验规程[S].
[2] DL/T5013-2005 水电水利工程钻探规程[S].
[3] 温灵芳. 碾压混凝土钻孔取芯及现场压水试验成果分析[J]. 水利水电施工, 2013(3): 78-79.
[4] 唐中伟, 杨雪, 庄景春. 高压压水试验施工工艺研究与应用[J]. 西部探矿工程, 2009(1): 36-38.
[5] 剪波. 裂隙岩体高压压水试验研究[J]. 西部探矿工程, 2008(11): 28-32.
[6] 刘录君, 季聪. 隧洞岔管高压压水试验及成果分析[J]. 东北水利水电, 2016(2): 41-44.

[7] 黄继泉,王育敏.戈兰滩电站 RCC 主坝压水试验及取芯成果分析[J].云南水力发电,2008,24(Z1):86-88.
[8] 安鹏程,罗晓军,郑伟.水泥浆液成分对压水试验中混凝土塞位灌注法的影响[J].中国水运,2015(1):305-306.
[9] 熊攀.亭子口水利枢纽碾压混凝土钻孔取芯及压水试验施工方法[J].四川水利,2014,35(5):113-115.
[10] 李淑华,李艳红.碾压混凝土筑坝中压水试验质量评定分析[J].人民长江,2008,39(5):68-69.

钢模台车在石门沟 3# 水库引水隧洞二次衬砌中的应用

刘万锁 董维

(西北水利水电工程有限责任公司 陕西西安 710065)

摘要：本文介绍了钢模台车的衬砌效果及运用情况，以工程实例说明了应用钢模台车，在引水隧洞二次衬砌施工中完成的隧洞结构简单、空间体积小、衬砌的砼断面规则标准。钢模台车，具有操作方便、可靠性高、隧洞成型面光滑、施工速度快等优点。可在今后类似工程施工中借鉴。

关键词：引水隧洞；二次衬砌；钢模台车；应用

1 工程概述

兰州新区石门沟 3# 水库建设位于兰州新区秦川镇石门沟支沟陶家沟内。兰州新区石门沟 2#、3# 水库为两座联合调节的注入式水库，通过调节由引大东二干渠道引来的青海省大通河外调水源，供应兰州新区石化工业园区的生产及生活用水。

该工程由 3# 水库的引水系统(引水隧洞)、输水放空洞工程组成。引水系统从引大东二干输水渠末端干露池分水闸引水，由高至低及由近至远先引入 1# 水库，再经 1# 水库调节引入 2# 水库，通过 2# 水库再引入 3# 水库，从 3# 水库输水放空洞与供水管线相接输送兰州新区各供水站。引水工程总长 1460.0 m，年引入量为 7755 万 m³；调蓄水库由挡水坝(黏土心墙坝)、放水系统等组成。3# 水库总库容为 829 万 m³，兴利库容为 766 万 m³，死库容为 31 万 m³。

引水隧洞是石门沟 3# 水库输水线路的"咽喉工程"，引水隧洞长 272.0 m，为马蹄形断面，开挖断面 3.8 m×3.1 m～4.5 m×3.9 m(高×宽)，隧洞地质围岩全部为千枚岩。

2 钢模台车结构及工作原理

2.1 钢模台车结构制作

隧洞衬砌钢模台车结构主要由行走轨道、台车机架、弧形钢模板、模板垂直升降和侧向伸缩支撑杆系统、电动平板振动棒等组成。

作者简介：刘万锁(1959—)，男，工程师，从事水利水电工程施工项目管理、监理等工作。

2.2 钢模台车工作原理

2.2.1 行走结构

行走结构主要由二部分组成,共2套装置。整机行走由4个驱动轮在轨道上经人工推敲移动行走,整机行走方便,既省工又省事,轨道前后转移方便。

2.2.2 台车机架

台车机架由3个托架部分组成。通过螺栓联为一体,每个托架为3.10 m(工字钢、型钢焊接大梁作为支撑点),连接后整体长度为9.30 m,两端门架支承于行走轮架上,中间采用支承螺栓支撑、同时在起拱线部位斜支撑对称支承螺栓,下口装有对称支撑杆支承螺栓,在衬砌施工中,砼载荷重量通过模板整体传递到台车机架上,并通过行走轮传递至轨道-砼底板上。

2.2.3 托架模板

托架模板是直接衬砌砼的主要工作部件,整个模板由3个3.10 m托架模板组成,用螺栓将3个托架模板连为一个整体,顶模为弧形断面,两侧墙采用对称铰接。模板支撑时,整体模板由台车机架内四个手动液压千斤顶(50 t)支撑,支撑时分别由四个员工同时手工到位,调整顶部、加固斜撑支杆,两边侧墙用支承丝杆对称支撑,支撑完成后,封堵头验收开舱浇筑。收缩托架模板时,按上述相反顺序施工,不需要拆除模板,在砼衬砌中,采用这样简易钢模台车浇筑砼,既省工又省时,既提高了砼的浇筑外观质量和工作效率,又大大降低了劳动强度和成本,为企业赢得了信誉和效益。与此同时,在托架模板上安装配置9个平板振动器,在砼浇筑过程中,先对两侧墙浇筑同时启动振动器振动,随即浇筑顶部并采用顶部3个振动器进行振动,严禁超时过振。

2.2.4 垂直升降和伸缩支撑系统

该系统全部采用人工制动方法,在使用中非常简单、快捷,省工省力,收缩、伸缩自如,是适应中小型引水小断面隧洞工程衬砌的钢模台车。

3 施工方法及工艺

3.1 施工方法

为了有效地控制引水隧洞(放空洞)的断面形态,根据开挖掌子面结构断面、围岩类别、首次喷护等因素,在钢模台车进场前,分别进行底板垫层砼基础面浇筑,然后进行底板钢筋及60 cm高两侧墙砼的钢筋绑扎制安、搭接焊接工序,随之模板支撑加固并进入砼入舱浇筑循环阶段。

3.2 钢模台车

台车设计要根据引水隧洞(输水放空洞)开挖设计断面条件,通过生产加工厂家设计制作。因该隧洞拐弯点较多,大体积浇筑不利因素也较多,台车设计以9.30 m为一个单元工程,并分别与三榀长度3.10 m的部分连接,台车采用型钢焊接加工,模板采用5 mm的钢板制作。

在移动台车前,先铺设台车行走轨道,然后移动推敲台车就位,随即调整台车中心线及模板位置,台车顶部满足设计要求后,各支撑杆、支承腿加固对称,封堵头模板。台车与已完成的衬砌搭接长度控制在15 mm内,确保每舱满足设计要求(9.0 m内);进入下一次工序循环,以此类推。并随着台车推移,在堵头处分别安排两人及时清理模板上黏结浆皮和涂刷脱模剂。

3.3 二次衬砌前的底板砼施工

3.3.1 基础面施工工序

清理围岩垫层表面凸凹不平岩石,使整个垫层面平整,底板钢筋铺设好施工,按顺序先铺设底板钢筋及两侧墙,搭接长度满足设计要求,进行双面焊接,同时安装加固两侧墙60 cm模板(墙群),报验做衬砌前的准备工作,砼输送泵及泵管安装入舱。

3.3.2 底板砼浇筑

将砼由搅拌输送泵车送至施工现场,再由砼输送泵输送至浇筑面,先浇底板,最后浇筑两侧墙。在砼进入施工现场时,应取样检测其坍落度及砼和易性是否满足设计要求和质量标准(C25强度),并做好砼强度试验块。对于两侧墙应对称提升浇筑,严格控制砼坍落度,应采用插入式振动棒尽量避免碰撞钢筋,以确保两侧墙部位模板膨胀,两侧墙顶部双层钢筋之间安置预埋镀锌铁皮作为止水带。当砼强度达到一定规范要求时,即可拆除模板及二期(台车)凿毛处理,每舱浇筑仍按照跳舱步骤施工,以此类推。

3.4 二次钢模台车衬砌工艺

依据设计要求及开挖断面一次喷护后围岩稳定的地质状况,引水入隧洞、输水放空洞二次衬砌均采用钢模台车整体浇筑施工,分别由进出口泵送砼入舱。

3.4.1 钢模台车衬砌施工顺序

引水隧洞(放空洞)工程的施工顺序为:先进行底板施工,再进行两侧和顶部混凝土施工,具体工序为:处理基础面→放样测量→铺设钢筋→两侧模板安装→浇筑底板及两侧墙→铺设轨道→钢筋制安(两侧墙及顶拱)→撬棍安装台车就位→模板支撑→舱号验收→砼入舱浇筑→凝固→拆除台车移动→台车保养→下一次循环施工。每个浇筑面的清理和铺设轨道及安装钢筋都可以事先进行,不在循环工作的范围之内。

3.4.2 安装模板

从隧洞入口到出口使用钢模台车,施工的顺序为从进口到出口,钢模台车的总长度为9.30 m,两侧墙及顶拱模板为3.10 m,共包括三节,所有节之间都可以进行拆卸。钢模台车的运行轨道使用的是火车轨道,轨道直接放在隧洞底部浇筑好的砼底板上。在引水隧洞进口对钢模台车进行安装,安装完成以后采用人工撬棍到工作面就位,堵头加固进行两头密封。

3.4.3 钢筋施工

用人工安装钢筋,具体的施工顺序为从里到外,先从两侧墙开始,再安装边顶拱。具体使用的钢筋要达到设计标准,钢筋的搭接点依据设计的标准进行捆绑,每一个浇筑面一排的分布钢筋要进行焊接,依据钢筋搭接长度确定采用单面焊或双面焊,钢筋制安要均匀分布,网面要平整,间距要控制在有效范围之内。

3.4.4 混凝土施工

采用泵送方法进行隧洞砼施工。在隧洞入口水平弯处安置砼泵,底板砼施工时,泵送的砼具有很大的坍落度,施工过程中水平面易形成施工缝。两侧墙及边顶拱每舱模板的两侧及顶拱部位都要安装1个振动孔洞,同时还要在每块底模上设置凿开1个振动孔洞,计9个振动孔洞,大小为40 cm^2,灌浆施工后进行人工掩埋。观察检查工作采用两侧各预留的孔,共6个孔。通过这样就可以检查、确保顶部振捣结实。为防止砼施工时产生裂缝,在浇筑过程中,要保证原材料的充足,按照规范要求对砼面进行处理,避免因为处理施工缝不正确产生砼裂缝;钢模台车在推撬过程中,在端头连接施工缝处人工使用脱模剂对侧模均匀涂抹。

4 钢模台车应用成果

该工程采用钢模台车由于具有良好的稳定性,拆装方便,在隧洞砼衬砌施工中不但可有效改善砼衬砌施工的作业条件,而且保证施工进展顺利,降低施工干扰及施工人员的劳动量,提高施工效率,保障隧洞施工综合质量满足要求。

该设备结构简单,操作方便,综合受力合理,加工制作省时省力。在本工程的实际应用中,砼衬砌量大、施工工期短,运用钢模台车工效高、成本低、安全可靠、砼外观质量高,使用钢模台车进行施工达到了较为理想的经济和社会效益。钢模台车在引水隧洞砼衬砌中成功应用,有力地证明了钢模台车的优点,值得在隧洞衬砌工程中推广应用。

5 结语

根据该工程特点,采用边墙顶拱一次浇筑的钢模台车、泵送浇筑衬砌砼,并用附着式振捣器振捣密实,更好地加快砼浇筑施工进度,既能保证模板伸缩灵活,又能节省成本,达到了安全,经济、适用的目的。

参考文献

[1] T. D. 奥罗克. 隧道衬砌设计指南[M]. 北京:中国铁道出版社,2007.
[2] 王万德,张岩. 隧道工程施工技术[M]. 沈阳:东北大学出版社,2010.
[3] 卢刚. 隧道构造与施工[M]. 成都:西南交通大学出版社,2010.

深谷河床水上钻探平台设计及应用

张成志 武相林 辛志相

(黄河勘测规划设计有限公司 河南洛阳 471002)

摘要：某水库勘察过程中需要在河谷内搭建水上钻探平台，河面至正常道路落差约200 m，河谷水面宽约30 m，两岸陡峭。搭建水上平台不仅仅要满足钻探需求，还要应对汛期时河水流速增大、水位抬升等不利情况。工期紧，难度大，选择合理的钻探平台方案是本次勘探的关键。

关键词：水上平台；悬吊式；钢梁结构；承载力验算

前言

水上钻探是指在江、河、湖、海岸和近海对水下地层进行地质钻探，以取得水下地质资料，为工程设计和施工提供科学依据。水上钻探一般根据不同水域、不同工程类型、不同施工要求，按照经济、简便、适用、安全的原则，并综合考虑各种影响因素(包括水深、潮汐、风浪、水流速度等)选择合适的钻探平台。通常有漂浮钻探平台和架空式钻探平台[1-2]。漂浮式钻探平台主要有单体钻船平台、双体钻船平台、浮筒式钻探平台等；架空式钻探平台主要有木笼基脚钻探平台、钢结构钻探平台和索桥钻探平台等[3-4]。每个平台各有其优缺点和适用性，通常情况下，单一的某种钻探平台就可以满足需求，但随着我国水利事业的蓬勃发展，地形条件越来越复杂的坝址越来越多，有些时候需要综合两种甚至三种类型形成复合型水上钻探平台才能满足钻探要求。

1 工程概况

该工程地理位置特殊，河谷深切约200 m，宽度仅30 m，河面狭窄，突石暗礁遍布，河水位和流速变化大，枯水期河底深浅不一，不具备行船条件。两个河床钻孔孔深为300 m，施工期预计要与汛期重合。本着安全、高效、节约成本的原则，钻探物资转运均通过钢丝绳索道从山谷上部运输至峡谷底部的转换场地，然后爆破修路运送至钻孔位置。河谷地貌及水上钻孔孔位分布图见图1。

作者简介：张成志(1982—)，男，汉族，工程师，黄河勘测规划设计有限公司地质勘探院，从事水利水电工程勘探工作。

2 钻探平台设计

2.1 钻探平台分析

各种钻探平台有其优缺点和适用范围。本工程工区河谷狭窄，水流急，水位变化大，突石暗礁遍布，不能行船，设备运输困难。钻孔设计孔深 300 m，要求配合物探、地质实施大量水文地质试验，工期预计与当地汛期交叉。综合分析各类客观因素，选择钢索吊桥钻探平台与钢结构钻探平台组合的方案搭建平台。

2.2 钻探平台结构

钻探平台高出水面 5 m 以应对汛期水位抬升。水上钻探平台主体由工字钢、槽钢铆接、焊接而成，横跨于河面上，平台两端的工字钢分别坐落在两岸的人工平台上，且用数根 ϕ28 mm 螺纹钢作为地锚与工字钢焊接在一起固定整个平台。平台上面铺设木板，下面安装支撑桩。形成钢结构支撑桩平台（见图 2）。

通过钢丝绳连接平台与两岸山体形成钢索吊桥结构（见图 3）。

图 1 河谷地貌及水上钻孔孔位分布图

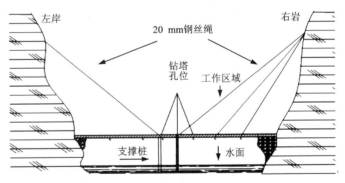

图 2 钻探平台结构侧视图

2.3 平台受力分析

2.3.1 钻探平台上所有设备器材重量

计算运行期间钻探工具器材 G_1、生产人员 G_2、平台本身重量 G_3 以及 XY-2 型钻机的最大提升力 G_4（40 kN）。当钻机以最大提升力与平台上所有设备的总重量共同作用于钻探平台时候，作用于钻探平台上的最大重量为 G。

$$G = G_1 + G_2 + G_3 + G_4 \approx 16636 \text{ kg}$$

2.3.2 工字钢弯矩分析

根据钻探平台结构(见图3)，平台依靠4根跨河工字钢承重，则相当于每根工字钢需承重：

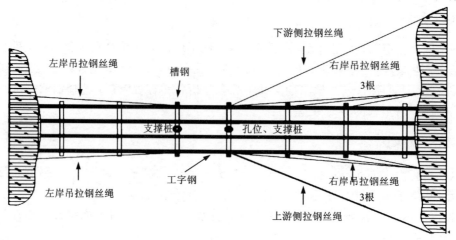

图3 钻探平台结构俯视

$$F = (16636 \text{ kg}/4) \times 10 \text{ N/kg} = 41590 \text{ N}$$

工作区域位于平台右侧，右侧为平台载荷集中区域，为简化计算，取极限值，可认为所有载荷均作用于此部分，根据平台结构、左岸支撑平台及河床中两支撑套管分布情况，得出平台简化受力情况如图4所示。

计算时，简化受力情况，认为载荷平均分布于受力区域，受力区域载荷与其长度成正比，故只需校核 b 区域即可。b 区域承受载荷 F_b：

$$F_b = F \times 4/(3.5 + 4 + 4 + 4) \approx 10733 \text{ N}$$

则 b 区域每根工字钢所承受最大弯矩为 W_{max}：

$$W_{max} = F_b L = 10733 \text{ N} \times 4 \text{ m} = 42.92 \times 10^3 \text{ N} \cdot \text{m}$$

查表32Q热轧轻型工字钢的横截面积 $W_z = 566.5 \text{ cm}^3$

故 b 区域工字钢所承受的最大弯曲应力 σ_{max} 为：

$$\sigma_{max} = W_{max}/W_z = 42.92 \times 10^3 \text{ N} \cdot \text{m}/(566.5 \times 10^{-6}) = 75.6 \text{ MPa}$$

查得325号钢的容许弯曲应力 σ 为120～190 MPa。

$$\sigma_{max} < \sigma$$

根据计算，钻探平台工字钢的极限弯曲应力远小于工字钢本身的容许弯曲应力，因此，钻探平台的安全系数较高，完全可以满足生产需要。

2.3.3 平台承载力分析

工作区域位于平台右侧，右侧为平台载荷集中区域。按照极限分析法，可认为作用于钻探平台上的最大重量 G 全部作用在右侧平台上。先不考虑支撑桩的支撑作用，首先分析右侧的6根 $\phi 20$ mm 钢丝绳对平台向上的拉力，平台承载力分析可参考图4。

右岸钢索在山体上的锚固点离平台的高差约为 h，钢索与平台之间的角度为 β，$\phi 20$ mm

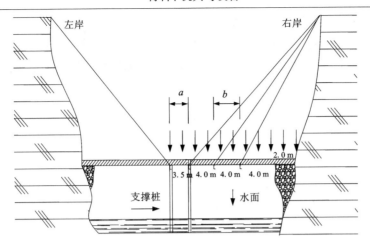

图 4 钻探平台载荷分布简图

钢丝绳的抗拉断力为 F_1。右岸平台上下游共 6 根钢丝绳，角度分别为 $\beta_1, \beta_2, \cdots, \beta_6$，角度均大于 45°，可全部按照 45°计算。高差 h 为 25 m，抗拉断力 F_1 约为 200 kN，则 6 根钢丝绳对平台向上的极限拉力 F 可通过三角函数计算。

$$F = 6 \times F_1 \times \sin\beta = 6 \times 200 \text{ kN} \times \sin 45° = 848.5 \text{ kN}$$

作用于钻探平台上的最大重量 $G = 16636$ kg，最大负荷为 $F_负$，$F_负 = 10\,G \approx 166.36$ kN。

$$F \approx 5 F_负$$

根据承载力分析结构，钻探平台的安全系数很高，完全可以满足生产需要。

3 平台方案的实施

3.1 修两岸平台、搭架子管

在两岸通过开凿、爆破、预埋锚桩、水泥浇筑等方式，在崖壁基岩上修建约 4 m 宽，2 m 长的平台。

平台修建完成后，使用 $\phi 42$ mm 架子管搭建脚手架，脚手架最上层与平台表面高度一致。脚手架只是在搭建钻探平台初期起到支撑钢梁的作用，同时为搭建平台提供工作面。

汛期时，河水流速增加、杂草树枝等漂浮物众多，为避免脚手架框架产生的水阻作用影响平台稳定，脚手架不能作为平台的永久支撑。平台搭建完成后，需全部拆除。

3.2 铺设钢梁

首先将 7 根 14b 槽钢铺设在脚手架上，槽钢根据平台载荷分布情况铺设，安置钻机等承载较大区域槽钢铺设相对稠密。然后在 7 根槽钢上铺设横跨于河面的 20a 工字钢，4 根工字钢在孔位两侧 4 m 宽度内对称铺设。

现场使用的工字钢长度均为 6 m，需 5 根对接在一起才能横跨河面搭接在两岸平台上。工字钢的对接采用两块 800 mm × 170 mm × 20 mm（长×宽×厚）的钢板作为夹板，对称夹在两根工字钢对接处两侧,在钢板轴线两侧距轴线7.5 cm、17.5 cm和32.5 cm处各打1个φ24 mm螺孔,在两根工字钢相应位置打同样尺寸的螺孔,两根工字钢和夹板用螺栓连接紧固(连接效果见图5、图6、图7),夹板夹紧之后,在对接的缝隙处将两根工字钢焊接成整体。

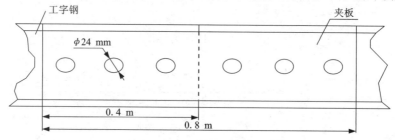

图5 工字钢对接侧视图

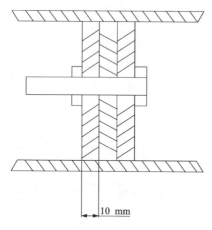

图6 工字钢连接剖视图

图7 工字钢对接效果图

14b槽钢、20a工字钢铺设完毕之后,将槽钢、工字钢在其所有接触点处焊接成30 m×4 m的整体框架,如图8所示。

图8 钢结构平台框架效果图

3.3 搭建钢索吊桥结构

钢结构平台搭建完毕后,使用 $\phi 20$ mm 钢丝绳一端连接钢结构平台,一端锚固在平台上方两岸山体上,对钢结构平台形成斜拉的效果。平台右侧为荷载集中区域,连接 6 根钢丝绳,分布在平台的两侧,上下游各 3 根。平台左侧连接 2 根钢丝绳起到辅助作用,上下游两侧各一根。

使用 $\phi 20$ mm 钢丝绳 2 根一端连接钢结构平台,一端锚固在平台侧方两岸山体上,对钢结构平台形成侧拉的效果。最终形成钢索吊桥与钢结构相结合的钻探平台。钢索吊桥结构示意图见图 2、图 3。

钢丝绳与平台的连接端是通过钢丝绳卡铆接在钢结构平台的横担槽钢上,钢丝绳另一端铆接在预埋山体内部的锚杆上,锚杆为 $\phi 25$ mm 钢筋,预埋深度 1.2 m。

3.4 打入厚壁套管,支撑平台

使用钻机在钻孔孔位及孔位左侧 3.5 m 处各打入 $\phi 168$ mm 厚壁套管,套管打入基岩至少 0.5 m,形成钢结构平台的支撑桩。

两根 $\phi 168$ mm 厚壁套管均打入基岩之后,在平台钢梁与套管外壁之间焊接斜撑,每根套管外壁焊接 4 根斜撑,4 根斜撑在套管外壁均匀分布。其中 2 根斜撑垂直于 20a 工字钢与平台最外侧两根工字钢焊接在一起,另 2 根斜撑垂直于 14b 槽钢与套管两侧的槽钢焊接在一起,如图 9 所示。

图 9　套管支撑平台

4　应用效果

根据项目最终确定的河床孔钻探平台搭建方案,两个钻探平台在预期内完成搭建工作,并投入使用。钢索吊桥结构效果如图 10 所示。

图 10　钢索吊桥结构效果图

该平台综合利用了钢索吊桥平台及钢结构支撑平台特点,保证了在钻孔施工期间平台的稳定性。施工期间河水数次涨水,均未对水上作业造成任何影响。确保了河床孔钻探任务在规定工期内顺利完成,提供了宝贵的地质及水文资料。

5 结语

水利水电勘探作业区绝大部分位于交通不便,施工环境恶劣的地区。勘探任务难度大,工期紧,不同的项目都有其不同的特点和难度,如何在保证质量和安全的前提下合理选择施工方案以提高生产效率、降低劳动强度和生产成本,是水利水电勘探行业一直在努力的方向。

本次勘探工作为水上钻探施工,其制约因素很多,许多使用组建简洁便利、使用效果良好的平台方案无法实施。在现有条件下,选用的这个方案未必是最优的,希望对水利水电勘探同行们在特殊环境下进行水上钻探施工作业有一定的借鉴意义。

参考文献

[1] 王达,何远信等.地质钻探手册[M].长沙:中南大学出版社,2014.
[2] 郑长斌.常规工程勘察水上钻探实用安全技术[J].资源与环境工程,2014,(4):64-66.
[3] 李尚华.浅谈水上钻探[J].甘肃水利水电技术,2002,(2):133-135.
[4] 王珊.岩土工程新技术实用全书[M].长春:银声音像出版社,2004.
[5] 王丹彤."汽油桶筏"在水上钻探中的应用[J].山东国土资源,2014,(7):56-59.

海床式静力触探仪的应用

范红申　许启云　周光辉

(浙江华东建设工程有限公司　浙江杭州　310014)

摘要：ROSON 200 kN 海床式静力触探仪是目前国内第一台具备推力达到 200 kN 以上的静探设备，该仪器适用于水深百米以上，其原理是通过主机的自重，使探头贯入海底土层中深度超过 50 m。本文主要从该静探仪的性能介绍、仪器模块化部件组成、使用该仪器基本条件，以及在作业过程中需要注意的问题等谈谈自己的认识和体会。

关键词：海上风电海床式 CPT；静力触探试验；实践应用

1 引言

静力触探 (Cone Penetration Test，CPT) 是一种速度快、数据连续、再现性好、操作省力的原位测试方法。该方法是利用准静力以恒定的贯入速率将一定规格和形状的圆锥探头通过一系列探杆压入土中，同时测记贯入过程中探头所受到的阻力，根据测得的贯入阻力大小来间接判定土的物理力学性质的现场试验方法[1]。仪器适用于软土、黏性土、粉土和粉砂土等，是目前地质勘察中最有效的原位测试方法之一[2]。

1932 年，荷兰工程师进行了世界上第一个静力触探试验[3]。1954 年我国从荷兰引进了该项技术，并在黄土地区进行了试验和研究。静力触探技术在我国海上的应用是在 20 世纪 70 年代开始的，但使用的探头和触探仪主要是由国外研制的[4]。随着 CPT 设备的不断改进和发展，孔隙水压静力触探探头 (CPTU) 于 20 世纪 70 年代末研制成功[5]。从之前的单、双桥静力触探发展到目前的孔隙水压力静力触探，测试精度不断提高。设备的改进、探头检测精度的提高和精密传感器的研制与开发成功，大大提高了测试数据的可靠性。近些年随着静力触探技术的不断成熟，该技术越来越多地应用到海洋工程地质勘查、风电工程地质勘察、石油天然气的地质调查、水域人工岛工程勘察，以及内陆河流及湖泊工程地质勘察等多个领域中[6]。

海上静力触探技术在国外已得到了广泛地应用，并且得到了大量的实测资料和经验公式，而在国内应用则比较少[7]。为了使海床式 CPT 得到较好的应用，本文将依托海上风电场勘探的实践总结，来发现应用中存在的问题，再通过研究解决问题，促使海床式 CPT 在国内海上工程领域中发挥出更好的功能。

2 海床式 CPT 性能简介

ROSON 200 kN 静力触探仪是荷兰范登堡公司 (a. p. van den berg) 生产的一种重型海床式

作者简介：范红申 (1993—)，男，本科，工程师。主要从事海床式静力触探 CPT 的测试应用。E-mail: hongshen1994@163.com

静力触探系统(图1)。它主要由 ROSON 主机(自重 28 t)、恒张力绞车、电缆导轮、探头真空饱和装置和数据采集控制器组成。

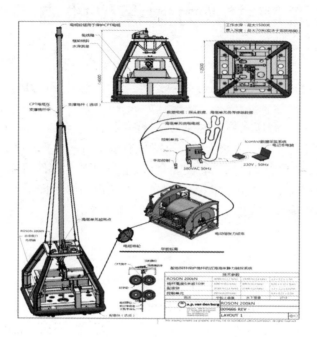

图 1　ROSON 200 kN 海床式静力触探系统

2.1　ROSON 主机

ROSON 200 kN 静力触探仪通过 ROSON 主机在海底提供一个 20 t 以上的反力,使探杆贯入到海底土层。ROSON 主机内部由 4 个电机驱动摩擦轮、总压力传感器、限位开关传感器(上、下)、深度编码器、补偿器(上、下)以及框架倾斜计等构成。

2.2　恒张力绞车

恒张力绞车上缠绕着总长度为 550 m 的脐带电缆,该脐带电缆由 5 条芯电缆构成,其中每条芯电缆的横截面积为 2.5 mm^2。为了补偿由于电缆长度造成的压力衰减,恒张力绞车配置了一个变压器,并配有手动控制的恒张力系统变频器,恒张力系统可以根据作业区域水流的流速设定相应的速度。当设定速度为 1.3 m/s 时,额定拉力为 4 kN。在此荷载作用下,电源额定功率大约为 7.5 kW[8]。

脐带电缆总是以垂直角度朝向绞车(公差 ± 2.5°),运行时脐带电缆以水平方向角度 0 ~ 85°离开绞车。绞车被加固在甲板上,脐带电缆通过一个电缆导轮连接 ROSON 主机。

2.3　探头真空饱和装置

在使用孔隙水压探头前必须先进行率定,新探头和使用一段时间后(如 3 个月)的探头都应进行率定。率定的目的是得到测量仪表读数与荷载之间的关系——率定系数,将率定系数乘以相应的仪表读数,可以求出贯入阻力值及孔隙水压力的大小。

探头每次作业之前都要进行探头饱和,所使用的方法是真空排气法。探头真空饱和的意义是防止探头内部溶解空气,影响探头孔隙水压力的最大值及其消散时间。

2.4 数据采集控制器

数据采集控制器控制主机摩擦轮转动贯入探杆,贯入速度 2 cm/s;通过 Ifield 软件进行数据的采集(图2),从左到右依次可采集总压力、锥尖阻力、侧壁摩阻力、摩阻比和孔隙水压力的实时地层数据,同时还可以采集锥尖探头的偏移角度。在整个试验过程中,若探头锥尖、总压力和探头偏移角度值达到设定报警值,仪器会自动停止试验。

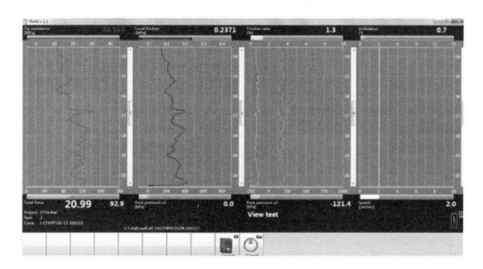

图 2 Ifield 数据采集图

3 使用海床式 CPT 辅助装备

3.1 海洋作业驳船配备

(1)作业驳船需要能够提供持续稳定的 380 V 电压供 ROSON 200 kN 系统使用。

(2)海洋作业驳船甲板上应配备有一块 10 m × 15 m 的作业区。作业区用于 ROSON 200 kN 主机、工作间、外伸式工作平台、恒张力绞车和探杆的摆放。

(3)海洋作业驳船上的吊机吊放设备应符合要求。

(4)应配备该海域特点的锚具系统和驳船。

3.2 吊装设备的选型

ROSON 主机的入海吊装是整个测试作业的关键,针对海上作业的不同,海底吊装设备有 A 型架起吊、吊机起吊、船中月池 + 龙门架起吊等 3 种[8]。

考虑到 ROSON 主机重量高达 28 t,海底土层受主机自重压力后、起重设备应达到 3 倍主机自重的起吊能力,最终选择 A 型架起重设备,该 A 型架吊放和吊机吊放设备在安装探杆时还需要外伸式工作平台,由我院自主研发设计的外伸式工作平台能够往船体外延伸 2 m,充分避免了安装探杆时起吊钢丝绳与船体发生碰撞的危险;外伸式工作平台在延伸段承重至少 1 t,可保证安装探杆作业人员的人身安全。

4 CPT 工程实例

4.1 工程实例

江苏某风电场,利用 ROSON 200 kN 海床式静力触探仪测得的某孔静力触探曲线,如图 3 所示。根据曲线显示,可同时测得锥尖阻力、侧壁摩阻力、孔隙水压力、测斜等指标,该孔最大锥尖阻力为 26.07 MPa,贯入深度为 51.95 m。另据钻孔资料显示,土层以黏质粉土、粉砂和粉质黏土为主,地层揭示跟静探曲线相吻合,说明海床式静力触探系统的数据准确性和再现性都非常好。

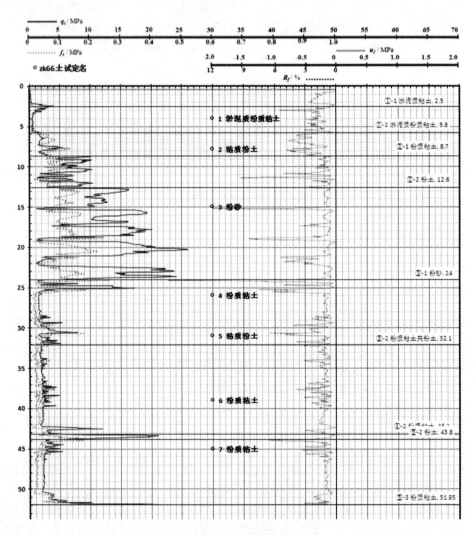

图 3 某风电场 X 号孔试验曲线

4.2 数据分析

CPT 数据不仅可以划分土层、进行土类判别，而且还可以通过原始数据(锥尖阻力、侧壁摩擦力和孔隙水压力)转化换算得到我们所需要的不排水抗剪强度、有效内摩擦角、土体有效重度和相对密实度等有效数据。以下简单介绍通过原始数据得到黏性土不排水剪切强度、土体有效重度和相对密度的换算过程。

(1) 黏性土不排水剪切强度

根据国外 CPT 参数解译较为成熟的经验和研究成果，黏性土不排水抗剪强度 C_u 一般可按下式计算：

$$\begin{cases} C_u = q_{net}/N_k \\ q_{net} = q_t - \sigma_{t0} \end{cases}$$

式中：q_{net} 为净锥尖阻力，kPa；N_k 为无量纲经验系数；q_t 为总锥尖阻力，kPa；σ_{t0} 为计算点处总上覆压力，kPa。

(2) 土体有效重度

根据国外 CPT 参数解译较为成熟的经验和研究成果，土体有效重度 γ' 一般可按下式计算

$$\gamma' = \gamma_w [0.27\lg(R_f) + 0.36\lg(q_t/P_a) + 1.236]$$

式中：γ_w 为水的容重，kN/m³；R_f 为摩阻比，%；q_t 为总锥尖阻力，kPa；P_a 为大气压强，kPa。

(3) 相对密度

根据国外 CPT 参数解译较为成熟的经验和研究成果，无黏性土相对密度 D_r 一般可按下式计算

$$D_r = \ln\{q_c/[24.94P_a \cdot (\sigma'_{m0}/P_a)^{0.46}]\}/2.96$$

式中：q_c 为锥尖阻力，kPa；P_a 为大气压强，kPa；σ'_{m0} 为计算点处平均有效应力，kPa；

$$\begin{cases} \sigma'_{m0} = (\sigma'_{t0} + 2\sigma'_{h0})/3 \\ \sigma'_{h0} = K_0 \cdot \sigma'_{t0} \end{cases}$$

式中：σ'_{t0} 为计算点处有效上覆土压力，kPa；σ'_{h0} 为计算点处有效水平应力，kPa；K_0 为侧向土压力系数，无量纲，计算中取 0.5。

5 体会和认识

我国于 20 世纪 70 年代开始研究海上静力触探技术，至今海床式静力触探在工程方面的应用经验还比较缺乏，我院的 ROSON 200 kN 海床式静力触探仪在国内目前属于第一台，很多操作细节和经验都需要我们自己在实际工程中不断摸索完善。为此经过近一年的海上测试探索，现已完成海上静力触探钻探 100 余个，其中最大深度达到 60 m 以上，最大锥尖阻力达到 50 MPa 以上，总压力也达到 200 kN 以上，测试成果能够满足工程勘察的要求。但仪器在应用过程中，需要注意事项有：

(1) 海上作业客观条件影响很多，如受风力、流速、涌浪大小以及涨退潮时间等的影响，

仪器下水前,要对海况进行综合判断,是否具备仪器下海作业条件,从而保证作业的安全进行。

(2)CPT试验过程前,应由专人负责安排每个岗位的工作条件。确保在试验过程中现场人员能够安全有效地配合,个人要坚守自己的岗位,不能在施工过程中擅自离岗,避免发生意外。

(3)每次CPT试验之前都要检查仪器能否正常工作。CPT试验结束之后,当主机回到甲板上,要用淡水冲洗设备,避免海水的强烈腐蚀。长时间不用设备时要将摩擦轮之间的压力降至60Pa左右,定期给仪器上的关键设备进行保养。

(4)在整个CPT试验过程中,要保证船体不能大幅度地晃动。当船体倾斜3°以上时,将会大大增加水下仪器的施工风险。

(5)在ROSON主机沉降过程中,应控制主机入水速度,使恒张力绞车的功率荷载限定为6 kW以内(4000 N, 1.3 m/s)[9],以防止ROSON主机钢绳的旋转,或在主机下降过程中发生主机倾斜的情况。

(6)在ROSON主机入海至海底以后,需等待一定时间,直到ROSON主机在海底保持水平平稳,通常通过底座框架倾斜计判断ROSON主机是否水平。如果底座倾斜计的角度大于5°,建议把ROSON主机立即提升几米,并放置到另一个位置。

(7)当在软土地层,如流塑性的淤泥层做测试试验时,需要在ROSON 200 kN主机底座设置裙摆。海底表层土太软,会使ROSON主机到达海底之后不能保持平稳,当角度大于5°时,测试试验将可能使探杆折断。

(8)在试验过程中,当探头遇到海底硬土层,如细砂、中砂层,出现探头锥尖阻力过大,总压力接近安全报警值时,应选择人工暂停试验。控制探头起拔一段距离之后,再重新贯入土层。反复操作几次,如若不能穿过硬层,则停止试验。

(9)试验过程中要注意探头锥尖和总压力之间的曲线关系,若二者曲线不吻合,则说明总压力中有一部分压力没有作用在锥尖探头和侧壁摩擦力上,而是由于探头角度的原因作用在探杆上,若压力过大则可能导致探杆折断。

6 结论

静力触探CPT与传统的钻孔取样、室内试验相对比,对海底土层的测试无扰动,测试数据精度高,测试功能多,是获得工程地质问题定量评价和工程设计及施工所需参数的主要手段。

ROSON 200 kN海床式静力触探仪具有自动化程度高,测试深度高,应用领域广,与常规钻探相比,具有缩短作业时间,减轻劳动强度,投入成本较低,试验测试成果可靠等优势,随着应用技术的不断成熟,势必逐渐替代海上钻探,成为未来海上勘探的主要探测手段。为此,开展对ROSON 200 kN海床式CPT的应用研究,将具有重要的科学意义和广阔的应用前景。

参考文献

[1]蒋衍洋. 海上静力触探测试方法研究及工程应用[D]. 天津大学, 2011.

[2] 王艳秋. 静力触探(CPT)在自升式钻井船插桩分析中的应用[J]. 中国科技纵横, 2014(11): 46-48.
[3] 康晓娟, 李波. 国外静力触探技术发展现状及未来趋势[J]. 岩土工程界, 2008, 11(5): 63-65.
[4] 刘松玉, 吴燕开. 论我国静力触探技术(CPT)现状与发展[J]. 岩土工程学报, 2004, 26(4): 553-556.
[5] 陆凤慈. 静力触探技术在海洋岩土工程中的应用研究[D]. 天津大学, 2005.
[6] 戴少军. 在海洋岩土工程中静力触探技术的应用[J]. 中国科技纵横, 2012(17): 137-137.
[7] 陈培雄, 刘奎, 吕小飞等. 静力触探技术在东海陆架工程勘察中的应用研究[J]. 海洋学研究, 2011, 29(4): 71-75.
[8] 陈奇, 徐行, 张志刚等. 用于海洋地质调查的ROSON-40 kN型海底CPT设备[J]. 工程勘察, 2012, 40(9): 30-34.
[9] 水下静力触探(CPT)液压轮驱系统及操作手册[R]. 上海辉固岩土工程技术有限公司, SFTS 014-2004.

东勘系列钻探平台简介

姜笑阳 柳逢春 刘权富 杨海亮
（中水东北勘测设计研究有限责任公司 吉林四平 136000）

摘要：本文简要介绍了东勘系列钻探平台的技术原理、技术特点、性能指标、平台的结构、平台的适用范围以及平台的应用情况。

关键词：东勘；钻探平台

1 前言

水上钻探分为内河钻探和近海钻探（深海钻探需要先进的特种设备——海洋钻探平台）。目前国内水上勘探设备主要使用钻船来完成。内河主要采用双体钻探船，钻探船将两个分体船组装在一起，铺上地板形成工作平台，钻机放在两船的中间，经过抛锚定位，完成水上勘探工作；海上钻探设备近海采用单体钻探船，使用200吨位以上的单个驳船，在船的一侧通过长的方木或槽钢捆绑在船帮上，搭设工作平台探出一侧1 m左右，钻机放在船探出的一侧，完成近海水上钻探工作。

由于船是漂浮在水面上，存在如下问题：

（1）通过绞盘调整锚绳的松紧度来固定钻船位置，在绞盘调整锚绳松紧度过程中，绞盘常因反转而伤人；风浪大时人员晕船，船上的材料造成滚动极易伤人，存在重大的安全隐患。

（2）下入孔内的孔口管，要经常随潮差的涨落进行调整，涨潮时需要加套管，落潮时需要往下卸套管，并且要随涨潮和落潮经常松紧锚绳，辅助时间多，在风浪大的天气钻船会随风浪上下、左右摇摆而无法工作，生产效率低。

（3）钻探施工受潮差、风浪、流速、水底地质条件和环境影响，尤其各种原位试验无法保证，不能提供出科学准确的试验数据，岩芯采取率低，对地质分层很难分清。严重地影响了勘探成果质量。

（4）在风浪大的海区，钻船上下、左右摆动大，经常发生折断套管、钻杆的孔内事故，套管折断很难进行处理，丢套管和钻杆埋在孔内的事故一旦发生，极易造成钻孔报废。折断的套管留在海水面以下，对通行的船只构成了极大的威胁，存在重大安全隐患。在流速快而水底是淤泥的地区，锚固定不住钻船，钻船就无法工作。

（5）船体一旦漏水，由于没有分别隔离的密封舱，可能造成船的沉没。

为了解决水上钻探设备存在的不足，我公司根据水上钻探的行业特点，自筹资金立项研发，从1984年开始经过近30年探索和实践，成功研发出东勘系列水上钻探平台（包括浅海移

作者简介：姜笑阳（1972.10—），男，参加工作时间1994年8月。

动式动力平台船、轻型自升式内河水上钻探平台、筭式内河水上钻探平台），成功地解决了传统水上勘探设备出现的技术难题，极大地改善了水上钻探作业环境，确保作业平稳和施工安全，生产效率大大提高。

2 平台的技术原理

东勘系列平台按平台工作状态分为固定式（包含浅海移动式动力平台船和轻型自升式内河水上勘探平台）和漂浮式（筭式内河水上勘探平台）。

固定式平台主要由主体（可在水上漂浮的船体）和支腿两大部分构成，使用时需拖曳至勘探作业处，利用机械或液压方式放下支腿并调整主体高度，使平台稳固，满足勘探作业要求。

漂浮式平台主要由主体（通常由 6~8 个片体组合而成）用拖曳移动平台至勘探作业处，通过主锚和副锚稳定平台。

其工作原理如下：

(1)浅海移动式动力平台船，属于近海内水深小于 15 m 的钻探平台，船体由两个独立的片体通过法兰连接成 1 个平台主体，通过 4 个支腿可以将工作平台通过液压油缸升降，工作时 4 个支腿放到水底，将平台提升离开水面，平台通过自重将 4 个支腿压入地层中定位，避开了风浪影响，在平台上安装钻机钻探。钻孔搬迁、水上拖运时将平台的 4 个支腿提出水底，漂浮在水面，可以用船拖走，不用抛锚定位。

(2)轻型自升式内河水上钻探平台：适用于在江、河水深小于 8.0 m 的水上钻探。主体结构由两个独立的片体通过法兰连接成 1 个平台主体，通过 4 个支腿可以将工作平台用手拉葫芦升降，工作时 4 个支腿放到水底，将平台提升离开水面，避开了风浪影响。钻孔搬迁、拖运将平台的 4 个支腿提出水底，平台主体漂浮在水面，可以用船拖走，不用抛锚定位，在平台上安装钻机进行钻探。

(3)筭式内河水上钻探平台：利用横向 2 根和纵向 6 根管分别密封的 8 根独立圆管通过法兰连接在一起，下入水里形成一个漂浮的水上筭式工作平台，通过 4~5 个锚进行定位，在平台上安装钻机进行钻探。

3 平台的主要特点

(1)浅海移动式动力平台船和轻型自升式内河水上钻探平台：不用锚进行固定，而是通过四个支腿，靠平台的自重，将支腿上的管靴压入地层中一定深度，当地层的承载力达到平台的自重时，平台腿不再下沉，平台就稳固住。解决了因钻船使用锚固定，绞盘常因反转而伤人的不安全问题，安全性得到保证。

(2)浅海移动式动力平台船和轻型自升式内河水上钻探平台：在工作时是离开水面的，不受潮差、风浪和水位变化的影响，当升到安全高度后，套管下到位就不用再接套管和卸套管，也不用紧锚绳和松锚绳，节省了大量的辅助时间，只要人能上平台即可以正常工作。受风浪、潮差、水位高低影响极少。辅助生产时间减少，纯钻进时间增加，生产效率大大提高。

(3)浅海移动式动力平台船和轻型自升式内河水上钻探平台：当平台升起后施工环境与陆地基本一样，可以准确地做静力触探、十字板剪切试验、压水试验等原位试验。试验数据准确,勘察成果质量大大提高。解决了钻船受到风浪影响上下、左右颠簸无法做原位试验的技术难题。

(4)浅海移动式动力平台船和轻型自升式内河水上钻探平台:由于采用多个独立的密封舱,即使某个密封舱进水,其他密封舱的浮力也足以将平台浮起,不会造成平台沉没。避免了因钻船没有多个密封舱,一旦船体进水可能造成沉船的重大事故发生。

(5)算式平台采用多个管式龙骨的水面漂浮部分形成的多弧形结构具有极佳的减能消波作用,可大幅度消除水面波浪造成的船体摇摆,遇到波浪时平台的上下摆动幅度比钻船要小得多。钻孔间距小的工程可以采用多台钻机在一个平台上同时作业。平台利用率高,生产效率增加几倍。

4 平台的技术规格及结构

4.1 浅海移动式动力平台船的技术规格及结构

4.1.1 浅海移动式动力平台船的技术规格

平台总长	12.4 m
型宽	6.8 m
型深	1.3 m
支腿导向套长度	1.86 m
起升高度	16.0 m
密封舱体数量	12 个
浮箱分体外形尺寸	12.4 m × 2.32 m × 1.3 m
浮箱分体质量(不包括其他设备)	8.2 t
支腿长度	20.0 m
支腿钢管规格	$\phi 377$ mm × 10 mm
支腿数量	4 根
支腿距离	横向 7.07 m,纵向 8.82 m
支腿靴直径	1800 mm
平台浮力	73.64 t
平台体吃水深度	0.56 m
总吃水深度(支腿底靴至吃水线)	1.18 m
动力站柴油机型号	4100 型
柴油机规格	44 kW/60 HP
油泵型式规格	柱塞泵 ZBD - 63
液压升降油缸直径	140 mm
平台工作外形尺寸(长×宽×高)	12.4 m × 7.5 m × 20.0 m
平台干舷高	0.75 m
平台重心高	2.0 m

平台工作面积	$6.8 \times 12.4 = 84.32 \text{ m}^2$
平台设备材料载重	9000 kg
平台质量	32000 kg

4.1.2 浅海移动式动力平台船的结构

钻探平台由主体、支腿、液压升降系统和钻探设备及其测试装配仪器等部件组成。为解决平台的运输,主体可以分解成两半,通过主梁(ϕ820 mm×8 mm 钢管)的法兰螺栓连接成为一个整体,一个法兰由 24 个 M30 螺栓坚固,形成甲板总有效面积达到 84.32 m²,为工程地质钻探生产提供了较为宽敞和稳定的浅海海上作业场地。平台升降方式采用液压升降(包括液压站和四个升降油缸)。

浅海钻探平台主体由承受载荷的横向及纵向受力主梁(ϕ820 mm×8 mm 大直径钢管)和承受浮力的浮箱及支撑平台全部载荷的支腿所构成。为了减轻平台重量,又有足够的安全性,缩短加工时间,降低生产成本,在设计上采取了以下措施:(1)选用石油螺旋钢管作为平台主体的骨架,以增强主体的刚度。(2)将平台主体分成 12 个互不相通的钢管密封舱,并在焊后用 0.03 MPa 的气压检查是否有泄漏现象,且在每个工程使用前都要求进行充气试验。(3)由于支腿用 DZ-40 号材料,焊接部位可局部加温处理,以减少内应力,预防焊缝裂纹。(4)保持平台体的全封闭性能是非常重要的,万一平台局部破坏,也还能保持一定的漂浮性能、使平台即使在风浪较大的情况下有足够的安全度。(5)为避免支腿陷入淤泥质海底过深,增大了支腿底靴的面积(>2.0 m²)。

平台支腿采用 ϕ377 mm×10 mm 无缝钢管(DZ40)制造,支腿承担平台自重和钻探设备器材及工作时的全部负荷(包括受压力和扭转力),为了保证支腿的强度,在支腿上一般不钻插销孔,支腿的定位采用卡块定位,能使平台使用不连续的液压倒杆方式进行升降,平台的起升和下降过程安全可靠。

在海上进行工程地质钻探要采用泥浆钻探工艺,在平台中部设有泥浆池和循环泥浆槽。为加快钻探工作速度,平台开辟有供钻探取样、静探、十字板剪切试验用的 2 个孔口作业位置。平台还有安全栏杆、爬梯、临时避雨休息棚等工作和生活的各种必需设置。平台结构如图 1 所示。

图 1 浅海移动式动力平台船结构图片

4.2 轻型自升式内河水上钻探平台性能指标和结构

4.2.1 轻型自升式内河水上钻探平台性能指标

型　　号	GKT—3 轻型
船体总长	11.8 m
型　　宽	5.2 m

型　深	0.8 m
干舷高	0.24 m
吃水深	0.56 m
起升高度	12 m
总排水量	39.5 m³
作业面积	61 m²
适应水深	10 m
支腿数量	4 根
支腿管规格	ϕ219 mm
支腿长度	16 m
支腿中心距离	9.2 m×6.4 m
密封舱数量	22 个
升降手动葫芦	10 t
片体尺寸(长×宽×高)	11.8 m×2.68 m×0.8 m
平台工作外形尺寸(长×宽×高)	11.8 m×6.4 m×16 m
平台总重量	16000 kg
平台作业时最大载重量	11000 kg

4.2.2 轻型自升式内河水上钻探平台的结构

平台船由主体、支腿、升降机构、定位装置等部件组成。为解决平台船运输问题，平台船主体可拆解成两个片体，通过主梁的法兰高强度螺栓连接成为一个整体，形成甲板总有效作业面积 75.5 m²，达到类似陆地的操作环境与条件，平台船体采用手动葫芦升降（图2）。

平台船主体由承受载荷的横向及纵向主管梁支撑其全部载荷，为了尽量减轻平台船的重量，又保证足够的安全性，缩短加工时间，降低产品成本，在设计上采取了以下措施：

图2　轻型自升式内河水上钻探平台结构图

（1）选用优质足尺板材，卷制圆形管状为主梁，加密主梁（龙骨）之间的肋骨距离，使船体形成一个密集金属结构体，增强了船体的刚度与强度。

（2）将平台船主体分隔成10个互不相通的钢管密封舱与浮力密封舱，并在焊后用气压检验确保无渗漏现象。

（3）支腿选取优质管材，具有较好的强度与刚性。

（4）保持船体的全密封性能非常重要，在特殊工程情形下，船体可能局部破裂，由于密封舱均为独立密封，破损舱与其他舱隔离，因此平台体仍能保持一定时间的漂浮。

(5)做好对施工河床河底地层情况的调查工作,如若是淤泥河床,平台支腿底靴的面积要适度加大,以免平台起升时压入河底过深,造成起拔支腿时的困难。

在落实平台船作业的河流地点时,特别在洪水期,应调查暴雨可能造成的洪水暴涨及泥石流造成的灾害,设备应避免在激流中以及突发洪水期间工作。在作业过程中,提高预警机制,若因气候、洪水、强风等突发情况,要立即快速撤至岸边,将平台升至最高水面1 m以上,以确保人员和设备的安全。

4.3 箅式内河水上勘探平台的技术规格和结构

4.3.1 箅式内河水上勘探平台的技术规格

船长	10.8 m
船宽	9.00 m
型深	1.00 m
空载吃水	0.5 m
总吨位	22000 kg
平台总面积	97.2 m²
主锚重量	120 kg
边 锚	80 kg
锚绳直径	ϕ12.5 钢丝绳
绞盘容量	150 m

4.3.2 箅式内河水上勘探平台的结构

箅式内河水上勘探平台利用横向2根9 m和纵向6根9.8 m、分别密封的8根独立圆管通过法兰连接在一起,下入水里形成一个漂浮的水上箅式工作平台,在平台上安装钻机。平台上设有5个绞盘,通过5个锚进行定位(其中主锚1个,边锚4个),用于水库、湖的水上勘探。钻孔距离较近时,平台上可以放置多台钻机同时工作,提高了平台的利用率和生产效率。箅式内河水上勘探平台的结构如图3所示。

图3 箅式内河水上钻探平台结构图片

5 平台的适用范围

东勘系列水上钻探平台,可按不同水域和需求设计制造,其适用范围很广。适用于江、河、湖、海的水上钻探。

浅海水域:水深(含浪高)0.8~15 m,流速<5 m/s。

轻型自升式内河水上勘探平台：水深：0.6~10 m，流速0~5 m/s。
内河水域：箅式平台水深0.4~80 m，流速0~5 m/s。
可以广泛应用于港口、码头、核电站海工部分，水利水电工程、交通航道桥梁等领域。

6　平台的应用情况及取得的技术成果

东勘系列水上钻探平台自20世纪80年代初开始研制并陆续生产以来，共建造水上平台16艘（其中内河平台5艘，浅海平台11艘）。先后参与辽宁鲅鱼圈港、丹东大东港码头、河北黄骅港、广东珠海港、澳门国际机场、珠港澳跨海大桥勘察、大亚湾岭澳核电站、广东台山核电站、广东阳江核电站、黑龙江大顶子山航电枢纽、吉林丰满水电站、甘肃刘家峡水电站、广西大腾峡水利枢纽、非洲几内亚等工程勘察30多项（其中大型工程20多项），创造产值8000余万元。东勘系列水上钻探平台在水利水电、航运港口、公铁桥梁、空港机场、核电站等多个项目推广应用，利用水上钻探平台从根本上保证了勘察工作质量和产品质量、大幅度提高了工作效率并降低生产成本，产生了巨大的经济效益。

东勘系列水上钻探平台以其独特的结构和优异的技术性能入选《水利部2014年度水利先进实用技术重点推广指导目录》，先后获得三项国家实用新型专利：
（1）浅海移动式动力平台船（20092009322.1）。
（2）轻型自升式内河水上勘探平台（200920094462.9）。
（3）箅式内河水上勘探平台专利号（201020162.2）。
DK-1轻型浅海钻探平台曾获得能源部科学技术进步四等奖；浅海移动式动力平台船获得水利部科技进步二等奖。

7　结束语

东勘系列平台与国内外同类产品相比，以其"结构独特、安全平稳、简便适用、易制造、成本低"等突出特点享誉国内水上勘察领域，尤其在我国沿海重要港口、码头、机场、水利水电工程中解决了大量工程难题而得到极高赞誉，应用前景广阔。目前正在研制适用于水深30 m左右的海上钻探平台，以满足海上风电勘察项目的需求。

参考文献（略）

CCG25 工程钻机

田新红 程坤

(湖南宏禹工程集团有限公司 湖南长沙 410117)

摘要：对 CCG25 工程钻机进行了详细介绍，综合说明了工程钻机的结构特点、关键技术和性能特点以及在工地上的试验效果。

关键词：CCG25 工程钻机；注浆；拔管；钻灌一体设备

CCG25 工程钻机是依据钻孔、压密注浆新工艺，由长沙中联智通非开挖技术有限公司和湖南宏禹工程集团有限公司联合研制出的一种兼有钻孔及连续拔管灌浆一体功能的钻机。它主要用在一般地层中进行地基处理的钻进、灌浆和拔管，并且用户可根据需要配备牙轮钻头、顶驱动力头或潜孔钻具来实现岩石地层钻进。压密注浆桩技术起源于美国，至今已有四十多年的应用历史，我国在 20 世纪 80 年代开始应用压密注浆桩技术，主要用于道路地基及工民建地基加固，至 21 世纪初，上海隧道工程股份有限公司引进了此技术，在隧道工程中做了大量压密注浆桩技术的探索与应用研究，取得较好的应用效果[1]。

可控性压密注浆桩技术是用特制的高压设备，将注浆材料压入到预定的地层中，形成均质桩固结体；同时将地层中孔隙压密，提高桩周边土的堆密度，提高了地基的承载力，从而形成一种新型桩及复合地基基础[2]。而采用 CCG25 工程钻机进行钻孔压密注浆桩施工，具有快速、高效、高质量的特点，能显著提高施工效率。因此 CCG25 工程钻机具有广泛的推广使用前景。

1 主要技术参数

CCG25 工程钻机主要技术参数见表 1。

2 主要结构特点

CCG25 工程钻机主要由臂架系统、动力头总成、底盘平台总成、支腿总成、动力系统、夹头总成、电气系统、液压系统组成，见图 1。

2.1 臂架系统

臂架系统主要包括钻拔驱动装置、顶升和移动油缸、臂架结构、导轮机构和滚子链。臂架为箱形结构，其前端装有张紧链轮，当链条磨损后可以将放松的链条重新张紧。其后端装

作者简介：田新红(1979—)，男，高级工程师，主要从事机械设备研制等相关方面的工作。

有主动链轮,主动链轮由推拉马达驱动,产生钻拔驱动力。臂架通过顶升油缸和销轴与履带底盘联接。通过调整后支腿油缸和臂架移动油缸,可以保证钻进的垂直度(见图1)。

表1 CCG25 工程钻机主要技术参数表

项目名称	项目参数		项目名称	项目参数
最大扭矩(Nm)	4560		钻进及拔钻速度(m/min)	2/4
最高转速(r/min)	150/75		最大钻孔深度(m)	50(视土质而定)
钻进力(kN)	250/125		最大钻孔直径(mm)	φ120(视土质而定)
拔钻力(kN)	250/125		柴油机功率(kW)	60
电气系统工作电压(V)	24		柴油箱容积(L)	70
液压系统工作压力(bar)[①]	动力头旋转系统	$P_{max}=250$ bar	液压油箱容积(L)	235
	辅助系统	$P_{max}=200$ bar	钻杆规格	φ89 mm × 1500 mm
电动卷扬机提升力(kg)	300		整机质量(kg)	约5625(不含钻具)
行走速度(km/h)	2		工作状态外形尺寸(mm)	3620 × 2100 × 3780

① bar 为非法定计量单位,1 bar = 100 kPa。

图1 CCG25 工程钻机总体图

1—臂架系统;2—动力头总成;3—电气系统;4—夹头总成;5—底盘平台总成;6—液压系统;
7—支腿总成;8—动力系统;9—钻拔装置

2.2 动力头总成

动力头主要由液压马达、减速箱、泥浆管及其管座、变径接头和拖板等组成。回转控制阀组和电动卷扬机亦在其上。变径接头和管座分别与减速箱的主轴及端盖连接。液压马达与减速箱的输入轴连接。箱体用螺栓连接压板、隔板形成槽形空间，嵌入臂架上的滑轨，在臂架上滑行。拖板与滚子链连接。拖板与箱体可相对运动，以避免钻杆卸扣时对钻杆丝扣产生破坏。

2.3 支腿总成

支腿总成采用后置双支腿。支腿的作用一是支承钻机使履带离地，二是用于调整钻头的入钻角。依靠支腿支承时，在外力的作用下，钻机更加稳定，难以产生移动，因此，钻机工作和运输时，应使支腿可靠接地。而在依靠臂架底座自身调整满足不了入钻角的要求时，通过支腿的调节，或通过在支腿或臂架底座下垫放枕木等方式，调整钻机的入钻角。

2.4 动力系统

动力系统中柴油机通过减振块安装于底架上，可保证柴油机平稳地工作。柴油机的飞轮输出端，连接有双联液压油泵，柱塞泵为动力头马达，为钻拔和行走马达提供液压动力，而齿轮泵专门为清水泵马达和各油缸提供液压动力。

2.5 电气系统

主机的行走和作业功能通过电气系统中控制台上的行走/钻进转换开关来实现。当打在"行走"档位时，左右操纵手柄用于控制主机行走，向前推动或向后扳动左、右操纵手柄，主机将向前或向后行走，操纵手柄为比例调节手柄，主机的行走速度大小由手柄离开中心位置的远近决定，手柄离开中心位置越远，主机行走速度越大，反之越小。手柄可锁定位置，手柄调节好主机行走速度后，操作者松开手柄，手柄定位，主机以设定速度匀速前进或后退。将左、右操纵手柄的行走速度设为不一致可以使主机转向，如果左履带行走速度快，则主机右转弯，如果右履带速度行走快，则主机左转弯。当转换开关打在"作业"档位时，左右操纵手柄用于控制主机作业。左操纵手柄控制动力头正反转，右操纵手柄控制钻杆钻进。向前推动左手柄，动力头正转；向后扳动左手柄，动力头反转；向前推动右手柄，钻杆伸出；向后扳动右手柄，钻杆缩回。钻杆伸缩的快慢和动力头旋转速度的高低由操纵手柄离开中心位置的远近决定，手柄离开中心位置越远，钻杆伸缩越快，动力头旋转速度越高，反之钻杆伸缩越慢，动力头旋转速度越低。操作者在选定好作业速度后，可以通过手柄的定位功能进行匀速作业；在钻杆装、卸过程中，钻杆间的紧固工作也是通过电气系统中主控制台上前、后夹头旋钮的"夹紧""松开"和卸扣旋钮的"复位""卸扣"来完成的。

2.6 液压系统

钻机液压控制系统由主液压系统、辅助液压系统组成。主液压系统由柱塞泵、电液比例多路阀组、动力头马达、进给/回拖液压传动装置组成。柱塞泵为钻机动力头的旋转和进给回拖以及钻机的行走提供液压动力。电液比例多路阀组一能控制钻机的前进或后退，此速度无级可调，能有效地保障机器在运输过程中的安全；二能控制动力头主轴的旋转方向和旋转速度；三能控制臂架进给/回拖装置的正/反转，从而实现动力头的进给/回拖。

辅助液压系统由齿轮串泵、电磁换向阀组和多个执行机构油缸组成。其中齿轮串泵为钻机辅助动作提供液压动力；电磁换向阀组具有实现前夹头夹紧松开、后夹头夹紧松开、卸扣和复位、臂架举升和回落、支腿动作和驱动清水泵等六个辅助功能。

3 关键技术及性能特点

1)钻机使用的钻杆和注浆套管合为一体,使钻机钻进、灌浆和拔管一体化。
2)各执行机构的液压元件均采用电磁阀控制,进行集中控制,操作轻便,反应迅速。
3)采用"变量泵+比例阀"实现对回转、钻拔和行走的控制,无级变速,动作敏捷。
4)采用"大油箱+大流量液压油冷却器"促使液压油及时冷却散热,减少液压元件的磨损,避免密封件的泄漏,即便在高温环境下,也可保证液压系统长时间稳定地工作。
5)通过电磁或手动阀改变马达的供油方式,实现回转和钻拔速度高低速的转换,以满足不同工序和工况的要求,如钻拔、装杆、卸杆和在不同地层条件下的钻进等。
6)强力卸扣装置,确保顺利完成钻杆的装卸;钻机起拔力达到 25 t,卸钻扭矩 10000 N·m。
7)"马达-链条"式钻拔系统,运转平稳,经久耐用。
8)浮动式动力头拖板,避免钻杆丝扣的非正常磨损。

4 试验情况

目前,我们已完成 CCG25 工程钻机样机的设计和制作,为验证 CCG25 工程钻机进行压密注浆的效果,检验钻机新式钻杆、钻头钻孔和灌砂浆效果,钻机起拔力是否足够起拔,并且检测钻机钻、灌、拔一体工作的结果,进行材料配合比试验以及配套灌浆器材适应性(最大砾粒、最小塌落度等),我们已在张家界桑植和常德南方矿等工程工地进行了试验,试验施工工艺流程为:确定孔位→钻孔→配制注浆材料→注浆、分段拔钻杆、注浆→反复循环至形成桩。对钻机而言,钻孔与注浆两个步骤非常重要,它们需要按详细的操作流程操作来避免操作失误,其中钻孔操作流程为:

1)将钻机臂架顶升竖立后伸出支腿和臂架底座,并将臂架调整到垂直状态;
2)装入第一根钻杆和钻头,仅依靠推动钻杆使钻头入土一定深度;
3)启动大流量水泵,观察其压力表压力是否正常,钻头是否出水;
4)回转+推进,钻进第一根钻杆;
5)停止水泵,操纵夹头和动力头,使动力头主动钻杆与下部钻具分离;
6)加装并钻进第二根钻杆;
7)重复以上4)至6)动作,直至钻进到规定的深度;
8)关闭清水泵及其球阀,打开注浆球阀,为下一步注浆做准备;

注浆与起拔钻杆流程为:

1)连接注浆管道,钻机管路与注浆胶管相连,启动 HBT 砂浆泵开始灌浆;
2)在设计灌浆压力下,向钻杆内泵送入低塌落度浆材,当浆材从钻杆底部进入孔内,定量注入。灌浆时钻杆要缓慢转动,边灌边缓慢往上提,提升段长为 1.5 m/段,直至灌浆结束;
3)起拔与动力头连接的第一根钻杆到卸钻位置,并操纵夹头和动力头,先松螺纹连接处进行泄压,再完全松钻杆后卸杆,使与动力头连接的第一根钻杆与第二根钻杆分离;

4)移出钻杆,下移动力头并与钻杆连接;

5)重复以上1)至4)动作,直至钻杆全部拔出,并及时清洗钻杆,防止砂浆水结固堵住钻杆;

6)收起支腿和臂架支座,移动钻机至下一孔位作业。

从钻机在工地的试验来看,钻机钻进、拔钻及灌浆都没有什么问题,速度和效率比较高,施工时的劳动强度较低,机器操作和转移都较方便,效果不错,达到了工程钻机设计用途的目的,钻机的主要技术参数都达到了设计要求。

钻机在工地试验施工情况为第一次采用管道增压泵供水,钻孔直径为 $\phi 90$,钻进速度平均为 0.1 m/min(含钻孔、装杆、卸杆等),除第一根钻杆速度较快外,后面三根钻杆钻进速度较慢,钻进快的话,水就出不来,而且最后将钻头取出,发现钻头堵了一个孔;第二次采用广探 160 单缸泵供水,钻孔直径为 $\phi 90$,钻进速度平均为 0.08 m/min(含钻孔、装杆、卸杆等),最后卸钻杆、钻头,发现钻头堵了两个孔;第三次采用衡探 B250 泵供水,钻孔直径也为 $\phi 90$,钻进速度平均为 0.3 m/min(含钻孔、装杆、卸杆等),最后卸钻杆、钻头查看,没有发现钻头堵塞。从上面三个试验结果可知,钻机钻进时供水应要采用大流程的高压泵,这不仅能防止钻机钻进时钻头堵塞,还能提高钻机速度,提高钻机整体功效。钻孔结束后,我们直接进行灌浆,采用了 HBT 砂浆泵,在 1.5~5.0 MPa 的孔口灌浆压力下,向钻杆内泵送入低塌落度浆材;浆材从钻杆底部进入孔内,定量注入。成桩直径约为 $\phi 400$ mm,注入量为 0.2 m³/m,灌浆时钻杆要缓慢转动,边灌边缓慢往上提,提升段长为 1.5 m/段。反复注入、提升、记录直至灌浆结束,没有发现堵管现象,而且钻机起拔力完全满足钻杆灌浆后的起拔要求。从试验结果看本次 CCG25 钻机试验还是比较成功的,取得了良好的试验效果,但是,本次试验中还是发现了一些小小的问题:一是新设计的钻杆螺纹太浅和没有进行渗碳等处理,螺纹强度不够,容易滑丝,其中有一根钻杆已滑丝(见图2);二是工程钻机主要在野外进行施工,长距离交通运输和吊装都不便,依靠外单位转运不及时也不经济,影响整体施工效率。因此为使 CCG25 工程钻机达到更好的施工效果,更能满足客户的施工需求,我们还需:一是改进钻杆螺纹,对螺纹进行热处理(渗碳等),提高钻杆整体强度;并且为减少堵塞,钻杆接头内腔应斜面过度;二是运输时建议能自行购买随车吊(8 吨车),方便钻机长距离转运。

图 2 滑丝的钻杆

4 结束语

CCG25 工程钻机的研制成功，将对钻孔压密注浆桩施工起到积极的作用，能显著提高钻孔压密注浆桩施工效率。随着我国基础建设发展的需要以及压密注浆桩技术的大力推广应用，CCG25 工程钻机多样化和系列化的发展，将会取得更大经济效益和社会效益。

参考文献

[1]. 黄均龙，张冠军，田永泽. 可控性压密注浆工法的研究与应用[J]. 西部探矿工程，2005，(8)：69-72，77.
[2]. 王恺，孙鹏，陈庆丰，等. 压密注浆在地基处理中的应用[J]. 科技信息，2011(3)：336-337.

其他

抽水蓄能电站厂房平洞的生产组织与安全管理

黄小军 陈保国 李志远

(中国电建集团北京勘测设计研究院有限公司 北京 100024)

摘要：随着抽水蓄能电站建设的快速发展，北京院承接了东北、华北、华东等地区多项抽水蓄能电站可研阶段的勘测设计工作，厂房平洞的施工成为控制勘测整体进度的重要因素，在北京院、项目部的高度重视下，提前策划、布置、开展厂房平洞的施工，同时工勘院通过完善管理模式、多方引进施工单位、加强专业管理等措施，使厂房平洞施工在安全、质量、进度方面有了显著的提高，为可研阶段的勘测设计工作争取了宝贵的时间。

关键词：厂房平洞；生产组织；安全管理

1 前言

近年来抽水蓄能电站的建设进入快速发展期，北京院承担了华北、东北、华东等区域的抽水蓄能电站的勘测设计工作。随着项目的增多，业主所要求的可研勘测设计周期缩短，地下厂房勘探平洞成为影响可研阶段勘测进度的制约性因素。在北京院、项目部的高度重视下，北京院下属工勘院作为平洞施工管理的责任部门，从严格执行院委外管理程序上入手，结合设备、环境、管理三方面，以人为核心，建立健全覆盖全员、全过程、全方位的勘测安全生产标准化管理体系，以安全管理为基础，推进新工艺、新技术的应用，同时加强质量管理、促进生产进度，使抽水蓄能电站厂房平洞的施工达到可研阶段的总体进度安排的要求，为勘测设计工作奠定了坚实的基础。

2 抽水蓄能电站厂房平洞施工工作概况

2.1 原勘测处抽水蓄能电站厂房平洞施工工作

在2003年前，北京院开展的蓄能电站主要包括十三陵、张河湾、西龙池、泰安、板桥峪等五个，原北京院勘测处地勘队下设有专门的平洞作业组，配备有钻工、爆破工、电工、修理工等专业人员，进行现场作业及管理工作。此阶段厂房平洞的总洞深基本上在1000 m左右，且可研阶段(含原初步设计阶段)勘测设计周期一般为4年左右，对厂房平洞的进度要求不高、工期充裕。

本阶段厂房平洞工作情况详见表1[1-3]。

作者简介：黄小军(1981—)，男，高级工程师，从事地勘生产及管理工作。

表 1 北京院 2003 年前完成厂房平洞情况统计表

序号	工程名称	主洞洞深/m	支洞洞深/m	总洞深/m	规格(宽×高)/m×m	施工作业时间
1	十三陵	425	620	1045	2.5×2.2	1983—1986 年
2	张河湾	445	400	845	2.5×2.2	1992—1993 年
3	泰安	800	300	1100	2.5×2.2	1995—1996 年
4	西龙池	824.6	230	1054.6	2.5×2.2	1995—1997 年
5	板桥峪	850	200	1050	2.5×2.2	1997—1999 年

2.2 工勘院抽水蓄能电站厂房平洞施工工作

2003 年以后，工勘院组建新地勘大队，平洞的施工采取分包方式委托具备施工资质的单位承接，由专业部门对此进行专业化管理。

在 2004—2012 年间，北京院常规水电站项目较多，工勘院的平洞生产任务主要集中在常规水电站项目上，同时保证 1~2 个抽水蓄能电站的厂房平洞作业，此阶段开展的蓄能电站主要有呼和浩特、文登、丰宁一期、敦化、沂蒙等五个。自敦化蓄能电站开始，可研阶段的勘测设计周期压缩到 2~3 年，且厂房平洞的总洞深突破了 2000 m，其中沂蒙蓄能电站的厂房平洞主洞洞深 2113 m，总洞深达到了 2472.8 m，厂房平洞的施工进度成为制约可研阶段整体工作的关键环节，通过加强爆破、出渣、通风等环节的管理，使敦化、沂蒙蓄能电站的厂房平洞进度由原来的月平均进尺 70~80 m 逐步提高到 100~110 m，初步满足了可研阶段勘测设计的进度要求。

2013 年后，蓄能电站项目逐渐增多，可研阶段的勘测设计周期进一步压缩到 2 年左右，对厂房平洞的施工工期提出了更高的要求，北京院、项目部对厂房平洞的施工给予了极高的关注，在可研阶段工作的初期即策划、布置、开展厂房平洞的施工工作，为可研阶段的勘测设计争取了宝贵的时间。同时工勘院在总结前期委外经验的基础上，形成综合单价管理模式，引进更多经验丰富的施工单位，专业部门专业负责人管理等管理模式，进一步挖掘潜力，使厂房平洞的施工进度和安全有了显著的提高。在此阶段开展的蓄能电站包括丰宁二期、清原、芝瑞、红石、易县、浑源等六个，特别是在 2016 年度同时有四个蓄能电站的厂房平洞正在施工作业，2017 年开展的抚宁、潍坊、尚义等蓄能项目的厂房平洞工作，使蓄能电站厂房平洞的生产工作进入一个前所未有的高峰期。目前工勘院厂房平洞委外作业的合格供方已经达到七个，而且随着项目的增多有参与意向的施工单位还在增加，厂房平洞的生产进度也逐步稳定在月平均进尺 130 m 以上，最高单月进尺达到 200 m，基本满足可研阶段的工期要求。

本阶段厂房平洞工作情况详见表 2[4-7]。

表2　北京院2003年后完成(含正在进行中)厂房平洞情况统计表

序号	工程名称	委外单位	规格(宽×高)/m×m	主洞洞深/m	支洞洞深/m	总洞深/m	开工日期	竣工日期	工期/月	平均进度/(m·月⁻¹)
1	呼蓄	旬阳四建	2.5×2.2	772	341	1113	2004.7.1	2005.10.30	16	69.6
2	文登	泰安化工	2.5×2.2	1764	408	2172	2005.10.18	2007.11.23	25	86.9
3	丰宁一期	江苏建兴	2.5×2.2	1661	339	2000	2006.5.20	2008.5.30	24	83.3
4	敦化	中太建设	2.5×2.5	1620	438	2058	2009.4.30	2011.1.30	21	98
5	沂蒙	中太建设	2.5×2.5	2113	359.8	2472.8	2011.7.19	2013.5.31	22	112.4
6	丰宁二期	甘肃同舟	2.5×2.5		726	726	2014.3.29	2014.9.9	5.5	132
7	清原	甘肃同舟	2.5×2.5	1372	414	1786	2014.9.28	2015.9.13	11.5	155.3
8	芝瑞	甘肃同舟	2.5×2.5	892	430	1322	2015.9.15	2016.8.15	11	120
9	红石	吉林东德来	2.5×2.2	1620	245	1865	2015.11.17	2016.5.30(设计变更)	18	132
10	易县	湖北兴龙	2.5×2.2	1210	300	1510	2016.4.7	2017.1.15	9	180
11	浑源	大同矿建	2.5×2.2	1470	151	1621	2016.5.31	2017.4.25	10	162
12	潍坊	大同矿建	2.5×2.2	890	273	1163	2017.3.20	进行中		200
13	抚宁	中石化工	2.5×2.2	1095	待定	待定	2017.4.22	进行中		149
14	尚义	大同矿建	2.5×2.2	620	420	1040	2017.5.27	进行中		200

3 厂房平洞施工委外管理程序

工勘院的蓄能电站厂房平洞施工委外管理工作严格按照院《勘测设计工作委外项目管理程序》(QES/01 B31 -2015A)执行,并编制了《实施细则》。主要的委外程序如下:

(1)根据项目《工程地质勘察大纲》及《平洞任务书》的要求编制《平洞委外任务书》,并完成立项工作,组织在合格供方目录中的意向施工单位进行现场踏勘,并与项目所在地政府部门详细调查落实平洞生产工作的外部条件及因素。

(2)根据踏勘情况,专业部门编制报价邀请文件,并通过工勘院的内部评审,主要明确平洞工作量、工期要求,确定平洞综合单价涵盖的内容、最高限价、施工单位评价推选排序原则等,并向参与踏勘的意向施工单位发出报价邀请。

(3)在规定日期,意向施工单位提交报价文件,同时按院委外管理程序,组织院副总工程师、项目部、生产与安全管理部、纪检审计监察部、工勘院相关人员召开评价推荐会,确定委外施工单位的推荐顺序。对于委外合同额大于等于一千万元以上的项目,按《北京院项目分包管理办法》将评选结果报公司招标管理委员会进行审批决策。

(4)工勘院相关部门(安全室、综合室、地质、地勘专业)组成商谈小组,按照推荐排序与施工单位进行合同商谈,直至确定委外施工单位。

(5)根据报价文件规定及商谈情况编制分包合同、完成内部审批流程,与施工单位签订施工合同。

(6)施工单位进场开展工作,地勘专业进行现场专业管理工作,综合管理室根据月完成工作量进行进度款的支付工作。

(7)当施工过程中如出现合同中不能涵盖内容,施工单位需提交相关资料,经工勘院审核如确实超过合同范畴,按院委外管理程序重新组织相关会议,签订合同补充协议。

(8)施工单位作业完成后,通过工勘院地质、地勘等专业部门验收,地勘专业进行现场工作量统计,与施工单位签订工作量统计表。

(9)按照合同及相关补充协议(如有)等,完成结算意见,报工勘院审批通过后,提交生产与安全管理部,并支付施工单位至90%工程款。

(10)达到保质期后,按合同相关条款支付施工单位质量保证金,本厂房平洞委外工程全部结束。

4 厂房平洞施工前外部因素协调工作

厂房平洞的施工工作周期长,涉及的事项较多,在占地及林业手续审批、爆破物品手续审批、供电线路架设、通讯保障、进场道路的修建、高寒地区冬季作业等事项上需提前策划协调,得到当地各级政府的支持配合才能保证项目的顺利开展。其中的重点环节如下:

(1)占地青苗补偿、爆破作业扰民的协调、林业审批手续的办理。厂房平洞施工作业前需调查了解占地的类型,如在耕地中需协调政府部门确定赔偿标准予以补偿;如在村庄附近需协调解决爆破扰民问题并予以安置;如在林地范围内,需依照林地的种类按要求进行办理。林业审批中需要高度重视的是国有林的审批手续,国有林的临时占地审批较为为严格、程序复杂、周期长、违规违法处罚力度大，应提前向林业局沟通并按要求开展相关林勘设计报告的编制、各项林业补偿费用的支付工作，避免影响施工单位的进场作业。

(2) 爆破物品购买、使用手续的办理。厂房平洞施工作业极为重要的生产材料即为爆破物品(炸药、导爆管、电雷管等)，每个厂房平洞作业炸药的总使用量在 40~50 t 左右。施工单位如具备营业性爆破作业单位许可证可直接到属地公安机关办理审批手续，如不具备上述资质需采取专业分包的方式，将爆破作业委托给具备营业性爆破作业资质单位承担。由于爆破物品对社会影响性大，公安机关管理要求严格，施工单位必须在现场建设符合公安机关要求的标准临时库房，并按要求配备爆破专业技术负责人、库管员、安全员、爆破员等，作业过程中严格按照管理程序使用并接受公安机关的监督管理。此项工作的办理周期一般为 1~2 个月，为施工前需重点办理的事项。

(3) 供电线路的架设。厂房平洞的作业采用电力设备(空压机、扒渣机等)，现场需架设供电线路并安装 250~315 kVA 的变压器，此项工作由施工单位委托当地供电部门办理，为确保平洞竣工后的其他勘测作业，供电线路架设需以北京院名义进行申请办理，施工过程中交施工单位负责管理、并交纳相关费用，平洞施工完成后施工单位将供电设施交还北京院。部分项目(浑源蓄能)因供电线路过长、电压无法保证、冬季维护困难等原因，采取移动式发电机组供电的方式。

(4) 进场道路的修建维护、通讯保证、冬季作业的物资储备。部分厂房平洞工程区较为偏僻、进场道路路况较差、无通讯信号等，需地方政府配合或施工单位修建进场道路、简易跨河桥及架设通讯基站等，为施工期间的安全生产起到有力的保障。部分项目地处高寒地区，冬季有可能出现雪后交通中断的情况，在冬季作业中应提前做好生产、生活物资的储备工作。

5 厂房平洞施工安全生产的管理与监督

2014 年底北京院通过了"安全生产标准化"评级，对平洞的委外管理工作提出了更高的要求，为此工勘院建立了以地勘专业负责人为主的平洞现场管理组，配备专职平洞管理人员，按照工勘院《分包项目安全管理办法》进行现场平洞施工管理。平洞施工单位设置施工项目部，配置项目经理、技术负责人、专职安全员等，并设置平洞掘进组、出渣组、爆破作业组、后勤组等。施工项目部建立健全各项安全生产管理制度，主要包括：安全目标、机构人员及岗位职责、安全教育培训、操作规程、危险源识别及应急预案、设备及人员管理制度等，并上报地勘专业管理组审核及备案。

平洞施工前，工勘院地勘管理组与施工单位签订现场平洞施工安全协议，明确双方对事故隐患排查、治理和防控的管理职责，对平洞安全生产提出具体要求；地勘大队组织相关人员(地质、地勘、安全管理室、综合管理室等)对施工单位报送的平洞施工组织设计方案进行评审，方案应含进场道路、渣场、临时营地布置、洞口开挖防护、完工后洞口封闭、安全环境专项、平洞掘进、施工用电等内容；地勘管理组对施工单位的特种作业人员资格进行核查，对施工设备、设施进行检查验收；按工勘院管理文件要求，厂房平洞施工属于较大危险作业，工勘院有关人员需对施工单位报送的《较大危险作业审批表》进行审批。完成上述管理程序后，方可进行平洞掘进施工作业。

施工过程中,平洞管理人员每天对平洞施工及管理工作进行检查、督促各项安全措施的落实,坚持每周例会制度,发现问题及时整改,必要时停工整顿。

厂房平洞施工作业过程中,北京院、项目部、生产与安全管理部、工勘院等部门不定期到施工现场进行监督、检查,发现现场管理的缺陷和不足,及时进行整改、闭合。同时业主、地方安监部门也会对项目施工安全进行服务性的监管、检查。

6 厂房平洞的主要施工技术

6.1 洞口边坡的开挖及支护

厂房平洞洞口位置测放后,需首先对洞口部位岩体进行地质调查,判断是否具备成洞条件、洞口上方是否存在不稳定岩体、是否影响公路、洞口是否存在洪水倒灌及渣场选择等问题。如不具备成洞条件需对洞口进行明挖至弱风化-微新岩体,并进行喷锚支护工作。开挖洞口前,首先应对洞口上方浮土浮石进行自上而下清理,然后采用挂网、喷浆相结合的措施进行处理,并设置排水管。为确保施工安全,洞口开挖后,对前部5~10 m进行混凝土支护,支护采用12 cm工字钢做成拱形,间距不超过50 cm,两架工字钢之间采用2 cm钢筋焊接进行连接(图1、图2)。

图1 厂房平洞洞口边坡支护

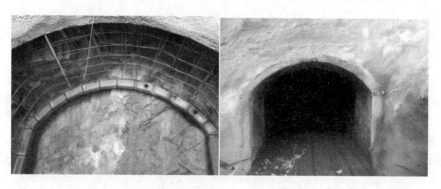

图2 厂房平洞洞口支护效果图

6.2 凿岩成孔、爆破作业

正常掘进过程中，一般采用 13 m³ 螺杆空压机带 2~3 把凿岩机，由 2~3 个凿岩工互相协作完成，采用 2.5 m 钎杆，每次爆破可进尺 2.2 m 左右。凿岩质量直接关系到爆破效果，凿岩过程需要注意的是，只有第一段和空气孔的炮眼是水平的，剩下的炮眼根据实际情况，采用不同的角度，总体讲就是，掌子面装药炮眼间距不得小于 30 cm，钻孔底部炮眼间距不得小于 20 cm，可避免发生哑炮。按照 2.2 m(高)×2.5 m(宽)厂房平洞规格，掌子面需要完成 40 个左右炮眼，其中空气眼一般为 6~8 个，剩余的为装药眼。装药眼一般分为 10 段，其中第一段全部装满炸药，其余 9 段可根据岩石情况，装药 1.5 m 左右或更多。所有装药眼导爆管雷管全部安装在第一节炸药上，并且将导爆管雷管的末端(聚能环)全部面向掌子面方向，此方式可以保障导爆管雷管将孔内炸药全部引爆。向炮眼装药时，必须保证用竹竿等不会产生火花的工具进行顶药工作，切记不可以用钢筋棍等会产生火花的工具。每个炮眼内炸药填装必须保证炸药连接紧密，不得有空隙。

目前爆破施工炸药采用 ϕ32 mm 乳化炸药；雷管采用 5 m(1~10)段普通半秒雷管，起爆网路全部采用非电导爆管起爆网路，有效保证了爆破安全。

根据各项目岩性差异，凿岩、爆破时间一般在 4~6 h，为控制进度最主要的因素。

6.3 通风排烟

爆破完成后，首先进行通风排烟工作，排烟结束后使用气体检测仪进行效果检测，合格后方可进行下一步工作。随着厂房平洞的加深，通风排烟工作显得尤为重要，为减少排烟时间，一般采用两套通风系统，采用抽排结合的方式使洞内空气尽快达到出渣作业要求。抽排结合通风方式即洞外主管路风机向洞内深处(距离掌子面约 25 m)吹新鲜空气，洞内风机向洞外排炮烟，随着洞深的增加，效果更好的方式为主管路风机向洞外鼓风，洞内距离爆破面 50~60 m 处另一洞壁设置风机向洞内送风，加快掌子面处的空气流动，将炮烟通过主管路吸出洞外，避免整个平洞受炮烟的污染增加通风时间。根据洞深需要配置不同功率的风机，平洞越深，需配置的风机功率越大，以保证通风质量。洞内风机和洞外风机一般采用同等功率，在洞深小于 300 m 时，一般 10 kW 的风机基本满足要求，洞深超过 500 m 需配置 22 kW 及以上的风机。洞内风机距离洞底不超过 100 m，并且应当是防爆风机(图 3)。

目前通风排烟时间一般在 1~2 h。

图 3 通风管路系统

6.4 出渣方式

自敦化蓄能电站厂房平洞开始，洞渣装车使用装渣机或扒渣机，由一名操作人员和一名辅助人员进行，与人工装渣相比，大大的提高了效率、降低了劳动强度。

洞渣的运输方式有两种，分别为三轮车出渣、轨道车出渣，其中清源、芝瑞抽水蓄能电站的运输系统是铺设铁轨、由电机车将 6~8 个矿车牵引至洞外，其他项目均采用三轮车出渣方式。轨道车出渣的电机车采用 260 V 直流电作为动力源，不会产生废气，但行进过程中间歇产生电火花，有触电危险，如施工单位本身没有储备此设备，购置成本将比三轮车出渣大幅提高。三轮车有电动及柴油动力，由于电动力功率小，现一般采用柴油动力，在排气筒尾部加装水箱过滤废气，达到减小洞内气体污染的效果。轨道车出渣过程中需要进行编组，整列矿车装渣完成后统一运至洞外，运输过程中造成扒渣机的闲置，三轮车出渣较为灵活，可通过增加车辆的数量使扒渣机全效运转。通过各项目两种方式的对比，效率相差不大，出渣时间基本控制在 2 h 左右(图 4、图 5)。

图 4　洞内气体检测

图 5　扒渣机及出渣轨道车

6.5 安全用电

因平洞施工设备用电为 380 V 高压电，平洞施工期间施工单位必须配备合格的电工，涉电作业非专业人员禁止参与。平洞供电线路及变压器的架设需委托具有相应资质的单位施工，并通过电力部门的验收后方可使用。根据用电量选取合适的配电柜及电缆(变压器至配电柜的电缆一般采用 120 mm² 的 5 芯电缆),按要求平洞内施工用电需采用三相五线(3 根工作火线,1 根工作零线,1 根保护接地线),配电柜至开关箱的线路和开关箱由专业电工管理。洞内照明用电需用行灯变压器降压至 24~36 V 的安全电压(图6)。

6.6 进度保障措施

综上所述,厂房平洞的作业主要为凿岩、爆破、通风排烟、出渣等四个工序形成一个完整的作业流程,作业的过程就是上述工序的循环,因此提高每个工序的效率、降低每个工序的作业时间、各工序间形成良好的衔接,使整个循环流畅的开展即可保证厂房平洞的整体进度。一般要求施工单位采取如下措施:

(1)制定严格的管理制度及奖惩措施、合理安排工序。
(2)重视各工序人员的配备、专人专责,凿岩、爆破、通风、出渣人员各司其职。
(3)重视设备、材料的配备,专人维护检修、及时更新,保证设备的出勤率、材料的充足。
(4)加强爆破物品、供电的采购、监督、管理及与相关部门的联系,避免爆破材料、电力供应影响进度。
(5)加强安全教育、培训、管理,保证安全生产。

图6　平洞内标准布线及行灯变压器

7　结论

随着北京院抽水蓄能电站项目的规模化发展,可研阶段厂房平洞施工工作成为影响勘测设计进度的重要因素,在北京院、项目部的重视及指导下,工勘院通过近年来在厂房平洞委外管理中逐渐摸索出一整套有效的安全、质量、进度管理体系,从而显著地提高了厂房平洞的生产效率,使厂房平洞的委外工作得到系统化的落实,为今后更多的蓄能电站项目开展提供了有力的基础工作保障。

参考文献(略)

水电工程地质钻探岩芯的保管探讨

王光明　杨寿福　张正雄　杨　建　濮振波　李国俊

（中国电建集团昆明勘测设计研究院有限公司　云南昆明　650031）

摘要： 岩芯地质实物资料是开展地质研究的重要依据之一，也是重要的地质资料。本文分析了国内外岩芯保管现状，分析了水电工程岩芯保管存在的困难和问题，提出将水电工程地质钻探岩芯保管分为前期勘测、建设实施及投产运营等三个阶段，并建议制定水电工程地质钻探岩芯保管技术规程。

关键词： 水电工程；岩芯保管

1　前言

截至2015年底，我国水电装机达3.2亿kW（含抽水蓄能0.23亿kW）。水电工程在各勘察设计阶段都会产生大量的工程地质钻探岩芯。目前水电工程勘测过程中对岩芯的保存和管理工作较为混乱，主要体现在责任区分不明确、钻探现场管理要求不到位、记录和保存格式不统一、移交手续不清晰、缩减及清原原则不明确等多方面，造成了人力、物力资源的极大浪费。现行水电水利工程钻探规程[1]（DL/T5013—2005）第13.1.10条仅对岩芯保管做了"岩芯舱库应通风不漏雨"的规定，但均没有指明如何保存与管理。

最近几年，我院承担勘察设计的多个水电站已投产发电，除个别水电站岩芯移交业主保管外，其余多数水电站岩芯仍由我院保管，在与业主沟通中，笔者认识到水电行业没有相应规范来指导勘察设计、施工及业主等单位进行岩芯保管和归档，各家单位对岩芯保管没有统一认识，如何保管有必要研究和探讨。

2　岩芯保管依据

截至目前能找到的国家和行业关于岩芯等实物档案保管的依据如下：

（1）《基本建设项目档案资料管理暂行规定》中的附录[2]。

（2）中华人民共和国档案行业标准《国家重大建设项目文件归档要求与档案整理规范》（DA/T 28—2002）附录A表A.1[3]。

（3）《地质资料管理条例》（国务院令349号2002年3月19日发布）第二条"本条例所称地质资料，是指在地质工作中形成的文字、图表、声像、电磁介质等形式的原始地质资料、成果地质资料和岩矿芯、各类标本、光薄片、样品等实物地质资料。"[4]。

作者简介：王光明（1985—），男，硕士研究生，高级工程师，主要水电水利工程地质及岩土工程勘察、灌浆工程。

(4) 中华人民共和国电力行业标准《水电建设项目文件收集与档案整理》(DL/T1396—2014)[5]第 11 章对实物档案收集与整理进行了规定:"11.1.1 项目参建单位应制定项目实物档案归档制度,收集各项目需归档的实物档案。11.1.2.2 建设过程形成的需要保存的重要部位岩芯及其他与工程质量相关的实物。"

3 岩芯保管现状

3.1 国外情况

20 世纪 60 年代以来,加拿大、美国等许多发达国家都越来越重视实物地质资料的保管和开发利用工作,不但建立了大量的岩芯库,而且还不断建立健全管理制度、法律法规,提高服务质量,为推动地质找矿和科研发挥了重要作用[6]。

美国、加拿大、英国、瑞典等各国都是以国家为主体,通过制定相关法律法规实现对岩芯等实物地质资料的有效管理,并设置专门管理机构,同时又建立专门的馆藏机构,依法依规收集、整理、保管岩芯[7]。

3.1.1 美国

美国实物地质资料管理和利用的突出特点主要有以下四个方面[8]:一是岩芯样品库类型、数量多。二是来源广泛又充足。三是保管技术先进。四是利用服务便捷。

3.1.2 英国

英国实物地质资料管理有完善的法律为依据,有行之有效的奖惩措施为保障,有自觉的汇交意识为基础,有先进的库藏设施和设备为手段,以优质的服务为目的,在地质资料信息开发方面处于世界领先地位[9]。

3.1.3 俄罗斯

陈新宇、张立海等人[10]对俄罗斯科拉半岛超深钻研究院附属岩芯库、乌赫塔岩芯库、全俄石油地质勘探科学研究院附属岩芯库等 5 个主要岩芯库作了介绍,认为俄罗斯比较重视地质资料和实物资料的管理。

3.2 国内情况

3.2.1 地矿地勘单位

地勘单位实物地质资料管理工作可按项目实施过程划分为两个阶段[11]:

第一阶段为项目实施阶段的实物地质资料管理工作,主要内容包括实物地质资料的生产、现场整理、编录、临时保管,直至提交野外工作验收和项目成果评审。该阶段的实物地质资料管理工作基本上规范到位。

第二阶段为项目结束以后的实物地质资料的管理工作,目前管理普遍薄弱甚至混乱。

3.2.2 科研单位

科研单位采集的岩芯种类较多、岩性变化大、灵敏度强,保存条件非常严格[12]。岩芯样品有特殊包装,要求库房恒温、恒湿,文档资料专人管理,每日巡查。其岩芯样品用于基础研究，长期保存。

3.2.3 石油系统

石油系统比较重视岩芯的保管与开发利用工作。各大油田都建有较大规模的岩芯库，形成了比较规范的管理体系，但各大油田实物地质资料未对外开放。通过对保留岩芯的再次开发利用，在储量计算、老井复查、地球物理测量及孔隙率、渗透率、饱和度等参数研究、含油气远景评价，勘探规划与布井等方面都发挥了重要作用[13]。

3.2.4 核电行业

根据国家能源局文件《国家能源局关于下达2013年第一批能源领域行业标准制（修）订计划的通知》国能科技[2013]235号文的文件要求，中国能源建设集团广东省电力设计研究院有限公司作为主编单位编制了《核电厂地质钻探岩芯保管技术规程》。该规程由国家能源局于2016年12月5日发布，于2017年5月1日实施，其规定了核电厂地质钻探岩芯的现场管理、临时保管、永久保管、保留与缩减和库房管理，适用于核电厂地质钻探岩芯的全程保管。

3.2.5 水利行业

水利工程多为政府投资，与水电行业相比，周期较短。特殊岩芯和重要岩芯一般都保留。新建水库工程岩芯在工程开工后，勘测单位一般都移交业主保管，业主多用已有房屋或场地堆放岩芯，很少再建设岩芯库。引水线路工程由于战线长，岩芯多租用当地民房保管，每年支付一定看守费。部分看守点因看守费不及时，岩芯也会被破坏。昆明院承担的掌鸠河引水工程岩芯就地利用拟平复的槽、水池掩埋，一定程度上节省了大笔搬迁费和看守费。清水海引水工程钻探岩芯至今一直存放于寻甸联合乡、禄劝转龙镇及小哨勘测基地自建库房内等三地，牛栏江引水工程钻探岩芯一致存放于小哨勘测基地，存放后至今未被查看或利用过。正在实施的滇中引水工程岩芯多租用当地民房存放，就昆明段、楚雄段而言，初步统计有上百个岩芯存放点，每年岩芯看守费在20万元以上，目前业主正计划沿线规划几个永久岩芯舱库，以存放重要岩芯。许多水库除险加固工程灌浆质量检查孔岩芯也保留，但因管理体制机制不健全，很多岩芯保留一段时间后因管理不善，遭到破坏。南水北调中线工程4个渡槽工程的4个钻孔岩芯共计231 m于2017年3月24日顺利进入国家实物地质资料库房，该项工作的实施对重大工程岩芯保管具有重要的示范意义。

3.2.6 水电行业

水电工程地质勘察分为规划、预可行性研究、可行性研究、招标设计和施工详图设计五个阶段。水电工程地质钻探岩芯来源于勘察设计单位和施工单位，勘察设计单位大部分岩芯产生于预可行性研究和可行性研究阶段，来源于施工单位的岩芯主要是灌浆工程先导孔、灌浆孔、检查孔及排水孔等产生的岩芯。

水电工程勘测单位一般都保管着勘探过程中产生的岩芯，每一项工程基本上是全部岩芯都保留。一般是勘测设计在当地自建岩芯舱库堆放保存，少部分是租用当地民房保存，这期间少则数年、多则三十余年，由于风吹日晒，岩芯难免会产生风化，最终并没有完整保存下来。比如，三峡工程保存的大量岩芯已损毁、废弃，产生了极大的浪费，而且失去了很宝贵的资料[14]。金安桥水电站于2002年底完成预可行性研究报告，2004年完成可行性研究报告并开始施工准备工作，2011年3月27日，历经8年建设正式投产发电，期间岩芯一直由勘测设计单位自建岩芯库保管。应业主要求，2015年1月，勘测设计单位安排人员现场清点岩芯，共存有247个钻孔岩芯，首批移交179个钻孔岩芯（岩芯箱合计4188箱），剩余68个钻孔岩芯原地留存，暂不移交。留存的钻孔岩芯现场堆放较零乱，加之日久部分岩芯箱老化且破损严重，岩芯编录资料（油漆、格板）褪色严重，难以辨认。小湾水电站自1978年进场开展勘测工作至今数万米岩芯资料堆放于原自建库房存放，后业主在原岩芯库房位置建设一输变电线路塔，要求设计院把岩芯转移至其他位置，由于岩芯数量较大，最终仅保留20余个有代表性钻孔的岩芯资料，其他钻孔岩芯资料运至业主指定的弃渣场丢弃。20余个有代表性钻孔的岩芯资料转移至我院小湾临时基地，一直存放至今，每年由勘测设计单位支付看守费。现处于可研阶段的古水水电站和曲孜卡水电站，我院都在当地租地建有岩芯舱库妥善保管。总的来说，在水电站还未投产发电前，未经业主书面同意，勘测设计单位一般都会妥善保管岩芯。

我国的水电工程从规划开始勘测产生岩芯到其入库长期保管，这中间少则数年、多则三十余年（如小湾水电站1978年勘察，至今已有39年）。这段时间岩芯均由勘测单位或者是业主单位保管，基本上是处于地表环境下脱离其原始条件的自然堆放状态。岩土样的结构及其物理力学性质早已改变，硬质岩石结构仍然完好，但其力学性质也已改变。

一般来说，岩芯在搬迁、保管、汇交前后都需要耗费大量人力、物力，因就地堆放，实际上要查看岩芯需人工翻找后搬迁到空地，十分繁琐，未能发挥真正作用。只有少部分水电工程业主在全部机组投产发电后要求勘测设计单位移交岩芯，如金安桥、阿海、糯扎渡等业主要求移交部分前期勘察阶段岩芯。大部分水电工程业主建设岩芯库仅保存灌浆工程自检孔和第三方检查孔岩芯。以金安桥、小湾水电站为例，移交到水电站业主入库的岩芯只有在档案专项验收时候被查看，之后极少被查看或利用过。

3.3 我国与国外发达国家岩芯保管差距

与国外发达国家相比，我国岩芯保管差距表现在以下几个方面：首先，保管体制、机制不健全，保管技术、设施落后。其次，法规、制度、技术方法不完备。最后，因地质岩芯资料类型多样，数量巨大，保管分散。

4 水电工程岩芯保管建议

（1）建议将水电工程岩芯保管分为三个阶段：

①前期勘测阶段

前期勘测阶段包括规划、预可行性研究、可行性研究阶段。这一阶段主要任务是在规划选定方案的基础上选择坝址，查明水库及建筑物区的工程地质条件。本阶段岩芯被查看的机会多，应重点保留选定坝址、基本坝型、枢纽布置和引水线路方案相关证据以及选定坝型和枢纽布置方案相关证据的岩芯。本阶段岩芯保管责任单位为勘测设计单位。

②建设实施阶段

建设实施阶段包括招标设计和施工详图设计阶段。该阶段主要任务：一是复核可行性研究阶段的地质资料与结论；二是补充查明遗留的工程地质问题；三是检验、核定前期勘察的地质资料与结论；四是补充论证专门性工程地质问题；五是为施工详图设计提供工程地质资料。除以上五个方面的岩芯资料来源外,灌浆工程先导孔、灌浆孔、检查孔也产生大量岩芯。该阶段应重点保留论证专门性工程地质问题相关证据的岩芯以及灌浆工程检查孔岩芯。本阶段岩芯保管责任单位为勘测设计单位和施工单位。

③投产运营阶段

投产运营阶段是自水电站第一台发电机组投入运行或工程开始受益算起。本阶段应建立专门的岩芯库,对前期保留的岩芯予以缩减整理入库,部分岩芯需永久保管。本阶段岩芯保管责任单位为水电业主单位。

(2)制定水电工程地质钻探岩芯保管技术规程,明确岩芯现场管理、岩芯临时保管、岩芯永久保管及岩芯保留、缩减与清除标准,明确水电工程各阶段岩芯保管责任单位和岩芯移交流程等。

(3)岩芯库房的建设应结合水电工程特点,以方便、实用为原则,并制定合理、规范的管理制度。

(4)以电子岩芯代替部分实物岩芯,以降低保管实物岩芯成本[14]。

(5)对于历史积存的大量岩芯,建议遵循"尊重现状、留存适度、处置得当、经济合理"的原则,尽快在水电行业范围内组织全面的清理工作,将其中尚未损毁且具有进一步利用价值的进行妥善保管,将已经损毁的进行清除,将进一步利用价值不明显的进行缩减或埋藏,从而达到减轻保管单位保管负担,优化资源配置,解决历史遗留问题的目的[15]。

参考文献

[1] DL/T5013-2005 水电水利工程钻探规程[S].
[2] 国家档案局,国家计划委员会.基本建设项目档案资料管理暂行规定[L].1988.03.17.
[3] DA/T 28—2002 国家重大建设项目文件归档要求与档案整理规范[S].
[4] 国务院.地质资料管理条例[L].2002.3.19.
[5] DL/T1396-2014 水电建设项目文件收集与档案整理[S].
[6] 赵世煌,邓晃,宋焕霞等.国外实物地质资料测试服务综述及启示[J].中国矿业,2016,24 增刊:99-101.
[7] 刘凤民,任香爱,夏浩东.英国实物地质资料管理情况及其启示[J].实物地质资料管理动态与研究,2011(4):2-9.
[8] 周秋梅,张晶.美国岩芯样品库选介(之一)[J].实物地质资料管理动态与研究,2008(2):10-18.
[9] 刘凤民,任香爱,夏浩东.英国实物地质资料管理情况及其启示[J].实物地质资料管理动态与研究,2011(4):2-9.
[10] 陈新宇,张立海,刘向东等.俄罗斯主要岩芯库概况[J].实物地质资料管理动态与研究,2011(4):2-9.
[11] 中国实物地质资料信息网.地勘单位实物地质资料管理探讨——兼论《地质勘查钻探岩矿心管理通则》修改建议.[EB/OL]. http://www.cgsi.cn/cgyj/dtyj/205.htm.2013.10.9.
[12] 王小明,徐晓斌,马海毅等.核电厂地质钻探岩芯的保管探讨[J].南方能源建设,2015,2(1):98-103.
[13] 夏浩东.中国实物地质资料管理研究[D].中南大学,2008.
[14] 马圣敏,张建请,刘方文等.电子岩芯与电子岩芯库的研究及应用[J].长江科学院院报,2012,29(8):106-110.
[15] 中国实物地质资料信息网.我国实物地质资料管理工作的最新进展与下一步管理思路探讨[EB/OL]. http://www.cgsi.cn/cgyj/dtyj/1284.htm,2016.6.3.

浅谈公司地质勘探专业在转型升级发展中的探索与创新

张正雄　苏经仪　王光明　濮振波　杨　建

(中国电建集团昆明勘测设计研究院有限公司地质工程勘察院　云南昆明　650000)

摘要： 本文立足于探索我公司地质勘探专业在转型升级发展的市场竞争形势下，如何在保留传统水电勘探业务的同时，重新审视自身的战略定位和发展规划，加大非传统水电勘探业务链的拓展，健全内部管理机制，并通过技术、管理及思维模式的不断创新，对探索与创新成果的全面总结，切实解决勘探专业面临的难题，有效改善传统生产经营及管理不足的局面，进一步挖掘发展潜力，提升市场核心竞争力，为我公司地质勘探专业转型升级和可持续发展明确思路、把握方向，促进地质勘探专业顺利实现转型升级与发展的平稳过度。

关键词： 地质勘探专业；转型升级；发展；探索；创新

1　概述

我公司地质勘探专业拥有钻探、车工、刨工、铣工、钳工、修理、电焊、测量、后勤、文秘等多个工种，是目前云南省唯一建制完整的勘探队伍，为云南的水电勘探做出了不可磨灭的贡献，在云南省同行业市场竞争中，无论是生产规模，还是市场占有率，均处于领先地位。六十年来，承担了国内外200余座各型水电站的勘探工作，现主要从事水利水电工程勘探、工程地质与水文地质勘探、岩土工程勘探、高(低)压灌浆试验及灌浆工程、水电站第三方质量检测等业务。

随着集团公司及我公司在加强转型升级和改革发展的市场条件、环境形势下进行资源整合、产业价值链的提升、管理体制和运行模式的转型、技术的创新和进步，我公司地质勘探专业也必将顺应新的形势，结合自身专业的特点，积极提高在转型升级和发展中的探索和创新，积极融入相关产业的发展，有效进行资源整合，促进勘探专业做大、做强，完成本专业在转型升级和改革发展中的平稳较快发展。

作者简介：张正雄(1982—)，男，高级工程师，主要研究方向及从事的工作为水利水电工程地质勘探、基础处理、岩土工程地质勘察及施工。

2 勘探专业现状

2.1 外部环境

我国的水电经过数十年的探寻和开发，资源已大部分被发现和利用，随着水电市场的萎缩，即使部分资源仍可用，但前期投入成本越来越高，且电能过剩，市场局限已越来越大。近年来，水电项目核准缓慢，开工少，在建规模严重不足，国外水电勘探项目也由于受国际水电工程所处的自然地理及政治、社会、环境等因素的制约，普遍存在交通落后、进度缓慢、工作难度较大、效率低、成本高的现象。

在国内、外水电开发项目急剧缩减的情况下，水电勘探业务经历"黄金十年"之后也进入了结构调整和转型发展期，勘探业务行业内竞争加剧，市场占有率大幅下降，我公司勘探专业面临着较大的市场竞争及生产经营压力，发展形势十分严峻。

2.2 转型升级发展中存在的问题

（1）队伍建设负担重

我公司勘探队伍老龄化严重、后勤辅助人员多、生产骨干少，加之缺乏科班出身的专业技术型、管理型人才，勘探专业队伍建设负担较重，从而导致新业务拓展、技术创新、生产经营与管理、转型发展等方面均面临着较大的压力和挑战。

（2）勘探工艺技术传统，机器装备落后

勘探专业主要采用传统的液压立轴式回转钻机和传统的水电勘探技术，一直缺少专业强势技术和自主发明创造的知识产权技术。随着新的勘探工艺技术和设备在石油、矿山等行业领域的成功应用，传统的水电勘探技术和设备在未来新的市场竞争条件下和新的业务领域内将会处于被动。

（3）勘探任务不均一，市场拓展空间小

长期以来，我公司勘探专业的任务主要依赖于公司计划内项目，主要有钻孔、平硐、竖井及坑槽探工作，但由于传统勘探任务与公司经营情况、市场情况关系紧密，时常出现任务不均匀及受市场波动影响较大的局面，因此，勘探工作也存在明显的波动现象，勘探任务不均一，且呈现最近几年有所下降的趋势。同时，这种长期依赖公司承担勘探任务的模式，导致勘探专业缺乏开拓新业务新市场的竞争意识和创新意识，勘探专业市场拓展力度不够，新市场空间较小。

（4）内部管理机制不完善

勘探专业内部管理机制不健全、不完善，生产经营管理主要以传统思维和经验为主，缺乏科学的管理、决策、考核与创新机制，执行效果不理想。

（5）缺乏健全、完整的勘探数据库

勘探工作涉及的数据和资料较多，而这些数据与资料均采用传统的数据输入统计和人工与计算机简单结合的方式进行分析、存储和使用，未建立健全的数据库，数据统计、分析、查阅和调用效率低，不便于成果整理。

3 转型升级发展的探索与创新

我公司地质勘探专业的现状及转型升级发展中存在的问题，是当前迫切需要解决的难题，必须转变观念、创新思维，积极探索和有效创新生产经营、生产管理、市场拓展、制度建设、技术设备创新等思路和模式，切实突破制约勘探专业转型升级和改革发展的瓶颈，并结合市场实际谋求勘探专业的平稳、可持续发展。

3.1 人才队伍建设

根据勘探专业人力资源结构的现状，对处于转型升级时期依赖人力资源发展的传统专业提出了一个较大的难题。这就要求勘探专业必须对人才的培养和人力资源梯度建设做出科学的分析，积极引进或培养勘探专业技术人才、生产骨干和综合素质强、能较好胜任勘探项目管理及新业务拓展的复合型人才，从而塑造一支专业性强、综合素质过硬、梯次合理的人才队伍，进一步优化人员结构，逐步解决人员老化问题。

3.2 勘探工艺技术及装备革新

针对勘探技术传统和装备落后的局面，需要重点研发或引进一批新的钻进工艺技术和设备，并加快技术创新步伐，推进勘探专业技术水平和综合实力进一步提高，把技术装备优势转化为市场竞争优势。

3.2.1 勘探工艺技术创新

长期以来，我公司主要采用液压立轴式回转钻机给进、小口径金刚石、复合片钻进工艺钻进的工艺技术，冲洗液主要采用清水或植物胶浆液，护壁主要采用套管或泥浆、水泥，压水试验主要采用顶压式胶囊栓塞封堵实施，虽然也能满足生产需求，但是现在科技发展的势头越来越快，随着行业内钻探工艺的进步和提高，主动紧随勘探工艺技术前进的脚步，对于勘探专业的发展有着十分重要的意义。

结合勘探专业的实际和当前国内勘探工艺技术的总体情况，勘探工艺技术方面重点需要完成以下几方面的创新和提高：

（1）大力开展绳索取芯快速钻进技术的引进和推广使用，尤其重点加强绳索取芯厚壁和薄壁钻具的对比分析研究及应用，提高勘探效率，降低劳动强度和成本。

（2）积极研究新型压水器具及压水试验数据自动采集技术，提高压水试验技术手段和质量。

（3）进一步研究复杂地层钻进工艺技术，解决复杂地层的钻探难题。

（4）适时开展"自由震荡法"抽水试验的应用研究，提高河中孔冲积层及其他深部位孔段抽水试验工效和质量。

（5）推进测试技术与自动化（水位试验、原位测试）研究及应用，加强钻探工程浆液的研究应用。

3.2.2 勘探设备革新

我公司主要的勘探设备相比当前应用较为广泛的全液压钻机和便携式钻机，钻机较为笨重,搬迁存在一定制约,钻机立轴抖动大、平稳性差,岩芯间受到震动,钻进回次受到影响,动力具有一定局限,转速较低,钻进效率受到限制。要解决这些问题,需要重点从以下几个方面对勘探设备进行革新和突破:

(1)研发或引进全液压动力头钻机,提高钻进效率,逐步替换陈旧的深孔液压立轴式回转钻机。

(2)研发或引进轻便型易拆装、模块化生产的全液压多功能钻机,逐步更新当前普遍使用的浅孔、中深孔液压立轴式回转钻机。

(3)不断完善大中小型勘探设备的配置,解决目前勘探设备配置单一的被动局面。

3.3 建立健全内部运行管理机制

勘探专业内部管理机制多年没有更新和修订,内部管理机制存在着不尽完善或不适应当前生产管理的方面,且管理及制度执行力度仍然存在薄弱环节,生产管理主要以经验管理为主,缺乏一定的科学管理决策机制,导致生产管理成本较高、生产效率较低,这对于专业的壮大和发展存在着较大的影响和制约。

随着经营理念和管理模式的转变,结合勘探工作的实际,需要进一步研究建成可支撑新形势下勘探专业转型升级和可持续发展的业务体系、管理机制体系和绩效考核体系,加大体现按劳分配、效率优先的激励性原则,激发员工的工作热情和积极性,提高生产效率,降低成本,做大产业规模。而解决内部运行管理机制存在的问题,关键就是要理顺内部管理流程,细化管理要点,有效解决成本管控。

(1)建立健全勘探工作流程化管控

勘探专业承担的任务多年来一直以公司计划内下达为主,市场竞争能力偏弱,必须通过流程化管理,梳理勘探业务流程框架、业务流程、流程清单,明确业务流程具体操作及业务活动,加强业务流程管理意识,才能从根本上规范流程管理,提高勘探质量和效率,降低生产成本,确保安全生产。

(2)健全和完善出差管理

勘探外业工作均在野外实施,员工绝大多数工作时间均在出差,因此,对员工工作管理的重点就是出差管理。合理、科学的出差管理,可以统一人力资源管理并合理调配,动态跟踪和掌握员工出差及出差期间的工作情况,有效管控员工因公出差费用报销,从而提高工作效率和工作质量。

解决出差管理的关键,一方面改变过去口头式的管理方式,对出差员工采用出差委派单的形式进行工作安排,以便合理调度和对出差时间的有效管控;另一方面是要求员工在出差期间严格执行日报制度,将每天的工作情况通过电话、短信、QQ、微信等方式及时、动态汇报,以便对出差期间工作情况的及时掌握和了解,进一步消除急慢、消极等现象。

(3)健全和完善材料管理

勘探工作使用的材料分为一次性消耗材料和周转性材料,材料费用在勘探成本中占有较大的比例,尤其一次性消耗材料使用较多,需要建立详细、准确的材料管理台账,才能从根本上减少或避免材料浪费。

加强勘探材料管理,有效控制和考核材料成本,需要制定材料消耗定额,并与个人绩效挂钩,让材料消耗直接影响到个人的绩效,同时还要严格材料领用程序,先批后用,避免因计划考虑不周造成材料损失。另外，督促项目、机组对本项目或本机组的材料进行精细管理，严禁出现糊涂账或记录不清的现象，也是材料管控不可或缺的一部分。

(4) 健全和完善费用审批与报销

勘探工作是一个劳动密集型的专业，现场发生的费用较多，要能有效管控费用报销，便于对项目成本进行对比分析，就要结合预算管理及实际情况对费用报销进行审批，合理控制费用开支，有效控制成本，提高工作效率。

(5) 建立健全预算管理及绩效考核体系

预算管理及考核是成本管控的有效手段，而勘探专业是现场成本很大的一个基础性专业，因此，只有建立健全预算管理，对勘探辅助费用、材料消耗、绩效收入纳入预算及考核管理体系，将可能发生的费用进行事前测算，才能进一步健全成本管理的长效机制，强化过程管控和提高生产效率、质量和效果。

3.4 新业务拓展

根据当前市场格局和竞争趋势，勘探专业应在巩固跟进国内、外水利水电勘探市场的同时，突破传统业务领域的局限，密切关注交通、市政、建筑、民航机场、新能源、基础设施、工民建等勘探市场领域，积极拓展水电站第三方检测、基础灌浆等相关业务的市场领域，做好本专业向施工及其他相关领域的业务延伸，增强自身应对市场变化的适应能力和市场占有率，确保在计划内任务不足的形势下，通过开展相关市场拓展的项目，保障勘探专业的稳定发展，并促进勘探专业从单一的水电勘探传统市场向多元化、一体化业务市场拓展，顺利实现转型升级和改革发展的平稳过渡。

3.5 勘探数据库建立

"互联网+"是能实现转型升级的有效平台，切实利用这个平台，并不断提高其在勘探专业转型升级和改革发展中有效应用迫在眉睫。

(1) 充分利用计算机编程技术手段，理清勘探专业需要的数据和资料，建立健全勘探专业数据库，以便调阅和分析使用，从而达到最终成果和数据统计、资料分析能通过计算机应用程序来实施。

(2) 有效利用互联网平台建立健全项目管理QQ群和日报制度，存储项目管理全过程数据，并为勘探专业全体员工能动态、及时反馈、了解和交流工作提供平台。

4 探索与创新成果

(1) 通过学校引进和社会招聘等手段，为勘探专业补充了一定的新鲜血液，并根据工作需求，结合岗位实际，加大培训教育和传帮带的力度，生产骨干、技术骨干及综合型、复合型人才得到一定提高和改善，人员结构得到进一步优化，为完成当前勘探工作提供了一定的人力资源保证。

(2) 在水利、水务、交通及基础处理、水电站第三方质量检测等业务领域取得了较大突破，初步实现了勘探专业一业为主、多业并举的稳步发展局面，为勘探专业完成各项生产任务提供了基本的保证。

(3)内部管理机制的逐步健全与创新,提高了全体作业人员主人翁的责任意识,各项成本得到有效控制,生产效率、产品优良率得到明显提高,管理成效显著,初步奠定了促进勘探专业由过去被动式低效推进向主动式高效协调转变的基础。

(4)引进和改进的冲水式压水试验栓塞对于复杂地层的压水具有较好的封堵效果,自主研发的双栓塞压水试验栓塞,有效解决了绳索钻进工艺完成的深孔自下而上分段压水试验的难题。

(5)绳索取芯钻进工艺技术得到一定范围的推广和应用,复杂地层钻进工艺及泥浆钻进工艺得到提高和改进,并成功实施了滇中引水工程、广东江门中微子试验基地、元建高速勘察等多个项目复杂、破碎地层的深孔钻进,钻进效率、劳动强度和取芯质量得到明显改善和提高,并获得了多个应用成果。

(6)绳索取芯厚壁和薄壁钻具的对比分析研究工作已起步,便携式全液压钻机的调研和分析工作也已着手实施,为后续勘探工艺及设备革新奠定了一定的基础。

(7)充分利用计算机编程技术手段,将之前需要大量人工结合计算机简单分析与使用的数据完全交由计算机来实施,只要输入原始数据,就能输出各种可供使用的数据资料,提高了数据统计、分析和使用的效率,大大降低了人工处理数据的成本。

(8)建立的项目管理QQ群和日报制度,为有效、及时发现和解决问题提供了平台,项目管理水平得到明显提高。

5 结语

(1)通过对勘探专业从人力资源、技术、设备、经营及管理模式、市场开拓、内部管理机制等方面的探索、创新及实践,勘探专业转型升级和发展取得明显效果。但在人才队伍建设方面,只有持续不断加大人才队伍培养,才会有效促进技术和管理等方面的创新和进步。

(2)便携式全液压多功能勘探设备的引进工作已迈出了步伐,但由于受到当前人力资源和设备成本的限制,且由于我公司液压立轴式钻机较多,更新陈旧落后的勘探设备,需要在循序渐进的过程中实现平稳过渡和更新,不能一蹴而就。

(3)绳索取芯快速钻进工艺虽已逐步引进和使用,并取得了良好的效果,应进一步加大研究和推广使用的力度,以期达到全面推广和普及使用,彻底更新传统的钻进工艺。

(4)在传统水电勘探任务缩减的情况下,加大拓展新的勘探业务市场和进一步转型承担与勘探专业相关的施工业务、检测业务,是确保勘探专业转型升级和持续发展的前提和保障。勘探专业仍将通过新市场业务的开拓,做大勘探专业业务范围,扩大勘探产业成果,实现勘探工作由供给驱动型向需求驱动型思路转变,为勘探专业长远发展提供动力。

(5)虽然压水试验栓塞取得了一定突破,但复杂地层钻进工艺、河中孔冲积层及其他深部位孔段抽水试验、测试技术、自动化研究及应用与工程浆液的研究应用等方面,仍然是勘探专业未来发展中的重要技术创新点,需要进一步加大先进勘探工艺技术和设备的引用和自主创新,提高市场竞争优势。

(6)根据当前现状,勘探专业仍将不断使用创新的思维和手段,进一步致力于将勘探工艺及设备装备向自动化、集成化、数据化和信息化方向发展,将内部管理向标准化、扁平化和流程化转变。

(7)在未来的转型和发展中,认真汲取同行业建设优秀成果,创新勘探专业文化载体和途径,丰富勘探文化内涵,以市场竞争为导向,主动适应市场环境和竞争格局的变化。

参考文献

[1]中国水电市场现状调研与发展前景趋势分析报告(2016)[R]. 中国产业调研网,报告编号:1819676.
[2]王锦霞. 地质钻探生产管理中的问题探讨[J]. 能源技术与管理,2016,41(4):126-128.
[3]刘蕴锋,梁德龙. 工程地质勘探中的钻探技术应用[J]. 民营科技,2016,(4):22.
[4]邹艳辉. 工程地质钻探技术研究[C]//2015年5月建筑科技与管理学术交流会论文集,2015.
[5]董海. 水利水电施工企业项目管理与经营管理创新的探索[J]. 经营管理者,2017,(11):134.

水电工程勘探项目管理模式探索

牟联合　冯升学

（中国电建集团成都勘测设计研究院有限公司　四川成都　610072）

摘要：本文分析了水电工程勘探项目管理工作地处偏远、量小分散、条件艰苦、技术较复杂等的特点，对水电工程勘探项目管理采用以项目为中心，进行全员全过程项目管理，矩阵式生产组织管理模式的实践作了介绍，并就勘探单位如何进行规范化项目管理提出探索建议。

关键词：水电工程勘探；项目管理模式探索

1　引言

随着我国水电站建设管理体制改革的不断深入，业主单位对水电勘测设计单位的要求发生改变，水电勘探行业生产方式和组织结构也发生了深刻的变化；勘探企业从学习施工企业项目管理经验开始，逐步推广项目管理的生产组织模式；以工程项目管理为核心的生产经营管理体制已在水电勘测设计项目中基本形成；国家也实行项目经理资质认证制度，相关部门颁布了建设工程项目管理规范标准，这必将给水电勘探企业进行规范化项目管理带来深远的影响。

2　水电勘探工程项目管理的特点

结合国内主要水电勘探生产及多年的生产管理实际，总结出以下特点：水电工程勘探主要是在大江大河上开展，受地形、地质、水文、气象等自然条件的影响很大；水电勘探工程多处于交通不便、通讯受阻的偏远山谷地区，远离城镇及后方基地，勘探设备材料的采购、运输，设备及人员的进出场困难，投入较大、成本费用高；水电勘探工程量相对偏小，勘探场地分散，需要的技术工种多，社会环境干扰严重，需要专业的施工队伍和做好勘探作业方案，才能保证勘探产品质量；水电勘探工程施工过程中，洞探需要爆破作业，钻探要在水上、边坡上和洞内开展工作，且多在高原高寒地区作业，安全隐患多，必须十分重视勘探施工的安全；水电站建设管理体制的改革，业主单位对水电勘测正常勘探周期的要求发生改变，质量要求高、工期紧。

勘探工程项目对管理提出了更高的要求，企业必须培养和选派高素质的项目经理，组建技术和生产管理能力强的项目部，优化勘探作业方案，严格控制成本，才能顺利完成勘探任

作者简介：牟联合（1967.08—），男，高级工程师，主要从事勘探和岩土工程施工管理。

务，实现项目管理的各项目标。

3 勘探项目管理实践

某公司由原地勘总队改制而成，在1988—2002年间，主要采用的事业单位企业化管理的模式，受市场环境、内部管理不善、吃大锅饭等因素影响，劳动效率低下，人均产值少，一度出现亏损；企业实施了"单项工程经济承包""全员抵押承包"改革措施，生产经营有了一些生机和改善；此间，实行"以队承包、单项核算"过程中，出现了某些片面追求进度和利润，忽视工程质量、安全和社会效益的现象，总体效果不太好，未取得明显的长期的成效。

该公司2003—2010年，一方面是国家宏观市场环境发生变化，另一方面企业推行了项目化管理，项目管理是勘探企业走向市场，深化内部改革，转换经营机制，提高管理水平的一种科学的管理方式；为切实提高管理效益，增强企业综合实力，确保各项目生产任务按期保质、安全、高效地完成，该公司对勘探项目实行了比较规范、操作性强的管理办法。

（1）厘清思路，明确建立项目经理责任制，解决好项目经理与企业法人之间，项目层次与企业层次之间的关系；搞好项目成本核算制，把企业经营管理和经济核算工作的重心落到项目上；改革去掉管理层与作业层的行政隶属关系，核算分开、保证建制分开、业务分开、经济分开；建立和完善企业内部市场机制，建立技术质量、资金、材料、机械设备租赁及劳务等的内部市场，保证项目生产要素的动态优化配置，防止项目部成为固定化的组织结构。

（2）建立公司生产组织架构。公司确立以项目为中心，建立全员全过程项目管理机制，采用矩阵式生产组织管理模式，其生产组织架构见图1，设立职能部门对项目要素管控，勘探项目实施项目经理负责制，实行经济责任成本控制与目标考核相结合的管理模式。

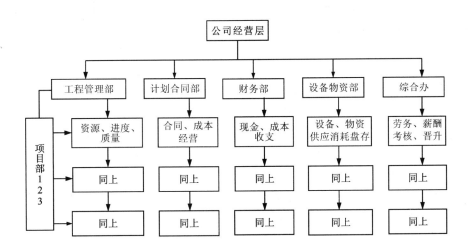

图1 生产组织架构图

明确各部门主要职责如下：

公司工程管理部，为项目生产的归口管理部门，代表公司对生产过程的生产组织、资源配置、进度、质量、安全、技术等实行宏观控制，审核工程量、资源配置、用款计划，对专项经费的项目施工方案进行核实。

公司计划合同部，为项目经营、成本、合同控制的归口管理部门，监督计划成本控制情况及经费开支情况，收集成本核算资料，对不可预见的特殊专项费审核；所有工程项目承接的归口管理部门，负责组织合同的编制、签订，生产责任成本下达。

公司财务部，负责依据责任书及财务相关规定对项目部进行财务管理与监督，负责对项目部日常财务工作及项目开支进行指导、控制；建立项目成本台账备查。

公司设备物资部，对项目部领用材料、设备、维修进行管理，建立台账，并对现场项目自购材料及消耗量进行登账和审核，保障项目所需材料、设备。

公司综合办，对项目部的人员、文明施工、绩效及分配等进行管理，签订劳务合同，审核项目人员出勤，对项目用车费用管控，指导文明施工，建立考核制度和人才评价制度，组织考核，落实分配。

项目部，对所承担勘探项目的人员、进度、质量、安全、成本控制、合同管理、以及对内对外的组织协调等全面负责，明确项目经理是该项目第一责任人。

(3) 在公司的生产组织框架下，项目部具体做法是：1) 勘探项目确定后，公司择优选聘项目经理，项目经理(含副经理、总工)的聘任，由工程管理部提出建议人选，经公司级会议评审或会签意见后，由公司总经理批准，综合办下文聘任。项目部机构设置及人员，由项目经理提出项目部机构及人员职数申请，经公司分管项目领导审核、公司总经理批准后，由公司综合办派出人员。2) 公司计划合同部组织合同内容，总经理与项目经理签订勘探项目经济目标责任书；由项目经理部具体负责勘探项目现场的生产经营、施工进度、质量安全及成本核算；对其成本控制范围内的经费有决定权，但无条件接受公司职能部门的过程监督和控制。3) 项目部必须编制作业计划，其主要内容包括：项目工程概况、项目管理机构及岗位设置、项目人员岗位职责、工期总计划、资源配置计划(机班组、设备、主要材料)、施工技术方案、质量安全目标及管理措施、特殊专项工程方案、现场协调管理方案等；报工程管理部组织审核，总工审查、分管领导批准。4) 项目部勘探成本必须控制在合同总价的一定比例内(通常为合同价的70%~80%)，实行成本倒算，严禁成本超支；钻探和洞探生产实行机班长负责制，进尺责任成本包干，自负盈亏。5) 项目部在同等质量、价格和费用条件下，要优先使用本单位提供的建筑材料和机械设备，降低公司的综合成本。6) 项目部首先保证固定职工的劳动岗位，工资参照公司标准发放，雇用外包工队伍应采用包工不包料的形式，由项目经理与包工队伍签订劳务合同，报总经理批准。7) 项目考核及奖惩：项目考核及奖惩主要从质量、进度、安全、效益考核。

项目部完成工程质量、安全、工期和经济指标后，单位将成本节余部分的30%奖给项目经理及项目部管理人员。项目部如果没有完成工程质量安全指标，将按照公司的工程质量安全责任制进行处罚。项目部如果没有完成工期指标，公司将扣发项目经理及管理人员1~3个月工资。钻探材料的消耗实行全奖全惩的办法，即节余奖励给机组人员，超支在人工费中扣除，经费支付考虑以丰补欠，稳定机组职工收入，留有余地。

公司通过采用项目管理的生产组织模式取得了一些成绩；充分地调动了200多名员工的积极性和创造性，全面地完成了国内众多特大型水电站的勘探任务，最高年完成10万m钻探、5万m洞探工作量，多年平均勘探产值在15000万元以上，人均产值100万元，职工收益显著提升，企业实力明显改善，有力地保障了企业持续稳定的发展。

4 规范化项目管理探索

目前，勘探企业一方面要承受国家压缩基建投资、放缓水电站建设的市场压力，另一方面又面临私有勘探企业异军突起所带来的竞争。挑战与机遇并存，勘探企业必须通过管理创新和技术创新，进行规范化项目管理运作，才能不断提升勘探项目管理水平。规范化项目管理应当做好以下几方面工作：

(1) 针对水电勘探工程的特点，确立科学、合理的勘探项目管理组织结构模式。对于水电站勘探工程，一个项目往往同时包含钻探、洞探、井探、勘探便道、勘探公路及桥梁、基地建设等众多类型工程，技术较复杂，工种工序交叉，工期紧，地方环境影响大，采用矩阵式项目组织形式，充分发挥水电专业勘探队伍的技术优势。对于跨地区、跨行业、小批次钻探，可采用直线职能式项目组织形式，组织精干的小团队，快捷灵活地进行勘探生产管理。

(2) 强化勘探项目的过程控制，建立健全项目考核制度，促进项目管理规范化。勘探项目的过程控制非常重要，要制订操作性强的项目目标责任书，以职能部门为依托，随时派职能部门的质量、进度、安全和财务管理人员深入工地监督、检查和指导，使项目管理的各项责任目标始终处于受控状态；坚决杜绝那种只上交管理费，实行单纯"以包代管"的经济承包方式。水电勘探工程国家投资数拾亿元，不能仅靠完工终结性评价，要建立科学合理的项目管理考核评价制度，把考核评价作为项目管理新的起点，树立持续改进的思想观念，促进项目管理的规范化；勘探项目完成后，应对项目管理工作进行考核评价，特别要强调按年度或勘探阶段进行，及时地对项目管理考核、评价。

(3) 施行德、能、勤、绩的全面考核管理制度，坚持择优竞聘选拔人才。建立效益优先的人才聘用机制，将技术水平高、业务能力强、道德品质好、勘探生产管理经验丰富的人员安排到项目经理岗位或企业的重要管理岗位。对于专业技术职称管理，实行评、聘分开；真正把职称申报权交给个人，评审权赋予社会，聘任权还给企业。

(4) 抓好员工的继续教育、培训工作，强化质量、安全、成本、合同和进度节点目标管理意识。勘探企业要以人为本，狠抓从总经理到项目经理再到基层生产人员的全员培训和继续教育工作；分层次、突出重点、有针对性地进行业务培训，不断提高全体职员的质量、安全、成本、合同和进度节点控制意识；企业和项目部都要成为学习型团队，将学技术、学管理融入企业日常生产经营管理中，为进行规范化项目管理、提交优质勘探产品和打造企业品牌奠定基础。

(5) 搞好分配制度管理。建立效益优先、按劳分配、分级考核、层级差异适宜、兼顾均衡的分配机制；摒弃吃大锅饭、同岗不同酬、层级差太大的薪酬现象。科技、管理人员实行按岗定酬、按任务定酬、按业绩定酬的分配制度，自主决定内部分配，把有限的资金集中用在技术、管理创新人才身上，实现最优化配置。

(6) 做好现场风险管理。项目部在组织生产管理过程中，应按照国家和企业三体系的要求，充分识别项目管理过程中的工期、质量、安全、劳动用工、资金、地方协调、环境（火、水、泥石流、交通）等风险，制订相应的应对措施和解决办法，将风险纳入受控阶段，问题处置在萌芽状态。

(7) 将现代信息技术充分地运用于生产。利用最先进的 Internet 技术，建立企业内部信息网络系统，及时、动态地反映生产过程中的各类信息，真实、可靠地了解现场生产情况，快速决策和技术指导，总结生产管理经验，让生产各要素及时地得到管控。

（8）建立完备的科学决策监督管理机制，制度的执行要到位。重大事项应实行民主和集体决策，防止决策的随机性，预防朝令夕改，加强项目实施过程的执行力，建立科学的决策监督管理机制，制度的执行和贯彻必须到位，才能确保一个企业的长足发展。

5 结束语

水电工程勘探的施工特性决定了项目管理的特点；矩阵式项目组织是当前水电工程勘探有效的项目管理模式；确立项目经理负责制，坚持"以经济效益为中心、强化过程控制、责权利相结合"的原则；实行"项目经济责任成本控制"与"项目目标管理"相结合的管理模式；强调持续改进，适时开展项目考核评价是水电勘探企业进行规范化项目管理运作的有效办法。

参考文献（略）

岩土工程勘察中钻遇地下管线的风险管控机制

项 洋 肖冬顺 张 辉 王昶宇 杜相会

(长江岩土工程总公司(武汉) 湖北武汉 430000)

摘要: 随着时代发展,作为城市基础设施的重要组成部分——城市地下管线的密度、深度与种类都以前所未有的速度增长。钻探作为岩土工程勘察的主要手段,在具体勘察施工过程中钻遇地下管线的事故不胜枚举,这些事故的教训是惨痛的,损失是巨大的。而对钻遇地下管线进行风险管控机制的研究还处于表面阶段,系统性的分析与防控机制并不多见,因此,在地质勘查中尤其是城市岩土工程勘察中,对钻遇地下管线的风险控制必须作为一个专项予以重视。

结合我单位武汉地铁勘察项目,本文对钻遇地下管线风险进行全面具体的评估,着重以勘察施工方的视角进行钻遇地下管线的风险评估、风险管控及风险处理,并总结形成一套风险管控机制,作为类似项目风险管理的参考与借鉴。

关键词: 工程勘察;钻遇地下管线;风险管控

1 前言

风险防控措施是一项全面具体的工作,必须做到事前预防、事中控制、事后考核总结。而我们的工作重点则放在事前预防,建立安全生产责任制度体系,制订技术管理措施、应急预案,教育培训和安全交底;事中进行隐患排查和治理,设置安全警示标志和各种防护设施,并开展应急预案;事后对安全生产绩效进行考核与总结。

2 钻遇地下管线的风险识别与评估

首先介绍风险评估工作流程,对可能钻遇的、常见的地下管线的管线类型、影响对象、影响方式、次生衍生事件、风险等级进行了罗列整理,制订出钻遇地下管线事故风险识别表。然后对钻遇地下管线风险承受能力与控制能力进行分析,并分析了现实中常见的钻遇地下管线事故发生的可能性原因。

作者简介:项洋(1990—),男,助理工程师,硕士,主要从事岩土工程勘察与水利水电施工技术研究。

a) 风险评估工作流程

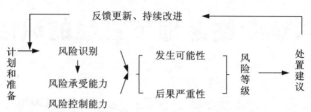

b) 钻遇地下管线事故风险识别表(表1)

本文对常见的地下管线的管线类型、影响对象、影响方式、次生衍生事件、风险等级进行了罗列整理,其中风险等级由低到高分为1,2,3,4,5五个等级,由风险频率及风险后果共同决定。

表1 钻遇地下管线的类型、影响对象方式、次生衍生事件及风险等级

管线类型	影响对象	影响方式	次生衍生事件	风险等级
供水管线	用户;重要设备设施;其他管线;群众	供水中断;水质下降;跑水	其他管线浸泡;路面溢水影响交通;公共卫生事件;地基破坏;社会纠纷	3
排水管线	用户;群众;其他管线	排水堵塞;跑水	其他管线浸泡;路面溢水影响交通;公共卫生事件;地基破坏;环境污染	2
电力管线	用户;群众;重要设备设施;重大活动	供电中断	火灾;重要设备设施停止运行;重大活动终止;大规模疏散;社会纠纷	4-5
燃气管线	用户;群众	供气中断;燃气泄漏	火灾;爆炸;窒息;大面积疏散;社会纠纷	3
热力管线	用户;群众	供热中断	路面溢水影响交通;公共卫生事件、烫伤;地基破坏;社会纠纷	2
通信、有线电视网络管线	用户;群众;重大活动	通信中断	火灾;重大活动受干扰;重要信息受阻;社会纠纷	2

c) 钻遇地下管线风险承受能力与控制能力分析

作为勘察施工方,钻遇地下管线后往往会面临人员伤亡、经济损失,与此同时还会造成环境影响、政治影响、社会影响等诸多不利的后果,而钻遇地下管线后的善后工作往往又是艰巨持久且颇耗精力的,对企业的经济、声誉、资质、员工斗志都会产生不利的影响。因此,作为一个追求效益的勘测施工企业,对各类风险的承受能力均不足。

d) 现实中常见的钻遇地下管线事故发生的可能性原因分析

业主方不能提供或者提供的地下管线分布图不准确。

地下管线施工方实际铺设路径与设计路径的偏差,常发生在非开挖的顶管钻进、隧洞施工等时。

地下管线更新不及时,数据滞后,缺少近期新增地下管线的数据。

3 风险管控机制

本文按照勘探作业的时间历程,将风险管控机制分为施工前的准备过程、施工过程、地下管线破损后的急救措施三个阶段。如上文所述,作为一个勘测施工企业,对各类风险的承受能力均不足。因此,规避钻遇地下管线是岩土工程勘察中钻遇地下管线的风险管控机制的核心,这部分工作依赖前两个阶段实现。

a) 概述

风险管理机制就是指对各经济、社会单位在对其生产、生活中的风险进行识别、估测、评价的基础上,优化组合各种风险管理技术,对风险实施有效的控制,妥善处理风险所致的结果,以期以最小的成本达到最大的安全保障。风险应对策略分为风险规避、风险减轻、风险自留、风险转移四种,相应的实施方法见表2。

表2 风险应对策略及实施办法

风险应对策略	具体实施方法
风险规避	尽可能避开高危区域
风险减轻	制订应急预案
风险自留	针对具体项目,酌情选择
风险转移	购买商业保险

b) 保证措施

强化项目经理(项目管理人员)的钻遇地下管线风险管控的专项培训,提升其专项安全意识、安全技能,同时明确其事故主体责任。

制订《钻遇地下管线专项风险预防手册》,并要求项目现场全员学习。手册中与钻遇地下管线风险管控相关的主要内容包括五部分:风险识别指南、风险防控指南、安全警示标志及井位识别(彩色)、风险权责说明及钻遇地下管线应急预案。

c) 施工前的准备过程

基本目标是:摸清地下管线隐患分布,做到心中有数,不打无准备之仗。

表3 岩土工程勘察中风险管控工作流程

外部利益相关方	我方工作人员	具体事务
业主方	现场负责	督促建设单位积极开展地下管线探测活动并提供管线探测图
管线产权单位	现场负责	提早主动获取各类管线的分布等基本情况; 陪同现场走访查勘
物探公司	现场负责	对有疑惑的区域进行具体物探查勘
现场周边环境	全员	观察孔位周边各种标志、井位,并作为突破口; 询问周边居民地下管线的情况
地质人员	现场负责	进行协商,孔位变动

d)施工过程

对于存在隐患且无法移位、必须要打的孔,随时与物探、地质进行沟通,并控制生产速度,把控生产作业安全。

e)地下管线破损后的急救措施

依据钻探过程中遭遇的不同的地下管线,并出现管线破损情况应急处置程序应当区别对待。在应急预案中区别地下供水、排水管线,地下电力、照明管线,地下燃气管线及地下信息管线,分别制订了应急处置程序。

钻探施工过程中出现损坏城市地下管线情况时,钻探施工单位要立即采取应急处置措施,并及时向有关主管部门和地下管线权属单位报告。地下管线权属单位或应急救援队伍抢险维修时,钻探施工单位应当积极配合,协助做好抢险维修工作。

采取中断施工、禁止动用明火、临时封闭交通、疏导附近居民等措施及时向建设单位汇报,相关部门应紧急采取措施。

建设单位和施工单位应立即与相关的专业公司及相关部门联络,并通报公安、消防、道路管理、市政管理及其他有关部门。

4 总结

结合我单位武汉地铁勘察项目,对钻遇地下管线风险进行全面具体的评估,着重以勘察施工方的视角进行地下管线的风险评估、风险管控及风险处理。按照勘探作业的时间历程,将风险管控机制分为施工前的准备过程、施工过程、地下管线破损后的急救措施三个阶段分别进行讨论,并总结形成一套风险管控机制,作为类似项目风险管理的参考与借鉴。

参考文献

[1] 吴贤国,张立茂,陈跃庆,余群舟,覃亚伟.地铁施工临近管线安全管理及评价标准研究[J].铁道标准设计,2014,09:99-102.

[2] 覃家海.地质勘探安全规程读本[M].北京:煤炭工业出版社,2005.

[3] 何庆辉.谈市政工程施工时保护地下管线的措施[J].四川建材,2008.

[4] 尚应奇,付永胜,朱杰.浅谈市政建设中的地下管线保护[J].四川建筑,2004(4).

[5] 刘红斌.加强市政改造工程中的旧管线保护[J].建筑安全,1999(10).

[6] 葛帆.地铁勘察现场监理重难点浅析[J].广东土木与建筑,2011(11).

[7] 王奎山.市政工程施工中地下管线的保护问题分析[J].中国高新技术企业,2009(13).

[8] 陈浩,李长胜.浅谈地下管线探测在城市地质勘察中的应用[J].广东水利水电,2010(11).

[9] 陈水龙.浅谈市政工程勘察钻探中对城市地下管线的保护[J].安徽建筑,2012(6).

[10] 谭士贵.地铁钻探工程中地下管线风险控制措施分析[J].建材发展导向:下,2016,14(7).

[11] 杜伟.地质雷达在地下管线探测中的应用[J].建筑工程技术与设计,2015(19).

[12] 苏金碧.新形势下的城市地下管线探测方法分析[J].城市建筑,2014(36):207-207.

[13] 曹根发.地铁施工邻近管线安全风险管理研究[J].建材与装饰旬刊,2015(46):170-171.

水利水电勘探特点和技术研究的认识

郭 明 曹雪然 李文龙 高 巧

(黄河勘测规划设计有限公司 河南洛阳 471002)

摘要：水利水电勘探和矿产资源的勘探相比，有自身的许多特点。本文分析了水电勘探的技术现状，将水电勘探和资源勘探特点进行了比较。提出了水电勘探技术研究采取的途径和需要注意的一些方法。

关键词：水利水电勘探特点；技术现状；技术研究途径

1 前言

这篇论文是日常工作中积累的一点不成熟的想法，因为自身层次的关系，许多问题认识比较浅显，写成文字供同行交流指正。

2 水利水电勘探技术发展现状

水利水电勘探作为一个小专业，它的发展多依附于地矿、石油、煤炭等部门勘探技术的发展。这些部门大多都有自己的勘探技术研究所，其勘探技术的发展一直是水利水电勘探的先导。近年来，这些资源勘探部门加大了设备、技术的引进和研发力度（如全液压机械设备、高精度随钻测量系统、大位移水平定向井技术、智能钻杆、铝合金钻杆、孔底马达、膨胀套管等），整体技术水平和发达国家之间的差距在不断缩小，有些技术、设备甚至已经达到了国际领先水平。而水利水电勘探技术整体与地矿、石油等部门的差距越来越大，已经落后许多。所应用的技术、设备还停留在 20 世纪 80 年代，设备笨重、自动化程度很低。

但是，水利水电勘探对技术、设备的要求却越来越高。众所周知，随着水利水电工程的开发与建设，施工条件较好的水利水电工程已基本建成完工，需要开发建设的工程大多地处高山峡谷，地质条件复杂，勘探难度大；而且，建设周期越来越短，对环境保护的要求也越来越高，人工成本不断上升。现有的设备和技术很难满足这种发展的需要。

作者简介：郭明(1978—)，男，硕士研究生，主要从事岩土工程施工、水利水电勘察工作。

3 水利水电勘探技术特点

3.1 水利水电勘探的特殊要求

水利水电勘探是整个勘探领域的一个小分支。其勘探技术有其特殊的要求，一是取出的岩芯需要进行物理力学试验，对岩芯直径有严格要求，岩芯直径必须大于 50 mm；二是钻孔内要进行各种原位测试，如压水试验、孔内摄像等，要求孔壁干净、地层空隙不被充填。因此对钻井液有严格限制；三是勘探取芯精度要很高，水利水电工程对基础的软弱夹层特别敏感，涉及水工建筑物，尤其是大坝的抗滑稳定性，这些软弱夹层一般都很薄，许多库区的夹层厚度都是毫米级的，但是必须将这些夹层取出；四是水利水电勘探的工区交通极差，钻孔大多布置在高山峡谷，设备运输难度很大，许多时候修路架桥所花的费用比实际勘探费用高出好几倍。勘探特点总体来说，孔较浅，通常都在 200 m 左右或以下，钻孔终孔直径要求大于 75 mm；地层情况越复杂越需要钻孔；在钻进中一般不允许使用泥浆以及各种堵漏材料，大部分都要求使用清水或干钻。

图 1　设备笨重、交通极差

3.2 水利水电勘探不能直接应用石油、地矿系统的技术

水利水电勘探特有的目的性和工作环境决定了勘探技术的研究和其他部门的勘探技术研究有较大区别，也决定了水利水电勘探技术不能直接引进应用石油、地矿系统的技术和设备，许多问题需要根据专业特点研究解决。例如在地矿系统应用已经很成熟的绳索取芯钻进技术，移植到水利水电勘探中，就会出现一系列的问题。首先，水利水电勘探通常每5 m需做一次压水试验，也就意味着必须每钻进 5 m 就提一次大钻。这样不仅很难发挥绳索取芯钻进

的优势，而且会极大地增加现场操作人员的劳动强度。其次，水利水电勘探的岩芯需进行物理力学试验，对岩芯直径有严格要求。而绳索取芯主要是以国土资源、煤炭等行业的需求研究出来的技术，常用的钻具设计规格不适合水利水电勘探的需要。例如应用最广泛的 $\phi 75$ mm 绳索取芯钻具取得的岩芯为 48 mm，达不到水利水电勘探物理力学试验对岩芯直径不小于 50 mm 的要求，因此水利水利勘探只能使用 $\phi 96$ mm 绳索取芯钻具，取出的岩芯直径为 62 mm，这样就造成了各项成本的增加，尤其是碎岩功率消耗大，机械钻速会低于普通钻进。最后，绳索取芯钻具与孔壁的环状间隙很小，一般仅为 2~3 mm，钻具与孔壁的摩擦阻力很大，需要具有较好润滑作用的钻孔冲洗液。但是在水利水电勘探中，由于要进行压水试验、孔内物探等原因，基本上只能使用清水勘探，这就增加了钻具与孔壁的摩擦和钻机功率损耗，容易造成钻杆断裂等事故。要将这一技术应用到水利勘探中，就必须进行适应性研究。

3.3 缺乏高层次的专业研究团队

和资源勘探部门不同，水利水电勘探没有自己的专门研究机构，一方面是因为水利水电勘探在整个水利水电建设领域所占的比重很小，只是水电勘察中的一个基础分支，难以得到认可和资金支持。另一方面，水利水电勘探钻孔一般比较浅，普遍认为其技术难度不大，无需进行专门研究。正是这两方面的原因，造成水利水电勘探缺乏高层次的专业研究团队。当然，水利水电勘探单位的相当一部分技术人员在实际工作中做了许多研究工作，对水利水电勘探技术的发展起到了很好的推动作用。例如关于 SM 植物胶金刚石钻进技术的研究、绳索取芯技术的引进研究、大口径金刚石取芯钻进技术的研究、超前取砂技术的研究以及各种勘探辅助设备的研究，等等。但是，这些研究也多是零散的，没有形成一个体系。自然也就不能站在整个行业的高度进行一些有计划的、前沿性的研究。

4 较快提升水利水电勘探技术的可能途径

上面已经指出水利水电勘探技术的特点和发展缓慢的原因。那么该如何才能较快地提升水利水电勘探技术水平呢？笔者认为可选择的方式主要有以下几种：一、培养高层次的研究团队。针对水利水电勘探的特殊性进行立项研究。可以在短时间内提高水利水电勘探的技术水平，但是在勘探设备的研究上则存在投入大，形成产品的周期长，短时间内难以见效的问题。二是和勘探研究机构，勘探设备、材料生产厂家合作开发。如果直接引进石油、地矿系统的技术设备，由于行业的差别，（例如工作环境不同，勘探要达到的目的不同）设备、技术的移植性很差。如果自行研制，需要高层次的专业研究团队，而且形成产品的周期很长。如果直接从国外引进，又存在价格高、售后服务不便的问题。因此和勘探研究机构，勘探设备、材料生产厂家联合，以技术特点为导向，以现有的器材为基础，研究应用适合水利水电勘探的器材、技术会是一个提高水电勘探水平的较好途径。

5 水利水电勘探技术研究方法的一点思考

5.1 充分占有文献资料

尽量多的查阅文献。只有充分掌握理解前人所做的工作,在技术研究中才能有的放矢,才能知道什么是已经解决了的问题,什么是需要解决的问题,这样才不会做无用功,从而少走弯路。

5.2 提高信息获取能力

能够通过各种渠道了解市场所能提供的各种设备、材料、技术,并能够将其和现实生产或者技术研究结合起来。

5.3 抓住技术中的主要矛盾

技术研究往往就是解决一个或者两个难题,这个难题也称之为关键问题,是技术工作中的主要矛盾,必须牢牢抓住这个主要矛盾,所做的一切工作都应该围绕这个关键点展开。在关键问题没有解决之前不应花费过多的人力、物力去解决其他方面的问题。而主要矛盾解决了,其他次要矛盾就会上升为主要矛盾,那么下一阶段就集中力量解决新的关键问题,从而使技术工作一步步前进。

5.4 充分协调沟通

技术研究涉及许多方面的协调工作,包括现场生产试验方、机械部件加工方、工业产品销售及生产厂家、科研协作单位、财务主管部门、上级主管部门,等等,这些均需要积极协商、沟通。

5.5 选择可靠的协作单位

在技术研究工作中必须选择技术能力强,诚实守信的单位作为协作伙伴。

参考文献

[1] 汤凤林, А.Γ.加里宁, 杨学涵. 岩芯钻探学[M]. 武汉:中国地质大学出版社, 1997.
[2] SL291—2003 水利水电工程钻探规程[S]. 中华人民共和国水利部, 2003.

浅议小型水库除险加固工程在设计施工总承包模式下的质量管理

邱 敏

(湖南宏禹工程集团有限公司　湖南长沙　410117)

摘要：由于大部分小型水库都是建于20世纪60～70年代，施工采用大规模的群众运动施工方式，施工质量难以得到很好的控制，致使工程在建设和运行过程中存在着一些不安全因素，建成后大多没有进行验收就蓄水运行，随着时间的推移，这些水库的设计问题和质量问题逐渐显现出来。本文主要总结靖州县小型水库除险加固工程在设计施工总承包模式下的质量管理所取得的经验，可为类似工程提供借鉴参考。

关键词：小型水库；设计施工；总承包；质量管理

1 靖州县水库基本情况及现状分析

靖州县属沅水流域，境内溪河密布，地表水系发育。集雨面积3 km^2以上的大小河溪101条，总长1021 km，其中长20 km以上河流9条。集雨面积50 km^2以上河流13条。沅水支流渠江南北纵贯，为县境最大河流。由于地势东西南三面高而北面低，河流多发源于东西两侧山地，向中部流入渠江，再往北汇注沅水，整个水系呈不对称的树枝状，构成境内6大水系。靖州县很大一部分水库都是在20世纪60～70年代兴建的，由于受当时的技术和标准的影响，这部分水库存在不同的问题，无法发挥水库的蓄调作用，一旦发生洪水灾害，将对人民的生命和财产造成巨大的威胁。

2 小型水库主要问题及处理的技术特点

2.1 坝体渗漏问题

以已经施工完的小型水库为例，当水库蓄水后，坝后排水棱体渗漏水严重，库水位始终无法达到正常蓄水位，说明坝体存在明显的渗漏通道。针对坝体渗漏问题，加固工程采取沿坝轴线新建一道防渗帷幕体，截断水库渗漏途径。帷幕幕顶以正常蓄水位高程进行控制，幕底宜伸入坝基以下3～5 m，使透水率小于10 Lu，并确保帷幕的连续性和有效性，以解决大坝坝体和坝基渗漏问题。

作者简介：邱敏(1987.9—)，男，水利水电工程一级建造师，主要从事水利水电及岩土工程处理与施工，80361478@qq.com，13874825232

2.2 新建输水隧洞渗漏问题

通过前期的调查,发现小型水库的新建的输水隧洞洞内混凝土施工缝、结构缝等部位存在析钙、渗水现象,局部存在少量裂缝。加固工程针对析钙、渗水现象,对新建输水隧洞渗水严重部位进行回填灌浆,同时对隧洞内裂缝进行化学灌浆堵水、修补,增强其结构完整性。

2.3 原老底涵渗漏问题

小型水库的原老底涵均发现有明水或浑水流出,说明原老底涵存在绕渗问题。加固工程施工中在原老底涵部位采用纯压式灌浆工艺,灌浆浆材采用黏土水泥浆。灌浆之前,先在排水棱体附近,对原老底涵末端处进行开挖、回填,同时预埋灌浆管,进行灌浆处理。

3 设计施工总承包模式的优点

设计施工总承包(Design - Build)是工程总承包的一种。设计施工总承包是指工程总承包企业按照合同约定,承担工程项目设计和施工,并对承包工程的质量、安全、工期、造价全面负责,采用这种项目管理模式具有以下优点。

3.1 有利于控制项目总成本

D - B模式把设计和施工两个阶段结合在一起,设计渗透施工,施工贯穿设计。把设计方案与施工技术有效结合起来,使设计方案更合理,可操作性更强,工程投资更低。

3.2 有利于控制施工工期和质量

D - B模式把设计和施工两个阶段结合在一起,相对于传统的设计 - 招投标 - 施工三阶段模式来说,减少了环节,节约了时间。同时,减少了设计文件的错漏,减少了设计变更的处理时间。由于D - B模式引入了竞争机制,设计的质量有较好的保障。

3.3 减少业主的索赔风险

D - B模式具有明确的责任划分,承包商需要对图纸质量和施工质量负责,避免了传统承包模式下,承包商向业主进行工程变更的索赔问题。

4 小型水库除险加固工程在设计施工总承包模式下的质量管理优势

在传统模式下,设计单位负责设计、施工单位负责施工,设计完成后才进行施工,设计与施工之间是相互分离的。本项目将设计工作纳入到承包范围以内,施工方提前介入,提高了设计成果的可操作性,成为降低施工成本的一个重要途径。在充分发挥设计主导作用的同时,融设计、采购、施工于一体,责任明确、单一;充分挖掘设计、施工协作潜力,有效解决设计与施工脱节问题,更好地优化设计与保证施工质量。

4.1 提高总承包单位的责任心

由于设计施工总承包商必须对最后的成品负百分之百的责任,同时其组织成员皆为利益共同体,必须讲究团队精神和整合效能。单一的权责关系自然而然激发全体成员贡献自己的力量,尊重团队精神并整合资源,在设计与施工的工程采购过程中,创造团队最高效能与最佳工程质量。

4.2 保证设计方案的合理性和施工的可操作性

在设计施工总承包模式下,承包单位在充分考虑自身人力、机械、设备等资源状况的基础上,其提交的施工图、设计文件更具有可操作性,成为真正指导施工的图纸,有利于减少后期的设计变更;而施工人员也会针对各种不同的工程地质情况及施工条件,对设计成果提出合理化建议,通过设计与施工的沟通与交流,实施动态设计,保证设计方案的合理性和施工的可操作性。

4.3 提高施工的针对性,做到"有的放矢"

不同的水库会呈现出不同的病险特点,在加固施工中要根据水库不同的病险区域和特点采取有针对性的解决办法。而采用设计施工总承包模式,承包单位,不再以增加投资为前提,而是针对不同的病险采取最佳的施工工艺,达到最佳的效果。

5 结束语

小型水库是我国水利工程事业中的重要组成部分,其运行质量对于地区经济发展有着重要的促进作用,由于多种因素的影响,当前很大一部分小型水库都产生了或多或少的安全问题,对小型水库的除险加固工程也成为了一种必然的选择。而小型水库除险加固设计施工总承包模式,具有提高质量,缩短工期,有效控制工程造价等优势,相信通过在实践中不断地研究和探索,设计施工总承包模式必将在小型水库除险加固工程建设中得到更广泛的应用。

参考文献

[1] 丁小军. 浅议设计施工总承包模式在我国公路建设中的应用[J]. 公路, 2011, (6): 114 - 120.
[2] 杨玲. 小型水库张岗水库除险加固的必要性及措施[J]. 河南水利与南水北调, 2011, (2): 49 - 50.
[3] 赵松. 设计施工总承包模式在我国水利建设中的应用[J]. 科技创新与应用, 2012, (24): 162 - 163.
[4] 陈书明. 刍议小型水库除险加固. 黑龙江水利科技[J]. 2012, (9): 251 - 252.

编制《水电工程覆盖层钻探技术规程》的几个问题探讨

张光西 徐 键

(中国电建集团成都勘测设计研究院有限公司 四川成都 610072)

摘要：本文就编制《水电工程覆盖层钻探技术规程》所涉及的几个问题，包括在确定规程的主要技术内容中，将气动潜孔锤取芯跟管钻进技术、套管钻进技术等钻探科技新成果列入规程方面所存在的问题提出进行探讨，供使用规程时参考。

关键词：覆盖层钻探技术规程；问题探讨

1 引言

随着国家经济发展，能源需求与供给、能源建设与环境保护之间的矛盾日趋尖锐，作为清洁能源的水电工程建设必然日益增加。这些工程大都集中在我国的高山峡谷地区，工程主要建筑物所在区域覆盖层深厚，其构造与结构情况、水文地质条件、力学性质及工程性质等直接影响着建筑物基础的安全，关系着水电工程的建设成本及经济效益。查明覆盖层工程地质特性的钻探是水电工程勘探的主要手段，既可以探明覆盖层的厚度，也可以采取岩土芯进行地质鉴定以划分地层界线，查明地层结构，还可以进行水文地质试验、综合测井和孔内摄像等以探查地层的渗透特性并形象地了解孔内的地质特征，是一种行之有效的勘探方法。

现行《水电水利工程钻探规程》(DL/T5013-2005)中仅采用了一个章节进行规定，这对覆盖层的钻探工作规范是远远不够的，同时规程发布实施已有8年多，此间，水电工程钻探技术有了长足发展，覆盖层钻探技术也得到了发展和完善。

在长期的水电水利工程覆盖层钻探工程实践中，我们积累形成了一套行之有效的工作方法和成熟技术，在超深复杂覆盖层钻探工作方面亦有成熟的经验，具有制订本规范的条件。为了规范水电工程覆盖层钻探工作，明确工作内容、方法与技术要求，保证覆盖层钻孔质量，满足正确的工程地质评价需要，制订了《水电工程覆盖层钻探技术规程》供水电工程勘察部门执行，其他行业亦可参照使用。

2 工作简况

2013年，水电水利规划设计总院转发《关于下达2013年第一批能源领域行业标准制

作者简介：张光西(1969—)，男，教授级高级工程师，主要从事水电水利工程钻探、岩土工程施工技术及管理工作。

(修)订计划的通知》(国能科技[2013]235号)文件,明确要求制订《水电工程覆盖层钻探技术规程》,为落实通知要求,中国电建集团成都院成立编制组,编制工作自2013年4月至2014年12月,历时近两年。

2014年12月,在广泛调查研究、认真总结实践经验、参考国内相关标准并广泛征求意见的基础上,经过前后5轮咨询、讨论、审核、审查,编制组向水电水利规划设计总院提交《水电工程覆盖层钻探技术规程》报批稿。2015年国家能源局以第6号公告批准《水电工程覆盖层钻探技术规程》,从2016年3月1日起发布实施,标准号为NB/T 35066—2015。

3 编制规程中的问题

3.1 内容的确定

《水电工程覆盖层钻探技术规程》主要技术内容包括准备工作、钻进方法、冲洗液与护壁堵漏、取芯与取样、试验与测试及钻探质量等有关部分,同时,还提供了覆盖层钻进方法和覆盖层孔身结构设计等附录。突出水电工程覆盖层钻探的特点。

本规程技术内容的确定,是根据水电工程覆盖层钻探技术与《水电水利工程钻探规程》(DL/T 5013—2005)的技术内容的关系,并结合当前水电工程钻探技术发展状况而确定的。对于水上钻探、大口径钻进、孔内事故预防和处理等内容未规定,并不是水电工程覆盖层钻探不涉及,而是这些要求可以直接引用 DL/T 5013—2005 的规定,避免了标准的重复、交叉与矛盾。

(1)准备工作一章,主要分技术准备和现场准备两方面进行了规定。考虑到水电工程作业环境,交通不便,远离企业所在地等,事先进行钻探策划工作十分重要。强调技术准备,重点包括:钻进方法的确定、孔身结构的设计、冲洗液和护壁堵漏措施的确定、钻探设备的选择、采取的安全环保技术措施及技术交底等内容。现场准备包括进场道路、钻场、临建设施的准备。对于设备的使用和维护、安装和拆迁以及开孔和止水等属于共性的要求,仍按《水电水利工程钻探规程》(DL/T 5013)执行,本标准未再涉及。

(2)钻进方法一章,根据水电工程覆盖层钻探中常用钻进方法,规定了硬质合金钻进、金刚石钻进和绳索取芯钻进等部分技术内容;结合科技新成果,增加了气动潜孔锤取芯跟管钻进技术和套管跟管钻进等部分技术内容。

(3)冲洗液与护壁堵漏章节中,根据覆盖层类别和钻进方法,列出了冲洗液种类选择及其处理剂,还根据多年来在覆盖层钻探中使用无固相泥浆的实践经验,列出了不同地层对无固相泥浆性能的要求。

(4)取芯与取样一章,是根据地质条件规定了对不同地层的取芯、取样要求,取芯只规定了单管、双管取芯、半合管取芯及滑移带和架空地层取芯等内容;取样章节在 DL/T 5013—2005 基础上完善了取样工具和方法。

(5)钻探质量章节,水电工程覆盖层钻探常常需要击穿覆盖层,而本规程仅仅针对覆盖层,因而其钻探质量也仅仅涉及覆盖层部分孔段的质量,结合钻孔质量评定实践,参照《水电工程钻探质量验收评定规定》,规定了覆盖层钻探质量评价项目及钻探质量评定等内容。

(6)本规程参考了地矿、电力、建筑、水电等部门和行业的专业钻探技术规程的相关规定。

（7）规程中涉及的技术指标和参数参考了中国电建集团成都勘测设计研究院有限公司、中国地质科学院探矿工艺研究所、黄河勘测规划设计有限公司、成都理工大学等兄弟单位的相关研究成果。

（8）规程体现了水电工程覆盖层钻探科技新成果，具有内容全面、条理清晰、技术要求合理、可操作性较强等特点。

3.2 孔径的统一

钻孔孔径是最重要的基础标准，涉及钻具系列、各类管材、钻探工具及所有工艺方法。我国在 GB/T 16950 和 DZ/T 0227 中以钻孔代号与公称口径的形式提出了钻孔公称口径系列。DCDMA 标准与目前普遍接受的绳索取芯 Q 系列略有不同。在编制《水电工程覆盖层钻探技术规程》》中，参考了以上标准和资料，并结合水电工程钻探情况，提出了与国际通用口径接近、又符合水电工程钻探的孔径系列，但仍与国际通用口径相差较大，还需进一步统一。

3.3 金刚石钻头的选择

一般情况下，金刚石钻头的选择是根据岩石的可钻性等级、研磨性和完整程度而定的。水电工程覆盖钻探引用金刚石钻进技术约 30 年，其金刚石钻头的选择仍采用经验判断，边实施边调整，逐步寻求更适合某区域、某类地层的金刚石钻头参数。本规程条文说明中列出了一种选择金刚石钻头的方法，也是我们在长期实践的基础上得出的，供同行参考运用。

3.4 气动潜孔锤取芯跟管钻进

气动潜孔锤取芯跟管钻进目前有 $\phi 127$、$\phi 146$ 和 $\phi 168$ 三种口径，在水电工程的特殊区域得到推广和应用，如正在滑移的滑坡体勘探、不得使用爆破跟管技术的区域钻探、架空漏失地层钻探等，钻进速度快，取芯效果好。但是这三种口径不能配套使用，不能充分发挥其优势，仍需进一步研究完善。

3.5 绳索取芯钻进

近年来，绳索取芯钻进技术在水电工程钻探中进一步得到推广和应用。随着我国绳索取芯钻进技术的长足发展，《地质岩芯钻探钻具》（GB/T 16950—2014）标准的颁布实施，绳索取芯钻具结构不断优化和改进，该钻进方法可应用于固体矿产、工程地质、地热、水域、冰层、砂矿、科学深孔、坑道等要求全孔取芯的钻探中。

绳索取芯钻进适用各种地层，在可钻性级别 6~9 级的中硬岩层中效果最好。

3.6 套管钻进

套管钻进将钻进和下套管合二为一，实现了不提钻换钻头，解决了覆盖层绳索取芯钻进起大钻换钻头问题；节省了钻进时间，减少了孔内事故。但是，目前采用的扩孔张敛式不提钻换钻头钻具的内管总成超前于套管，其到位及打捞成功率仅 90% 左右，因此今后研发工作的重点之一是解决提高内管总成到位及打捞成功率的问题，否则，套管钻进的优势就不能体现。

4　结语

编制的《水电工程覆盖层钻探技术规程》(NB/T 35066—2015)吸收了水电工程盖层钻探技术最新的科研成果,达到了国内先进水平。但是,规程仍存在本文所述的问题,仍需同行进一步研究、推广和应用,进一步充实和完善。

参考文献

[1] 谢北成等. 超深复杂覆盖层钻探技术研究[R]. 成都:中国电建集团成都勘测设计研究院有限公司, 2015.
[2] 谢北成等. 架空层钻进取芯技术研究[R]. 成都:中国电建集团成都勘测设计研究院有限公司, 2005.
[3] 张伟. 套管钻进及其在地质勘探中的应用前景[J]. 探矿工程(岩土钻掘工程), 2010, (7):1~3.

水电工程钻探工效探析

周彩贵　毛会斌　张妙芳　王佳佳

（西北水利水电工程有限责任公司　陕西西安　710065）

摘要： 简要介绍了岩芯钻探设备，对不同钻探设备的主要特性进行了对比分析，根据实际完成的几个水电工程的钻探成果，分别对便携式全液压动力头钻机和立轴式钻机的施工工效进行了统计分析，对便携式全液压动力头钻机施工的不同钻孔间的工效和立轴式钻机与便携式全液压动力头钻机施工工效进行了对比分析。

关键词： 水电工程；钻探工效

1 钻探设备简介

我国在地质钻探施工中得到应用的岩芯钻机主要有两种，一种是立轴式岩芯钻机，另一种是全液压动力头岩芯钻机。我国立轴式岩芯钻机于20世纪60年代研制成功，至今仍是我国地质钻探的主要机型。全液压动力头钻机以其优良的技术性能，自20世纪70年代问世以来，发展迅速，后来居上，目前在世界上发达国家已经基本取代了立轴式钻机。我国于2006年，在国家科技攻关项目和地质大调查项目的联合支持下，勘探技术研究所率先在国内推出具有实用水平的YDX-3型1000 m全液压动力头钻机。钻机一经问世，在市场上受到了广泛的关注和欢迎，还出口到澳大利亚、俄罗斯和伊朗等国家。全液压动力头钻机的研制和应用表现出一种良好的势头。

2 不同钻探设备施工工效对比

中国地质调查局张伟经过研究，在《关于我国地质岩芯钻机发展方向的分析》（《探矿工程》2008年第8期）给出动力头钻机与立轴式钻机的施工效率对比结果为：

（1）施工时间分解的数据表明，立轴式钻机只是起下钻时间比动力头钻机少，其他所有施工需要的时间均比动力头钻机要多。

（2）施工2000 m以内的钻孔，无论是钻进软岩还是硬岩，动力头钻机的钻进施工时间总是少于立轴式钻机。在软岩中动力头钻机节省时间更多，因为在软岩中钻头寿命更长，提钻间隔更大，提钻总时间更少。

（3）随着孔深加大，动力头钻机相对于立轴式钻机的时间节省减少，这是因为孔变深后起下钻时间的比例相对加大。

作者简介：周彩贵（1974—），男，教授级高级工程师，主要从事水利水电工程勘探、施工与管理。

(4)以上只是对两种钻机的钻进施工效率进行了对比,如果再考虑钻机搬迁时间的对比,可认为动力头钻机比立轴式钻机施工效率明显要高,钻孔较浅(1000 m以内)时,二者的差别更大。

由于便携式全液压动力头钻机更突出了便携性,根据工程实际,排除外界因素条件下的统计分析了便携式全液压动力头钻机与立轴式钻机在软岩和硬岩两种地层条件下技术经济指标。两种钻机在软岩和硬岩中施工100 m钻孔所需的钻进时间(钻机搬迁时间不计在内),分别列于表1和表2。两种钻机在软岩和硬岩中施工200 m以内不同深度的钻孔所需要的时间的对比情况分别列于表3和表4。

表1 两种岩芯钻机钻进软岩的技术经济性对比(孔深100 m)

技术经济指标	便携式动力头钻机	立轴式钻机
机械钻速/(m·h^{-1})	1.6	1.1
回次长度/m	2.5	2.1
起钻间隔/m	25	1.5
起下钻速度/(m·min^{-1})	2.83	8.5
纯钻进总时间/h	62.5	90.9
起下钻总时间/h	5.57	4.63
捞岩芯总时间/h	5	9.11
额外倒杆总时间/h	0	2.78
钻进施工时间/h	73.07	107.42
便携式全液压动力头钻机比立轴式钻机节省钻进施工时间47%		

表2 两种岩芯钻机钻进硬岩的技术经济性对比(孔深100 m)

技术经济指标	便携式动力头钻机	立轴式钻机
机械钻速/(m·h^{-1})	0.95	0.8
回次长度/m	1.5	1.2
起钻间隔/m	11.2	1.3
起下钻速度/(m·min^{-1})	2.83	8.5
纯钻进总时间/h	105.26	125
起下钻总时间/h	5.63	4.85
捞岩芯总时间/h	8.33	12.63
额外倒杆总时间/h	0	2.78
钻进施工时间/h	119.22	145.26
便携式液压动力头钻机比立轴式钻机节省钻进施工时间21.8%		

表 3　两种钻机在软岩中施工不同深度钻孔的施工时间比较

钻孔深度/m	钻进施工时间/h		便携式动力头钻机比立轴式钻机节省时间
	便携式动力头钻机	立轴式钻机	
100	73.07	107.42	47%
150	109.62	164.97	50.5%
200	146.07	224.62	53.8%

表 4　两种钻机在硬岩中施工不同深度钻孔的施工时间比较

钻孔深度/m	钻进施工时间/h		便携式动力头钻机比立轴式钻机节省时间
	便携式动力头钻机	立轴式钻机	
100	119.22	145.26	21.8%
150	178.23	224	25.7%
200	238.48	302.29	26.8%

比较表 1 至表 4，可得出以下结论：

(1) 施工时间分解的数据表明，立轴式钻机只是起下钻时间比便携式动力头钻机少，其他所有施工需要的时间均比动力头钻机多。

(2) 施工 200 m 以内的钻孔，无论是钻进软岩还是硬岩，便携式动力头钻机的钻进施工时间总是少于立轴式钻机。硬岩钻进中，随着孔深的增加，便携式钻机节省时间的增幅逐渐降低。在软岩中便携式动力头钻机节省时间要更多一些，因为在软岩中钻头寿命更长，提钻间隔更大，提钻总时间更少。

(3) 随着孔深加大，便携式动力头钻机相对于立轴式钻机的时间节省相应减少，这是因为孔变深后起下钻时间的比例相对加大的原因。

3　两种钻机工效分析

立轴式钻机施工的工效分析选取陕西镇安水电站 ZK16#和青海玛尔挡水电站 ZK213#钻孔的数据，便携式全液压钻机施工的工效分析选取新疆阜康 ZK47#、ZK64#和陕西镇安 ZK78#钻孔的数据。为便于对比，全部选择在 200 m 相同深度内的数据进行统计分析，结果见表 5、表 6。

表 5　立轴式钻机和便携式全液压动力头钻机施工工效对比表

孔号	深度/m	钻进总时间/h	纯钻时间/h	辅助时间/h	时间利用率/%	平均进尺/(m·h^{-1})	钻进速度/(m·h^{-1})	备注
ZK16	199.0	336.51	208.33	128.18	61.9	0.59	0.95	立轴式
ZK213	205.5	365.34	227.51	133.83	62.9	0.57	0.90	立轴式
ZK47	201.7	193.34	135.34	58	70.0	1.04	1.49	全液压
ZK64	200.1	308.84	208.65	100.19	67.6	0.65	0.96	全液压
ZK78	201.9	308.17	216.15	92.02	70.1	0.66	0.93	全液压

表6 立轴式钻机和便携式全液压动力头钻机主要指标对比表

	钻进总时间/h	纯钻进时间/h	辅助时间/h	钻进时间利用率/%	平均进尺/(m·h^{-1})	钻速/(m·h^{-1})
立轴式钻机	348.93	217.92	131.01	62.4	0.58	0.93
全液压钻机	270.12	186.71	83.64	69.1	0.75	1.08

根据表5、表6可以看出：

(1) 全液压钻机的钻进时间利用率均高于立轴式钻机，通过5个钻孔的数据，单孔时间利用率提高4.7%~8.2%。

(2) 全液压钻机平均进尺比立轴式钻机提高0.17 m/h，钻速提高0.15 m/h。

(3) 钻进200 m孔深时，便携式全液压动力头钻机相比立轴式钻机节省78.8 h。按照便携式全液压钻机和立轴钻机在硬岩钻进中平均工效计算，使用立轴钻机钻进200 m的时间(即348.93 h)内，便携式全液压动力头钻机比立轴式钻机多钻进59.32 m。便携式全液压动力头钻机相比立轴式钻机的综合工效高29.3%。

(4) 在软岩中钻进时，如新疆阜康ZK47#钻孔，孔深100.1~171.5 m，岩石为砂岩，岩石硬度较低，该段平均钻速为1.38 m/h，可钻进33.12 m/d，效率比该孔在中硬岩层中钻进提高28%。说明在软岩中采用全液压动力头钻机钻进，更能发挥其优势，可大幅提高钻进效率。

通过两种钻机的综合工效分析，结合生产过程、钻探质量，可以得出如下结论：

(1) 全液压绳索取芯钻进方法，理论上可用于钻进各种地层，但在Ⅵ级以下中硬岩层中的效果最好。在目前的技术条件下，一般不宜钻进10级~12级岩石，尤其是结构致密、颗粒细小、研磨性差的极坚硬岩石，因绳索取芯钻头唇厚比立轴式钻机钻头要大，在坚硬岩石钻进中，尤其是在中-细粒结构的岩石条件下，研磨性强，钻进速度明显降低，平均钻进速度只有0.65 m/h，钻头寿命也大幅降低，频繁的起下钻延长了钻进辅助时间，说明在坚硬岩体钻进时，全液压钻机效率与普通立轴式钻机钻进效率差距进一步缩小，因此对于这种坚硬岩层，如何最大限度地发挥全液压动力头钻进的特点，金刚石钻头的胎体硬度的选择尤为重要，钻头胎体硬度应经生产厂家通过试验后确定，不应盲目、凭经验使用。

(2) 便携式全液压动力头钻机岩芯采取率更高

采用便携式全液压动力头钻机，绳索取芯钻进的钻孔岩芯采取率一般均在95%以上，即使在松散地层中采取率也可达到90%。由于绳索取芯钻进具有即时取芯、提升平稳及岩矿芯扰动小等特点，所取岩芯结构清晰，完整性和纯洁性较好。

(3) 便携式全液压动力头钻机大幅降低劳动强度

普通取芯钻进起钻间隔为2~3 m，一般需4人配合，连续操作数十分钟(视孔深而定)，起下钻工作劳动强度较大。而绳索取芯在正常条件下，岩石较完整、硬度小于Ⅵ级的情况下，起钻间隔为30~40 m，软岩中甚至可达80 m以上，并且只需2人便可轻松完成该项工作，大大减轻劳动强度。

(4) 绳索取芯工艺有利于复杂地层钻进

起下钻次数减少，钻具对孔壁的抽吸、冲击、碰撞造成的破坏减少，从而减少了因孔壁坍塌掉块造成的卡钻、埋钻事故。另外,绳索取芯上一级钻杆可作下一级钻具的套管,有利于钻穿复杂地层。

4 结语

勘探工程不同于一般的土建工程,没有施工蓝图,没有明确的设计方案,不能做系统、科学、统筹兼顾的施工组织设计,而是要根据揭示的工程地质情况和设计意图进行适时调整,满足整体勘测设计进程的要求,但又受现场交通运输、施工难易程度、后勤保障、气象、人文环境等诸多施工条件的严重制约,安全隐患多而且事故发生概率极高,施工方法不同于一般土建工程,窝工、反复、抢赶工期等情况是常态,很难按照合理工期进行有序推进。因此,勘探工程施工效率存在很大的不确定性。在本文中,为使钻进效率有可比性,在进行工效分析时去除了修路、搬迁及钻场修建以及其他非正常原因引起的停工时间。尽管如此,勘探工程施工还是有其规律可循的,有必要进行研究分析,更好地为工程建设服务。

参考文献(略)

浅析城市地质勘察钻探中对城市地下管线的保护
——以滇中引水工程昆明段丰源路地质勘察钻探为例

李国俊　张正雄　王光明　杨寿福

(中国电建集团昆明勘测设计研究院有限公司　云南昆明　650041)

摘要：在城市地质勘察钻探施工中，意外损坏地下管线将给单位造成巨大的经济损失及社会影响，因此，如何在地质勘察钻探过程中有效避开地下管线使其不受破坏，是城市建设勘察工作中的一道难题。本文结合滇中引水工程龙泉倒虹吸地质钻探工作经验，来探讨在城市地质勘察钻探施工中如何采取措施使地下管线免受损坏。

关键词：滇中引水工程；倒虹吸；勘察钻探；地下管线

1　前言

滇中引水工程规划区含丽江、大理、楚雄、昆明、曲靖、玉溪、红河等7个州(市)所辖的50个县，国土面积约9.63万km^2(占全省总面积的1/4)。根据《滇中引水工程规划报告》、《滇中引水工程项目建议书研究报告》和《滇中引水工程可行性研究报告》，滇中引水工程一次建成，工程总干渠从金沙江石鼓镇至蒙自全长661.06 km，多年平均引水量34.17亿m^3，渠首设计流量135 m^3/s。

其中龙泉倒虹吸进口位于昆明市盘龙区龙泉镇昆明重机厂附近、距龙泉路约83 m，布置盾构机始发井，线路过龙泉路后基本沿沣源路布置，出口接收井位于沣源路与昆曲高速西南角，倒虹吸全长5039.442 m。倒虹吸进口部位设置1座分水闸，向昆明四城区供水，分水流量$Q=25$ m^3/s，另在盘龙江东岸、沣源路北侧田溪公园内设置盘龙江分水口(水位高程1901.438 m)，通过分水至盘龙江后自流向滇池补生态水，分水流量$Q=30$ m^3/s。

龙泉倒虹吸地质勘察钻孔处于昆明北部繁华市区的交通主干道沣源路上，外部条件十分复杂，勘探钻孔沿线地下各种军事、民用设施纵横交错，还密布给水、排水、燃气、热力、电力、电信、通讯军用等地下管网设施，在城市钻探施工过程中，极易损坏地下军用、通信光缆及燃气管道等，可能造成巨大的经济损失和社会影响。因此，如何在勘察钻探过程中有效避开地下管线使其不受破坏，是城市建设勘察工作中的一道难题。

本文通过云南滇中引水工程龙泉倒虹吸地质勘察钻探过程中的一些经验教训，探讨在城

作者简介：李国俊(1968—)，男，工程师。

市建设勘察钻探过程中有效避开地下管线的方法。

2 误伤地下管线的原因

城市地下管道一般埋设于城市市政道路下面，通常是埋设于机动车道与非机动车道的隔离部位及人行道路下，埋深一般为 0.5~3.0 m，在钻探施工过程中，造成管线破坏的原因，归纳起来主要有以下几点[1]：

(1) 政府职能部门

在我国城市建设中，长期以来因历史和现实等多种因素的影响，存在重地上轻地下、重审批轻监管、重建设轻养护的倾向，对隐蔽工程的地下管线的建设与规划，没有统一的整体规划，加上地下管线种类繁多，分属不同的产权单位，缺乏统一协调管理，造成重复开挖，"拉链式道路"不断出现、地下管线的管位、走向、标高相当混乱的现象。滇中引水沣源路龙泉倒虹吸地质钻探任务下达后，我单位即安排专人到城市规划设计院地下管网办公室查询、核对地下管网分布情况，但由于相关部门对地下管线施工竣工资料，未进行详细的核实，造成实际位置与图纸不符，地面管线标识、走向与我们现场查勘结果均有不符合的现象；有的由于年代久远，管理不到位，导致资料缺失，或是因为近期施工竣工资料还未及时上报归档，无法准确获取地下管线的相关信息，因这些原因在城市地质钻探过程中，极易对地下管线造成损害。

(2) 设计单位

设计单位在进行设计工作时，主要依据就是根据建设单位提供的资料进行设计布孔，未对现场地下管网的位置、埋深、材料、管径等信息进行核实，这样极易造成设计工作的盲目性，而勘察钻探单位是严格按设计布置的点位和线位来施工的，若设计的点线位与地下管线位置存在冲突，在钻探施工过程中，极易造成地下管线的损坏。

(3) 建设单位

建设单位在项目立项时，就有明确的工期计划，地质勘察工期只占整个工期很少的一部份，在城市勘察钻探过程中，协调、办理城市施工许可手续需要花费很多时间和精力，真正留给勘察单位施工的时间更是少之又少，这就导致勘察单位没有时间去做更多详细的管线分布调查、核实及现场踏勘工作，只是按设计单位所定的孔位施工，这也是导致地下管线损坏的原因之一。

(4) 勘察单位

工程勘察单位的钻探施工，由于工期比较紧张，对地下管线分布进行探测、核实需要花费大量的精力，为了压缩成本开支，一些勘察单位抱有侥幸心理，未对地下管线分布做详细的探测，盲目地相信设计单位所布的孔位下无地下管线分布，按设计布置的点位进行钻探施工，这是造成地下管线损坏的直接原因。

3 管线测量存在的问题

目前常用的地下管线测量方法主要有利用电磁定位仪的电磁感应探测法和利用探地雷达 GPR 的方法和磁探测法等。存在的问题：

(1) 各种方法只适用于某一部分材质类型的管道。
(2) 都是基于感应原理的，其探测深度受到限制。
(3) 各种方法都利用了电、磁方面的原理，因此容易受到施工场所地面上或地下的电磁或铁磁干扰。
(4) 可用性和探测精度很大程度上取决于施工地段地质条件的制约，例如土壤和岩石成分、土壤湿度等因素均会对测量结果带来大的影响。
(5) 都需要在管线经过的地面上进行人工作业，当待测管道经过建筑物、高速公路和大片水面时，探测工作将无法进行。

4 地下管线的保护措施

城市地下管线是整个城市发展和生存的基本保障，也是整个城市能否正常运转的关键[2]，地下管网资料收集是进行城市钻探的先决条件，如果钻探工作开展前，勘察钻探单位未对施工区域的地下管网分布情况进行资料收集，未能对地下管网分布做到充分了解，在钻探施工过程中，极易对地下管网系统造成破坏，会给单位造成巨大的经济损失及带来巨大的社会影响，因此，地下管网资料的收集了解是进行钻探施工的必要条件。

4.1 地下管网资料收集与探测

(1) 首先应向城市规划、地下管网办等部门查询了解施工区域的地下管线分布，初步掌握地下管线的基本情况。

(2) 在龙泉倒虹吸钻探施工前，我单位对地下管线的探测分两步进行，第一步利用本单位先进的物探探测手段，查明地下管线的基本位置、埋深、走向、材料、管径等相关信息，并做好标识标记工作；但鉴于龙泉倒虹吸地下管网覆盖介质以杂填土、富含砾石的堆积物为主，磁性较弱，而管线材质、管线芯线材质与覆盖介质存在明显的介电性差异，各种干扰较大，影响了物探探测的准确性，所以，第二步，我单位又委托专业地下管线探测单位，采用地下管线探测仪进行更为详细、准确的探测。

(3) 及时与燃气、热力、自来水、电力、通讯等专业部门沟通，及时掌握施工区域内的管线布设情况。

(4) 进行现场踏勘：现场踏勘工作能帮助我们直观地了解现场管线的基本情况及周围的环境，需对整个施工区域沿线的所有钻孔进行踏勘，重点应查看施工区域内各钻孔孔位附近、道路两侧是否有地下管线井位或管线单位制作的保护标志，然后以井位及各保护标志为突破口，查明钻孔周围的管线分布情况，对没有井位及保护标志的钻孔区域，应向附近居民询问了解，掌握相关信息。

(5) 根据现场踏勘所了解的信息及从相关部门获取的管线分布资料，再结合本单位物探及专业地下管线探测单位探测情况，通过政府部门协调，与相关产权单位取得联系，邀请各相关产权单位人员到现场，对每一个钻孔地下管线的位置、走向、埋深、材质、管径等进行逐一核实确认。

4.2 孔位复测及钻机定位

由于地下管网密集交错，分布极为复杂，钻探设备进场后，还需对每一个钻孔单孔孔位情况再复测、再确认，经过专业管线探测单位的探测及相关产权单位人员现场签字确认无误后，钻探单位才能按照经过探测、确认标识的孔位进行钻孔施工，未经设计变更和经相关各方确认同意，严禁擅自移动孔位，如图1所示。

4.3 钻进方法及钻进过程中的管线探测

由于管线探测仪容易受到施工场所地面上或地下的电磁或铁磁干扰，其探测深度、精度受到限制，因此，在勘探工作实施过程中采取勘探技术辅助探测手段对地下管网进行复核探测也是地下管网探测的重要辅助技术手段。

经过了解，在龙泉倒虹吸勘探区域内，地下管线的埋深基本在地面高程下3米范围内，所以在钻探施工中，孔深3 m以内时，必须采用低速、慢转、低压的方式进行钻进，当钻穿地面硬化路面后，再采用探钎或自制洛阳铲边探边钻，回次进尺严格控制在探钎或洛阳铲所能探测的范围内，当探测中发现异常时，禁止钻进施工，待查明异常情况并非地下管线后，方能继续钻进。

图1 孔位复测并经相关各方确认

5 当地下管线出现损坏后的应急处置措施

当在钻探施工过程中，意外损坏地下管线时，钻探施工单位应立即停止施工，采取应急处置措施，并立即向有关主管部门和管线权属单位报告，积极协助权属单位应急抢修队伍做好现场抢修工作，采取临时封闭交通、疏导分散附近人群、禁止防范动用明火及易引起其他二次伤害等措施[2]。

6 保护地下管线的几点建议

（1）加强市政工程合理规划设计。

政府职能部门应转变"重地上，轻地下；重建设，轻维护；重审批，轻监管"的市政管理模式，城市建设需要统一规划城市地上及地下空间，整合城市地下管线有助于提升地下空间的安全性，所以建议实施统一规划、设计、施工和维护的地下综合管廊建设。

（2）建设单位在项目立项时，就应考虑到城市勘察施工的复杂性，所以应给勘察单位合理的工期，不可催促勘察单位赶工及压缩合理的工期；监督勘察单位做好地下管线的探测及保护工作。

(3)加强施工安全管理,增强作业人员安全责任意识

由于城市干道地下管网错综复杂,需要采取综合探测技术手段才能从根本上消除对管网破坏的风险,这也是城区实施地质勘探工作需要重点关注和解决的难点,对地质勘探工作的顺利开展起着举足轻重的作用。

在城区干道实施地质勘探工作中,要加强对作业人员进行安全教育培训、技术交底工作,提高全体作业人员的责任意识,慎之又慎,精心操作,才能从源头上切实有效地解决好地质勘探工作中存在的影响和制约。

制订科学的地下管线保护方案,建立完善的责任制,使勘察钻探的施工方案和地下管线保护方案得到切实的有效的落实;加强施工过程中的监管,增强作业人员的安全意识。

(4)政府牵头协调,企业负责。

在城市钻探施工中,由于地下管线种类繁多,分布错综复杂,分属不同的产权单位,勘察钻探单位联系协调各产权单位现场复核地下管线分布的难度较大,且严重影响工期,所以,在城市钻探施工中,应建立由政府牵头协调各产权单位,配合钻探施工单位对各自的地下管线进行复核、确认,由各产权单位负责的协调机制。

7 结语

由于城市的发展,城市地下管线数量越来越多,分布错综复杂,市政工程勘察钻探施工稍有不慎损坏了地下管线就会造成难以估计的后果。因此,在城区钻探施工时,需要采取多种手段的探测技术,才能从根本上消除对地下管网破坏的风险,这是在城区实施地质勘探工作需要重点关注和解决的难点;更需要钻探施工单位制订科学合理的地下管线的保护措施,并严格监督作业人员按制定的管线保护方案精心施工,才能有效地保护好地下管线免受破坏。

参考文献

[1]陈水龙.浅谈市政工程勘察钻探中对城市地下管线的保护[J].安徽建筑,2016(6):116-117.
[2]肖军秋.试分析市政工程勘察对地下管线的保护[J].低碳地产,2015(7):12-16.

石门沟 3#水库黏土心墙堆石坝施工质量控制

刘万锁　董维

（西北水利水电工程有限责任公司　陕西西安　710065）

摘要：依据试验资料，简述大坝填筑防渗黏土管控的措施与方法。
关键词：黏土心墙；坝体填筑；质量控制

1　工程概述

兰州新区石门沟 3#水库建设位于兰州新区秦川镇石门沟支沟陶家沟内。兰州新区石门沟 2#、3#水库为两座联合调节的注入式水库，通过调节由引大东二干渠道引来的青海省大通河外调水源，供兰州新区石化工业园区的生产及生活用水。

3#水库主要包括拦河大坝、引水隧洞、输水放空洞、引水管道等工程。拦河大坝为黏土心墙堆石坝，大坝坝顶高程为▽2149.00 m，设计最大坝高为▽2150.20 m 防墙顶高程，坝高49.00 m，坝底最大宽度320.0 m，黏土与砼压浆板最大宽度为28.60 m，坝顶宽度6.00 m，坝顶长度452.00 m。上游坝坡比1：2.0，下游坝坡比1：2.25，坝前▽2131.00 m 以下采用干砌石护坡，厚30 cm，坝前▽2131.00 m 以上采用砼预制块，厚10 cm，铺设至大坝坝顶；坝后全部采用干砌石护坡厚30 cm 至坝顶高程。

3#水库输水放空洞与供水管线相接输送兰州新区各供水站。引水工程总长1460.0 m，年引入量为7755万 m^3，调蓄水库出挡水坝（黏土心墙坝）防浪墙、放水系统等组成。3#水库总库容为829万 m^3，兴利库容为766万 m^3，死库容31万 m^3；2015年7月份以前坝体开挖完成，2015年9月20日—2016年5月8日前完成压浆板砼帷幕灌浆，2016年3月26日—8月30日完成填筑，共填筑121.86万 m^3，其中黏土回填12.44万 m^3，反滤料、过滤料共回填8.56万 m^3，坝壳料回填83.40万 m^3，坝前三角区回填17.54万 m^3。

2　坝体填筑施工质量管控

大坝主要由黏土心墙、上下游土工膜（搭接焊接）、土工布防渗体、上下游反滤料、过滤料及砂质板岩、千枚岩堆石体通过振动碾压组成。整个施工环节从土料场、石料厂（剥离）开采到土料洒水、晾（翻）晒碾压等每个环节对坝体填筑质量控制实行全过程的质量控制与监督跟踪检查。

作者简介：刘万锁，（1959.7—），男，工程师，主要从事水利水电工程施工项目管理、监理等工作。

2.1 开工前坝料工程性质试验

黏土心墙为大坝的主要防渗体,也是大坝的重要组成部分,包括上游土工膜在内。为确定大坝填筑施工材料参数,在大坝填筑前,按照设计规范要求,需要对其填筑材料进行性质试验,试验参照同类工程。

各种相关的试验参数,由设计单位编写《石门沟 3# 水库大坝筑坝材料要求与填筑标准》的要求,施工单位编写《石门沟 3# 水库大坝填筑材料碾压试验大纲》《石门沟 3# 水库大坝黏土心墙材料碾压试验大纲》等,且按(大纲)要求对各种材料进行现场试验,以满足设计、施工及安全运行的要求。并以书面报告形式递交各有关单位,经监理单位组织设计、业主、施工单位共同商定其大坝填筑试验施工参数,为确保大坝填筑施工质量提供有力的保障,以试验最终数据确定大坝填筑的各种施工参数。

2.1.1 筑坝材料要求与填筑设计标准

(1)黏土心墙材料填筑设计标准(见表1)

表1 黏土心墙填筑标准

试验项目	最大粒径/mm	设计要求标准	含水率/%	堆密度/(g·cm^{-3})
黏土心墙	$D \leq 5$	机械平铺,振动碾的碾轮质量不小于 10 t,频率为 20~30 Hz,行车速度不大于 4 km/h。黏土料的铺层厚度控制为 20~30 cm,用振动凸块碾 6~8 遍。	16~20	1.72

(2)大坝各填筑料设计标准(见表2)

表2 大坝各坝料填筑指标

试验项目	最大粒径/mm	设计要求标准	孔隙率/%	堆密度/(g·cm^{-3})
千枚板岩堆石料	$D \leq 300$	机械平铺,振动碾的碾轮质量不小于10t,频率为 20~30 Hz,行车速度不大于 4 km/h。碾压 6~8 遍,满足 $Dr \geq 0.75$;铺层厚度控制为 40 cm	20	2.15
砂质板岩堆石料	$D \leq 600$	机械平铺,振动碾的碾轮质量不小于 10 t,频率为 20~30 Hz,行车速度不大于 4 km/h。碾压 6~8 遍,满足 $Dr \geq 0.80$;铺层厚度控制为 60 cm	20	2.15
黏土心墙料	—	堆密度大于 1.68 g/cm^3	—	—
反滤料	—	相对密度大于 0.75	—	砾砂料
过渡料	—	相对密度大于 0.75	—	粗细砾砂料

2.1.2 试验成果质量指标控制

依据《碾压式土石坝施工规范》《土工试验规范》及设计要求标准,结合 3#水库坝前黏土料、千枚状板岩、变质砂岩进行室内外相应生产性试验。经试验数据分析,黏土及千枚状板岩、变质砂岩铺设厚度为 30 cm,采用 22 t 振动凸块碾强振 8 遍为填筑参数进行生产性试验;本工程千枚状板岩、变质砂岩和反滤料及过渡料填筑厚度为 60 cm,采用 22 t 振动凸块碾强振 8 遍为填筑参数进行生产性试验,均满足设计要求标准。

(3)复合土工膜(见表 3)

表3 复合土工膜

试验项目	设计要求标准	检测项目
复合土工膜	选用规格为 450 g/m² 的土工布,渗透系数介于黏土与反滤之间 $K = 10^{-5}$ cm/s。满足(GB/T17642—2008)规范标准	断裂强度(kN/m)/伸长率(%)
焊接土工膜	接缝无断裂,满足(GB/T16989—2013)规范标准	接头/接缝强度

2.1.3 大坝填筑材料试验施工参数汇总表

施工参数统计表见表 4。

表4 施工参数统计表

序号	坝料	碾压机械	碾压遍数	行驶速度	压实度	堆密度	碾压方式	备注
1	黏土料	22 t 振动凸碾	8 遍	2 km/h	98%	1.76	进退错距法	含水率19.2%
2	反滤料	22 t 振动平碾	8 遍	2 km/h	—	1.96	进退错距法	含泥量2.3%
3	过渡料	22 t 振动平碾	8 遍	2 km/h	—	2.25	进退错距法	含泥量3.3%
4	千枚岩	22 t 振动平碾	8 遍	4 km/h	—	≥2.15	进退错距法	含水率2%~4%
5	变质岩	22 t 振动平碾	8 遍	4 km/h	—	≥2.15	进退错距法	含水率2%~6%
说明	1. 铺设厚度黏土心墙为 30 cm;反滤料及过渡料为 60 cm;上下游铺设厚度堆石料(千枚岩、变质岩)为 60 cm; 2. 复合土工膜规格型号 400 g/0.6 mm/400 g,断裂强度横向 39.8 kN/m、纵向 44.6 kN/m,断裂伸长率横向 58%、纵向 50%,土工布应用于黏土心墙与反滤料之间,满足质量标准要求; 3. 坝体压实检查应严格按《碾压式土石坝规范》DL/5129—2013 执行,质量检测应按《土工试验规程》ST237—1999 进行,均满足质量标准							

2.2 大坝填筑原材料质量控制

2.2.1 黏土心墙采用土料场的管控措施

黏土心墙土石坝属于当地材料,它的设计原则是"就地、就近取材,因材设计"。仅就防渗土料而言,在料场勘察、试验资料分析的基础上,择优选用了天然含水量大于最优含量,塑性较好,可用为砼防渗墙体与砼面板接触面高塑性黏土的填筑材料。

主要土料区为设计单位指定的黏土料场距坝址上游 800 m 处,为 Ⅰ 号堆石料场。料场覆盖顶部为 30~50 cm 的腐殖土及风化层均为无效层,下层为有效料(填筑时去除顶部无效层,采取下部有效层填筑料),料场经估算储藏量为 12 万 m^3;Ⅱ 号堆石料场开采范围是从坝前五叉路口至上游库区变质砂岩开采料场,将近 3 km 的两山之间的低凹区一带。料场运距小,不占农田,开采条件好,运输方便;黏土的储藏量能够满足黏土心墙填筑的数量要求,是较好的防渗土料。

由于该区域黏土料在开采过程中,提前用挖机将含水量偏大的土层在料场翻晒,对于含水量偏小的则在翻挖过程中喷水、洒水养护,使其堆密度、含水率达到满足设计指标要求。

2.2.2 过滤料、反滤料的管控措施

过滤料、反滤料经设计单位现场多次踏勘,由于坝址附近砂砾料级配不合理,含泥量超标,无法满足要求。在施工中,采取外购等方式解决了反滤料、过渡料的来源,没有采用人工料,均由当地石门沟村民从砂石料场提供。最大粒径不大于 120 mm,小于 5 mm,粒径 $d<0.075$ mm 的颗粒含量不超过 5%。过滤料最小堆密度为 1.89 g/cm^3,最大堆密度为 2.26 g/cm^3,控制堆密度为 2.15 g/cm^3,含泥量为 3.3%;反滤料最小堆密度为 1.65 g/cm^3,最大堆密度为 2.01 g/cm^3,控制堆密度为 1.90 g/cm^3,含泥量为 2.3%,满足设计要求。反滤料的掺配在掺配料场提前进行,依据试验数据确定的细料掺配比例在掺配料场利用装载机、推土机分层摊铺、取料。

2.2.3 千枚岩、变质砂岩的管控措施

在开采堆石料错台阶分区进行钻爆剥离,分层开采,梯段高程控制在 9.0 m 以内,孔径 $\phi75$ mm,钻孔梅花型布置,爆破方式采用毫秒管挤压爆破,孔内连续装药结构。堆石料最大粒径不大于 80 cm,小于 5 mm 的颗粒含量不超过 5%~15%。

堆石料千枚板岩主要开采在坝前上游 500 m 处三座大山中,储藏量超过 100 万 m^3;变质砂岩距上游库尾 3 km 处二座大山中开采,储藏量超过 60 万 m^3,两处堆石料开采后,满足大坝主体工程填筑的需要。

2.3 大坝填筑质量过程控制

2.3.1 黏土料填筑质量控制

(1)在黏土填筑前,清除压浆板砼表面水泥浆液及乳皮,同时在砼基础面上粉刷黏土泥浆一层,直接采用黏土逐层回填碾压,局部两头采用人工蛙式电动夯实,土工膜与砼面采用 KSM 胶封黏(土工膜黏合胶),随即采用灰土填筑。针对黏土层临时跨心墙的施工路口,根据现场情况采用经常变换出入口位置、并在黏土层与土工膜上面用黏土覆盖、同时将两块大钢板铺筑在黏土层上面、确保土工膜不受损坏的保障措施。

(2)在黏土心墙上下游两侧基础面填筑反滤料、过滤料，将黏土心墙包围一起发挥反滤保护作用。同时，对在黏土心墙上游紧扣回填土工膜、下游紧扣回填土工布（▽2015.00 m以下），达到防渗、隔离、补强作用。

(3)黏土层含水量控制

一是及时配置机械设备抓紧上料，同步碾压。当施工遇到不利天气或下雨时，用羊角碾及时跟进碾压，以避免黏土料水分蒸发或被雨水浸泡。采用大塑料布、彩条布进行遮盖，待雨停后，下一个循环填筑时，根据其表面含水量的大小进行洒水或翻洒处理，自检责令用挖机清理处理，直至含水量满足设计要求，才能进行下一步的填筑工序。二是按照黏土层试验规范要求，现场每填筑一层黏土料，必须由现场质量试验员进行现场堆密度和含水率及时测定取样，在施工中如果试验成果达不到设计指标，则必须采用相应措施处理。三是如果含水率过大导致堆密度偏小，则现场及时通知技术人员将黏土料进行翻晒，直至含水率符合设计指标后，再次进行碾压达到设计堆密度。

(4)土工膜原材料及现场焊接质量控制

依据复合土工膜进场前质量设计指标要求，其规格型号为400 g/0.6 mm/400 g目，外观无破坏、布面均匀、无杂物，防渗透系数依据《土工合成材料、非织造布复合土工膜》GB/T 17642—2008进行检测。其纵横向断裂强度（标准值kN/m≥16.0），经检测检验横向值为39.6，纵向值为44.60；纵向标准强度对应伸长率（标准值30%~100%），经检测检验横向值为58.0，纵向值为50.0；纵横向撕破强力（标准值kN/m≥0.56），经检测检验横向值为1.40，纵向值为1.28；CBR顶破强力（标准值kN/m≥2.8），平均值为5.1。经检测上述指标均满足GB/T 17642—2008关于该类土工合成材料的要求。施工现场可以投入使用。

复合土工膜焊接接头/接缝的强度试验依据《土工合成材料、接头/接缝宽条拉伸试验方法》，现场采用GB/T 16989—2013进行检测。与此同时，在施工现场纵向缝、横向缝接头焊接，采用KSM复合土工膜黏胶进行封闭，随即由现场监理工程师进行每道工序质量跟踪检查，现场密封充气检查每道缝口达到设计要求，才能进行下一步的施工工序。

2.3.2 坝壳料、反滤料、过滤料填筑质量控制

(1)堆石料采用坝前Ⅱ号坝壳料开挖爆破开采区，原经设计勘探拟定料场。在填筑前，依据设计院《筑坝材料要求与填筑标准》进行现场碾压试验，严格按照试验最终确定的参数采用进退错距法碾压，施工现场技术人员依据测量放样点进行控制坝料分界线。为了保证接触面的压实质量，振动羊角碾沿岸坡方向碾压8遍后，即可进行现场取样试验，针对边角处采用13.5 t振动平碾加强夯实、压实达到设计8遍满足质量标准要求为止。坝体上下游边坡采用380型挖掘机及时消除斜坡按设计要求坡比平顺。坝壳料分砂质板岩和千枚状板岩。砂质板岩要求用微、弱风化的砂岩夹板岩，主要来源是Ⅱ号块石料场。千枚状板岩要求用微、弱风化的千枚板岩夹砂岩，主要来源是左岸上游堆石料场开采。

(2)反滤料、过滤料经现场配合比取样确认，由当地石门沟村民开采砂石料场直接供应于施工现场。开工前，由供应方按照堆石料场粗粒料掺配使用，在坝前试验区进行级配试验，待级配合格后的反滤料、过滤料方可准许上坝回填。在施工中严格按照试验确定的参数进行进退错距法碾压密室，尤其对结合部加强压实8遍。

(3)反滤料、过渡料在土石坝中介于防渗体与坝壳棱体之间，担负"滤土""排水"及变形过渡的功能，对材料的要求比坝壳料严格，均经加工厂加工后才能上坝，由于坝址附近砂砾

料级配不合理,含泥量超标,设计采用了人工料.反滤料应与心墙土料同步填筑,填筑层厚 20~30 cm,用振动平碾碾压最少 2~4 遍,碾后堆密度应满足要求,相对密度 $Dr \geq 0.75$。

(4)按照规范要求,在填筑过程中按分层单元现场抽样方法对各种填筑坝料进行随机抽样现场试验,以控制大坝填筑质量。堆密度取样用抽样环刀法、含水率取样采用酒精法及试坑灌水法,级配取样采用筛分法,渗透试验采用单环注水法。在抽样试验中,如果其指标不符合设计要求时,则采取措施及时处理,直到满足设计要求为止。如果堆密度不符合设计要求,则采取补压措施处理,如果级配不符合设计要求,则将不合格的填筑料用挖机挖出,再次充填级配合格的原料,同时调整坝壳料场钻爆参数。

大量的现场取样检测检验结果分析说明,坝体各部位的填筑材料碾压密实度均已达到或优于设计指标,级配和渗透系数均符合设计要求。

(5)在大坝整体填筑过程中,严格实行质量跟踪检查、监理、第三方试验室同步抽查,"三检制"和现场值班制度。质检部、试验室每班配置两名专职质检员、试验员负责跟班检查监督控制质量,发现问题及时纠正。采样试验工作,在现场施工队自检合格的基础上进行复检,监理工程师现场同步进行作业工序验收,验收合格后及时签证确认方可填筑下一层坝料。

3 结语

在大坝填筑过程中,严格执行"三检制",严格控制施工试验参数,该工程质量多次受到省水利厅质检中心及业主、专家组的好评。工程质量控制由于监理、第三方现场跟踪、巡视检查到位受控,工程被评为甘肃省中型水库样板工程,按照《水利水电工程施工质量评定标准》被评定为优良单位工程。

参考文献(略)

前龙段 I# 滑坡整治工程后评价指标体系构建探讨

冯升学　唐茂勇　张光西

（中国电建集团成都勘测设计研究院有限公司　四川成都　610072）

摘要：滑坡整治工程后评价是滑坡整治项目周期最后一个重要环节，是一项复杂的综合指标，体现在滑坡整治工程地质条件复杂、因素繁多，评价的指标类型和质量标准不同，其指标描述的方式也不一样，如何将众多性质不同的评价指标有效地融合在一起，是非常棘手的问题。因此，滑坡整治工程后评价体系的构建非常必要，具有重要的现实意义，本文结合川藏公路前龙段 I# 滑坡整治工程的特点，构建了滑坡整治工程的后评价指标体系，为顺利开展本工程后评价工作奠定了理论基础，为今后类似滑坡整治工程后评价工作提供参考。

关键词：滑坡整治；工程后评价指标；体系构建

1　前言

工程后评价源于 20 世纪 30 年代美国，当时工程评价重点是财务分析，以财务分析的好坏作为评价项目成败的主要指标。随着世界经济的逐步发展，工程后评价的社会作用和影响力受到世界投资者的高度重视。我国的工程后评价始于 20 世纪 80 年代后期，近三十年来，相关部门相继开展了项目后评价工作和制订了相应的后评价方法，已经在公路、铁路、电力等领域中实施此项工作，然而，对于滑坡整治工程后评价开展起步较晚，主要是由于滑坡整治效果评价是一项复杂的综合过程，其复杂性体现在滑坡防治涉及因素众多，地质条件复杂，系统规模大，评价的指标类型及质量标准不同，其指标描述的方式也不一样，如何将众多性质不同的评价指标有效地融合在一起，是非常棘手的问题。因此，开展滑坡整治工程后评价体系的研究非常必要，具有重要的现实和指导意义，本文依托川藏公路前龙段 I# 滑坡整治工程，构建了滑坡整治工程的后评价的指标体系，为顺利开展本工程后评价工作奠定了理论基础，亦为今后类似滑坡整治工程后评价工作提供参考。

2　滑坡整治工程后评价的必要性及重要意义

我国是一个多山国家，地质条件复杂，滑坡灾害尤为严重，给我国各行各业，包括交通运输、厂矿、电站、城乡建设等造成了很大经济损失。在过去数十年中防治了数以千计的滑

作者简介：冯升学(1966—)，男，中国电建集团成都勘测设计研究院有限公司，高级工程师．主要从事水电工程勘察、岩土工程施工技术工作．

坡项目,随着大量滑坡得到有效整治,人们迫切想知道以往得到整治的滑坡防治效果到底如何?设计采用的各种参数、安全系数以及计算方法是否合适?又因滑坡整治工程费用投入动辄上百万甚至上千万,因此,如果能对滑坡整治工程效果有一个客观、公正的评价,用于指导类似滑坡进行优化防治,则效益巨大。

滑坡整治工程后评价是滑坡整治项目周期最后一个环节,是滑坡整治项目不可缺少的重要手段,因此以滑坡整治效果的问题为主要研究对象,借助科学方法和手段,对已经完成的滑坡整治的目标、施工执行过程、整治效果、作用和影响等要素,构建指标体系,建立评价模型,通过计算进行系统的客观分析,可及时反馈工程治理效果,为项目管理部门提供决策依据,使工程设计人员及时总结经验教训,促使滑坡勘察人员对滑坡性质有更为深入的了解,促使今后滑坡防治工程设计计算准确;同时可以通过信息的分析总结,进一步完善滑坡地质勘察理论和防治工程设计理论,最终促使滑坡防治工程安全、经济、合理,也为被评估的滑坡整治项目过程中出现的问题提出改进建议,从而达到提高滑坡整治水平的目的。

3 前龙段 I#滑坡整治工程概况

川藏公路前碉桥至龙胆溪段滑坡群病害整治工程(以下简称"前龙段 I#滑坡整治工程")是国家在"九五"末期,为解决川藏公路在雅安境内的通行安全而实施的大型公路地质病害整治工程。位于四川省雅安市天全县两路乡,二郎山东坡,龙胆溪右岸,国道318线K2728~K2732处,与二郎山隧道的东引道相连。滑坡群由 I#、II#、III#共三处滑坡组成,其中K2729+920~K2730+425段的 I#滑坡规模最大、破坏最严重,山体失稳,路基整体滑移下沉;K2731+390~K2731+790段的II#、III#滑坡,坡体浅层失稳,路面出现局部垮塌悬空。滑坡整治工程采用预应力锚索抗滑桩、预应力锚索框架、钢筋混凝土抗滑桩,辅以截排水措施、坡面防护和路面恢复等综合治理方案。整治工程于2000年开始,2003年完工,2005年竣工验收,工程质量优良,项目总投资超过7000万元。项目管理单位四川交通厅公路局对该滑坡整治工程高度重视,按照竣工验收委员会的要求,开展前龙段 I#滑坡整治工程后评价工作研究。

4 前龙段 I#滑坡整治工程后评价的特点

滑坡整治工程后评价较一般工程项目更为复杂,除了要评价工程建设的经济、社会效益及其影响和作用外,还要从工程技术角度评价滑坡整治工程的设计水平、服务水平,确定的设计方法是否适宜,整治效果是否满足要求,工程实体是否安全可靠,经久耐用等。前龙段 I#滑坡整治后评价主要特点如下:

(1)多因素和多指标特点:评价的对象为整治后的 I#滑坡整治工程,涉及的因素繁多、规模庞大、结构复杂,因而描述滑坡整体特性和反映滑坡整治各个阶段目标的指标体系也众多,该滑坡整治工程后评价指标体系是多层次、多结构的。

(2)定性分析与定量分析相结合的特点:在对 I#滑坡整治工程后评价的指标体系中,既有定量指标又有定性指标。

(3)动态分析与不确定性的结合过程特点:由于 I#滑坡整治体系是动态的,其体系结构是运动的,联系是过程中的联系,稳定是交换中的稳定。动态分析和不确定性分析对滑坡整治工程后评价至关重要。

5 前龙段 I#滑坡整治工程后评价的基本原则

本工程后评价工作必须遵循独立性、公正性、科学性、实用性基本原则,还要从滑坡工程地质条件出发,采取现代系统数学理论做出综合评价,I#滑坡整治工程后评价还应遵循以下主要原则:

(1) 密切结合滑坡地质特征的原则:滑坡整治本身就是一个工程病害治理的系统工程,工程结构必须对症下药,否则效果事倍功半。

(2) 以现有设计规范的控制指标为依据原则:铁路、交通部门颁布系列"路基桥涵设计规范"中对滑坡抗滑结构设计与计算的基本原则,是对抗滑结构抗滑能力评价的基本原则。

(3) 应与结构设计优化有所区别原则:抗滑结构优化设计是指经济、合理地决定结构物尺寸,检算结构的可靠性并使其满足抗滑结构规范要求的过程。而工程后评价则是利用特定信息对滑坡整治效果进行分析并做出评价。除了结构设计分析外,涉及对滑坡性质的认识、参数的选择、工程规模、施工工艺等。

(4) 以现场实测受力与位移长期监测数据为基准原则:抗滑结构受力分布形式、受力大小关系到抗滑结构在使用期限内的安全性,也反映了结构承载能力的发挥程度,是评价整治工程设计合理性的重要依据。然而,实测受力分析比结构分析更为重要,是抗滑结构物设计的实际验证。

(5) 滑坡整治效果手段应具包容性原则:以校核设计人员对滑坡性质、滑带土强度参数和滑坡推力的选择合理性为前提,采用结构理论设计规范为指导,以现场受力测试、位移监测、结合数值分析方法为手段,建立合理的综合评价数学模型是滑坡整治工程效果后评价工作的根本。

6 前龙段 I#滑坡整治工程后评价的方法及步骤

对滑坡整治效果的后评价过程实质上是收集、分析和反馈防治工程本身信息的过程,是对已经完成的整治工程项目的目标、施工过程、经济效益进行系统、客观的分析。目前,国内外常用的综合评价方法主要有:专家评价法、经济分析法、运筹学及其他数学方法:灰色决策、可拓决策、成功度法、逻辑框架法等,各种评价方法有其自身特色,但均有其适用范围、背景。I#滑坡整治工程后评价采用多种方法相结合的方式进行,其评价步骤如下:

确定评价指标集→确定权重→确定评价量样本矩阵→确定评价等级→建立白化权函数→计算灰色统计数→计算灰色评估权值及模糊权矩阵→算出模糊综合评判矩阵→计算评价结果。

前龙段 I#滑坡整治工程评价的主要内容及采用的相适应的方法见表1。

表 1　前龙段 I#滑坡整治工程评价内容及评价方法

评价内容	采用的方法
过程后评价内容	定性评价,结合半定量方法
效益后评价内容	半定量方法(比值法或差值法)
工程效果后评价内容	定性评价、定量评价(模糊综合评价法)
持续性后评价内容	定性评价,结合半定量方法
综合后评价内容	定量综合评价(MTIM 法)

7　前龙段 I#滑坡整治工程后评价的指标体系构建

7.1　评价指标、指标体系确定

从 I#滑坡整治工程后评价指标值的特征看,可以将滑坡整治后评价指标分为定性指标和定量指标。定性指标是用定性的语言作为指标描述值,定量指标是用数据作为指标值。例如,边坡岩体结构特征有块状、镶嵌、碎裂结构等之分,则边坡岩体结构就是定性指标;而边坡滑动面的 c、φ 值等就是定量指标。从该工程后评价指标值的变化对评价滑坡整治不同阶段目标影响来看,可以分为一级指标、二级指标或次一级、次二级指标、关键指标或次要指标,通用指标或特殊指标等。例如,在评价滑坡稳定性时,滑坡本体指标可作为一级指标,而岩体结构、滑动面几何形状、滑坡规模等都为二级指标。

I#滑坡整治工程后评价指标体系是众多指标组成的指标系统。在指标体系中,每个指标对滑坡整治不同阶段的某种特征进行度量,共同形成对该项目过程的完整刻画。

I#滑坡整治工程中的任何系统和问题的存在是为了实现其各阶段目标。它包括经济性目标、社会性目标、技术性目标、生态型目标等,该项目设置以下几种类型的评价指标:

(1)经济性指标。包括投资成本、工程效益、建设周期等;

(2)社会性指标。包括社会影响、生态环境、污染、持续性等;

(3)技术性指标。包括滑坡整治过程、工程效果、工程寿命、可靠性、安全性、施工工艺水平、施工设备水平、技术引进等。

7.2　指标体系建立的过程

I#滑坡整治工程后评价体系是一个多层次、多因素的评价系统,为了对多层次、多因素的问题进行评价,必须合理地构建一个滑坡整治工程后评价指标体系,使大量相互关联、相互制约的因素条理化、层次化。然而,如何设置滑坡整治后评价指标的数量是非常重要的,必须要适度,所选定的指标必须反映滑坡整治过程的某种特征,做到科学合理、符合所整治的滑坡工程实际情况。因此,在确定该工程后评价指标体系过程中,首先应该对滑坡整治工程后评价指标进行初步拟定,然后经过专家咨询、信息反馈、统计、综合归纳等环节,最后确定该工程后评价指标体系。其基本步骤如下:

(1)针对具体问题收集相关资料,提出评价该工程后评价目标及其影响因素;

(2)分析和比较各影响因素之间的关系,对指标进行筛选;

(3)经过优化后确定指标之间的层次和结构,即得到评价指标体系。

7.3 评价指标体系建立和筛选原则

7.3.1 评价指标体系建立原则

在进行该工程综合后评价过程中，后评价指标不宜太多，也不能过少。指标过多，存在重复性，会受干扰；指标过少，可能所选的指标缺乏足够的代表性，具有片面性。因此，在建立该工程后评价指标体系时应遵循以下原则：

（1）系统性原则：该工程后评价指标体系应能全面反映评价对象的本质特征和整体特征，指标体系的整体评价功能大于各分项指标的简单总和，指标体系层次清楚、结构合理、相互关联、协调一致。

（2）一致性原则：该工程后评价评价指标体系应与后评价目标一致，充分体现评价活动的意图。所选的指标既能反映直接效果，又要反映间接效果，不能将与其项目后评价对象、后评价内容无关的指标选择进来。

（3）相对独立性原则：同层次上的后评价指标不应具有包含关系，保证指标能从不同方面反映该工程的实际情况。

（4）可测性原则：该工程后评价指标能够容易被测定或度量，用数字说话。后评价指标涵义要明确，数据要规范，资料收集要方便。因此，在建立指标参照系时，对若干与评价关系大的指标，虽然目前尚无法获得数据，但要作为定性指标设立，或作为建议考虑指标提出，以保持评价指标参照系的系统性和科学性。

（5）科学性原则：以科学理论为指导，以客观系统内部要素以及其本质联系为依据，定性与定量分析相结合，正确反映其项目整体和内部相互关系的数量特征。定量指标注意绝对量和相对量结合使用。

（6）可比性原则：该工程后评价的指标体系可比性越强、评价结果的可信度就越大。指标和评价标准的制定要客观实际，便于比较。其项目后指标标准化处理中要保持同趋势化，以保证指标之间的对比性。

7.3.2 评价指标体系筛选原则

在对评价因素进行筛选时，不仅要针对具体的评价对象、评价内容进行分析，还必须采用一些筛选方法对指标中体现的信息进行分析，剔除不需要的指标，简化指标体系。常采用的评价指标筛选方法主要有专家调研法，综合法，分析法，交叉法等。其中，专家调研法是一种向专家征求意见的调研方法。评价人可以根据评价目标和评价对象的特征，在所设计的调查表上列出一系列的评价指标，分别征询专家对所设计的评价指标的意见，然后进行统计处理，并反馈咨询结果，经几轮咨询后，如果专家的意见趋于集中，则最后一次咨询结果确定具体的评价指标体系。

7.4 评价指标体系的构建

采用专家调研法对该工程后评价指标进行筛选，结合I#滑坡病害及其整治工程的特点，根据滑坡整治工程后评价应包含的评价方法内容，建立了该工程后评价指标体系，指标体系包括：5项一级指标（A1~A5）、13项二级指标（B1~B13）、39项三级指标（C1~C39）与16项四级指标（D1~D16），并对各项指标进行了关键指标、次要指标、通用指标或特殊指标的分类，其指标体系主要内容见表2。

表 2　滑坡整治工程项目后评价指标体系

一级指标	二级指标	三级指标	四级指标	关键指标或次要指标	通用指标或特殊指标
经济后评价指标 A1	财务后评价 B1	财务净现值 C1		次要指标	通用指标
		财务内部收益率 C2			
	国民经济后评价 B2	经济内部收益率 C3		关键指标	通用指标
		经济净现值 C4			
过程后评价指标 A2	项目决策阶段后评价 B3	可行性研究后评价 C5		关键指标	通用指标
		决策程序后评价 C6			
	前期准备工作后评价 B4	工程招投标后评价 C7		关键指标	通用指标
		工程勘测后评价 C8			
		开工准备后评价 C9			
	实施阶段后评价 B5	建设工程执行情况 C10		关键指标	通用指标
		实际投资与计划投资的比例 C11			
		实际工程规模与计划工程规模的比较 C12			
		竣工验收情况 C13			
	运营阶段后评价 B6	运营阶段管理水平后评价 C14		关键指标	通用指标
		项目运营效果后评价 C15			
影响后评价指标 A3	社会影响后评价 B7	社会发展影响 C16		关键指标	通用指标
		科技进步影响 C17			
	环境影响后评价 B8	项目的污染控制 C18		次要指标	通用指标
		项目对自然资源的利用和保护 C19			
		项目的环境管理 C20			
可持续后评价指标 A4	内部持续性发展因素后评价 B9	管理措施的持续性 C21		次要指标	通用指标
		环境因素 C22			
		人才因素 C23			
	外部持续性发展因素后评价 B10	自然环境因素 C24		关键指标	通用指标
		社会环境因素 C25			
		经济环境因素 C26			

续表 2

一级指标	二级指标	三级指标	四级指标	关键指标或次要指标	通用指标或特殊指标
效果后评价指标 A5	整治前评价 B11	对滑坡的认识程度 C27	滑坡规模 D1	关键指标	通用指标
			滑坡成因 D2		
			变形破坏机制 D3		
			岩性及结构 D4		
			水文地质条件 D5		
			滑动面几何形状 D6		
			滑带土 c、φ 取值的合理性 D7		
			滑坡体分块合理性 D8		特殊指标
			浅层滑坡认识程度 D9		特殊指标
		整治工程设计合理性 C28	工程规模及造价 D10	关键指标	通用指标
			抗滑结构选择的合理性 D11		
			排水措施选择的合理性 D12		
			抗冲刷措施选择的合理性 D13		特殊指标
			抗滑结构设置位置的合理性 D14		通用指标
			抗滑结构受力的合理性 D15		
			工程设计实施的合理性 D16		
	整治中评价 B12	施工工期及难度 C29		次要指标	通用指标
		施工顺序合理性 C30		次要指标	
		质量控制措施合理性 C31		关键指标	
	整治后评价 B13	被保护对象整体使用效果 C32		关键指标	通用指标
		排水工程效果 C33			
		浅层滑动治理效果 C34			特殊指标
		抗冲刷措施效果 C35			特殊指标
		结构受力与设计值之比 C36			通用指标
		滑坡及抗滑结构位移状况 C37			
		整治后滑坡影响因素的改变状况 C38		关键指标	通用指标
		新技术、新工艺推广情况 C39		次要指标	

7.5 评价指标体系的应用情况

川藏公路前龙段 I# 滑坡整治工程后评价工作，按照表 1 构建的滑坡整治工程项目后评价指标体系相关内容，于 2010 年 12 月开始开展该工程后评价工作，2013 年 10 月完成了该工程项目后评价，2014 年 1 月 24 日，前龙段 I# 滑坡整治工程后评价报告，顺利通过了四川省交通运输厅组织的专家委员会验收。

8 结束语

（1）本文在项目后评价理论的基础上，根据前龙段 I# 滑坡整治工程的实际情况，对该滑坡整治工程项目后评价特点、遵守基本原则、后评价的主要方法和指标体系建立与筛选原则进行了初步探讨和分析，构建了滑坡整治工程后评价指标体系，为前龙段 I# 滑坡整治工程后评价工作顺利开展奠定了理论基础。

（2）本文构建的滑坡评价指标体系与方法主要是依托川藏公路前龙段 I# 滑坡整治工程项目建立的，需要在滑坡工程后评价中不断完善和改进，但又不失一般性，可为其他类似滑坡整治工程后评价采用（见表 2）。该评价指标体系中对各项指标进行了关键指标、次要指标与通用指标、特殊指标的分类，其中关键指标是滑坡后评价中需重点考虑的指标，次要指标相对影响程度较小；通用指标是所有滑坡整治工程后都可以采用的指标，而特殊指标则适用于川藏公路前龙段 I# 滑坡整治工程后评价，其他类似滑坡整治工程后评价也可参考选用。

参考文献

[1] 王恭先. 面向 21 世纪我国滑坡灾害防治的思考研究新进展[C]//兰州滑坡泥石流学术研讨会文集. 兰州：兰州大学出版社，1998，1-8.
[2] 郑明新. 滑坡防治工程效果的后评价研究[D]. 南京：河海大学，2005.
[3] 刘军，张倬元. 模糊综合评判方法在四川某公路深挖路堑边坡稳定性分析中的应用[J]. 地质灾害与环境保护，2000，11(3)：238-241.
[4] 杨燕雄，谢亚琼. 地质灾害治理工程项目后评价体系[J]. 中国地质灾害与防治学报，2010，21(2)：106-109.
[5] 耿强，曹集士，巫锡勇. 滑坡整治工程后评价分析[J]. 铁道工程学报，2011，5(125)：9-12.

某水电站坝前滑坡地质特征及稳定性分析评价

司富生

（中国电建集团西北勘测设计研究院有限公司　陕西西安　710065）

摘要：某水电站坝前滑坡为黄河上游某水电站库区典型的岩质滑坡，本文通过分析滑坡形成的影响因素，形成演化机制，初步查明了其形成原因，进而通过计算对其在各种工况下的稳定性以及水位的敏感性进行了分析，对于该电站的安全性和同类边坡的稳定性分析评价具有借鉴意义。

关键词：滑坡；影响移速；演化机制；稳定分析；敏感性分析

1　前言

本文所论述的滑坡位于黄河上游某水电站左岸坝前，为一典型的岩质滑坡。本文基于大量勘探资料，从滑坡基本特征等入手，指出影响滑坡形成的地形地貌、岩性、地质结构等因素，研究分析其形成的演化机制，进而评价水库蓄水后各种工况下滑坡的稳定性，并分析水位对其稳定性的敏感性。研究成果对于该水电站的安全性以及黄河上游水电建设中同类边坡的稳定性分析具有借鉴意义。

2　滑坡基本特征

2.1　滑坡空间形态

滑坡体位于近坝库区左岸上游约310 m处，滑坡体呈不规则扇形，上、下游两侧边界均为冲沟，后缘为新近系红层陡壁，平面面积约2万 m²，滑坡主滑方向为NW345°左右。前沿剪出口高程为3150 m左右，拔河高度30～40 m，后缘高程3240～3260 m，坡度约50°。剪出口下伏基岩以二长岩为主，岩体呈块状；上部以变质砂岩为主，呈层状结构，岩体多破碎；下游侧岸边为二长岩（图1）。

2.2　滑面特征

根据分析，勘探平洞PD洞深28～33 m处发育产状7°∠26°的缓倾坡外结构面（拉裂缝）为滑坡的主滑面。

该结构面上盘岩性为块状二长岩，下盘则为岩层褶曲的薄层状板岩；在平洞上游壁结构

作者简介：司富生（1975—）男，高级工程师，主要从事工程地质勘察工作，E-mail 1010810344@qq.com.cn

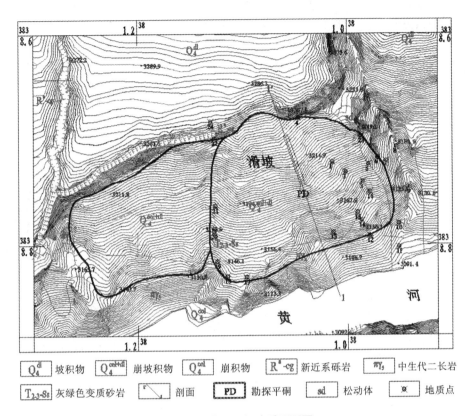

图 1　滑坡区工程地质平面图

面宽 1～5 cm, 充填岩屑、岩块, 下游壁宽 10～50 cm, 主要充填粒径小于 5 cm 的岩块, 夹 1～2 cm 的泥质。下游壁岩性以变质砂岩为主, 泥化严重, 力学性质较差。

3　滑坡形成影响因素和演化机制

3.1　影响因素

(1) 地形地貌

该滑坡的形成经历了漫长的发展过程, 其中地貌因素为: 因青藏高原在第三系以来的迅速隆起, 黄河河谷深切呈 V 形河谷, 河谷狭窄, 岸坡陡峻, 极易发生重力滑坡。黄河在此段由 SW 向逐渐转向 NW 向, 属凹岸的左岸一侧长期受河流侧蚀作用, 地质历史时期多次滑塌, 造成现在左右两岸不甚对称的地貌形态, 左岸坡度总体较右岸缓, 覆盖层厚度较大且植被发育。另外, 滑坡体上、下游为冲沟, 为滑坡形成创造了条件。

(2) 地层岩性

滑坡区的变质砂岩以中厚层状为主, 其中左岸岩层走向与岸坡近平行, 倾向岸里, 倾角较陡, 故斜坡容易产生倾倒变形。

滑坡体后缘顶部覆盖少量第四系坡积土, 滑坡后壁则主要出露第三系砾岩。滑坡体表面以崩、坡积物为主,厚约1 m,下伏基岩以变质砂岩为主,斜坡前缘以中生代二长岩为主。

根据平洞揭露情况,滑坡下伏基岩(滑床)主要以变质砂岩为主,局部为二长岩侵入体。其中0~30 m洞段主要为二长岩,发育大量卸荷裂隙及少量缓倾结构面,30 m以后洞内揭露薄层变质砂岩且泥化现象严重,发育层间错动带。地表二长岩主要出露于滑坡前缘剪出口下部,发育少量长大结构面。滑坡两侧冲沟揭露变质砂岩,距地表一定深度岩体风化破碎严重。

(2)地质构造

平洞揭露滑坡强卸荷岩体底界至洞内32 m处,卸荷裂隙发育,岩体风化严重;弱卸荷段主要发育层间错动带,薄层变质砂岩泥化现象严重。

根据分析,该滑坡为岩质滑坡,其形成主要受岩体结构控制。结合地表和平洞内大量的结构面统计结果,滑坡区优势结构面共4组(见图2,表1)。

(3)水文地质条件

勘探平洞洞内多条卸荷裂隙直通地表,与地表的水力联系密切,因无其他补给来源,分析认为洞内地下水主要来源于降水。平洞内地下水水量较大,在地下水作用下,薄层砂岩泥化现象严重,力学性质降低,易形成各类软弱结构面。地表水对滑坡的影响则为两侧冲沟在暴雨期形成洪水、泥石流不断冲刷切割滑坡侧壁。

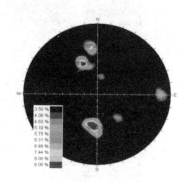

图2 滑坡岩体结构面等密图

表1 滑坡区优势结构面分组

分组	优势产状	特征
1	185°∠49°	层面及层间错动带主要发育在变质砂岩中,局部地段层面变化较大(岩体已发生较大弯曲倾倒变形)
2	336°∠50° 352°∠66°	主要为卸荷作用下产生的卸荷裂隙,呈陡倾、中陡倾状 在二长岩内发育较多
3	11°∠28°	缓倾坡外结构面,该组结构面发育较少,为底滑面
4	90°∠81°	该组结构面陡倾坡内上游侧,侧向切割面

3.2 滑坡形成演化机制

在黄河侵蚀下切作用下,形成陡峻的河谷地形,同时河弯凹岸的侧蚀作用,为滑坡的变形提供了有利的地形地貌条件。后期由于上、下游侧冲沟的切割,使滑坡部位脱离上、下游,两侧岩体构成单一孤立岩体。滑坡部位岩体破碎、植被发育,有利于地表水快速下渗入到岩体中,加速薄层砂岩泥化和软弱结构面形成。变质砂岩岩层陡倾坡内,受重力作用,岩层弯曲倾倒变形,其最终发展演化结果为岩层弯折底部拉裂并贯通,在外因诱发作用下(强降雨或地震),最终以此底面为滑动面形成滑坡(图3)。

分析认为,滑坡形成第一阶段为岩层倾倒引起的弯曲—拉裂[1],在滑坡底滑面逐渐形成后进入第二阶段即滑移—拉裂阶段,最终形成滑坡。

(1)弯曲—拉裂阶段

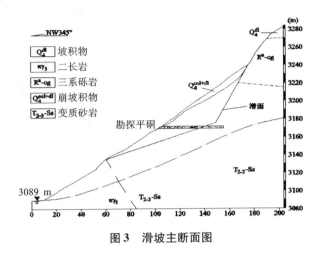

图3 滑坡主断面图

弯曲-拉裂主要发育在陡立或陡倾坡内的层状岩体中,陡倾薄层岩体在自重弯矩作用下,表部开始向临空方向作悬臂梁弯曲并逐渐向坡内发展(图4)。板梁弯曲剧烈部位产生折裂,随折裂不断发展,逐渐贯通形成与坡面近平行的裂隙(折裂面),最终形成滑面。平洞内变质砂岩段弯曲现象严重,岩层下部陡倾、上部弯曲成近水平状(图4b)。

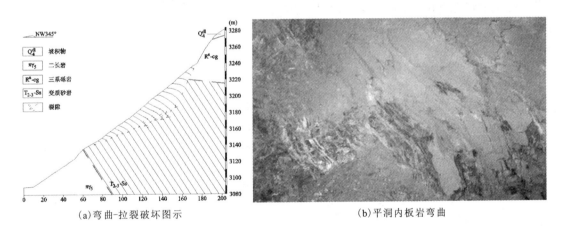

(a)弯曲-拉裂破坏图示　　　　　　(b)平洞内板岩弯曲

图4 弯曲—拉裂破坏

(2)滑移—拉裂阶段

主要发生在缓倾坡外层状体斜坡或块状斜坡中,斜坡岩体沿下伏软弱面向临空方向滑移[2],并使滑坡体拉裂解体[图5(a)]。弯曲—拉裂阶段形成的折裂面,在地下水等作用下形成软弱结构面,斜坡进入滑移—拉裂阶段,斜坡变形破坏主要受软弱面控制,其进程取决于滑移软弱面的产状及特性。在滑坡体滑移过程中,坡体出现大量拉裂状卸荷裂隙[图5(b)]。

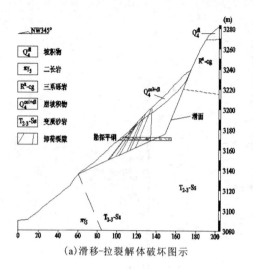

(a) 滑移-拉裂解体破坏图示

(b) 平洞内卸荷裂隙

图5 滑移—拉裂破坏

4 滑坡稳定性分析

滑坡上游边界冲沟切割相对较浅，下游冲沟切割深规模大，前缘出口段坡度较陡，阻滑能力较差。滑坡体地表植被发育，树木呈醉汉林状，存在大量马刀树现象，且表面坡积物质松散，降雨下渗速度快，不利于坡体稳定。滑坡后缘坍塌现象严重，尤其在雨季降水作用下，加剧了斜坡的不稳定性。另据平洞揭露，洞内软弱结构面力学性质差，洞口岩体卸荷裂隙发育，岩体破碎。从上述种种迹象判断，滑坡为一岩质古滑坡，宏观判断滑坡目前处于稳定状态。

（1）计算方法

计算采用刚体极限平衡法，计算时视滑体为均质刚性体，不考虑滑体本身的变形，指定滑面，且将地面、滑动面简化为折面，将均布力简化为集中力，并按折线的形状将滑坡体进行条块划分，采取不平衡推力传递法计算稳定系数。

（2）计算剖面

滑坡稳定性计算考虑天然条件、水库蓄水后不同库水位以及地震、库水位骤降等各种工况，选取滑坡主滑方向的纵断面为计算剖面（图6）。

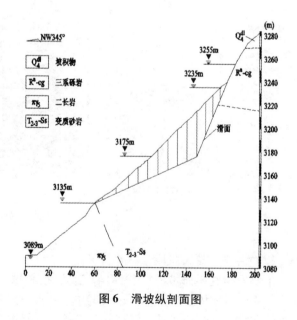

图6 滑坡纵剖面图

(3) 参数选取

滑坡体下伏基岩主要为变质砂岩和二长岩，二者力学性质相近，根据岩体力学试验成果取滑体参数为：天然密度 $\rho = 2.75 \text{ g/cm}^3$，饱和密度 $\rho_{\text{sat}} = 2.76 \text{ g/cm}^3$。滑面参数结合平洞揭露的滑面特征，按岩屑夹泥型结构面建议值选取，即天然状态下，$f=0.50$，$c=50$ kPa；饱和状态下，$f=0.45$，$c=20$ kPa。工程区地震设防烈度为Ⅶ度（按Ⅷ度复核），地震水平加速度为 $0.2\ g$。

(4) 计算结果及分析

黄河天然水位约 3089 m，剖面处滑坡前缘高程 3135 m。蓄水前稳定性计算表明，天然状态下滑坡的稳定性系数为 1.230，处于稳定状态；在地震荷载作用下稳定性降至 1.176，边坡仍处于稳定状态。

(5) 库水位敏感性分析

蓄水后库水位上升情况下，由于静水压力随库水位增加而增加，滑坡稳定条件变差。为分析滑坡稳定性对库水位的敏感性，进行不同库水位下滑坡稳定性计算。

表 2　滑坡稳定性计算结果

库水位/m		<3135	3145	3155	3165	3175	3195	3215	3235	3255
F_s	天然	1.230	1.203	1.150	1.106	1.022	0.970	0.941	0.922	0.917
	地震	1.176	1.150	1.099	1.056	0.975	0.928	0.902	0.885	0.880

计算表明（表 2、图 7）随着库水位上升，初期滑坡稳定性急剧下剧；当库水位大于 3175 m 后，滑坡稳定系数小于 1；但随库水位持续上升，其稳定性系数降幅减小。表明蓄水初期滑坡稳定性对水位变化敏感，到一定高程稳定性系数变化对水位的上升的敏感性变化一般。即水位达到施工导流堰前水位以上时，该滑坡有失稳的可能性，应在导流洞过水前对其采取必要的增稳治理措施。

考虑地震荷载作用下，滑坡稳定性对库水位上升的敏感性与天然状态下对库水位的响应特征基本相同，只是临界库水位较无地震时为低。

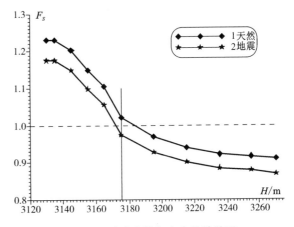

图 7　滑坡稳定性与库水位的关系

5　结语

(1) 滑坡体为位于坝前的岩质滑坡。滑坡形成的影响因素主要为深切河谷和侧缘沟谷切割形成的孤立岩体，陡倾岸里的破碎岩体形成的倾倒作用以及丰富的地下水作用。

（2）滑坡的形成分别经历了弯曲－拉裂、滑移－拉裂等阶段进而累进性破坏形成滑坡。

（3）稳定计算表明，天然状态下滑坡的稳定性较好，在地震状况下仍处于稳定状态。

（4）滑坡体对蓄水位的升高敏感性强，蓄水位升高至滑坡前缘附近滑坡可能失稳。

由于滑坡位于坝前，对工程影响较大，为保障工程施工安全，建议施工导流堰前水位时，该滑坡有失稳的可能性，应在导流洞过水前对其采取必要的增稳治理措施。

参考文献

[1] 张倬元，王士天，王兰生.工程地质分析原理［M］.北京：地质出版社，1994.
[2] 许东俊 陈从新 刘小巍等.岩质边坡滑坡预报研究［J］.岩石力学与工程学报，1999，18(4) 369－372.

声波测试在坝基灌浆效果评价中的应用

赵 斌 廖 强 翟联超 郭 蓓

(中国电建集团昆明勘测设计研究院有限公司 云南昆明 650000)

摘要：坝基基础固结灌浆及帷幕灌浆效果检测的主要方法有声波测试法和压水试验法。近年来，利用声波测试手段检测基础固结灌浆及帷幕灌浆效果的方法，在我国重点工程建设和大中型水电站建设中得到广泛运用。本文着重介绍了在观音岩水电站大坝基础灌浆试验中，声波测试检测灌浆效果的工作原理及其测试方法布置，根据灌浆前后波速提高率及波速分布概率统计分析，对建基岩体灌浆试验的效果进行评价。为大坝基础固结灌浆优化设计参数和施工工艺及时提供了科学依据。

关键词：灌浆；声波测试；观音岩水电站

观音岩水电站位于云南省丽江市华坪县(左岸)与四川省攀枝花市(右岸)交界的金沙江中游河段，电站枢纽布置为折坝线混合坝河中厂房方案，枢纽主要由挡水、泄洪、排沙、坝后厂房等建筑物组成。大坝由左岸及河床碾压混凝土重力坝和右岸堆石坝组成：混凝土重力坝坝顶高程为1139.00 m，坝顶长816.651 m，最大坝高为159 m；心墙堆石坝部分坝顶高程为1141.00 m，坝顶长341.349 m，最大坝高71 m，两坝型间坝顶通过5%的坡相连。

观音岩水电站坝址位于塘坝河口上游河段，河道向西凸出，流向由北西向转为北东向。枯水期江水面高程约1017 m，水面宽70～160 m(勘探剖面处宽约80 m)，水深8～10 m。勘探线正常蓄水位处谷宽1080 m。河谷为斜向谷，两岸地形不对称，山体雄厚。左岸受大平坝背斜和岩性控制，1120 m高程以下为宽250～300 m的缓坡，总体坡度小于20°，为斜向顺向坡；高程1120～1280 m地形较陡，坡度为35°～40°，为斜逆向坡；高程1280 m以上地势渐缓，总体坡度25°～30°。左岸最高峰为小火山，最高点高程为1457 m。右岸为逆向坡，Ⅲ级阶地保留完整，形成干坪子台地，台地外缘高程为1080 m，长约2.1 km，宽400～700 m。阶地前缘至江边坡度35°～40°；两岸冲沟较发育，左岸龙井沟和腊乌度沟较大且切割较深，并有常年水流。此次对观音岩电站坝基岩体灌浆前后采用声波法所测得的岩体的波速简单评价灌浆效果。

1 工作原理

(1)单孔声波测试是测试声波在孔壁岩体中的传播速度来了解孔壁周围岩体质量的声速测井。单孔声波测试采用单发双收探头，其原理如图1所示。

在声速测孔中装有声波发生器 F，接收换能器 S_1 和 S_2。在 t 时刻发生器 F 发射声波，以

作者简介：赵斌(1979—)，男，硕士研究生，高级工程师，主要从事水利水电工程地质、工程物探及安全监测。

散射角 θ 经过井液射向井壁。

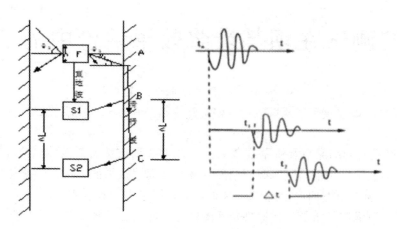

图1　单发双收声波测试原理图

按斯奈尔定律，第一临界角 $i = \arcsin(V_1/V_2)$，其中 V_2 为岩体波速，V_1 为水的波速。当 $\theta > i$ 时，将有一束声波通过井液，以临界角 i 射入岩体中，并在孔壁产生滑行纵波。根据惠更斯原理，沿孔壁滑行纵波每一点都成为新的波源，又以临界角 i 的声波束折射到钻孔中，并被接收换能器 S_1（t_1 时刻）和 S_2（t_2 时刻）接收。声波速度按下式计算：$v_p = \Delta L/(t_2 - t_1)$，式中 ΔL 为两接收换能器间的距离。记录点位置在两个接收换能器中点。单孔声波测试要求在探头与孔壁间有井液耦合，并且在无套管的孔段内进行。现场测试一般是先将单发双收探头放到孔底，然后沿钻孔以每 20 cm 测试一点孔壁岩体的声波速度，提升探头进行测试，即可得到一条从孔底到孔口随深度变化的波速曲线，通过不同深度点波速值对岩体质量进行分析。单孔声波测试得到的弹性波纵波速度主要反映孔壁附近岩石质量情况，通过对比分析灌浆前后波速曲线，即可对灌浆效果作出评价。

（2）跨孔声波测试反映两孔间岩体的平均波速变化情况，测试原理如图2所示。

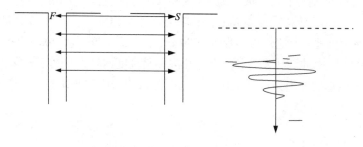

图2　单发单收声波测试原理图

现场测试时，收发换能器分别置于两个钻孔中，激发换能器 F 激发的声波穿过岩体到达接收换能器 S，就可在仪器上读出首波到达的时间 t。由于 F 和 S 在孔中的位置已知，根据 F 和 S 点坐标，算出两点间的空间距离，就可得出两点之间岩体的声波波速值，声波速度按下式计算。

$$\nu_p = \sqrt{(x_1-x_2)^2+(y_1-y_2)^2+(z_1-z_2)^2}/t$$

然后根据波速来对两孔间的岩体质量进行评价。跨孔测试观测方式有水平同步穿透和斜同步穿透两种，本次测试采用水平同步穿透的观测方式。

2 工作方法

此次固结灌浆试验物探检测工作在左岸有盖重固结灌浆试验区（Ⅱ区）、无盖重固结灌浆试验区（Ⅲ区）以及溶蚀区（Ⅳ区）进行。对物探测试孔按灌浆试验工作大纲要求分别做单孔、跨孔声波测试。

物探检测工作使用的仪器有：武汉岩海公司生产的 RS-ST01C 非金属数字声波仪，奥成科技公司生产的大功率震源系统，并配单发双收井下探头、单发单收井下探头及武汉力博物探有限公司生产的 LB-孔中弹模仪。

单孔声波测试测点距 0.2 m，跨孔声波测试测点距 0.5 m，采用水平同步方式。

3 测试成果分析

本文主要对单孔声波测试以及测区内波速统计规律来简要说明声波测试成果。

（1）单孔声波测试

单孔声波以左岸有盖重固结灌浆试验区（Ⅱ区）的物探孔 ZKⅡ-W2 为例，设计孔深 26.5 m，0.0~1.5 m 为砼盖重，灌浆前后均做了单孔声波测试，灌前测试孔深 13.0 m 以上段漏水严重。从成果图表中可以看出：灌前波速分布在 1.68 和 4.85 km/s 之间，平均波速 3.16 km/s；灌后波速分布在 2.0 和 5.0 km/s 之间，平均波速 3.50 km/s。从图 3 波速曲线来看，孔深 1.8~7.8 m 段灌前波速较低，平均波速 2.04 km/s，灌后该段波速提高幅度较大，但波速总体仍较低，平均波速 2.56 km/s；孔深 8.0~18.0 m 段波速曲线波动较大，灌前平均波速 3.28 km/s，灌后平均波速 3.59 km/s；孔深 18.0 m 以下段波速曲线波动仍较大。总的来看，灌后波速提高率为 0.0%~69.71%，波速平均提高率为 14.04%，灌前低波速测点灌后波速提高幅度相对较大，说明灌浆对改善岩体质量起到了一定的效果。但是受钙质流失影响的浅部岩体，灌浆后岩体波速整体仍较低，大多在 2.5 km/s 左右。

（2）灌浆前后岩体波速特征分析

为便于更好地比较不同部位、不同岩性的岩体灌浆前后的波速特征，分别按建基面上、下和不同岩性统计了Ⅱ试区灌浆前后单孔波速特征。

Ⅱ试区测试孔段均在建基面高程以上，从灌浆前后一个原位孔统计结果看：不同岩性岩体的灌后波速提高率在 11.43% 和 14.49% 之间略有差别，但差异不大，说明岩体可灌性主要受岩体的完整性影响。从统计结果中也可看出，含泥质、粉砂岩类岩体灌前平均波速较低，平均波速都小于 2.50 km/s，而灌后平均波速提高幅度较大，都在 3.10 km/s 以上，说明低波速岩体在灌浆后岩体质量得到了较大的改善。

Ⅱ试区建基面以上分为卸荷上和卸荷下两段。按卸荷上、下汇总统计单孔声波见表 1，波速概率分布见图 4~图 5；各测点按 0.5 km/s 波速分段统计累积频率分布见图 6，其表示的是小于某波速的测点所占百分比（以下各区相同）。

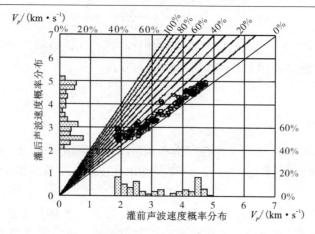

图 3　ZK Ⅱ -W2 灌浆前后波速分布及波速提高率分布图

表 1　Ⅱ试区卸荷上、下岩体单孔声波汇总统计表

测试阶段	建基面上				Ⅱ试区平均波速 /(km·s^{-1})
	卸荷上		卸荷下		
	测点/个	平均波速 /(km·s^{-1})	测点/个	平均波速 /(km·s^{-1})	
灌前	163	2.72	78	3.60	3.00
灌后第 1 次检查	172	3.44	60	4.35	3.68
灌后第 2 次检查	152	3.46	74	4.31	3.74

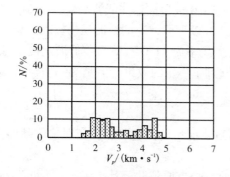

图 4　Ⅱ试区灌前单孔波速概率分布

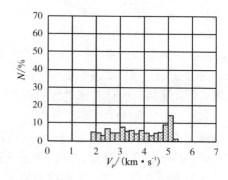

图 5　Ⅱ试区灌后单孔波速概率分布

从统计表和成果图可以看出：整体来看，Ⅱ试区灌前单孔波速平均值 3.0 km/s，波速在 3.0 km/s 以下的测点所占比例较大，约占了 55%；灌后第一次检查单孔波速平均值 3.68 km/s，灌后第二次检查单孔波速平均值 3.74 km/s，灌后波速在 3.0 km/s 以下的测点所占比例小于 30%，灌后波速平均值相对灌前有较大提高。综合灌浆前后原位测试孔声波测试成果，其波速平均提高率为 14.04%，总体表明灌浆对改善岩体的质量有较明显的效果。但

是受钙质流失影响的浅部岩体,灌浆后岩体波速仍较低,大多在 2.5 km/s 左右。

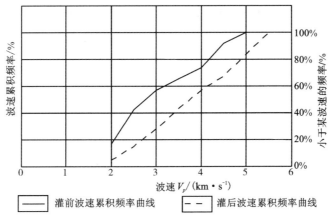

图 6　Ⅱ试区建基面上单孔波速累积频率曲线

(3)灌浆试验区不同龄期声波测试成果

不同龄期的单孔声波测试在左岸有盖重固结灌浆试验区(Ⅱ试区) ZKⅡ-J2、ZKⅡ-J4 和右岸有盖重固结灌浆试验区(Ⅴ试区) ZKⅤ-21 和 ZKⅤ-23 钻孔中进行。灌浆后不同波速段随各个龄期波速提高率变化曲线见图 7。图中灌后不同龄期波速提高率曲线是按 0.5 km/s 的波速分段分别统计灌浆后不同龄期各波速段与灌浆前相比的波速提高率平均值作图,图中曲线表示的灌浆后不同波速段随各个龄期波速提高率变化趋势。

从统计成果图中可以看出:与灌前相比,灌后 3 天波速无大变化,波速提高率较小,3.0 km/s 以下的波速提高幅度也只有 5%~7%,3.0 km/s 以上的波速随波速增高提高率减小,但均在 5% 以下;灌后 7 天波速提高率幅度要大一些,尤其是 3.0 km/s 以下的波速提高率为 10%~15%,3.0 km/s 以上的波速随波速增高提高率减小,一般在 10% 以内;灌后 14 天波速提高幅度要更大一些,3.0 km/s 以下的波速提高率为 15%~25%,大于 3.0 km/s 的波速随波速增高提高率减小,一般在 15% 以下。

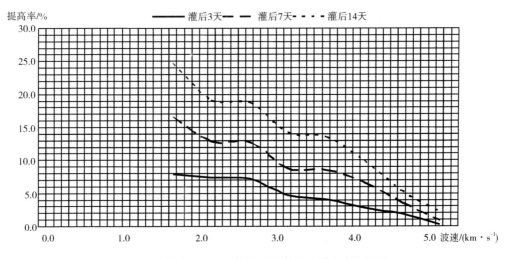

图 7　灌浆试验区不同龄期各波段波速提高率统计图

总的来看，灌后龄期越长，波速提高率越大；3.0 km/s 以下的波速提高率较大，3.0 和 4.0 km/s 之间的波速提高率相对平稳，4.0 km/s 以上的波速提高率随波速增高降幅较大，高波速段波速提高率随龄期增长变化不大。由于本次进行试验孔数偏少，测试统计样本数有限，其统计结果还难以定量描述灌浆后不同龄期间的岩体波速变化的相关关系。

4 结语

在水利工程建设过程中，根据地质勘察资料进行坝基选址，所选址处往往需要进行坝基固结灌浆以及帷幕灌浆，而目前声波测试法是检查坝基灌浆效果的一个无损手段。本文着重通过对观音岩水电站坝基灌浆试验区的部分灌浆孔进行声波测试工作，来简单说明声波测试在坝基灌浆效果评价中的应用。根据上述声波测试结果的部分统计归纳，可以看出声波测试在坝基灌浆效果评价中起到一种无损测试的手段，且在一定程度上能很好地反映灌浆前后岩体整体性改善的程度。建议在坝基整个灌浆试验区有针对性地布置大量的测试孔，分别对灌浆前和灌浆后进行单孔以及跨孔声波测试，这样通过大量的声波测试数据的统计可在较好的程度上反映坝基灌浆的效果。

参考文献

[1]孙笑.波动理论在岩土工程测试中的应用研究进展[J].重庆交通大学学报(自然科学版)，2013，(01).
[2]中国水利电力物探科技信息网.工程物探手册[M].北京：中国水利水电出版社，2011.

鲁地拉水电站帷幕灌浆第三方质量检查及效果评价

王光明[1]　张正雄[1]　曹林[1]　杨继芳[1]　邱雨[2]

(1 中国电建集团昆明勘测设计研究院有限公司　云南昆明　650033)
(2 昆明龙慧工程设计咨询有限公司　云南昆明　650033)

摘要：本文介绍了第三方质量检查的特点、目的、方法及检查孔布置原则，并以鲁地拉水电站帷幕灌浆第三方质量检查为例，综合利用钻孔取芯、压水试验、全孔壁数字成像等手段，以压水试验成果为主来评价帷幕灌浆质量。同时，结合第三方质量检查现状及存在的问题，提出应保证第三方检查独立性、强化第三方检查数据的作用及增加抽检孔比例。

关键词：帷幕灌浆；第三方质量检查；效果评价；鲁地拉水电站

1　前言

第三方检查又称公正检查，指独立于项目建设单位和项目承包商之间，控制质量的第三方独立检查机构，以独立、公正、客观的非当事人身份，依据有关规程规范、设计要求、标准或合同等所进行的质量检查活动[1]。

近年来，第三方质量检查的理念也越来越多地得到我国一些建设单位的认同[2]，特别是在大型水电水利隐蔽工程施工中，第三方质量检查已被广泛采用，如小湾、梨园、糯扎渡、龙开口、溪洛渡、大岗山、向家坝、观音岩、鲁地拉、白鹤滩、双江口等水电站都相继引进了第三方质量检查，进一步提高了隐蔽工程质量管理水平，取得了良好的建设效果。本文以金沙江鲁地拉水电站为例，介绍了第三方质量检查的特点、目的、方法及检查孔布置原则，并以鲁地拉水电站帷幕灌浆第三方质量检查为例，综合利用钻孔取芯、压水试验、全孔壁数字成像等手段，以压水试验成果为主来评价帷幕灌浆质量。

2　工程概况

鲁地拉水电站是金沙江中游河段规划八个梯级电站中的第七级电站，是一座以发电为主，兼有水土保持、库区航运和旅游等综合利用功能的大(1)型工程。鲁地拉水电站总装机容量2160 MW，保证出力946.5 MW，多年平均年发电量99.57亿kW·h，年利用小时数4610 h，正常蓄水位1223 m，总库容17.18亿m^3，调节库容3.76亿m^3，具有日调节性能。

作者简介：王光明(1985—)，男，硕士研究生，高级工程师，主要水电水利工程地质及岩土工程勘察，灌浆工程。

鲁地拉水电站枢纽主要建筑物由碾压混凝土重力坝和右岸地下厂房组成。碾压混凝土重力坝顶高程1228.00 m，最大坝高140 m，从左至右依次为左岸挡水坝段、泄水坝段(5个表孔+2个底孔)、右岸挡水坝段。防渗帷幕由大坝帷幕和地下厂房防渗帷幕两部分组成。

3 第三方质量检查方法与技术

3.1 第三方质量检查特点

检验施工单位的灌浆质量，由原先的施工单位灌浆并进行质量自检转变为施工单位自检合格的基础上，由专业的第三方检查机构检验模式。通常，该模式由建设单位通过与第三方检查机构签订委托合同，依据有关法律、法规、规程规范，开展独立的检查活动[3]，笔者参加过大岗山、鲁地拉、糯扎渡、观音岩等水电站灌浆工程第三方检查。独立性、公正性和客观性是第三方检查机构存在的前提[4]，也是其特征。

3.2 第三质量检查目的

检查采用钻孔取芯、压水试验、物探检测等方法，检测灌后及补灌后岩体的渗透性及孔内裂隙的充填情况，目的是测定坝基渗透指标、了解坝基防渗性能，并通过取芯验证和确定灌浆质量控制情况。

3.3 第三方质量检查方法

(1)钻孔取芯：通过对岩芯的观察，直观判断岩体裂隙、孔隙及破碎带中水泥结石的充填饱满度及固结情况[5]。

(2)压水试验：了解帷幕岩体的透水率，以评价帷幕灌浆质量是否满足设计要求。

(3)钻孔声波测试分单孔声波法和对穿声波监测。单孔声波法：通过在钻孔中每间隔一定距离测试一点孔内的声波速度，从而得到一条沿钻孔方向从孔口到孔底随深度变化的曲线，根据钻孔内测出的弹性波纵波速度就可对岩体质量进行评价。对穿声波法：根据两点之间岩体的声波波速值来进行两个钻孔之间的岩体质量评价。

(4)钻孔全景图像检测：直接观察钻孔孔壁岩石的地质信息，具有直观性、真实性等优点。

3.4 检查孔数量及布置原则

第三方检查孔数量一般不少于施工帷幕灌浆孔的3%~5%，并保证在每个灌浆工程单元内布置有1~2个抽检孔，对于河床、地质条件较复杂等部位适当加密检查孔。若检查不合格，该单元应加倍检查。抽检孔孔深与相邻灌浆孔孔深一致[1]。

检查孔布置原则是，根据原地质勘察成果、灌浆廊道开挖揭示的地质条件以及原施工单位提交的灌浆成果数据来布置检查孔，即在地质条件相对较差部位，前期勘探洞回填封堵段，灌末序孔注入量大的孔段附近，钻孔偏斜过大的部位，灌浆情况不正常以及分析认为帷幕灌浆质量有问题的部位，溶蚀发育部位及压水试验透水率大的地段布置检查孔。抽检孔孔位由检测方根据施工方提供的灌浆成果分析，初步确定抽检孔布设及具体检查内容，编报方案经发包人会同设计批准后实施,或由业主、设计、监理、第三方研究确定。

4 质量检查成果分析与评价

鲁地拉水电站帷幕灌浆第三方质量检查共完成了 1#~4# 灌浆洞、21#~23# 坝段共 31 个孔的检测。现以 4# 灌浆洞检查成果为例进行分析[5]。

第三方检查工作于 2012 年 11 月 16 日正式开展,共布置 6 个检查孔(其中 3 个用于检测混凝土与基岩接触段灌浆情况),完成钻孔取芯 196.5 m,钻孔孔斜测量点 20 个,压水试验 48 段次,全孔壁数字成像长度 196.5 m。

4.1 钻孔取芯成果分析

(1)检查孔岩芯采取率。为保证第三方检查孔取芯质量,根据地质条件及技术要求选取各种硬度的金刚石钻头和各种规格的钻具,本次检查孔全部采用"单动双管"工艺技术钻进,岩芯采取率达 95% 以上。

(2)检查孔水泥结石。水泥结石的多少与岩体的完整程度呈正相关关系,在保证灌浆质量的前提下,岩体越破碎,揭露的水泥结石越多,反之亦然。因此水泥结石的多少只能近似反映灌浆质量的好坏。

在 4# 灌浆洞的 6 个检查孔取芯 196.5 m,共揭露水泥结石 10 处,水泥结石相对较少,说明坝基岩体相对较完整。检查孔水泥结石多为灰白色,水泥结石一般厚 0.2~0.9 cm,充填密实、连续。图 1 为水泥结石典型照片。

图 1 水泥结石典型照片

(3)检查孔岩体。检查孔岩体较完整,岩体结构以薄层状~中厚层状,节理发育,以中等-陡倾角节理为主,面多平直光滑,节理面微张-闭合,方解石、石英、黑云母等沿裂隙不规则充填,部分无充填。岩芯以短柱状、柱状为主,长柱状、块状次之,柱状岩芯长一般 5~30 cm,最长 50 cm。

4.2 钻孔压水试验成果分析

4.2.1 钻孔测斜

钻孔测斜采用 KXP-2 测斜仪分段进行,钻孔底偏差值符合表 1 要求。

表 1 帷幕灌浆检查孔孔底偏差值

孔深/m	20	30	40	50	60	>60
最大允许偏差值/m	0.25	0.45	0.70	1.00	1.3	1.5

4.2.2 检查孔压水试验段长和压力值

检查孔压水试验段长和压力,按照监理下发的相关会签文件执行。第一段、第二段长 2 m,第三段长 3 m,以下各段为 5 m。压力值各工程部位均不相同,以监理文件为准。

4.2.3 压水试验成果分析

4#灌浆洞共进行压水试验 48 段次,透水率小于或等于 2 Lu 的有 45 段,占总段数的 93.8%;透水率大于 2 Lu 的有 3 段,占 6.1%,见表 2。根据《金沙江鲁地拉电站坝基水泥帷幕灌浆施工技术要求》规定,质量检查评定标准:帷幕灌浆设计防渗标准为 2 Lu;坝体混凝土与岩石接触段及其下一段的透水率的合格率为 100%;其余孔段的合格率不小于 90%,不合格时段的透水率不超过 3 Lu,且分布不集中,即认为合格。

表 2 4#灌浆洞压水试验透水率大于 2 Lu 统计表

单元编号	孔号	段次	压水试验孔段/m	压力/MPa	流量/(L·min^{-1})	透水率/Lu
1 单元	4D-J3	1	0.5~2.5	0.4	3.9	4.88
2 单元	4D-J5	2	2.5~5.5	0.8	7.2	3.0
4 单元	4D-J1	12	45.5~50.5	1.0	11.1	2.2

4.3 钻孔全孔壁数字成像检测分析

钻孔全孔壁数字成像检测分析成果:透水率大于 2 Lu 段孔壁粗糙,透水率合格段孔壁较光滑。其检查成果与压水试验、钻孔取芯成果一致。

4.4 综合分析与评价

(1)1#单元检测成果综合分析与评价

压水试验不合格段为 4D-J3 号孔第 1 段,压水试段位置为 0.5~2.5 m,为混凝土与基岩接触段,透水率 4.88 Lu。根据取芯和全孔壁数字成像检测可知,1.1~2.5 m 段岩体破碎,未揭露到水泥结石。

按相关技术要求规定,1#单元帷幕灌浆施工质量未达到设计标准,不合格。但除接触段透水率超标外,其余段均合格,建议重点对接触段进行补灌。

(2) 2#单元检测成果综合分析与评价

2#单元布置1个检查孔(4D-J5号孔),主要检查混凝土与基岩接触段灌浆情况,共进行压水试验2段次,总满足率为50%,透水率最大值3.0 Lu,最小值0.75 Lu。透水率不合格段试段位置为5.5~3.5 m,为混凝土与基岩接触段下一段,按相关技术要求规定,2#单元帷幕灌浆混凝土与基岩接触段及其下一段帷幕灌浆施工质量未达到设计标准。

(3) 3#单元检测成果综合分析与评价

3#单元布置1个检查孔(4D-J2号孔),共进行压水试验14段次,总满足率100%,透水率最大值1.88 Lu,最小值0.24 Lu。按相关技术要求规定,3#单元帷幕灌浆施工质量达到设计标准,质量合格。

(4) 4#单元检测成果综合分析与评价

4#单元布置2个检查孔(4D-J1、4D-J6号孔),共进行压水试验16段次,总满足率93.75%,透水率最大值2.2 Lu,最小值0.24 Lu。压水不合格段试段位置为45.5~50.5 m,透水率2.2 Lu,小于3 Lu。按相关技术要求规定,4#单元帷幕灌浆施工质量达到设计标准,质量合格。

5 结语

第三方质量检查是较科学、规范的质量管理模式,以独立、公正、客观的原则服务于建设单位,为工程建设,尤其是为灌浆工程科学地采集数据,正确地评价灌浆工程质量,对保证灌浆施工质量满足设计要求起到了积极作用[1]。但由于第三方质量检查在国内起步较晚,且没有相关标准强制执行,故目前的水电站灌浆工程第三方检查多是在质量不可控情况下的权宜之计,这值得业主、设计、监理、施工方及质量监督部门去研究和探讨。

(1)帷幕灌浆第三方检查单位往往受业主委托,承担帷幕灌浆质量第三方检查,要保证检测的独立性、公正性和客观性,业主必须从保证工程质量大局出发,大力支持第三方检查工作,才能保证第三方质量检查的独立性。否则,第三方检查仅流于形式。

(2)目前,第三方检查数据仅作为业主进行工程质量管理的参考依据,当第三方数据显示灌浆质量不合格时,业主只能以推迟工程款结算方式强制施工单位进行补灌,效果不明显。建议在签订帷幕灌浆施工合同时,增加"帷幕灌浆质量评定以双方认可的第三方质量检查机构数据为准"条款,以强化第三方检查数据的作用。

(3)现行帷幕灌浆第三方质量检查孔抽检比例偏低,不能真实反映灌浆质量状况。建议第三方检查孔抽检比例应不少于灌浆总孔数的5%~8%,甚至可以与自检孔比例相同。

参考文献

[1] 王光明,苏经仪,阳正强等.浅论第3方质量检测在灌浆工程质量控制中的应用[J].云南水力发电,2015,31(3):144-146.
[2] 张琳,李少明.浅论第三方质量检查在工程建设中的作用[J].浙江水利科技,2006,(1):80-81.
[3] 关磊.第三方质量检测监督的特点及工程应用实例[J].水利技术监督,2011,(5):31-33.
[4] 水利部水工金属结构质量检验测试中心.水利水电建设工程质量第三方检查重要性[EB/OL].http://

wenku. baidu. com/view/c854b2c1d5bbfd0a79567391. html, 2012.8.17.
[5] 夏峻峰,岳雪波,张绍奎等.大坝帷幕灌浆第三质量检查及效果评价[J].人民长江,2013,44(6):89-92.
[6] 曹林,张存德.金沙江鲁地拉水电站坝基帷幕灌浆第三方质量检测中间报告[R].昆明:中国电建集团昆明勘测设计研究院有限公司,2014.

第三方检测在广东清远蓄电站水道灌浆的应用

钟筱贤

(中国电建集团中南勘测设计研究院有限公司　广东广州　410014)

摘要：本文通过第三方对广东清远蓄电站水道灌浆质量检测施工,详尽地介绍了第三方检测施工的全过程、关键施工技术要点及检测成果分析。检测表明,第三方检测可以独立地检测原灌浆施工单位的施工质量是否满足设计要求,发现问题及时弥补解决,对水道灌浆项目有保驾护航的作用,灌浆项目的第三方检测值得大力推广。

关键词：第三方检测；电站灌浆

1 概述

1.1 工程概况

清远抽水蓄能电站位于广东省清远市清新县太平镇境内的秦皇河上游段,站址距清远市约25 km,距广州市约75 km。电站总装机容量1280 MW。

水道系统建筑物包括：上库进出水口、下库进出水口、上库闸门井、下库闸门井、输水隧洞、尾水调压井及尾调通气洞等。

1.2 检测范围

本次检测范围：引水竖井上弯段、引水竖井下弯段、中平洞、斜井上弯段、斜井下弯段、下平洞、尾水岔管、尾水支管、尾水洞、尾水调压井、2#施工支洞、3#施工支洞、下水库泄洪洞及竖井等部位固结灌浆和帷幕灌浆第三方检测。

1.3 完成工程量

工程量完成情况及分析见表1。

表1　工程量完成情况分析表

序号	项目名称	设计工程量/m	已完成工程量/m	完成百分比/%	备注
1	固结灌浆压水检查	638	670	105	
2	帷幕灌浆压水检查	35	41	117.1	
3	取芯检查	150	0	0	

作者简介：钟筱贤(1975—),男,高级工程师。

2 施工组织

2.1 施工方案设计

第三方压水试验检测的检查孔,孔位、孔深、段长、压力等参数由设计确定;造孔与封孔由原灌浆施工单位完成;我公司负责对检查孔孔段进行压水试验检测。

2.2 施工依据

(1) 合同文件、会议纪要、协调例会备忘录;
(2) 技术工作联系单及设计修改通知单;
(3)《广东清远抽水蓄能电站工程施工支洞堵头混凝土、灌浆施工技术要求》;
(4)《广东清远抽水蓄能电站工程输水系统灌浆施工技术要求》;
(5)《水工建筑物水泥灌浆施工技术规范》DL/T5148-2012。

2.3 施工部署

2.3.1 人员组织

管理人员共2人,技术人员4,普工及其他人员2人。

2.3.2 施工机械

主要施工机械设备见表2。

表2 主要施工机械设备表

序号	名称	规格/编号	单位	数量	备注
1	钻机及压水管路		台套	1	由原灌浆施工单位负责
2	灌浆自动记录仪	LJ-V	台套	1	

2.3.3 施工布置

(1)施工用水
生产用水从原施工单位就近的水路系统引接。
(2)施工用电
施工用电从原施工单位就近的电源接线点引接。
(3)施工道路
利用现场已修建好的场内道路。
(4)施工排水、排污布置
施工过程中产生的废水、废浆,利用原施工单位灌浆施工时设置的排水、排污系统进行沉淀、抽排、除渣。

3 施工方法

3.1 施工总程序

第三方检测施工总程序见图1。

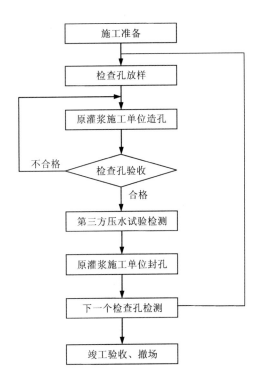

图1 施工总程序图

3.2 压水试验施工

3.2.1 施工工艺流程

施工工艺流程如下:施工准备→钻孔放样→钻机机台搭设→钻机安装固定→第一段钻进及取芯(要求取芯时)→钻孔冲洗→压水试验→第二段及以下各段的钻进、取芯及压水试验→终孔。

3.2.2 钻孔和取芯

本项目全部钻孔和取芯工作由原灌浆施工单位负责。

3.2.3 压水试验

压水试验在相应孔段钻孔完毕、钻孔冲洗后进行,对于所有检测范围固结灌浆与帷幕灌浆均采用单点法压水检查。

3.2.3.1 施工准备

压水试验前,根据钻孔孔深和段长,计算好卡塞深度,计算好试验器下管长度、配好试验管,调试好压水泵、校验压力表、流量计等工作。

3.2.3.2 下管卡塞

压水试验用的阻塞器,采用顶压式栓塞,其卡塞的位置如下:

(1)在隧洞顶拱120°范围内,阻塞器卡塞在砼内,先检查砼与基岩接触面的灌浆效果(压力为1.0 MPa),再将阻塞器卡塞在基岩内,再检查基岩的透水率(压力为灌浆压力的80%)。

(2)其他部位由于灌浆压力较大,为避免压水时对砼抬动,阻塞器卡塞在基岩,一般在试验段顶以上50 cm处,在地层破碎、不易卡塞处,阻塞器适当上移,并做好相应记录。

3.2.3.3 压水试验

(1)试验压力

在隧洞顶拱120°范围内,分两段进行压水检测检查孔:第一段压水试验压力为1.0 MPa;第二段压水试验压力为灌浆压力的80%。其他部位的检查孔压水试验压力为灌浆压力的80%。

(2)试验段长

压水试验从孔口至孔底分段进行,压水试验分段长度按设计提供的参数确定。

(3)试验记录

压水试验记录:采用自动记录仪和手工记录同步记录。当两者出现较大差异时,立即停止压水试验,查明原因并校验正常后,再继续进行。自动记录仪器采用中南工大LJ-V型灌浆自动记录仪,其压力计和流量计精度均能满足相关技术要求。手工记录采用人工即时记录。

(4)压水试验结束标准(压水试验技术要求按DL/T5148-2012附录B执行):在该孔段规定压水压力下每3~5 min测读一次压入流量,当连续四次读数中最大值与最小值之差小于最终值的10%,或最大值与最小值之差小于1 L/min时,本阶段试验结束,取最终值作为计算值。

(5)合格标准

1)固结灌浆的检验

①固结灌浆质量检查孔压水试验采用单点法。

②固结灌浆检查孔合格标准为:85%以上试验段的透水率不大于设计规定值,水泥灌浆的透水率小于2 Lu,化学灌浆的透水率小于1 Lu;其余孔段的透水率:水泥灌浆的透水率小于3 Lu,化学灌浆的透水率小于1.5 Lu,且分布不集中。

2)帷幕灌浆的检验

①帷幕灌浆质量检查孔压水试验采用单点法。

②帷幕灌浆检查孔合格标准为:90%以上试验段的透水率不大于设计规定值:水泥灌浆的透水率小于1 Lu,化学灌浆的透水率小于0.5 Lu。不合格试验段的透水率小于设计规定20%,且不合格段的分布不集中。

(6)不合格孔段处理

当压水试验存在不合格孔段时,及时将压水试验成果汇总整编后上报监理及业主,由业主及监理确定处理意见。

3.2.4 封孔

封孔工作由原灌浆施工单位负责。

3.3 压水试验成果资料分析

3.3.1 尾水支管

尾水支管总共布置了 33 个固结灌浆检查孔，共 43 段压水，平均透水率为 0.05 Lu，最大值为 0.18 Lu，最小值为 0 Lu，其中 $q<1$ Lu 的孔段占 100%，检查孔压水试段透水率都满足设计要求。

尾水支管总共布置了 24 帷幕检查孔，共 27 段压水，平均透水率为 0.31 Lu，最大值为 5.85 Lu，最小值为 0 Lu，其中 $q<1$ Lu 的共 26 段，占 96.3%，只有 $1^\#$ 尾支 0+50.5，孔位 300°处的检查孔，阻塞器卡塞在砼内，检查砼与基岩接触面的灌浆效果时，检查孔附近砼表面渗水，透水率达到 5.85 Lu，不满足设计要求（此部位为化灌区，$q<0.5$ Lu），其他部位的检查孔压水试段透水率都满足设计要求。

3.3.2 尾水调压井

尾水调压井共布置 55 个检查孔，共 56 段压水，平均透水率为 0.06 Lu，最大值为 0.95 Lu，最小值为 0 Lu，其中 $q<1$ Lu 的孔段占 100%，检查孔压水试段透水率均满足设计要求。

3.3.3 尾水岔管

尾水岔管共布置 27 个检查孔，共 38 段压水，平均透水率为 0.05 Lu，最大值为 0.18 Lu，最小值为 0.01 Lu，其中 $q<1$ Lu 的孔段占 100%，检查孔压水试段透水率都满足设计要求。

3.3.4 尾水隧洞

尾水隧洞共布置 49 个检查孔，共 67 段压水，平均透水率为 0.09 Lu，最大值为 0.69 Lu，最小值为 0.01 Lu，其中 $q<1$ Lu 的孔段占 100%，检查孔压水试段透水率都满足设计要求。

3.3.5 引水竖井上弯段

引水竖井上弯段总共布置了 8 个固结灌浆检查孔，共 8 段压水，平均透水率为 0.24 Lu，最大值为 0.50 Lu，最小值为 0.09 Lu，其中 $q<1$ Lu 的孔段占 100%，检查孔压水试段透水率均满足设计要求。

3.3.6 引水竖井下弯段

引水竖井下弯段共布置 13 个检查孔，共 13 段压水，平均透水率为 0.47 Lu，最大值为 2.47 Lu，最小值为 0.04 Lu，该部位检查孔压水试段透水率满足设计要求。

3.3.7 中平洞塌方段第 3 单元

中平洞塌方段 3 单元共布置 18 个检查孔。补强前完成了 4 个检查孔共 4 段压水，其中有 2 段压水透水率超过 3.0 Lu，不满足设计要求，在进行水泥灌浆补强后再进行检测。

补强灌浆后完成了 14 个检查孔共 16 段压水，平均透水率为 0.72 Lu，最大值为 2.44 Lu，最小值为 0.10 Lu，其中 $q<2$ Lu 的孔段占 96.35%，该部位检查孔压水试段透水率满足设计要求。

3.3.8 中平洞塌方段 1~3 单元化学灌浆

中平洞塌方段 1~3 单元化学灌浆布置 13 个检查孔,共 18 段压水试验,平均透水率为 0.26 Lu,最大值为 0.40 Lu,最小值为 0.08 Lu,其中 $q<1$ Lu 的孔段占 100% 合格孔段,该部位化学灌浆检查孔压水试段透水率满足设计要求。

3.3.9 中平洞 8~15 单元

中平洞 8~15 单元共布置 78 个检查孔,共 119 段压水,平均透水率为 0.49 Lu,最大值为 7.43 Lu,最小值为 0.03 Lu,$q<2$ Lu 的孔段占 97.48%,其中引水中平洞 Y0+707.582 的检查孔 21# 在检测基岩与砼的接触面时,压水透水率达 7.43 Lu,不满足设计要求;引水中平洞 Y0+794.582 的 49# 检查孔的基岩与砼的接触面压水透水率为 3.30 Lu,不满足设计要求,其他部位固结灌浆检查孔压水试段透水率满足设计要求。

3.3.10 中平洞 Y0+685~Y0+735 水泥加深段

中平洞 Y0+685~Y0+735 水泥加深段共布置 13 个检查孔,共 20 段压水,平均透水率为 0.05 Lu,最大值为 0.20 Lu,最小值为 0.00 Lu,其中 $q<1$ Lu 的孔段占 100%,检查孔压水试段透水率都满足设计要求。

3.3.11 斜井上弯段

斜井上弯段共布置 26 个检查孔,共 38 段压水,平均透水率为 0.44 Lu,最大值为 1.47 Lu,最小值为 0.09 Lu,其中 $q<1$ Lu 的孔段占 94.74%,该部位检查孔压水试段透水率均满足设计要求。

3.3.12 斜井下弯段

斜井下弯段共布置 18 个检查孔,共 30 段压水,平均透水率为 0.16 Lu,最大值为 0.77 Lu,最小值为 0.01 Lu,其中 $q<1$ Lu 的孔段占 100%,该部位检查孔压水试段透水率均满足设计要求。

3.3.13 下平洞 1~6 单元

引水下平洞 1~6 单元总共布置了 86 个固结灌浆检查孔,共 129 段压水,平均透水率为 0.07 Lu,最大值为 6.88 Lu,最小值为 0.00 Lu,其中 $q<1$ Lu 的孔段占 99%,其中下平洞第 5 单元 Y1+532.430 的 23# 检查孔,在检查基岩与砼的接触面灌浆的效果时,试段透水率为 6.88 Lu,不满足设计要求,其他部位试段透水率满足设计要求。

4 结论及建议

本项目第三方检测检查孔压水试验全过程,实行施工质检、监理(业主)跟踪旁站或巡视,压水试验资料真实可靠。通过检查孔压水试验的成果分析,结论与建议如下:

(1)尾水系统只有 1# 尾支 0+50.5,孔位 300°处的检查孔,检查砼与基岩接触面的灌浆效果时,检查孔压水透水率达到 5.85 Lu,不满足设计要求,其他部位的检查孔压水试段透水率满足设计要求,该不满足设计要求的孔段经监理、设计、业主商议后,此孔进行了化学灌浆处理。

(2)中平洞 8~15 单元:中平洞 Y0+707.582 的 21# 检查孔和 Y0+794.582 的 49# 检查

孔,在检测基岩与砼的接触面时,透水率分别为 7.43 Lu、3.30 Lu,不满足设计要求,其余检查孔压水试段透水率满足设计要求,不满足设计要求的孔段经监理、设计、业主商议后,进行了水泥灌浆处理。其中中平洞 9~10 单元又进行了水泥加深补强灌浆处理,处理后完成了 13 个检查孔(Y0+685~Y0+735)共 20 试验段压水,透水率均小于 1 Lu,满足设计要求。

(3) 下平洞 1~6 单元:只有第 5 单元 Y1+532.430 的 23#检查孔,在检查砼与基岩接触面的灌浆效果时,压水透水率达 6.88 Lu,不满足设计要求,其余的检查孔压水试段透水率满足设计要求,该不满足设计要求的孔段经监理、设计、业主商议后,此孔进行了化学灌浆处理。

(4) 灌浆项目引入第三方检测,能有效地检查原施工单位的灌浆质量与效果,如能发现施工质量问题,可以加大检查力度,扩大检查范围。通过对第三方检测资料分析,采取合适的补强措施,对有质量问题的孔段进行补强处理,不留质量死角,为整个灌浆项目的施工质量保驾护航。

参考文献(略)

图书在版编目（CIP）数据

水利水电勘探及岩土工程施工新技术——第十七届全国水利水电钻探暨岩土工程施工学术交流会论文集／周彩贵，刘良平主编．
--长沙：中南大学出版社，2017.9
ISBN 978-7-5487-3032-3

Ⅰ.①水… Ⅱ.①周…②刘… Ⅲ.①水利水电工程－水文地质勘探－文集②水利水电工程－岩土工程－文集 Ⅳ.①P641.72-53 ②TV541-53

中国版本图书馆CIP数据核字（2017）第248707号

水利水电勘探及岩土工程施工新技术
——第十七届全国水利水电钻探暨岩土工程施工学术交流会论文集

主　编：周彩贵　刘良平
副主编：李永丰　张述清　毛会斌

□责任编辑	刘石年
□责任印制	易红卫
□出版发行	中南大学出版社
	社址：长沙市麓山南路　　邮编：410083
	发行科电话：0731-88876770　　传真：0731-88710482
□印　　装	长沙印通印刷有限公司
□开　　本	787×1092　1/16　　□印张 29　　□字数 736 千字
□版　　次	2017年10月第1版　　□2017年10月第1次印刷
□书　　号	ISBN 978-7-5487-3032-3
□定　　价	120.00元

图书出现印装问题，请与经销商调换